DRAWING ARCHITECTURE

[英] 海伦 · 托马斯（Helen Thomas）_著　马 尧　婷 玉_译

伟大　建筑　手稿

中信出版集团 | 北京

图书在版编目（CIP）数据

伟大建筑手稿 /（英）海伦 · 托马斯著；马尧，婷玉译 . -- 北京：中信出版社，2019.5（2021.3 重印）
书名原文：Drawing Architecture
ISBN 978-7-5086-9803-8

Ⅰ . ①伟… Ⅱ . ①海… ②马… ③婷… Ⅲ . ①建筑设计—作品集—世界 Ⅳ . ① TU206

中国版本图书馆 CIP 数据核字（2018）第 258890 号

伟大建筑手稿

著　　者：［英］海伦 · 托马斯
译　　者：马尧　婷玉
出版发行：中信出版集团股份有限公司
（北京市朝阳区惠新东街甲 4 号富盛大厦 2 座　邮编　100029）
承 印 者：广东省博罗县园洲勤达印务有限公司

开　　本：787mm × 1092mm　1/8　　印　　张：40　　字　　数：600 千字
版　　次：2019 年 5 月第 1 版　　印　　次：2021 年 3 月第 3 次印刷
京权图字：01-2019-0078
书　　号：ISBN 978-7-5086-9803-8
定　　价：298.00 元

出 版 人：王艺超
策划编辑：牟　璐
责任编辑：贾宁宁　郭　薇　牟　璐
营销编辑：杨思宇　陈　慧
内文制作：尚艺空间

序 言

Introduction

从古至今，建筑图绘一直是建筑师构思和新想法的载体，它展现了建筑从无到有的过程，无论建筑已建成还是最终停留在纸面上。从想象中的图像构思到支撑团队分工协作的精细制图，本书收录的各种图绘，呈现出定义一幅建筑图绘的多种可能：一些形式随着时间的推移得到系统发展，一些则因特定的需求应运而生。为打动客户或出版图书而精制的展示图，极具启发性的分析图，以及表达强烈情绪的即兴草图，这些建筑图绘在本书中一一呈现。编排这些图绘的方式有很多，其中之一就是本书末尾采用的编年体方式：以时间先后顺序排列，形成一条具有说明性的时间轴。然而，正文并未采用这种编排方式，而是择取了一种关联编排法。之所以这样做，是希望为大家提供联想的空间，让伟大的建筑手稿与每个人的经验和知识融会贯通，激发大家对建筑的热爱和共鸣。这篇序言中也提到了正文中出现的一系列主题各异的图绘，为大家正式进入伟大的建筑世界做铺垫。

转换视角

发挥你的想象力，建筑图绘可以把你带到另一个世界。让我们来看看拉斐尔在16世纪创作的罗马万神庙圆形大厅局部的立面图（64页）。万神庙是欧洲最完整的古代建筑之一，也是许多描绘遥远过去的奇幻作品的灵感来源。拉斐尔引导看客想象自己站在这个古老的圆柱形空间之中，体验自身被建筑包围同时又暴露其中的感觉。从里向外看，穹顶中央的圆形采光洞让人感觉开放；然而从整个画面来看，阴影部分的壁龛和门廊又暗含了另一个世界——两侧的空间旋向画稿边缘之外。拉斐尔并没有描绘他眼中的现实，而是创造了一个他认为应该被看到的画面——他改变了圆柱的位置。他对万神庙内部极具想象力的再创造，在诸多方面打破了绘画表现的规则。这幅图绘融合了正投影和透视法，并未拘泥于已有的绘图及投影画法，作为一件迷人的作品，被后来的画家不断借鉴并重新解读。安德烈亚·帕拉第奥（Andrea Palladio）对罗马阿格里帕浴场遗址（166页）的创造性“重建”，同样充满了对古代世界任性而别出心裁的解读，这种颇具想象力的设计在帕拉第奥的建筑作品中得到了延续。但他并非简单地重复，而是一种对古典作品的形式及其空间潜力的试验性开发，有时甚至故意挑衅和反叛时代对他的期望。

16世纪威尼斯的帕拉第奥与地处欧洲东部的伊斯坦布尔的人们，对古代世界的看法截然不同。奥尔罕·帕慕克（Orhan Pamuk）创作于1998年的侦探小说《我的名字叫红》（*My Name is Red*）捕捉到了东方与西方之间的本质区别。这部小说讲述了16世纪时土耳其奥斯曼帝国国王苏丹要求绘制一部伟大的书籍，颂扬他与帝国的荣耀，四位优秀的细密画画家接受了任务。他们的绘画形式——细密画，延续了对现实的理想化描绘这一古老传统。与此同时，他们也注意到意大利画家发明的透视法和自然表现技法，能描绘出个人在时空中作为独一无二的存在的特点。这幅名为《塔米娜走进鲁斯塔姆的卧室》（*Tahmina Comes into Rustam's Chamber*，86页）的画来自15世纪帖木儿帝国（Timurid）的宫廷作坊，其构图富有象征性和程式化特征，渗透着一种延续感，而这种延续感暗示着永恒。颇具教育指导意义的波斯《托普卡帕卷轴》（*Topkapi Scroll*，286页），富有抽象意味，表现出与现实世界的分离感，画面主体由不断重复且复杂的几何图案构成。

无论在过去还是此时此刻，绘制一幅画和欣赏一幅画，都受到现实世界和时代的影响，这揭示了这些作品存在的共性。每一件作品都连接了内在的、个人化的想象世界和外在的日常生活，两者的交感互动创造了事物共有的价值。深藏于画中世界的想象空间，不仅属于创作者，还属于任何一个面对这幅画时陷入沉思的人——它并不局限于创作者的创作意图。这样，在想象与现实、内在与外在之间，图绘既体现了思想的模糊性及那些未成形的可能性，又体现了那些试图明确表达和谈论它们的切身感受。玛丽-何塞·范·熙（Marie-Jose van Hee）在为一座住宅绘制的早期设计草图（37页）中，极富表现力地表达了这种工作过程中时常伴随的痛苦感觉。她那混乱的思绪化为纸面上芜杂的线条，然而，在橡皮擦和层叠的纸张辅助下，一条清晰可辨的思路逐渐浮现。在绘制建筑图纸时，面对这种脆弱的状态，建筑师都会添加新的图层，这是一步步积累起来的技巧，也是大家习以为常的方式。图纸中充满了规则和范式，其中一些已经不为人所知。很多学者致力于推断这些规则和范式的含义，这或将给围绕这些富有历史底蕴的建筑图绘而产生的诸多理论和阐释带来启发。

阐释规则

《建筑十书》（*De Architectura*）是一部拉丁文著作，创作于公元前1世纪末，作者是古罗马的维特鲁威（Vitruvius）。这本书综合了同时代许多匠师的知识和观点，包含了现存最早的关于古典建筑规范的定义。尽管维特鲁威的原始插图没有一幅得以幸存，但他的阐述在之后的数个世纪里被一再诠释。达·芬奇（Leonardo da Vinci）的著名画作《维特鲁威人》（*Vitruvian Man*），是对维特鲁威文字最早的视觉诠释之一，画中的人体直立而伸展，其指尖和双脚与圆周相接。贝尔拉多·加里亚尼（Berardo Galiani）的一幅插图（77页），对《维特鲁威人》的完美比例进行了两次不同的描述，收录在他18世纪翻译的《建筑十书》中。维特鲁威的著作影响了几个世纪，在他的启发下，帕拉第奥出版了自己的著作《建筑四书》（*I Quattro Libri dell'Architectura*），以传播自己对古典建筑的理解。这本《建筑四书》也成了建筑师们的挚友，如英尼格·琼斯（Inigo Jones），他将自己注释的版本（154页）与帕拉第奥的古典主义版本介绍给了英国的上层社会。克劳德·佩罗（Claude Perrault）在维特鲁威的经典之中寻求美学理念，从他设计的巴黎圣热纳维耶夫教堂（Sainte-Geneviève，220页）中便可看出。佩罗将著作中的规则转化为法国新古典主义建筑的基础，以这种方式质疑审美的建构及其与权力的关系。本书的几幅画均体现并探讨了这一重要的关系，例如，莱昂·克里尔（Leon Krier）和詹姆斯·斯特林（James Stirling）为奥利维蒂公司英国总部餐厅绘制的室内透视图（199页），在现代建筑环境中发挥了物件的鉴赏价值和历史价值。这与玻西尔（Percier）和方丹（Fontaine）对卧室的看法不谋而合（60页），他们认为，卧室中物品的存放和布置，与房间的装饰图案一起，能够非常具体地传达出房主的品味和社会地位。

其实，在维特鲁威被重新发现之前，世界各地的一些人已在收集和整理手工艺行业的经验知识，并将其整理成指导性的手册，而且图文并茂。在这类手册中，一些早期的范式得以确立。在中国，虽然早在公元前3世纪就出现了通用的建筑标准，但是官方修订的《营造法式》直至宋崇宁二年（1103年）才刊行，书中对建筑设计与施工进行了规范，绘有精细的图纸（106页）。这本国家性质的建筑规范手册，由监掌国家营缮的李诫编写而成。他参阅了大量的历史文献，搜寻传承的营造之法，探访湮没无闻的建造案例，终于撰成此书。

在欧洲，中世纪的教会书籍，如维拉德·德·霍纳古特（Villard de Honnecourt）的图册（277页），整理了很多大师级工匠的工作方法和观察所得。但相对来说这些书仍然限于内部使用。直至15世纪，马西斯·罗伊泽尔（Mathes Roriczer）和汉斯·施默特迈耶（Hanns Schmuttermayer，28页）才在小范围内进行了类似李诫的实践。这两位德国工匠用他们收集整理的材料出版了一本设计书，以指导尖顶和山墙的测绘、设计及雕刻。因此，这些出版物在指导教育意义上与《托普卡帕卷轴》不分伯仲。然而，在德国，几何是一项计算元素如何配置的技术，而非一门独立的学科。

色彩范式

在过去的几个世纪里，随着新技术的引入，以及建筑自身的材料和结构的发展，建筑图纸的惯例和规范，乃至图纸的制作和传播方式，不断发生变化。卡尔·弗里德里希·申克尔（Karl Friedrich Schinkel）在其绘制的剖面图《克罗伊茨贝格纪念碑》（*Kreuzberg Monument*， 204页）中，用一种淡红色来突出强调金属结构，用黑色标注出一些具体元素，这种做法是参考了早期法国的工程文件。雅克-日耳曼·苏夫洛（Jacques-Germain Soufot）在描绘巴黎圣热纳维耶夫教堂的结构和加固工程时，用粉色来表示砌体剖面部分，但在其版画中并没有体现这些区别，比如山墙中支架的细节（107页）。沃邦的《里尔军事计划》（*Military Plan of Lille*，36页）绘制于18世纪早期，以鲜明的颜色区分了各个组成部分。在詹姆斯·高文（James Gowan）的东汉宁菲尔德的住宅项目（East Hanningfield project，169页）中，一所带机械设备的房子剖面图也延续了这种传统。在这张图中，组成零件的每个构件都被赋予了明亮的色彩。根据建筑业的“行规”，特定的材料使用对应的颜色，例如，木材用黄色，砖和瓦用红色。西泽立卫（Ryue Nishizawa）的森山邸（Moriyama House，116页）构造详图，放大了建筑图绘的这一特性，使其成为一个美学对象，原本平淡无奇的图绘变成了一幅精致而平衡的色彩构成。

在20世纪的欧洲，色彩理论是在包豪斯学院这样的设计学校教授的，执教老师有保罗·克利（Paul Klee）和约翰内斯·伊顿（Johannes Itten）等。克利的绘画作品《建筑》（*Architecture*，157页）中有一个有趣的地方，就是他对色彩的敏感并非来自欧洲人的经验。作为异国文化的局外人，他们欣赏外来事物，将颜色作为体现异域文化特征的工具，乐此不疲。例如，建筑师路易斯·巴拉干（Luis Barragán）推崇的色彩，来自他自己的墨西哥文化背景，其中包括丘乔·雷耶斯（Chucho Reyes）和迭戈·里维拉（Diego Rivera）等画家。巴拉干描绘了墨西哥的拉斯·阿普勒达斯景观住区（Las Arboledas），画面中的橙色沙道和绿色植物，看起来像是破坏性的元素，占据了画面的一半（52页）。巴西景观设计师罗伯特·布尔勒·马尔克斯（Roberto Burle Marx）尽管称画面中的颜色代表巴西的自然植物，但他还是将自己的设计视为抽象的色彩原野，以描绘他的景观方案，伊比拉布埃拉公园（Ibirapuera Park）的平面图（14页）就是用这种方式制作的，只是比他的很多画更形象。 20世纪这种对异国情调的狂热，早已扎根于此前考古发现的充满幻想和帝国色彩的东方主义之中。在19世纪，东方的迷人之处被编入著作，如欧文·琼斯（Owen Jones）在他的著作《装饰法则》（*The Grammar of Ornament*，230页）中就对埃及柱头的颜色和形式进行了分析。

通俗语言和个性语言

在技术性的建筑图纸中，人们对特定颜色、阴影和线条粗细的含义已经达成了普遍的共识，然而其中还存在着另一层面的语言。这种语言出现在更密切的交流中，往往是在一个特定建筑项目的设计过程中，甚至在一家建筑事务所的办公室内，或是在一个密切协作的建筑师小组间。 20世纪80年代中期，福斯特事务所负责香港汇丰银行大厦（29页）建设，事务所的建筑师肯·沙特沃斯（Ken Shuttleworth）和大卫·纳尔逊（David Nelson）的工作角色与职责有重叠的部分，因此他们在绘制建筑核心结构周围的空间和辅助空间时，沟通十分密切。图纸上这些微妙的语言，凸显了建筑图绘在设计过程中扮演的重要角色。不同项目的人员通过这些图纸来构想、沟通、探讨、决策，以应对理解、设计、建造一座建筑或一片景观的复杂任务。

在计算机技术普及之前，建筑师必须在原始图纸上进行修改和注释。图纸非常脆弱，擦除、涂改或覆盖必须特别小心，以保持画面的完整性。有时，还需要用这些图纸的副本收集设计团队各个成员的修改意见，然后将这些信息汇集到现场图纸中，以至于现场图纸一直处在变化中。过去的几个世纪中，设计团队的规模得到了极大扩展，如今不仅包括结构工程师、建筑成本估算师，还涉及设备、文物保护及建筑设计等方面的无数专家，每个人都要熟悉自己手头的任务，并把任务的要点传达给团队其他成员。在19世纪中叶机械印刷术诞生之前，只有两种方式可以复制图纸。第一种是手工精确复制原版图，用诸如两脚规、圆规等工具仔细地按一定的比例尺缩小。第二种需要复杂的针刺技术，即把原稿放在一张白纸上，用一根特殊的针在关键部位打孔；然后，将下面的纸上的针眼连起来，就成了原图的一张副本。

随着计算机辅助设计程序（CAD）的发展，以及生产逻辑的变化，建筑图纸作为一种交流的工具，其用途也发生了变化。从多个角度来看，这都是一种进步。大卫·奇普菲尔德建筑事务所（David Chipperfield Architects）修复受损的柏林新博物馆罗马厅天花板时绘制了图纸（182页），图中体现了色彩规范、填充图案及文件注释。在打印出来的纸张表面，修复者添加了铅笔注释，用不同的颜色持续记录了修复所处的阶段或房间现有结构的状况。6a建筑事务所制作的一张图纸中，也清晰地记录了正在进行的“对话”，连同加布里埃尔·奥罗斯科（Gabriel Orozco）的注释（287页），一起分享在WhatsApp（一款手机通信工具）上。就像罗马厅的天花板平面图一样，过去的批注也被录入到电脑图像的图层中，设计师可以在上面绘制或标识特定的元素和想法。目前，虚拟现实技术方面的建筑信息模型（BIM）技术，对实现设计团队中不同成员之间顺畅、高效的沟通做出了积极的贡献，这在赫尔佐格和德梅隆建筑事务所（Herzog & De Meuron）制作的三维建筑信息模型的喷绘图中得到了很好的体现（7页）。这张色彩绚丽的图片展示了位于汉堡的易北爱乐音乐厅的技术设备，它将色彩范式中的法则提升到了一个更高的层次，每种类型的管道、电缆和设备都被设置为不同饱和度的颜色，在黑色背景下非常突出。

建筑图绘的载体

在本书收录的图画中，建筑图绘最早是正投影图，或者是没有透视变形的正视图——平面图、剖面图和立面图。其中最早的例子是一幅四千多年前的神殿平面图（153页），雕刻在一个古老的闪长石雕像的膝盖上。在埃及和美索不达米亚平原（今伊拉克）地区的早期城市文明核心地带，考古遗址中曾出土一张铭刻于泥板上的宫殿平面图（262页），还有绘于莎草纸上的一个可移动神龛的侧面图与立面图（47页），结构非常复杂。两幅珍贵的图像，揭示了目前西方仍然遵循的建筑传统基础。这些图画绘于可移动的材料上，有的在莎草纸或小物件上；后来，画在羊皮纸、手卷和纸上，包括手绘和印刷的书籍。由于受单张最大尺寸的限制，许多设计不得不画在数张纸上，然后拼合成一整张。其中相当奢华的一幅是4米长的科隆大教堂西立面图（252页），出自迈斯特·阿诺德（Meister Arnold）之手，由20张大小不一的羊皮纸拼接而成。然而，这幅画与阿尔布雷希特·丢勒（Albrecht Dürer）的马克西米利安一世凯旋门的木刻立面图（131页）一对比，立马就相形见绌了。尽管高度不及科隆大教堂西立面图，但丢勒画作的底板由36块薄板构成，而这些薄板又是195块木板拼合成的。本书中的大部分建筑图像是在二维的平面材料上绘制的，但是一些早期的作品却绘于非同寻常的表面上，例如建筑物墙壁上的壁画和马赛克图案，甚至是石窟壁画。位于古代陆上丝绸之路十字路口的敦煌莫高窟，窟中绘于10世纪的佛教壁画（120页），就描绘了距敦煌两千多千米以外的景观。

另一组重要的建筑图绘出土于庞贝遗址。它们的发现不仅展现了不断被后世模仿与改进的装饰图式， 如弗朗索瓦-约瑟夫·贝朗格（Francois-Joseph Belanger）对一面墙的立面设计（20页），并且反映了构成与描绘空间深度的可能性，这领先于菲利普·布鲁内莱斯（Filippo Brunelleschi）15世纪早期重新发现并有所改进的单点透视法。庞贝遗址中，一幅绘于大约公元40年的建筑景观壁画，描绘了庞贝附近的两座海滨别墅（219页），体现了这些早期的尝试。

一些重要的早期正投影图并未收录进来，因为它们被雕刻在石质道路或石壁上，很难在二维平面中呈现出来。这些用来指导现场建造的模板被称为“范式”（paradeigma），其中包括约公元前1000年在那不勒斯附近加普亚城（Capua）建造圆形剧场用的石制模板，以及在罗马奥古斯都陵墓入口处的泥瓦匠模板。后来出现了更便于携带的模板，以米开朗琪罗高深莫测的“莫达诺”（modano，70页）为代表。它们的目的都平淡无奇，仅仅是为泥瓦匠提供建造飞檐的指南，然而它们蕴含的知识及对传统的创造性革新都是秘传，如“莫达尼”（modani， modano的复数形式）便是严密保护的对象。表现孟买特色的胶带画（71页）则不那么神秘，它是对这种古老传统的当代诠释。

罗马圣彼得大教堂（St. Peter's Basilica）始建于4世纪初，16世纪初重建，历时120年完工。它的建成，标志着实际施工的工匠向更学术的建筑师的转变。在新圣彼得大教堂的建造过程中，建筑师绘制了许多图纸来与工匠沟通，其中包括多纳托·布拉曼特（Donato Bramante）的羊皮纸平面图（202页）。如此一来，理论设计和施工执行就相互分离了。拉斐尔继布拉曼特之后成了大教堂的首席建筑师，他认为正投影图是建筑设计最合适的表现方法。在这个过程中，他解释了维特鲁威关于建筑项目的术语——平面图（ichnographia，或ground plan），以及正投影图[orthgraphia，或立面图（elevation）]。维特鲁威的第三个术语scaenographia，通常被解释为透视图，但拉斐尔更倾向于通过实测的剖面图来描绘空间。

描绘空间

关于这一点，拉斐尔在一场关于空间关系的深入而激烈的辩论中声明了自己的立场。在这场辩论中，建筑师各陈己见，就像前文所说，帕慕克书中好奇的主人公们在远处观看了这场辩论。继布鲁内莱斯基提出单点透视体系之后，莱昂·巴蒂斯塔·阿尔贝蒂（Leon Battista Alberti）写出了《论绘画》（*Della Pittura*），成为第一个将此方法编纂成书的建筑师。然而，他在建筑专著《建筑论》（*De re Aedificatoria*）中，却反对将透视法用于建筑表现，认为平面图和模型是确定尺寸与比例的最佳手段，而且便于沟通。达·芬奇苦于阿尔贝蒂的投影系统无法涵盖视野的外缘，因为该系统将物体投射到一个框架内的平面上，就好像是通过一扇开着的窗户观看。于是他放弃了这一系统，发展出了一种可以浓缩整个场景的鸟瞰图。这种方法或多或少可以在达·芬奇的教堂草图（8页）中看见，他描绘了这座教堂的平面图和透视图，无论是从远处还是从上方看，教堂都是一个完整的物体，或曰主体。

这些争论，以及通过透视创造三维空间错觉的系统，贯穿了16世纪和17世纪。其发展的一个重要节点是巴洛克式剧院的设计。对建造纷繁复杂且逼真的布景的需求启发了创新，如费迪南多·加利·达·比比埃纳（Fernandino Galli da Bibiena）的作品（269页）。他改进了17世纪的传统舞台——舞台原本是围绕着一个对称的视角布置的，沿着中轴线有一个灭点，比比埃纳通过平面上两点透视的方法建立了不对称的构图，利用舞台前部有限的平面，打开了潜在的无限空间。在不同背景下，同样着意于创造一个超越现实的虚构建筑的安德烈亚·波佐（Andrea Pozzo）设计了一套系统，即在拱形天花板的表面绘制方形的透视图，以创造一个凌驾于建筑空间之上的想象世界（176页）。

在西方透视系统之外，还有许多描绘三维空间的体系。第285页这幅长达12米的清代画卷，描绘了一个繁盛时代中蓬勃的生活。在长卷中，西方的手法被一种分散的视角取代，这种视角允许不同时空的场景同时呈现在画面上。这种形式对西方描绘现实的理念发展颇有助益，促使西方艺术家在自己的艺术创作中融合中国画理想化的山水传统。

到了20世纪，透视法作为建筑画中描绘三维空间的主要手段，受到了与之同时发展起来的其他方法的挑战——具体地说，是各种表现形式的轴测图。就空间的透视表现方式而言，J. M. W. 透纳（J. M. W. Turner）绘于19世纪的图展示了线性透视的原理，标志着一系列表现手段在建筑图纸绘制中的终结。作为伦敦皇家艺术学院的透视学教授，透纳做了一场关于透视史的图文并茂的讲座，本书中就收录了一张他的讲座用图。该图描绘了他基于托马斯·马尔顿的理念设计的系统，创造了一种暧昧的空间深度（5页）。透纳作品中空间系统显而易见的局限性，在特奥·凡·杜斯伯格（Theo van Doesburg）的等距投影图《反构造》（*Counter-Construction*，61页）中得到了解决，从画幅的边界或者说从任何被限定的图画中从容地解脱出来。画面中相互嵌合的色彩并非为了描绘这些平面，而是为了表明未被限定的相互重叠的空间关系，这些空间与周围的场域形成了一种连续性。伊万·列奥尼多夫（Ivan Leonidov）的《空间文化组织图式》（*Schema of Spatial Culture-Organization*，163页）将这种画法推向极致，超越了那些将物理元素投影为三维图像的范畴，提出了一种由代表电磁波的弧线连接的点结构建筑。这样，关于空间和距离的纯粹理念被表现信号强度的抽象概念取代。

轴测图（或称斜投影图）的起源是一个更为博大的主题，最早的例子之一是巴尔达萨雷·佩鲁齐（Baldassare Peruzzi）在16世纪绘制的罗马圣彼得大教堂的平面图、剖面图和透视图（139页），其中的大部分结构都是与平面呈微小角度垂直向上的投影。奥古斯特·舒瓦西（Auguste Choisy）的“虫眼”视角——从底部进行轴测投影——也利用了等距投影的客观性，可以缩放和详细测量罗马建筑物的数量和建造技术（141页）。与之类似的图绘，如拉斐尔·莫内欧（Rafael Moneo）以虫眼视角绘制的位于梅里达的国家罗马艺术博物馆（140页），在这幅图中，结构逻辑从更大的建筑实体中分离出来。

类似的抽象形式——将建筑的一个面从它的整体中分离出来，使其成为一个独立的、任意移动的对象，而不是作为城市语境中的一个建筑整体——被应用于一些轴测图中，以形成更有冲击力的视觉效果。其中就包括沃尔特·格罗皮乌斯（Walter Gropius）描绘的轮廓分明、形象生动的德绍住宅建筑（78页），以及詹姆斯·斯特林绘制的莱斯特大学工程系大楼轴测图（207页）。在这两幅图中，建筑都被描绘成了没有环境的独立个体。

在20世纪后期的一波质疑建筑边界的理论建筑实践中，轴测图作为探索建筑形式和空间的方法得到了进一步推进。这一潮流质疑建筑学的边界——不论是在文化层面还是专业层面所扮演的角色。“二战”后意大利马克思主义者是这一潮流的重要推动者，他们或许意识到了职业的建筑师其实是资本主义的工具。兼具形式和复杂学术性的作品出现了，比如丹尼尔·里伯斯金的《时间剖面》（*Tiem Sections*，152页），它运用了一系列轴测投影来体现时间的流逝，就像一幅立体主义绘画作品；或是约翰·海杜克的《菱形住宅A》（*Diamond House A*，95页），在图中他操作了轴侧旋转的潜在含义，以质疑构图和形式的意义。最终，审视建筑图绘这一行为受到这样一个事实的影响：它总是在展示着其他内容——一个概念，一个设计问题，一个提案——这让它作为一个自主的美学对象的地位受到了质疑。然而，这里还有另外一种观看方式，那就是去体会这些图绘中蕴含的时间：观看甚至是凝视它们的时间，以及绘制它们所需的时间。这里的“时间”通常被理解为一个商业术语，特别是当图纸用于建筑施工时，因为建筑师会收取一定的费用。即使它有助于纯粹知识的生成，其价值也总是与创造一个潜在的有利可图的公众形象联系在一起。

然而，有时（也许经常），画一幅画对于画的人来说有额外的价值。据说史蒂芬·霍尔（Steven Holl）每天都早起，花一小会儿在他的速写本上画一幅画（149页）。但为自己“借”时间的大师是乔治·艾奇逊（Geoge Aitchison），他为英国莱顿住宅的阿拉伯大厅设计的墙立面图（54页），是他为室内设计所绘制的水彩画的典型代表。尽管作为一个成功又忙碌的公众人物，他收取的设计费足以聘请一个绘图师助手，但他还是花很多时间去做这些有时过于重复和单调的工作，以便完成微型壁纸、装饰瓷砖的绘制，甚至还会画其他艺术家的浮雕作品。他为自己重新找回那种刻意为之但又具有创造性的无聊感，这种感觉往往会从日常生活中消失，但花时间去琢磨那些很漂亮或耐人寻味的画作，即使并不总是容易理解，却不失为一种找回它的方式。

目　录
Contents

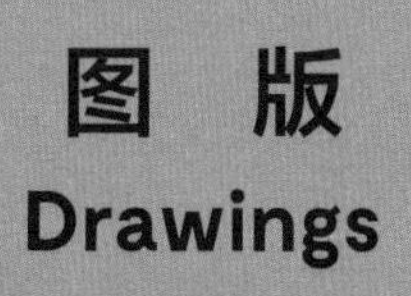

图 版
Drawings

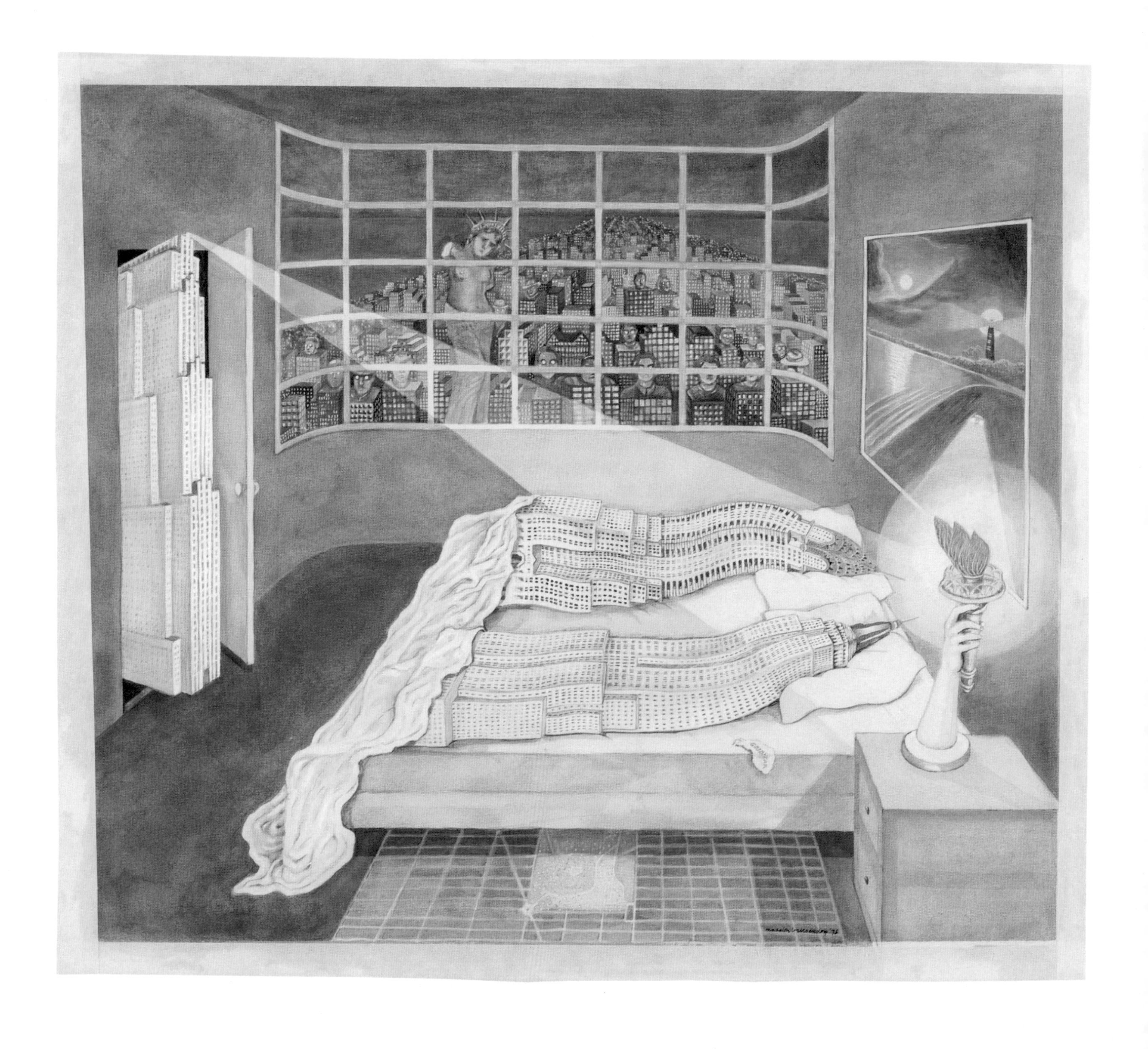

马德隆·弗里森多普
(1945年生)

捉奸在床
(1975)

纸上水彩、水粉
35.3厘米×39.9厘米

《捉奸在床》(*Flagrant Délit*),取自名为《曼哈顿》的系列作品。这幅图描绘了一个漫长而奇幻的故事片段,出自荷兰大都会建筑事务所的创始人之一、艺术家马德隆·弗里森多普(Madelon Vriesendorp)之手。这张图被用于雷姆·库哈斯(Rem Koolhaas)1978年的著作《癫狂的纽约:给曼哈顿补写的宣言》(*Delirious New York: A Retroactive Manifesto for Manhattan*)的封面。它描绘了两座拟人化的摩天大楼——帝国大厦和克莱斯勒大厦云雨后的场面。除此之外,它还描绘了纽约其他的标志性建筑,包括无臂的自由女神像,周围有一大群拥挤的"观众",她透过窗户凝视着自己的断臂,其火炬已变成了床头灯。在床下,曼哈顿的网格街区幻化成地毯。床沿上,固特异飞艇好似萨尔瓦多·达利(Salvador Dali)画作中软塌塌的时钟,扮演了一个废弃的避孕套。洛克菲勒大厦站在门口,散发着耀眼的光芒,投在床上的光束呼应着墙上油画中的灯塔和海滨的车灯。这幅画以一种超现实主义的形式,对曼哈顿这一20世纪现代城市的象征进行了批判。这幅画运用了达利偏执狂式的批判手法——大量"观众"围观这一私密行为,这种围观在被发现的瞬间得到强化,营造出一种荒谬的氛围,消解了对象的真实性和身份特征(在这幅画中,则为曼哈顿这座城市及其主要特点),并将其转化为一种体验,引发观众共鸣。它源自启蒙主义,与追求客观的现代性相悖,意味着在黑暗中上下求索光明,而组成城市网格的无情逻辑造就了人。

乔凡尼·洛伦佐·贝尼尼
(1598—1680)

卢浮宫
(1664)

钢笔、棕色墨水、棕色淡彩
16.3厘米×27.8厘米

1665年，乔凡尼·洛伦佐·贝尼尼（Gian Lorenzo Bernini）访问巴黎，这对法国国王路易十四来说是一件外交大事。路易十四邀请他完成卢浮宫东立面的建设，当时卢浮宫可是法国君主制的核心所在。贝尼尼设计了四个方案，这幅手绘的钢笔画就是他访问巴黎之前绘制的一个方案的局部，也是最有冲击力的方案。彼时，他的想象仍停留在罗马。建筑坐西朝东，画面左侧是弧形的主殿，向右侧延伸出北配楼。仔细观察这幅精心描绘的透视图的细节，它的灭点在弧形主殿的中心拱门内，而非画面的中心，体现出这幅立面图包含的层次之复杂。两层的建筑立在高陡的阶梯式基座上，立面着重强调了由块面组成的复杂形体，平面上不断变化的曲线，赋予整个建筑以稳固性。在两层叠加的科林斯式壁柱之间，与立面走向一致的壁龛向外或向内弯曲，壁龛间的拱形构成了内部拱顶和门廊——由密集的墨线勾勒而成。整个设计是对称的，南配楼和画面中的北配楼一模一样。主体建筑上部，在厚重的飞檐线上方，是皇冠状的女墙。然而，贝尼尼生动、粗犷、浮夸的提案，与法国启蒙主义时期盛行的建筑风格大异其趣。他的巴洛克式建筑风格，对古典主义的和谐范式无疑是一个挑战。尽管这种风格在罗马有所应用，但他的方案还是输给了以克劳德·佩罗（Claude Perrault）为首的法国建筑师。国王选择了法国建筑师朴素、对称式的设计——中央门廊的两侧有平直的石柱廊，柱廊之下也是朴实无华的一层，这种形式后来被称为“佩罗柱廊”。

戈特弗里德·玻姆
(1920年生)

朝圣教堂
(1965)

描图纸上铅笔

67.2厘米×62厘米

朝圣教堂坐落在德国中部的内维格斯村北部，戈特弗里德·玻姆（Gottfried Böhm）的这幅图以精练的笔触再现了它的非凡存在。画面中，教堂表面风化的混凝土纹理与附近建筑的墙壁虽无关联，却遥相呼应。教堂隶属一座修道院，周围有树林和大片草地。然而这幅图并没有描绘这些自然环境，也没有出现与建筑性质相关的任何线索。相反，作为一件获奖的参赛作品，这幅图着意于以铅笔线条的质感表现建筑朴素的混凝土表面；通过雕琢并渲染洒落在教堂表面的光线，来探索教堂的体积感。在画面的右侧我们能感受到阴影的微妙变化：从用极轻笔触描绘的浅灰色，过渡到用交叉直线层层描画出的黑色。位于画面左下角的建筑入口，在教堂的反衬下显得很小。门廊倾斜的屋顶空间呈剖面图形式，阶梯式线条穿过庭院，形成一个陡峭的斜坡，引人注目。教堂的墙上有一棵小树的剪影。高处的路面上，还有两个人影映在白墙上，进一步体现了人的元素。教堂的尺寸与人物的比例，乃至和村庄中常见的建筑的比例并不协调。这幅图仿佛是来自另一个世界的水晶山，如果没有顶部的十字架，我们很难确认它是一座教堂。

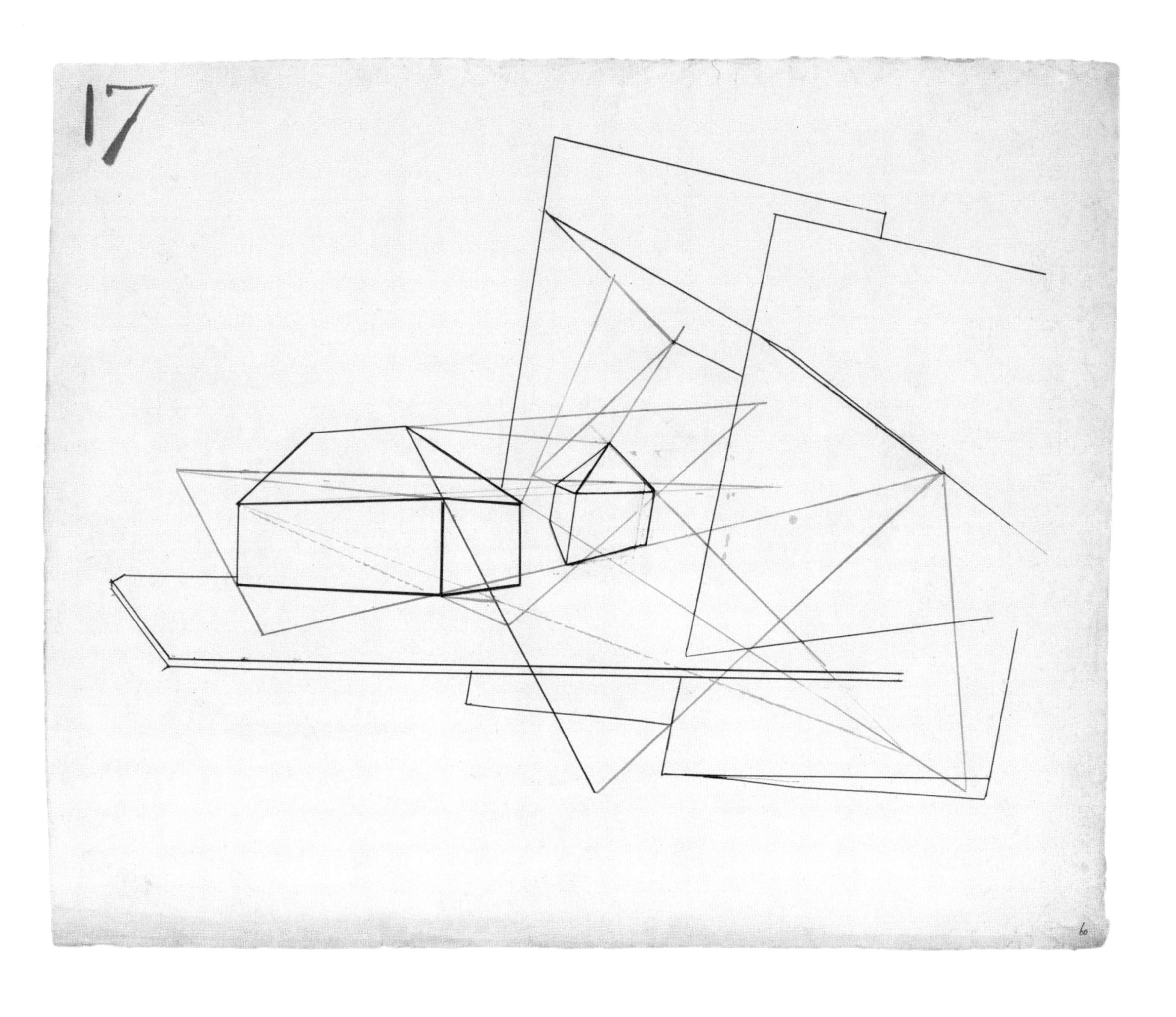

J. M. W. 透纳
(1775—1851)

课堂演示图17：直线透视原理
(1810)

纸上钢笔、墨水
48.4厘米×60厘米

J. M. W. 透纳（J. M. W. Turner）是英国著名风景画家，他的画面空间总是异于传统的透视法表现。1807年至1837年间，透纳在皇家艺术学院担任透视学教授。为了在课堂上更好地阐释绘画理论和创作过程，他绘制了170幅演示图，这幅图应该属于1811年发表的第一个系列。画面用简单的线条勾勒出两个顶端倾斜的体块，尽管它们处在一个平面上，但在空间上互相独立。画面没有中心，甚至为了避免单一的、连贯的空间结构，而使用了大量的三角形和矩形元素——绘画空间充满了不稳定性，营造出一种不适感。如果没有注释，几乎无法理解透纳的构思过程。但有趣的是，它在突破透视网格的僵化框架的同时，又遵循了其中的一种原则。在打破这两个体块的根本联系时，一种永恒感悄悄生成，这就是透纳绘画的精髓所在。透纳还是19世纪末探索油画空间表现的先驱，这种对空间的表现在反结构主义的风格派代表人物特奥·凡·杜斯伯格（Theo van Doesburg）和立体主义的推动下达到高潮。透纳在许多图中清楚地阐述了透视图的画法。另外，他还在画中对前人提出的概念进行细致分析，揭示出他们理论中的非客观因素，如17世纪的印刷学家、水文学者约瑟夫·莫克森（Joseph Moxon），18世纪的数学家威廉·爱默生（William Emerson），还有其他英国理论家。《课堂演示图17：直线透视原理》分析的内容，就是基于18世纪的绘图师和几何学作家托马斯·马尔顿（Thomas Malton）的理念。托马斯曾于1778年发表了一篇关于透视学的论文，透纳从西尼尔的儿子那里接受了早期的建筑绘图训练。

让-雅克·勒奎
(1757—1826)

哥特式住宅的地下迷宫
(1800)

钢笔、水墨、水彩
51.7厘米×36.4厘米

“哥特”这个词，似乎更适合定义文学，而不是建筑。然而这张虚构的哥特式住宅的奇幻剖面，展现出一种非常强烈的叙事结构。就像“地下迷宫”一样，剖面图披露了隐藏在地下的可怕景象，还有被周围的阁楼和护墙所掩藏的空间深处的秘密。这幅图仿佛描绘了一次建筑中的漫游，沿着起伏的隧道，穿过被火焰、烟雾和阴影笼罩的封闭空间，就像玩电子游戏一般。水彩的细腻晕染增强了画面的奇幻感，能让人感受到舔舐的火焰、弥漫的烟雾和黑暗；错综复杂的细节营造出强烈的神秘气氛，比如悬吊在火焰之上的刑具，或端坐在齿轮之上的巨人。住宅建筑风格混杂，无疑是对当时法国提倡理性的新古典主义建筑的批判。画面中的关键“情节”可能隐喻了埃及王子摩西的故事，他经受住了火、水和空气的考验。还有那些带柱廊的房间，看上去像被挖出来的，而非建出来的。画面还有可能表现了当时如火如荼的工业革命中工厂的景象，其含义与亚当·斯密在1776年出版的《国富论》中描述的流水线型劳动分工的概念相呼应。在一些关于勒奎的传记中，详细记载了他难以捉摸且自我神化的生活。人们认为，勒奎去世后，其全部作品入藏巴黎皇家图书馆。但最近的研究表明，艺术家杜尚曾用“鲁昂的让-雅克·勒奎”（Jean-Jacques Lequeu of Rouen）这个名字来“表达另一个自我”。这一发现，为这幅图又平添了一层神秘主义色彩与超现实主义气息。

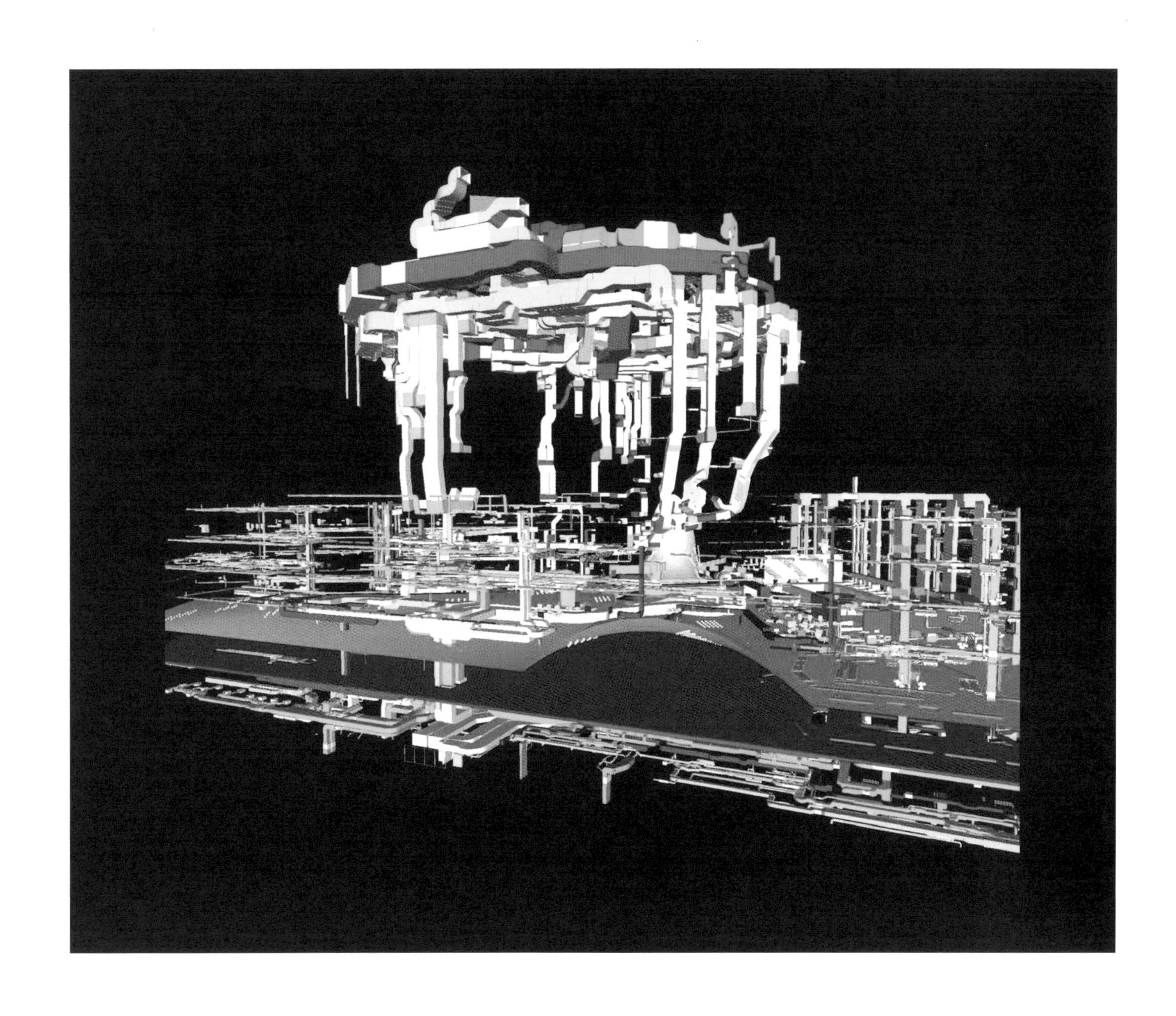

赫尔佐格和德梅隆建筑事务所

易北爱乐音乐厅
(2016)

电脑软件制图

BIM（建筑信息模型）是一种基于三维模型的程序，它能以数字化的形式，再现场地和建筑的物理及功能特征，并对其进行管理。对于一个建筑项目来说，设计与施工团队中的每个人，如建筑师、业主、供应商、工程师、承包商及环境管理人员，都能在BIM上进行协同工作，可以说，BIM是一种基本的设计工具。赫尔佐格和德梅隆建筑事务所（Herzog & De Meuron）一般在设计后期使用BIM，因为此时对一个大型设计团队中的各个成员来说，协作至关重要。在这个节点，建模作为智能对象的集合，其中预设的建筑元素都有一个相应的值，很容易在模型中量化，从而将所有元素联系在一起。传统的二维投影图（平面图、剖面图、立面图），可以从三维虚拟环境的视图中提取出来。这张图就是建模生成的图像，经过处理，在标示建筑构造的同时，也是一幅具有美学内涵的图像。在为汉堡易北爱乐音乐厅项目制作的模型中，这幅图只展示了这个复杂模型的一个角度。易北爱乐音乐厅是汉堡码头原有仓库扩建的成果，而这幅模型图像也在一次建筑绘画展中展出，再次反映了建筑师在建筑项目中的协调员角色。模型中，涉及设备（尤其是用于维持大型音乐厅内波动环境的排风、送风系统）的图层被区分开来，并用亮色着重表现。其表现的内容直接明了：配备有大量设备的演出厅位于新扩建空间的上部，两边是演出厅的巨大通风口和管道。

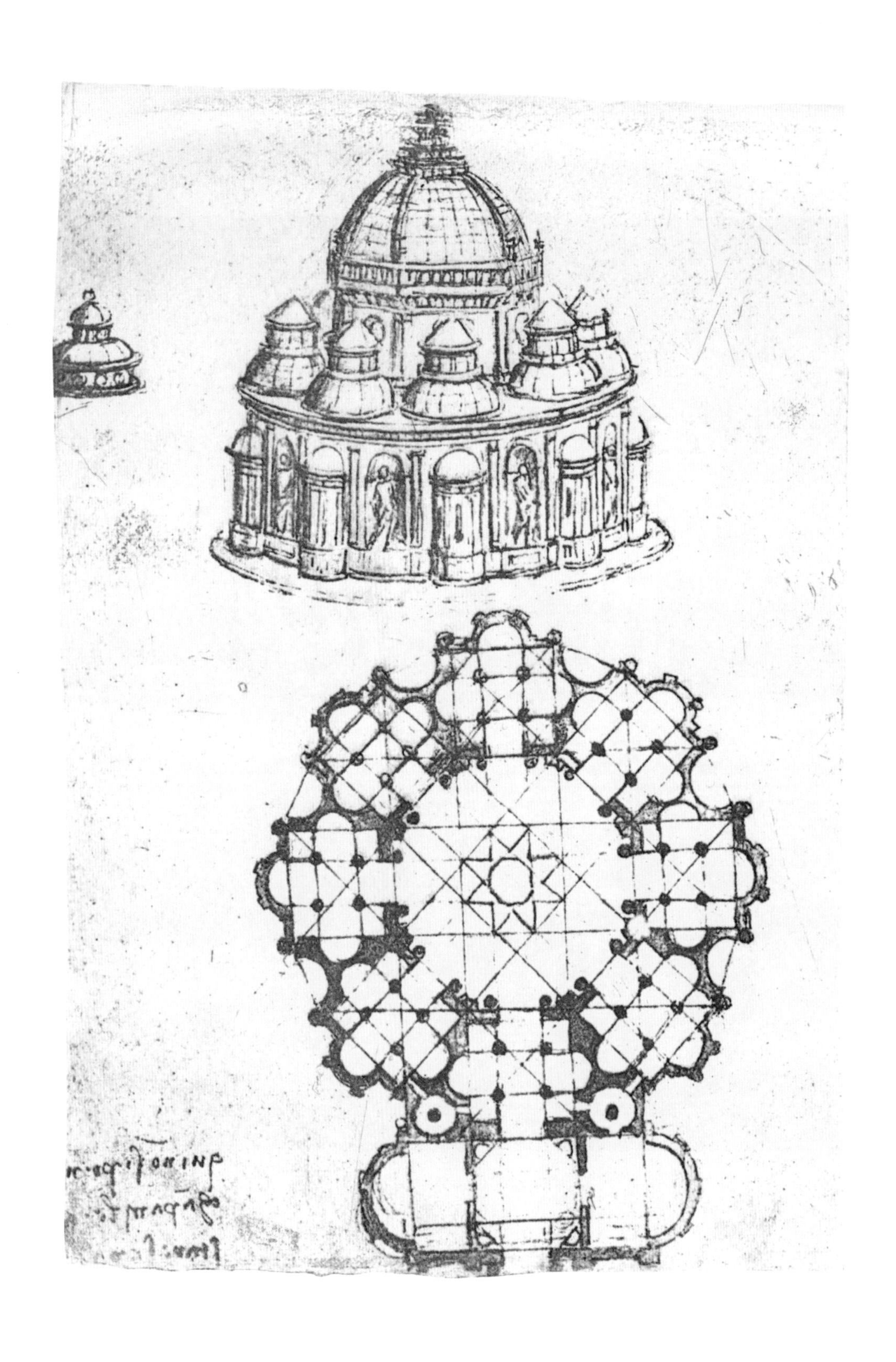

莱昂纳多·达·芬奇
(1452—1519)

教堂
(1490)

纸上钢笔、墨水
35厘米×26厘米

莱昂纳多·达·芬奇（Leonardo da Vinci）的这幅速写，描绘的是一座教堂的平面图和透视图，并配有一段注释和另外一座圆顶建筑的微型素描，将这位文艺复兴时期博学之士的分析才能展露无遗。和达·芬奇大部分画中表现教堂的视角一样，这幅画采用了俯瞰的视角，但并没有为了凸显立体感而使用强烈的光影造型。他用复杂的线条勾勒出壁龛与教堂主体周围的七个小礼拜堂的阴影关系，以及每个小礼拜堂的圆顶。这种复杂关系注定无法以光影造型来描绘，因此他仅仅在壁龛处画上了阴影，并没有使用惯常的交叉排线法。有趣之处在于，这幅图体现了艺术家对空间的体积意识——不用柱和墙组成的结构系统来定义空间。画中的透视并不严谨，只是艺术家徒手画出来的，没有透视灭点——几乎所有15世纪的透视都是有灭点的。达·芬奇绘制的教堂手稿（未注明日期）有六七十件，其中大多数是针对如图所示的中央穹顶的研究。他对教堂建筑的关注，与当时艺术家们普遍反对中世纪教堂等级分明、纵深的中殿以及过道和外侧的礼拜堂的运动，有密切的关系。该运动始于1434年布鲁内莱斯基在佛罗伦萨主持建造“天使的圣玛利亚教堂”。对于文艺复兴时期的人文主义建筑师来说，圆形或多边形的平面才符合柏拉图式的几何，是宇宙中上帝意志的缩影。但这一教堂形式的改革并不符合弥撒的形式，而且使会众分离，所以遭到了神职人员的抵制。这就意味着，上述类型的教堂实际上很难建造，因为它们不符合教会的需求。达·芬奇的画是对造型与形式的幻想式探索，而不是理论性的建议或设计提案。

弗兰克·盖里
(1929年生)

毕尔巴鄂古根海姆博物馆
(1992)

电脑软件制图
29厘米×10.2厘米

电脑软件制图是建筑施工过程中的一种设计和交流工具，但这幅图在其诞生的那个时代是极具革命性的。1989年，也就是弗兰克·盖里（Frank Gehry）第一次到西班牙毕尔巴鄂古根海姆博物馆（Guggenheim Museum）新馆所在地的两年前，他的办公室里只有两台处理管理工作的电脑。盖里工作室从事的建筑解构与想象空间的实验，一直受制于手工绘图，但他们不断尝试突破可能性的边界，探索前进的道路。他们找到的解决方案是CATIA（计算机辅助三维交互应用）——法国达索飞机制造公司研发的建模软件，用于制作复杂、多轴、曲面的虚拟三维模型。在古根海姆博物馆项目最初的分析和设计阶段，盖里和他的团队使用了传统的方法——手绘草图，加上木材、卡片和纸做的模型。在设计中，一旦开始探讨材料形式需要的结构与构造细节时，CATIA就变得有意义了。这张CATIA图展示了巨型雕塑般的框架，框架上覆盖着的钛板包层，环绕着博物馆的外壳聚集、流动，形成夸张、变化急剧的曲线。最初，该系统似乎仅限于制作对称图和镜像图，但它很快实现了手势动作的可视化。通过将任一曲面描述为一个方程，CATIA能够定位并定义任何部位的复杂曲面，从而成为一个非常有用的设计工具。更重要的是，它还是一种交流工具，没有它，不同系统就无法协同工作。CATIA通过将复杂的建筑形式拆分为几个组成部分，可以实现用一个软件将这些复杂的信息传达给分包商和制造商，这使得材料元素的切割、塑形和衔接有了意想不到的效率和准确性。

安吉拉·德比布
(1975年生)

塔尔的学校
(2013)

美术纸上喷墨打印
150厘米×190厘米

这幅被建筑师安吉拉·德比布(Angela Deuber)称为《分析》(*Analytique*)的画作是为设计塔尔村的一栋校舍所作。从远处看,这幅长150厘米、宽190厘米的大型画作,表面看起来像是由阴影和轮廓组成的。最暗的区域位于画面底部,从画面左侧三分之一高度的位置开始斜向下延伸,一个黑色的轮廓穿过建筑物所在地,代表了自然地面的剖面。向下延伸,山坡被巨大的建筑轮廓打断,建筑的规模之大使其从远处就能被看到。在更小的范围内,湖泊的边缘在画面上形成了一条不均匀的线,几乎延伸至右上角。一个小白方块周围有一个浅色圆圈,表明该画面是一个建筑场地的总平面图,展示了学校所在的位置及周边区域的地理特征,其他半透明的画面就像薄纱一样叠加其上。在这些阴影区域的后面(画面上部),画面变成了金黄色,一块较浅的垂直条带和深色调的区域,突出显示了三个楼层的平面图、横剖切图和四个立面图。它们在靠近地面的地方清晰可见,比例相同,在深色区域的顶部穿过一条白色的线以示地表。这条精细的白线是用来区分平面图和剖面图的。另一方面,立面图在棕色的背景上被施以深色的阴影,虽可以看到,但也可以说是隐蔽起来了。漂浮在湖面上的两个不同的轴测投影图显示了方案的组织结构:上部图像拆解了外立面的结构,下部图像描绘建筑的内部结构,并表现出建筑坐落于一个以几何图案为装饰的花园地块上。

彼特·萨内顿
(1597—1665)

哈勒姆新教教堂
(1653)

橡木板油画

88厘米×103厘米

17世纪彼特·萨内顿（Pieter Saenredam）的建筑画与如今的极简主义审美有相通之处，深受约翰·帕森（John Pawson）和埃德蒙·德·瓦尔（Edmund de Waal）喜爱。萨内顿的画通过表现大尺度的室内空间的材料、氛围和光线，来捕捉日常空间的本质，并描绘清教徒式建筑中保留的日常生活场景。比如《哈勒姆新教教堂》这幅画，描绘的就是一座建于16世纪中期的新教教堂。萨内顿大部分作品中的教堂室内空间，像公共广场一样具有开放性，并不像循规蹈矩的礼制建筑。在画面中，廊道上站着姿态各异的人，有两个席地而坐的孩子，还有一只在一旁嬉戏的小狗。这幅画构图的非对称性消解了它的正式感。在孩子们的身后，祭坛与穹顶宛如立在地面上的船只，四周空空如也。然而，教堂其实是对称的。教堂正中的交叉拱顶延伸至远处的筒形拱顶，一盏垂落的吊灯在画面的中心形成了一条垂线。单点透视使画面核心偏离了教堂中心——朝向教堂的角落，而非后方的中央门廊。萨内顿的透视手法炉火纯青，他在绘画中描绘的结构无不基于精确的测量。在描绘室内环境时，他通常会画一些全景草图、细节详图和平面图，并标注主要建筑元素之间的距离及它们各自的尺寸。这幅画的不寻常之处在于，画中的一些元素只存在于教堂施工图中，出于造价的原因，它们并未在实际建造中落实。

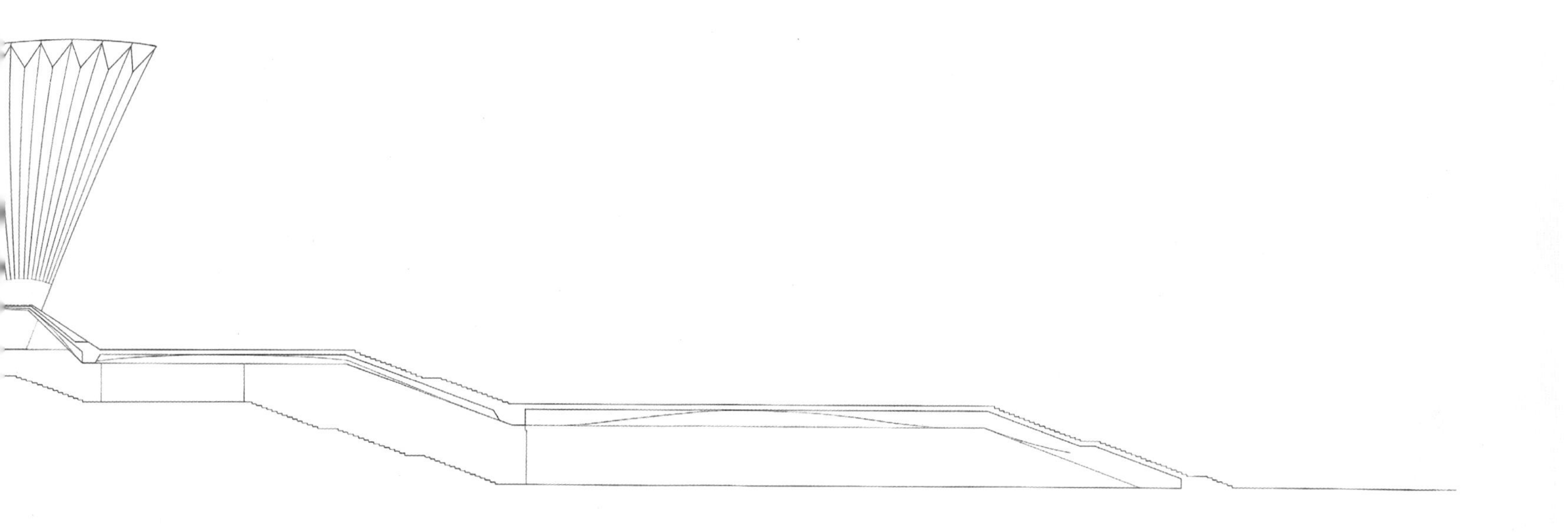

longitudinal section through minor hall
showing elevation of auditorium & stage wall
scale 1/16" = 1'0"

约恩·乌松
(1918—2008)

悉尼歌剧院小音乐厅
(1962)

纸上墨水

26厘米×82厘米

1957年，丹麦建筑师约恩·乌松（Jörn Utzon）赢得了悉尼歌剧院（包含两个演奏大厅）的国际设计竞赛。《悉尼歌剧院：黄皮书》（*Sydney Opera House: Yellow Book*）于1962年出版，这一年是歌剧院开工的3年后和1973年竣工开放的11年前。歌剧院执行委员会指出，这36页图纸展示了该建筑项目进程中的决定性时刻——找到屋顶拱形壳体的实现方式。在施工前，这项工作从设计到几何学研究，前后持续了一年多。这幅图位于《悉尼歌剧院：黄皮书》的第8页，展示了建筑朝东部分的剖面图，并描绘出了小音乐厅。剖切线从大厅的地面开始，省略了下面的服务区域，展示了朝向北面阳光和水面的休息室与楼梯，座椅缓缓坡向舞台。在立面上可以看到，拱形壳顶下充满戏剧性的、弧形的结构环绕着大厅，右边的演员入口位于一个大平台之下。两组壳体结构的轴线在平台上相交，站在平台上的观众可以直接俯视厅的中心线。两条轴线交会处是一处纪念物，立于1958年指挥台的动工仪式上。乌松在参赛时的展板上，已经确立了壳体概念的设计方案，但它的实现却给由奥沃·阿勒普（Ove Arup）领导的建设工程师们带来数月的挑战。最后，乌松自己想出了球面的解决方案，从一个想象的球面制作出壳体，并在设计中使用了常用的几何形体。

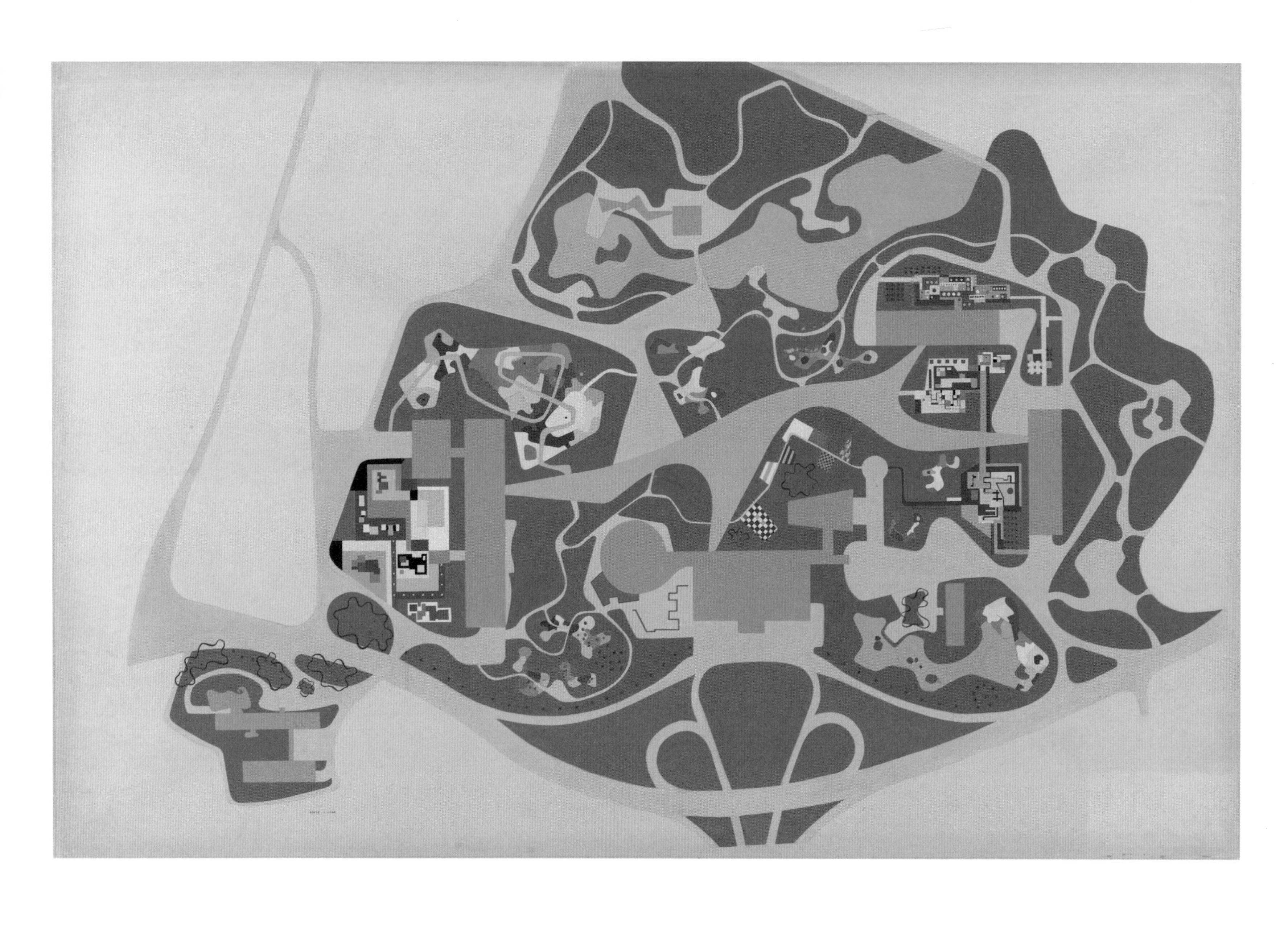

罗伯特·布尔勒·马尔克斯
(1909—1994)

伊比拉布埃拉公园
(1953)

板上水粉、石墨

100.3厘米×151.1厘米

罗伯特·布尔勒·马尔克斯（Roberto Burle Marx）是第一个挣脱了传统园林设计原则的巴西景观设计师，他从自然和巴西本土的多元文化中寻找灵感，丰富自己的作品。在20世纪50年代早期，他接受委托，设计圣保罗的第一座城市公园，公园位于洪泛平原上的一个当地人聚居的村落。在公园中的礼堂、画廊和几座亭子等建筑的设计者奥斯卡·尼迈耶（Oscar Niemeyer）的指导下，马尔克斯改进了自己的方案，最终由奥塔维奥·奥古斯托·特谢拉·门德斯（Otávio Augusto Teixeira Mendes）负责施工。这幅图展示了马尔克斯设计的铺装、壁画、纹饰、浮雕及花园，体现了他独具匠心的创作方法。作为一名画家，他认为景观设计和绘画创作是紧密相连的，并将自己的景观设计视为一种创作植物画的形式。画中绚烂的色彩、不对称的构图，让人联想到亨利·马蒂斯（Henri Matisse）、让·阿尔普（Jean Arp）和胡安·米罗（Joan Miro）的作品中自由的线条。在马尔克斯的图中，这些形状代表了植被区及穿越其中的小径。在伊比拉布埃拉公园的平面图中，这些元素叠加在一片巨大、平坦的绿色草地之中。这片绿色草地被底层为灰色的道路系统勾勒出轮廓——灰色暗示了道路作为一个整体铺装的平面，起伏深入公园内部，通向不规则形状的广场。这些景观服务于尼迈耶设计的各式建筑，而这些建筑以横平竖直的空白形状呈现在平面中，从奇异的景观之中跳脱出来。在绿色草地的衬托下，以彩色编码的形式描绘长满原生植被的花坛、铺装区域的彩色图案和两片形态自然的水域，使得一个景观步道网络跃然纸上。

巴克里希纳· V. 多西
(1927年生)

桑伽
(1985)

纸上彩铅

62厘米×32厘米

半地下的桑伽(Sangath)建筑群位于印度艾哈迈达巴德，坐落在一处充满绿色的花园中，正如巴克里希纳· V. 多西(Balkrishna V. Doshi)的这幅色彩斑斓的斜视图所示。斜视图以一定角度将建筑的立面投射到建筑所在的总平面图上，以显示建筑面向南边的街道的立面。南边的街道是一条通往艾哈迈达巴德城的重要道路，名叫“开车路”。画面底部的小汽车显示了路上的交通状况，路上也有闲步行走的蓝色的行人和一只骆驼，体现了艾哈迈达巴德居民对待动物的态度，比欧洲和北美洲的市民更为包容。池塘里的鱼和旁边的鸟，还有花园里的孔雀，会进一步强化观者的这种印象。在图中，花园里露天剧场的下沉庭院，毗邻着冷水池，并与建筑的立面相连。桶状的混凝土拱顶，覆盖着白色的碎瓷片，引人注目。这些长长的建筑里，有多西的建筑工作室，还有瓦斯图·希尔帕的环境研究和教育基金会。花园是建筑群的重要组成部分，可以抵御高温和污染，要知道当地的温度可以达到45℃。花园还能对季风期的降雨、洪水的渗透起到缓冲作用。在这处阴凉的场所，各种各样的树木也参与到内部环境的调节中，在图中，每一种树都在充分发挥自己的独特性。在夜晚比较凉爽时，阶梯式庭院内可举办演讲会、讨论会和音乐会。入口位于建筑的后方，在正式进入室内之前，你可以先体验一下漫步于建筑群中的感觉。

阿德勒和沙利文事务所

商业俱乐部大厦
(1891)

纸上铅笔

33厘米×25厘米

1891年，美国圣路易斯市为商业俱乐部大厦举行了一场建筑设计竞赛，阿德勒和沙利文事务所（Adler & Sullivan）提交的方案落败。但在这个项目中，路易斯·沙利文（Louis Sullivan）从实践层面实验性地提出了一些新问题，试图创造一种国家性而非单纯商业性的建筑外观。后来他在1896年的文章《高层办公大楼的艺术考量》中彻底阐释并分析了这些问题。沙利文以建筑所处的城市语境为背景，对建筑的尺度进行整体规划，将顶层宴会厅作为重构建筑整体比例与构架的一部分。在巨大的楼顶上，盒子般的柱廊围绕着整个宴会厅；每个立面都由两个曲面的飘窗支撑，如两根巨大的多孔壁柱从底层的装饰构架中升起一般。陡峭的倾斜屋顶强化了建筑的整体感，像一座巨大的狩猎屋，一点儿也不像温莱特大厦那样形如宫殿、结构简洁，尽管它们位于同一城市，都出自阿德勒和沙利文事务所。这些商业俱乐部大厦项目，对于沙利文探索前所未有的高层建筑形式十分重要。这些摩天大楼的出现，要归功于层出不穷的新材料和新技术，以及19世纪晚期工业城市中日益增长的商业场所规模。他在1896年的文章中，从根本切入高层建筑的设计问题：“摩天大楼的核心特征是什么?”他的答案是：“它是高耸、巍峨的。”正是在这篇文章中，遭人诟病的“形式服从功能”的理念首次出现，后来被功能主义建筑用作自圆其说的说辞。然而，这句话的本意是对建筑形式特征的文化解读，甚至是诗性的阐释，而不是对批量复制体系的理论回应，尤其是那些以为简单改进就能适应不同用途的理论体系。

巴尔达萨雷·佩鲁齐
(1481—1536)

圣彼特罗尼奥大教堂
(约1522)

纸上钢笔、棕色水墨、黑色粉笔
93.1厘米×53.3厘米

从16世纪到19世纪，就圣彼特罗尼奥大教堂（Basilica of San Petronio）未完成的建筑外立面，很多建筑师提出过设计方案，包括帕拉第奥和朱利奥·罗马诺。这座仅次于米兰大教堂和佛罗伦萨大教堂的意大利第三大宗教建筑，其主立面正对着博洛尼亚的马乔里广场。如今，它与意大利画家、建筑师巴尔达萨雷·佩鲁齐（Baldassare Peruzzi）的这幅画几乎没有什么相似之处。这幅画由几张连在一起的纸拼成，这注定了它的“准考古学”特征——不仅表现了现存教堂所用材料的质感与结构关系，还展现了雕刻在教堂正面的复杂故事。在画中，艺术家用棕色水墨细线来加强墙面浮雕的三维效果。正立面上的门廊与拱窗的墨色阴影，与棕色线条一起，渲染出墙体背后的空间感。在今天，教堂立面的上半部分仍未完工，在接近佩鲁齐画中玫瑰花窗的位置上，裸露的砖墙中央有一扇简单的拱窗，其第一檐的下面部分与佩鲁齐的设计方案相似，但不完全相同——佩鲁齐的方案呈现的是一个改良过的大理石立面。这幅画描绘的结构，包含了14世纪后期安东尼奥·迪·文森佐（Antonio di Vincenzo）的设计，以及后来的阿方索·伦巴第（Alfonso Lombardi）和雅各布·德拉·奎希亚（Jacopo della Quercia）设计的建筑细节。众所周知，佩鲁齐是轴测图的早期倡导者，他将轴测图用于古建筑的研究。通过一系列的研究，以及分析建筑材料和构造，他极大地拓展了建筑知识的外延。这些研究成果也体现在他为圣彼特罗尼奥大教堂设计的方案中——具有宏伟雕塑的门廊，生动的三维描绘，使得凸出的科林斯壁柱和内凹的门廊清晰可见，其间还有丰富的纹饰细节点缀。

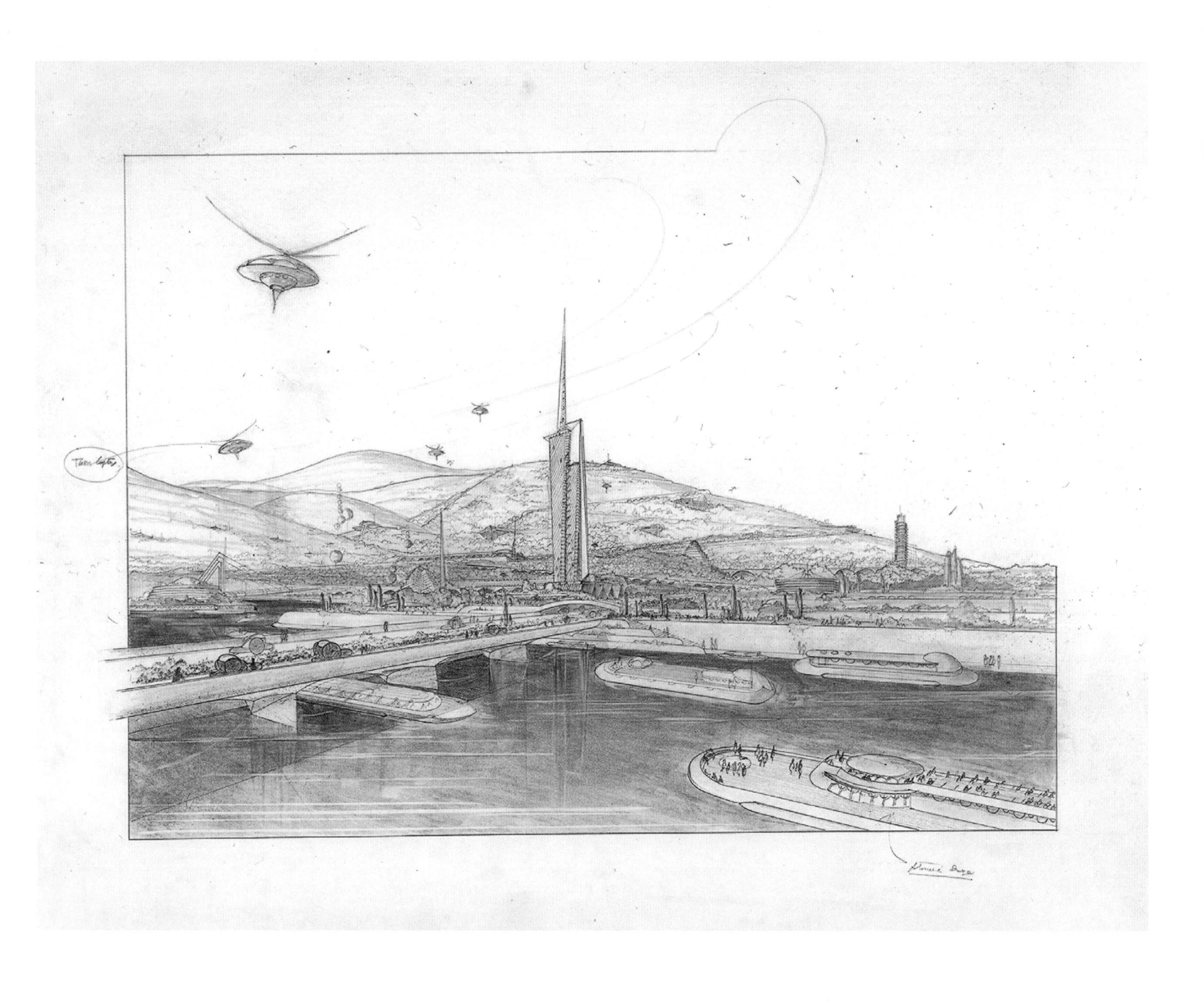

弗兰克·劳埃德·赖特 (1867—1959)

活着的城市 (1958)

描图纸上铅笔

82厘米×106.7厘米

1958年，年事已高的弗兰克·劳埃德·赖特（Frank Lloyd Wright）出版了《活着的城市》（*The Living City*）一书，在书中阐释了自己的美国城市景观哲学，这幅表现城市中心的精细的铅笔透视图就来自此书。在关于建筑和城市的畅想中，赖特从玛雅遗迹和普韦布洛建筑中获得启发，并吸取了日本文化的元素，从文化层面提出了替代方案。画面中，从树丛里升起的金字塔结构揭示了他的畅想，私人交通工具更是一个关键元素。画中的圆形飞行器在赖特20世纪30年代的作品中已经出现，这种圆形的形式在他之后的作品中也多次出现，比如1947年的亨廷顿哈特福德乡村俱乐部和1959年的古根海姆博物馆。这幅图采用了俯瞰的视角，观者仿佛就置身于一个圆形飞行器中。其不同寻常之处在于，它虽然基于赖特的分散式土地规划，这种规划依赖自给自足的家庭生活模式，却描绘了一个相对集中的城市核心。他在痴迷于交通、信息技术的同时，也畅想着以手工业为基础的理想农耕生活，这使得画面有了一种张力。画面构图的中心是一幢位于水边休闲公园之中的高楼，巨大的船只从旁边的河道驶过，长得像蜗牛一样的汽车在宽阔的堤道上与行人混在一起。在远处，住在散落山间的居所的人，可以享受地俯视这一奇幻的景观。对赖特来说，这个重新畅想城市的乌托邦式的梦想，是通过一种改良式的乡野景观来定义的，并扩展了我们广阔开放的陆地空间，而不是摩天大楼与天际线构成的高密度大都市。早在《活着的城市》出版的30年前，当赖特提出“尤索尼亚”（Usonia）的概念时，这种想法就出现了。“尤索尼亚”这个词描述的就是一种平等的文化，赖特认为这种文化会自发地在美国出现。

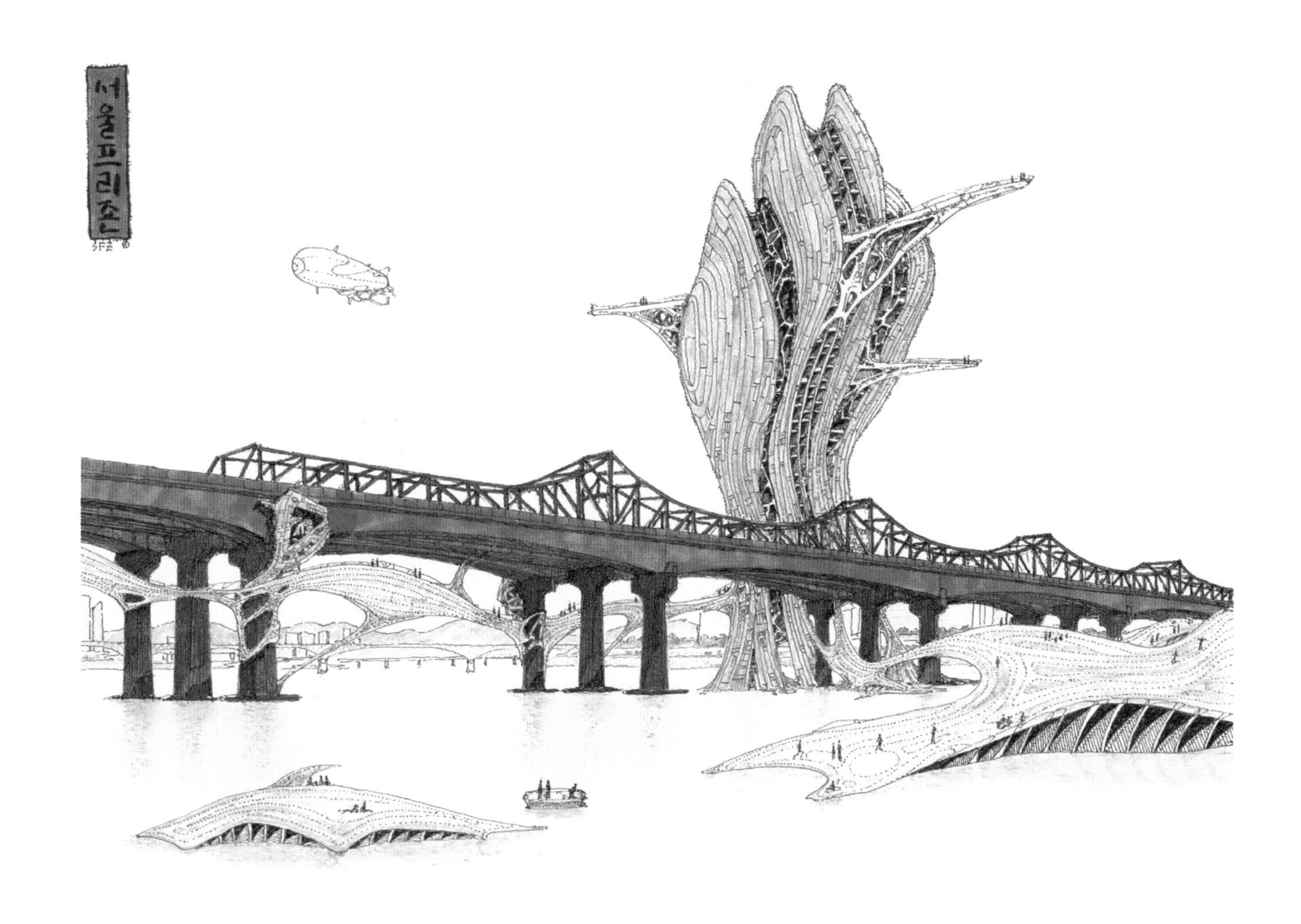

月亮勋
(1968年生)

首尔普里佐
(2009)

纸上红色软笔、金色铅笔、
黑色钢笔
21厘米×30厘米

首尔建筑师月亮勋（Moon Hoon）的图绘在一系列日记中，他把这些日记称为“魔法书”，用他自己的话说，这些日记源于生活中过度的乱写乱画。尽管这样的开端听起来有些粗糙，但他的图绘却整合了一系列复杂、精细的视觉资料：从20世纪60年代激进的未来主义到俄国的解构主义，从知名的建筑人物，如勒·柯布西耶（Le Corbusier）、莱伯斯·伍兹（Lebbeus Woods）和安藤忠雄（Tadao Ando），到日本动漫和达·芬奇的笔记本。他对构图和色彩的运用，尤其是这幅图中的红色部分，正是基于深度的联想和形式的独创性。生物的形态结构和奇怪的机械物体经常出现在月亮勋的建筑手稿中。在这些图中，有时还会居住着微小的人物。壳体的形式——一个反复出现在月亮勋作品中的主题，在这幅画中已经变成了一座巨大的建筑物，展现了两个平行的世界：红色的东宫桥，对应着我们熟知的日常建筑环境；寄生式的、外表不规则的建筑，代表了幻想的世界。后者依附在桥上，锚固在巨大的壳体结构上，形成一片取代了河岸的地坪，时而沉入水面，时而浮起。“普里佐”（Prizone）这个词是月亮勋发明的，结合了“监狱”（prison）与“自由区”（free zone）两个词。月亮勋在画画时，故意保留了手绘线条的不确定性，因此这些图绘就有了一种类似“人性”的趣味性与偶然性。这些直接来自想象的图绘，无疑是对正统建筑世界的挑战，月亮勋试图通过自创的“创造性的恐怖主义行为”，不断突破建筑的局限。

弗朗索瓦-约瑟夫·贝朗格（1744—1818）

德尔维厄豪宅一面墙的立面设计（约1789）

纸上钢笔、石墨、彩色墨水和水粉

30.6厘米×28.5厘米

弗朗索瓦-约瑟夫·贝朗格（François-Joseph Bélanger）20岁时进入著名的法国皇家建筑学院，既是一名善于结交社会关系的建筑师，又是法国宫廷娱乐设施的设计师。尽管与王室关系密切，但在法国大革命时期，他被短暂监禁过一段时间（1794年在圣拉扎尔监狱）。获释后，他与情人、舞蹈演员安妮-维克多·德尔维厄结婚，翻修并扩建了她在巴黎的豪宅。其实在1788年时，贝朗格就已经扩建了建筑，增加了两个侧楼，并以当时流行的庞贝风格装饰，造就了一个优雅又引人注目的“游园之家”。与18世纪法国的许多新古典主义建筑师不同，贝朗格没有赢得罗马大奖赛（Prix de Rome）的冠军，也没有去意大利旅行，而是摒弃了直接的个人经验，开始进行古代建筑遗迹的研究。这幅精心制作的墙立面图出自一本住宅设计图集，书中收录了20多种备选的设计方案，其中一些仅仅是草图，它们的思路在设计之初即被淘汰。然而，这幅图中的整体设计方案已经确定：用尺子和圆规精心构图，细节完善，并抹去了辅助线的痕迹。画面中，拱形图案围绕着一个壁龛，壁龛是沿着一条檐口线形成的隔板。黄色拱形图案上镶嵌着宝石形状的相框，框中的人物肖像在深蓝底色的衬托下难以辨别。立面采用了各种各样的装饰：左边是自然的玫瑰色荆棘卷，而飞檐则用复杂的蛋形和飞镖图案进行点缀。他在拱形框架内设计了一个精致的场景，包括拱廊、舞者、飞鸟、狮鹫以及伊特鲁里亚蔓藤花纹的窗饰——窗饰的设计灵感来自赫库兰尼姆和庞贝的考古发掘。

伊万·佛明
(1872—1936)

特拉尔纳亚地铁站中央大厅
(1936)

纸上铅笔、水彩、墨水
116厘米×145厘米

1935年6月，斯大林和维亚切斯拉夫·莫洛托夫签署了《莫斯科规划》，该计划提议将城区扩大近一倍，使市中心人口密度最高，周围建立森林公园带。在此计划公布之前，莫斯科地铁系统的初步工作已经开始。1932年时，大范围的城市规划仍处于起步阶段，苏联共产党中央委员会批准了第一条地铁线路的建设，由伊万·佛明（Ivan Fomin）设计的特拉尔纳亚地铁站便是其中一部分。它属于莫斯科河畔线，邻近莫斯科市中心的特拉尔纳亚广场，周围聚集了众多剧院。这是一幅表现中央大厅的透视图，尽头是自动扶梯，可以直接从地铁站洞穴般的空间上升至地面，高达34米。地铁站的最迷人之处就在于大厅：带凹槽的壁柱连成一排，壁柱之间交错着墙壁、大理石长椅和通往站台的拱形通道，表面使用的拉长石和白色大理石来自斯大林为建苏维埃宫而下令拆除的基督教堂。拱形天花板上装饰着菱形镶板，与饰有棋盘图案的地板上下呼应，地板的网格与远处的自动扶梯相连。其间点缀着娜塔莉亚·丹科（Natalya Danko）的锡釉陶浅浮雕，浮雕取材于苏联各加盟国的民族传统，表现了戏剧艺术的代表人物。尽管地铁的施工是由苏联工人完成的，但他们听取了一些参与过伦敦地铁建设的英国工程师的建议，比如，采用自动扶梯而不是升降电梯，在施工时运用开挖洞穴隧道的方式，而不是随挖随填。

藤本壮介
(1971年生)

蛇形画廊
(2013)

纸上钢笔
6厘米×9厘米

近十年来，伦敦蛇形画廊（Serpentine Pavilion）每年都会邀请一位著名建筑师，在其展厅外小而平坦、绿树成荫的草坪上设计建筑作品。藤本壮介（Sou Fujimoto）谈及他设计的项目时说："我希望创作一件能够融入这片绿色的作品。"这张草图上精致的半透明结构，便是他为实现这一目标而设计的，体现了他一贯的风格。他将建筑中的结构元素细化成极小的、云一般的存在，在奶油色的纸张上轻轻画出一簇簇红线，纵横交错。其中散布着一些人物，使得建筑形式更加明确。画草图是藤本设计过程中的一个重要环节，他认为这是一个试错的过程，是一种即兴的内心对话，最终能赋予模糊的建筑理念以可感的形体。在概念草图中，他故意保持了一种模棱两可的状态，并将这种模糊性转化到实体中，尽管并不总是以同样的形式出现。因此，他用疏松流畅的线条绘制草图，而非明确的规则或公式。如草图所示，设计蛇形画廊的项目时，藤本壮介为了将外部氛围和内部环境结合在一起，创造了一种透明的样式——其中只有建筑构件的线条干扰，最终形成一张白色的三维网格。这样的有趣之处在于，观众置身于一个复杂强大的透视网格中，他们的存在与建筑产生了丰富而生动的互动。我们从图中不难推想出这种效果——图中的人物和建筑线条颜色相同，但人物被建筑线条笼罩着，看起来像画廊的延伸，抑或一场偶然。

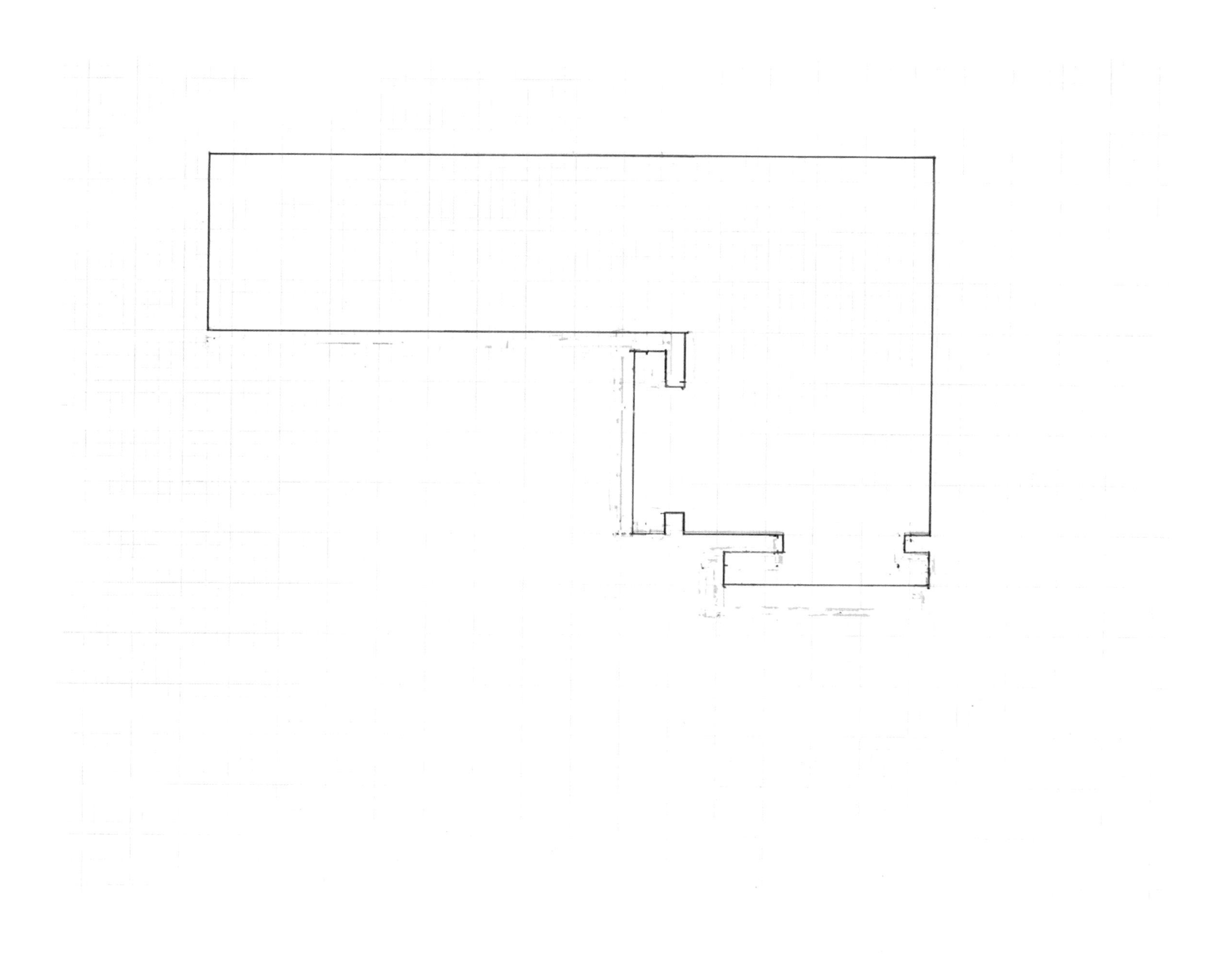

朱莉娅·菲什
(1950年生)

客厅设计草图·东南-1
(2002)

方格纸上墨水、修正带
45.7厘米×60.3厘米

2002年，艺术家朱莉娅·菲什（Julia Fish）为十幅名为《客厅》（*Living Rooms*）的系列画作绘制了一些草图，这幅图就出自她的草图集。她在图中分析了其芝加哥住宅一层起居区域的不同空间，每幅图上，都标注了各个空间在矩形公寓平面上的位置及朝向。本图所示的墙体轮廓基于一张典型的测绘平面，比例尺是1：12。为了直接并持续表现自己在家里的生活体验，菲什在绘制边线时充分考虑了空间与实体的依存关系，画面上刻意修正的标记进一步点明了这一关系。至于为什么使用方格纸——在方格纸上画的线条横平竖直，犹如借助了尺子和三角板这样的传统绘图工具。小方格也许在提供一种尺度感，但线条本身的抽象性并未提供可以进一步阐释的线索。唯一的喻示，是拐角处弯折的空间让人感到了墙壁的厚度，但是此处空间之窄（可能是门道或壁龛）又使人存疑。这些草图，是菲什观察自己与周围客观环境互动过程中的一个转折点。此前，她在图中描绘了常见的表层材料，比如瓷砖地板、沥青墙板，以及家和工作室的砖墙；现在，她开始考虑家庭环境的入口：楼梯、楼梯平台和入口通道。然而在这幅图中，没有明确的实体入口，这条线围起的是一个奇异而封闭的空间。

亚历山大·达克斯布
(生卒不详)

东京都
(2016)

电脑软件制图
82厘米×42厘米

这幅画就像连环画中的一页，描绘了都市中的复杂街道，是《东京都》(*Tokyo Metropolis*)的三联画之一。三联画的每一幅都展示了一座高楼，高楼被置于典型的日本街景中，描绘得巨细无遗。从主透视图可以看到一条朝向建筑但从建筑一旁经过的街道，下面两幅较小的图展示了两个近景——通过火车的玻璃窗近距离看到的建筑立面，以及站在车下回头望见的火车。作者亚历山大·达克斯布(Alexander Daxböck)尝试了一种漫画的方式，使用电脑作图而非手绘，但没有使用三维模型，因此，阴影的绘制完全依靠直觉，就像手绘一样。漫画一般通过一系列画面展开叙事，画面中包括人物和动作背景。其场景设计十分重要，需要仔细考虑虚构的故事情节与连贯性。通常在表现单个图像的建筑图绘中，作为画面的主要元素，建筑主体往往非常突出，建筑所处的背景环境是相对静止的。而漫画中的场景常常由真实的城市环境和建筑场融合而成。三联画《东京都》选取了东京的一些地点——从不同的角度呈现出高楼周围的景观。在达克斯布看来，建筑周边的环境十分独特，于是他用既有日本本土特色，又能在世界范围传播的漫画形式传达出来。这座高楼本身就是杂志和网站上常见的不同建筑的综合体，仿佛一座21世纪初的荷兰建筑被置换到了日本，达克斯布称自己受到了荷兰一些建筑事务所的影响，比如OMA、MVRDV和NL等。同时他也从日本建筑师和事务所那里得到启发，比如SANAA建筑事务所。

约翰·拉斯金
(1819—1900)

总督府外观
(1845)

纸上石墨、水彩
36.2厘米×50.2厘米

从大运河与潟湖交汇处望去，威尼斯总督府右半部分映入眼帘。在画面中，约翰·拉斯金（John Ruskin）敏锐地捕捉到了威尼斯的小气候。聚集在水面上的薄雾几乎直接从建筑群面前散去，这样，建筑的细节就在强烈的光线下显现出来。水彩晕染出了叹息桥上方的天空，勾勒出桥的形状和桥下的阴影。画家采用同样的技法，渲染出宫殿和拱廊的拱形开窗，形成了幽灵般的空洞。然而，建筑立面的细节仅仅在画面的中心得到细致描绘，光影在精细、复杂的雕刻中嬉戏，形态各异的拱门显得生动活泼，极富空间感。总督府装饰性的立面与运河转弯时形成的大景深空间，构成了强烈的对比。画面上还可以看见一部分叹息桥及其后面的监狱。在拉斯金看来，总督府既体现了威尼斯哥特风格建筑的精髓，也是城市历史的寓言。在拉斯金的著作中，尤其是在《威尼斯之石》（1851—1853）中，他屡次提及这座建筑，甚至将整本书作为总督府的一种写照。拉斯金自己并不确定画这幅画的具体日期，但评论家认为这是他摆脱了塞缪尔·普劳特（Samuel Prout，英国水彩画家）风景画的影响后所绘，因为在那之后，他的测量方法更严格，这幅画中的线条和题字都显示出了缜密的细节，并非印象派的风格。拉斯金曾写到，这幅画是用极精细的测量方法画出来的，可见准确性对拉斯金而言何其重要。

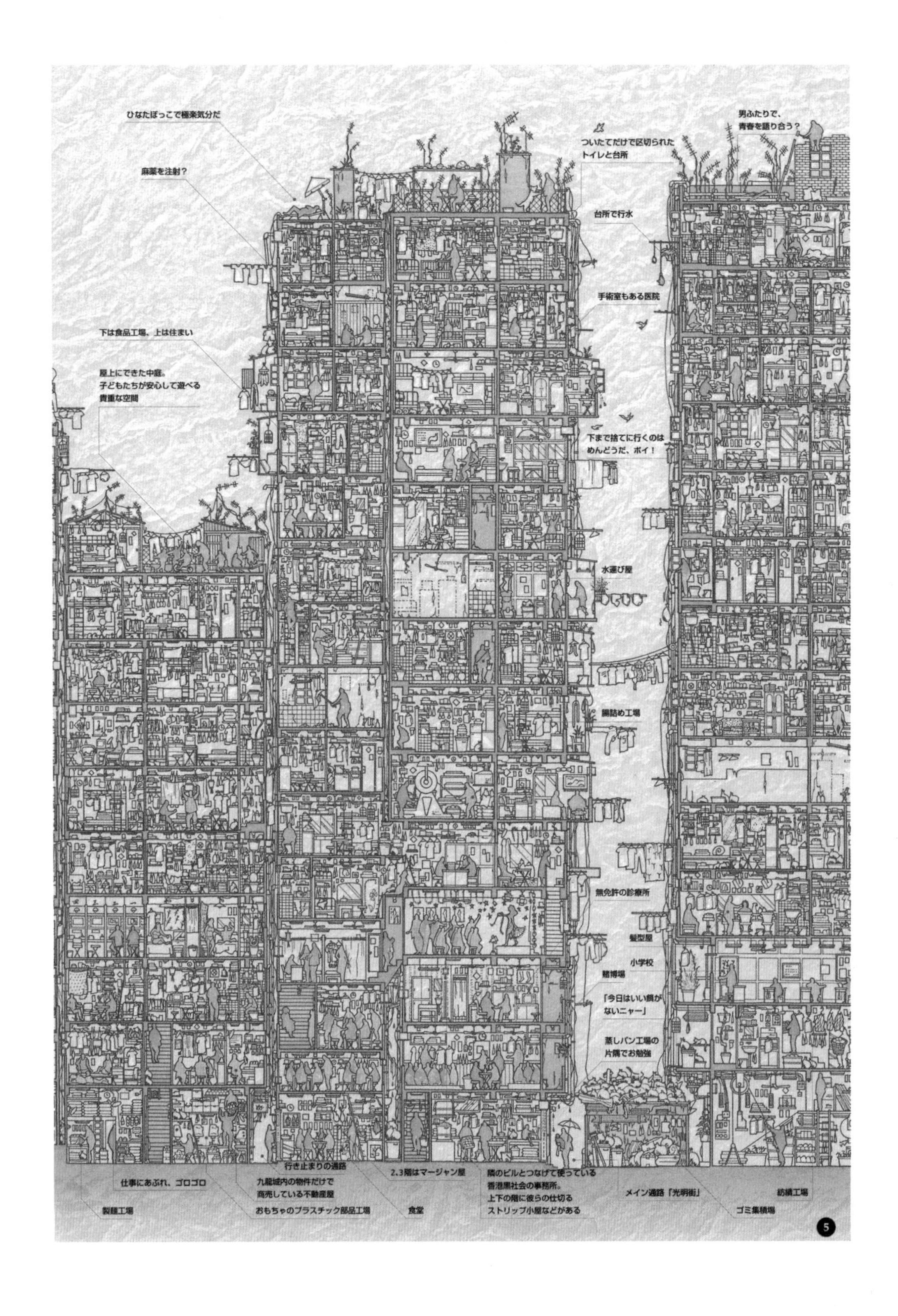

可儿弘明，等

九龙寨城
(1993)

纸上墨水

77厘米×51厘米

1993年，在香港的九龙寨城被拆除的几天前，一群日本研究人员来到了这里。在历史学家和文化人类学家可儿弘明（Hiroaki Kani）的带领下，这些建筑师、工程师和规划师记录了九龙寨城被拆除前一段时间的居住环境和社会情况。他们绘制了一系列图纸，其中包括一张非常详细的长剖面图，图片展示了这一密集城市街区的构成与生活形态，上面这幅图就是长剖面图的一部分。这幅图使用了一个简单、常规的方式来描述复杂的内容，剖面上的所有实体构件均采用了亮橙色，直接表现了在如此大的居住密度下建筑的极端逼仄。在狭小空间中工作和生活的人也用橙色标示——宛如他们也被剖开。这幅剖面图中唯一的实心部分便是起伏的地面。曾经，在这块长约126米、宽约213米的区域中，居住着5万多人，平均每平方米约有1.92万人，是世界上人口密度最大的地方。由于紧邻启德机场，楼层限高14层。这片区域是生机勃勃的城市生活的一个奇迹——在这幅图中，可以明显看到狭窄的维修通道，临时搭建的台阶连通了高高低低的楼层，通过狭窄的通道就能进入主要的小巷和中庭的迷宫。这片居民建筑完全是按照最基本的生活需求建造并扩建的，没有垃圾收集、排水、电力或供水等正规设施。其供水是从77个不同的水井中抽水，再储存在屋顶上的水箱中——剖面图中用绿色标示出了水箱。在这座围城内，游离于管制之外的活动之多超乎想象，包括地下食品加工业、制造业、色情业，还有购物和家庭生活，这一切共同组成了一个背离传统、危机四伏，却自给自足的社区。

密斯·凡·德·罗
(1886—1969)

柏林弗里德里希大街摩天大楼方案(1921)

纸上木炭和石墨

173.4厘米×121.9厘米

“只有在建的摩天大楼揭示着大胆的建设性想法，高大的钢铁骨架给人的印象才是压倒性的。”1921年，密斯·凡·德·罗（Mies van der Rohe）在参加弗里德里希大街的摩天大楼设计竞赛时如是说。他的提案是建造一座由半透明玻璃包裹的“水晶塔”，而不是传统的整体式结构和装饰覆层，看似未完成的状态，却给人以无尽的想象空间。画家用颜色极深的材料——木炭和石墨——画出了城市街道，以及排列在街道两旁的建筑，在这座20层大楼的周围营造出一片乌黑、阴暗的环境，大楼内的楼层在玻璃的“面纱”内清晰可见。在这幅透视图中，抽象的几何形式组成的三座三棱柱体塔楼高耸入云——这是密斯的三件参赛作品之一，他在署名时使用了笔名Wabe（德语“蜂窝”的意思）。这一项目位于一片地理位置重要的三角形区域上，三面分别毗邻施普雷河、火车站和一条购物街，周围环绕着很多体量巨大的建筑。弗里德里希大街新地标的设计竞赛征集了140件作品，并促成了第一次世界大战后人们对柏林城未来的讨论。透明玻璃塔楼在今天的城市中已无处不在，但在当时，这个为柏林第一座摩天大楼而做的设计方案无异于一次激进的反叛，密斯无疑是最先想到利用钢结构骨架的特性将外墙从其承重功能中解放出来的人。除了在实用和建造技术方面革新，他还对建筑材料中玻璃的象征性感兴趣——这一点也吸引了许多表现主义艺术家，比如诗人保罗·西尔巴特（Paul Scheerbart）和密斯的建筑师同行布鲁诺·陶特（Bruno Taut）。1922年，在他们创办的表现主义刊物《晨曦》（*Frühlicht*）上，密斯发表了这幅画作。

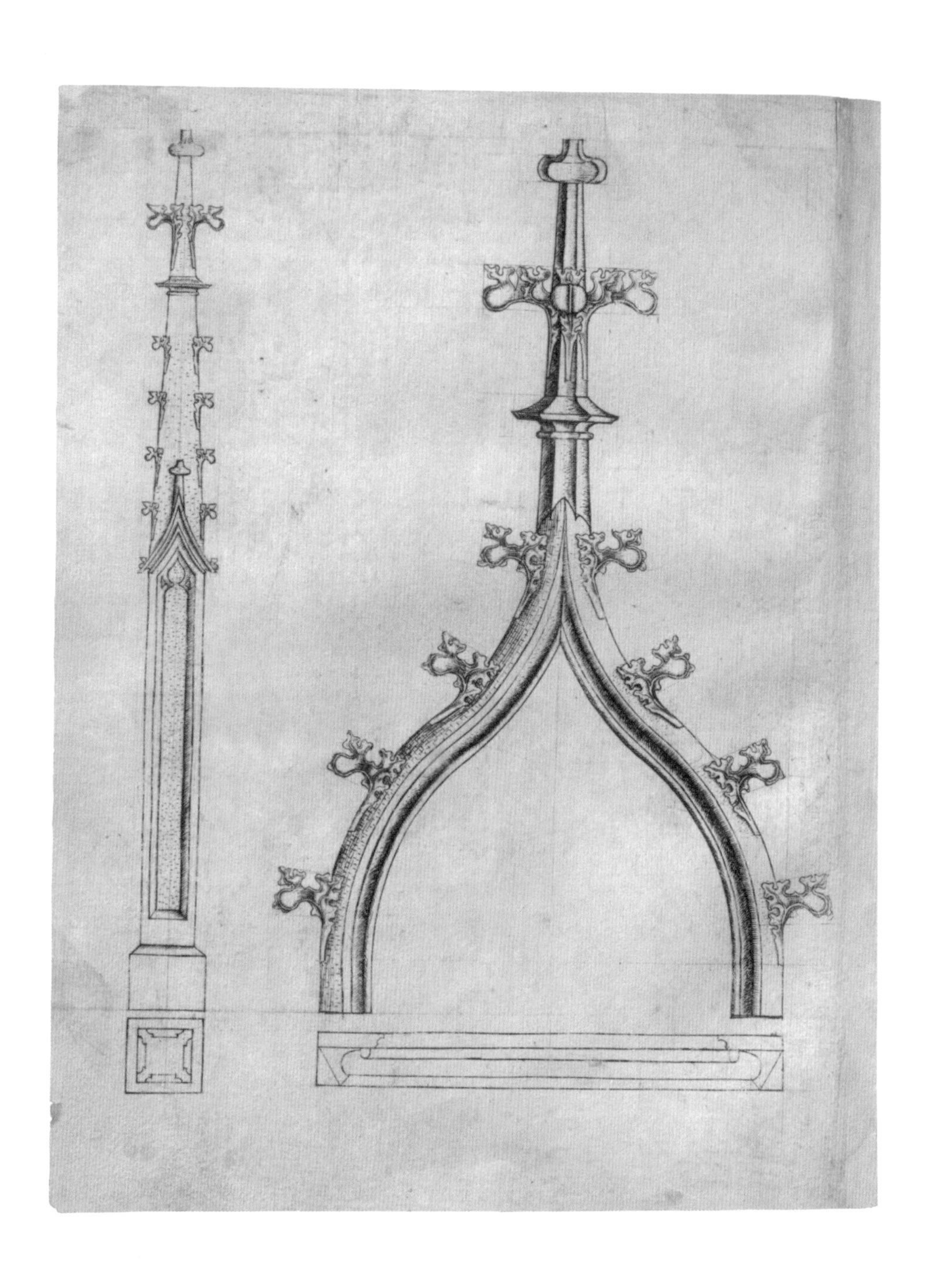

汉斯·施默特迈耶
(约1450—1518)

尖顶与山墙
(1486)

纸上钢笔和墨水
20.9厘米×15.2厘米

中世纪一些杰出工匠的设计手册，如金匠汉斯·施默特迈耶（Hanns Schmuttermayer）和泥瓦匠马西斯·罗伊泽尔（Mathes Roriczer）的记录，展示了15世纪高度发展的教育和几何学知识的水平，无疑为当时建造哥特式建筑提供了可能。在此之前，行业秘诀以口授的方式代代相传，并通过等级化的学徒制沿袭。这些小册子的公开，标志着教育方式和技术传播形式的一次变革，奠定了以印刷方式传播知识的基础——这种方式在18世纪广为流传。施默特迈耶的设计手册《尖顶之书》（*Fialenbüchlein*），关注的重点是如何传递具体的操作技能，以及工匠如何根据一个明确的范式来完成特定的任务。在这本书的序言中，他提到了几何的艺术。但对他来说，几何不过是测量工作中所用的计算方法。上面这幅图就是《尖顶之书》的内文图，展示了已完成的尖顶和山墙。施默特迈耶用粗线勾勒出轮廓，并用交叉排线的方式画出（明暗对比的）体量感。装饰部分的雕刻细节通过阴影明暗表现出来，内敛、独特的外形描绘得栩栩如生。这是两幅组图中的第二幅，附有详细的文字说明，分别描绘了不同状态下的尖顶。第一幅图中表现了原始的、未经雕刻的元素及其关系。这些说明文字是用现在时态写的，提醒工匠要小心：“你就要开始做山墙了……现在，首先在山墙下画两条水平线，两条线之间的厚度为b（平面中显示的组件之一）的宽度。”

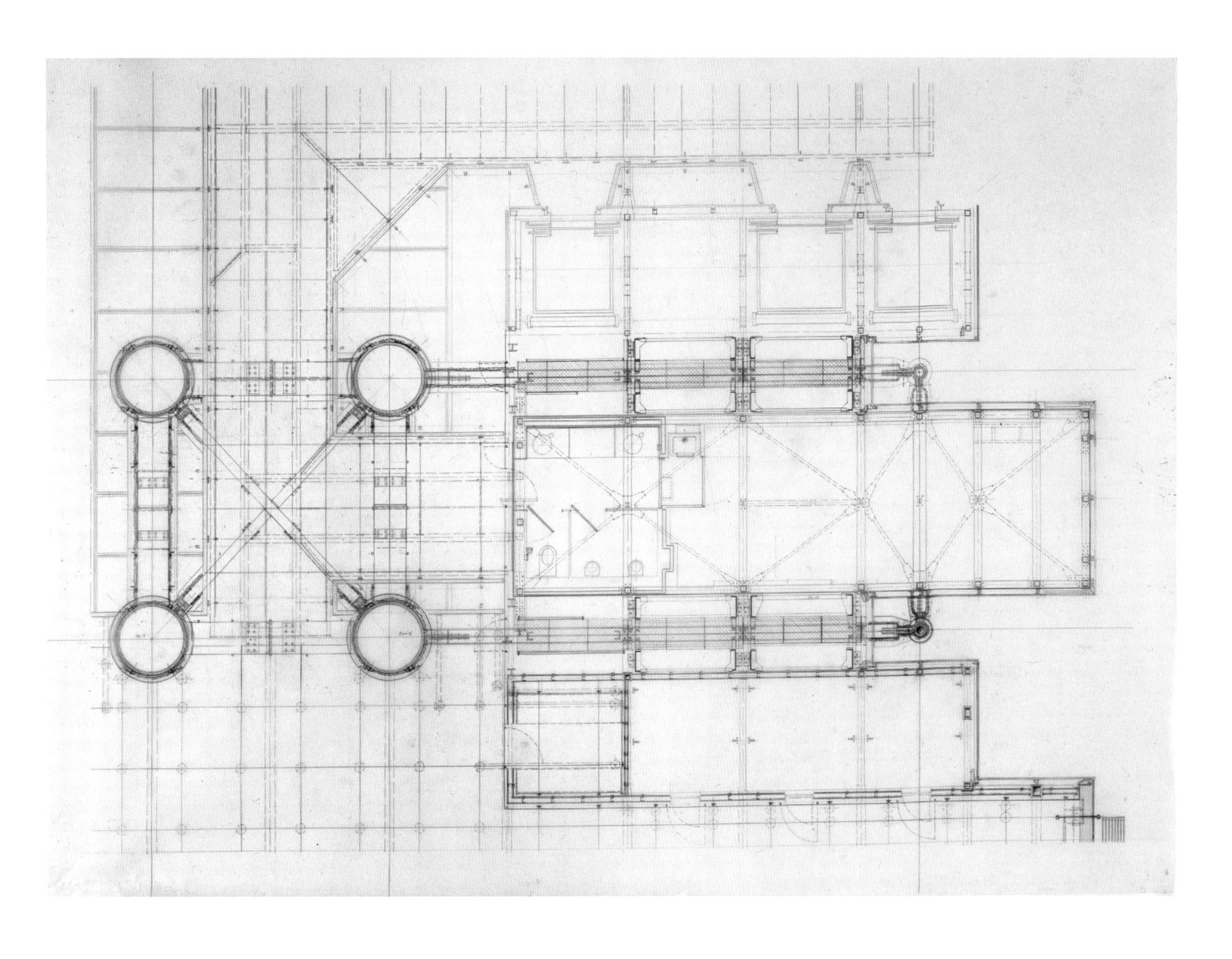

福斯特事务所

香港汇丰银行大厦
(1984)

纸上墨水

31厘米×44厘米

这幅图纸展示的是香港汇丰银行大厦钢结构集群中核心元素的布置，揭示了建筑结构与服务空间的复杂关系。由于是手工绘制的，从不均匀的虚线和非直线元素所体现的特殊质感（比如柱子周围的黄色区域）可以明显看出，图中的细节并非出自单一制图师之手。在香港汇丰银行大厦设计项目中，这种绘制方法是由两位主创设计师肯·沙特沃斯（Ken Shuttleworth）和大卫·纳尔逊（David Nelson）在短时间内发明的。这种色彩搭配是福斯特事务所特有的一种绘图语言，两位建筑师使用了一种共通的、亲密的绘图方式。在施工前，为了让地产商看懂建筑方案，拿下标的，建筑师往往精心准备设计详图。但与详图不同，这张图绘制时，建筑已经开始施工，因此绘制时间十分紧张。在短时间内建造占地面积近10万平方米的建筑，需要预先制作大量配件，包括工厂的成品模件。面对复杂的协调问题，如何在这个核心构件中将不同的建筑构造和功能系统结合在一起？这幅图提供了解决方案——八根主要钢桅杆中的一根被中间的对角线连成一个垂直桁架。楼层由桅杆支撑，意味着巨大的银行高楼可以不受内部结构的影响。该方案展示了桅杆是如何支撑起钢梁的。钢梁中有一个槽，预留出了卫生间的空间，还有一片大的服务空间。画面中还勾勒出了电梯的区域，边线与结构网格线对齐。

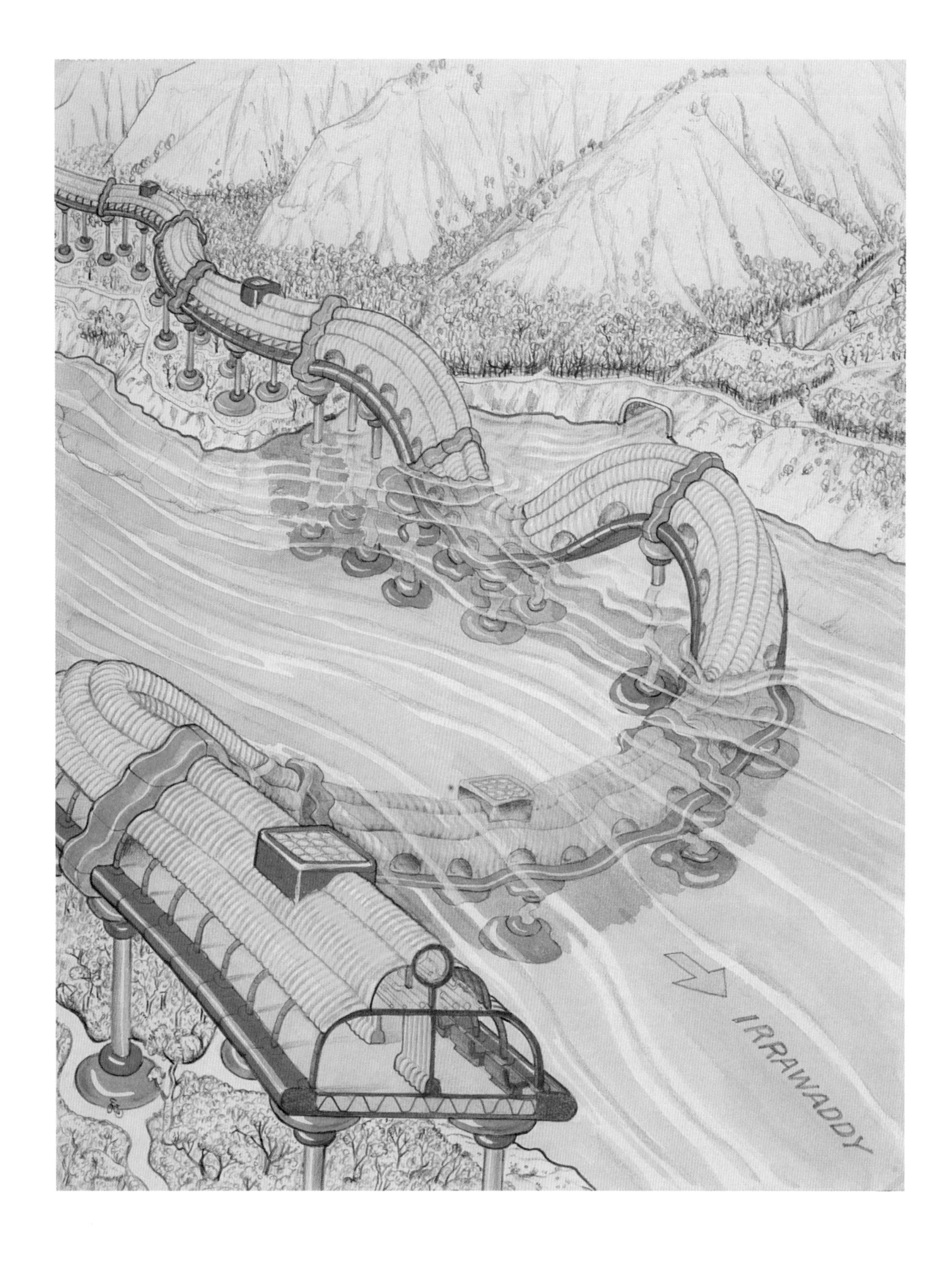

埃托·索特萨斯
(1917—2007)

风景秀丽之道
(1972)

纸上铅笔

31厘米×25厘米

一条用丰富线条描绘的河流从画面中心流淌而过，这就是伊洛瓦底江，画面右下角的箭头和文字清楚地标示出了其走向和名称。这条巨型河流流经缅甸，在英国小说家鲁德亚德·吉卜林的诗中被称为"曼德勒之路"。画中的手写说明文字提到，埃托·索特萨斯（Ettore Sottsass）似乎为了强化这条路的象征意义，描绘了一个奇妙的、他称之为"一条巨型风景秀丽之道"的结构。支撑这条线路的每一条"腿"的两端都有吸盘，它仿佛在自己移动，像一条巨大的蜈蚣，穿过河谷、沉入水中，而后又爬升至对岸，其身形特征在河岸上格外鲜明。明黄色的屋顶有一种充气的质感，水下的闭合部分更是增强了这种质感，缠绕在线路上的绿色部分似乎可以根据地形进行任意弯曲。线路经过的地形有两种：一种是为人熟知的环境，用浅灰色表示，由纵横交错的小路、步道及交错排列的树木构成；而另一种则异常恢宏，沿途满是优美风光。这幅画为《节日星球》系列作品之一，描绘了一个乌托邦式的家园，那里的人们从工作及社会环境中脱离出来；现代城市生活的方方面面，比如超市、银行和公共交通等，都被用于娱乐的超级工具所取代。这些超级工具除了"风景秀丽之道"外，还有香薰、毒品和笑气的分配机，专为情色舞蹈修建的建筑，用于听室内乐的木筏，以及能观星象的体育场。

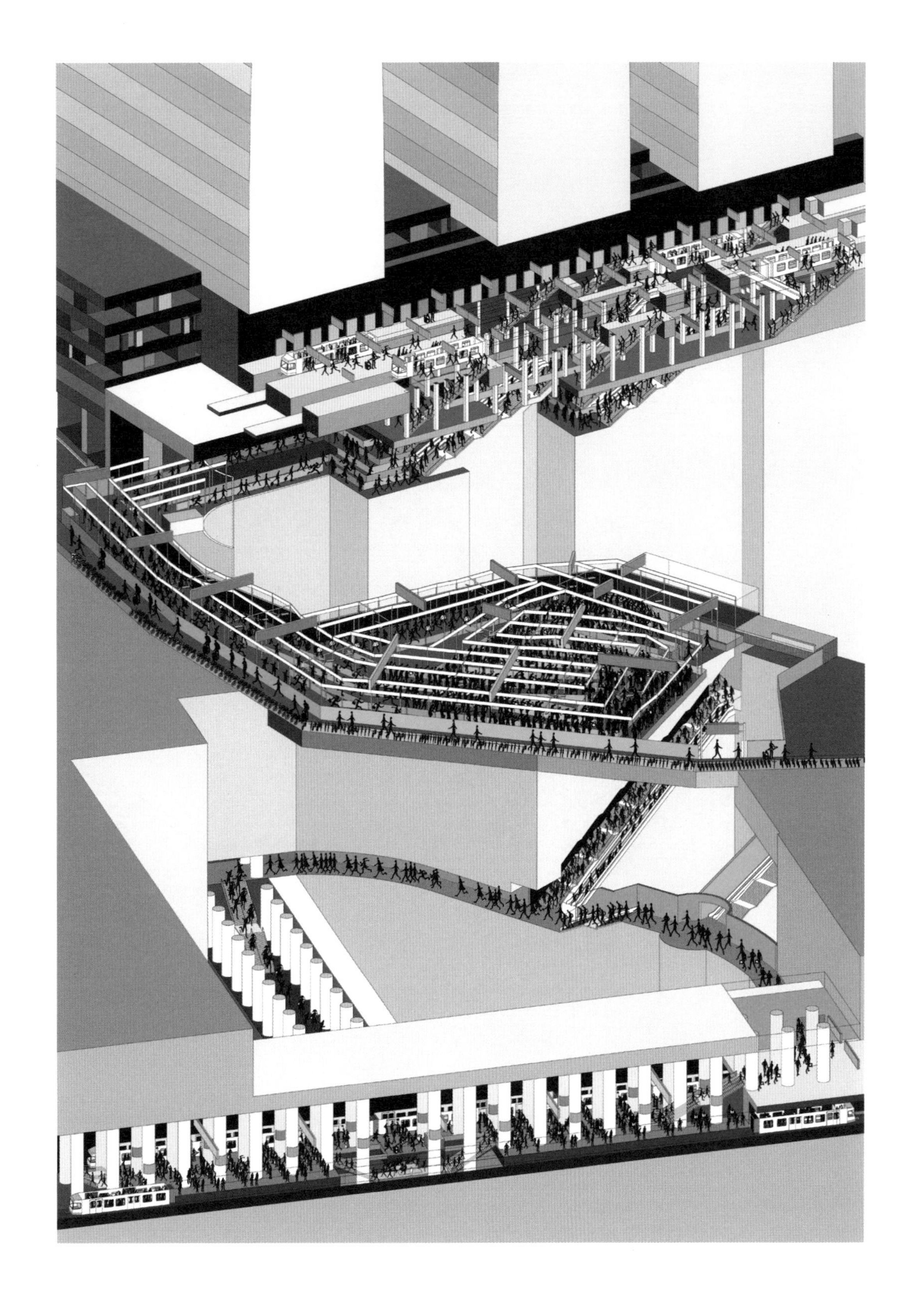

李涵
(生卒不详)

西直门地铁站
(2008)

电脑软件制图

39厘米×56厘米

这张图全面展示了北京西直门地铁站的垂直切面，揭示了在两条地铁线路之间换乘时可能产生的复杂路线——要知道，这两条线路之间的换乘距离是北京地铁系统中最长的。这幅图结合了剖面图和轴测图，将深层地段从三个不同标高处剖开，仿佛揭开了一个巨大的蚁丘，让我们可以从多个角度来解读。从顶部来看，这座21世纪城市的地面是如此难以捉摸。三个长长的白色方块压着秘密的地下世界，但它们脚下还有低矮的建筑，彩色的房顶表明它们也处于地面之上。从中间的连接部分来看，行人从这层的扶梯与楼梯中走出，便可达到上层地面；当人流向下朝这些表面结构的基底层移动时，便到达了中层大厅——这里挤满了小黑影。从这里开始，通道和自动扶梯进入看似不连续的区域，直到它们到达矗立着两排柱子的双面站台。从远处驶来的地铁列车，也处于画面的底部。李涵表示，这个北京城中最繁忙的城市节点之一，呈现出的无尽、拥挤和混乱，是城市空间影响人们日常生活的典型例子——上下班的人各自走在人群中，每个人都只向前走，不与人交谈。他说，这幅图强调了如何表达复杂空间的连续性。它用一把无形的刀，将有着不同空间关系的元素分割开来，以展现整个空间。甚至就在画这幅图的时候，一条新的地铁线路又竣工了，这使得换乘路线更加复杂。画中显示的部分空间现在已经不存在了，这幅图因而也成了历史的记录。

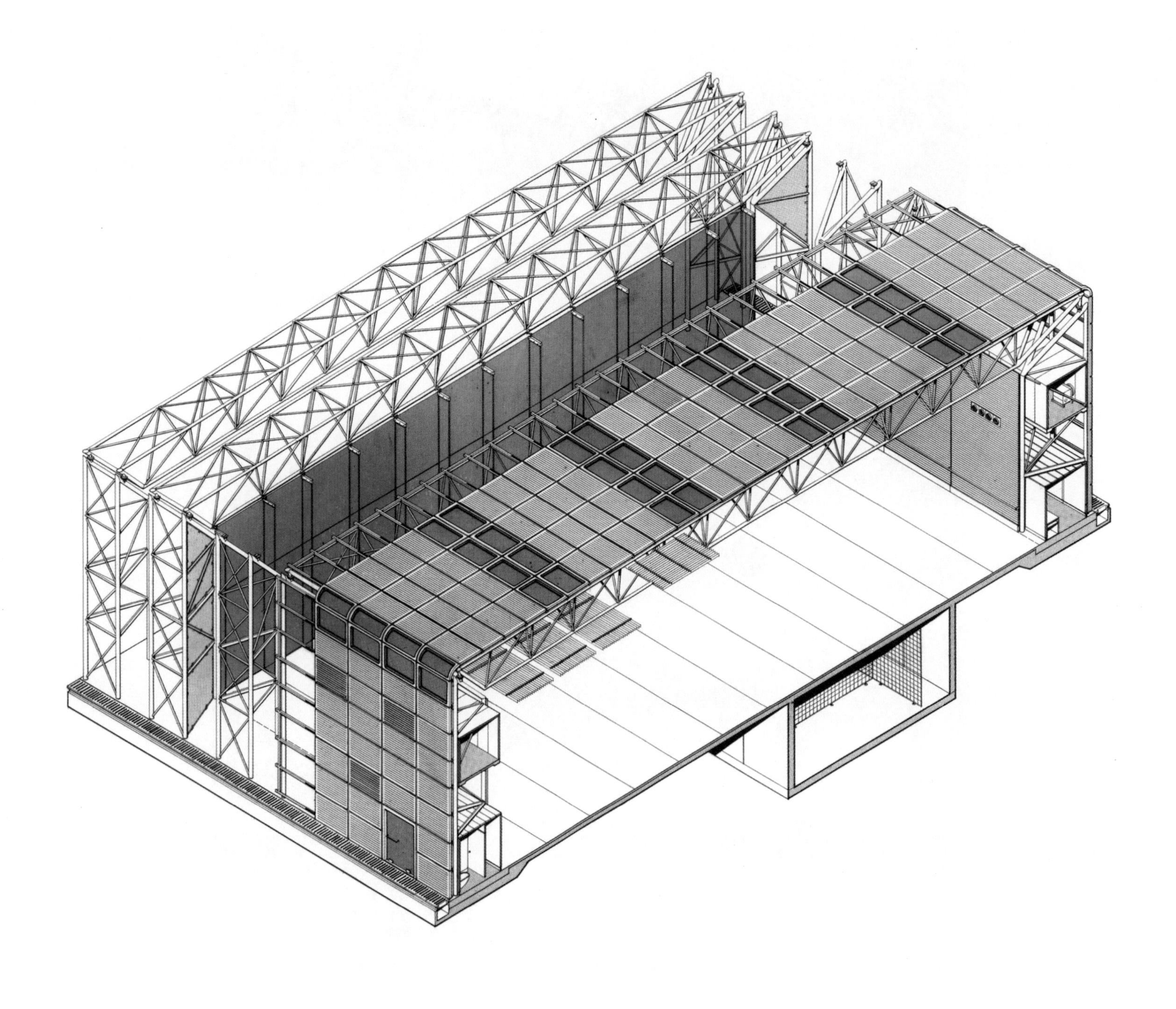

福斯特事务所

塞恩斯伯里中心
(1978)

纸上钢笔和墨水
84厘米×113厘米

这幅图中的建筑是在1974年至1978年间诺曼·福斯特（Norman Foster）为罗伯特爵士和塞恩斯伯里夫人的艺术藏品设计的第一座建筑，手绘轴测图从一端切开，展示了建筑复杂的结构和构造逻辑。建筑位于英国诺里奇东英吉利大学的一片绿地之上，其厂房一般的内部包含了一个占据大部分场地的开放式展览空间，还有餐厅、商店和办公室。实际建筑中，还有一条悬浮在建筑上部的巨型玻璃栈道，可以通往丹尼斯·拉斯顿设计的巨型建筑。这种绘图方法受到了19世纪50年代的青少年漫画杂志《鹰》中剖视图的影响。《鹰》以常在内页中展示现代建筑的复杂分析图著称，比如"英国节"时修建的发现展览馆的圆顶，考文垂大教堂，或是核动力船舶，乃至极具未来感的天然气机车那样的工程奇迹。这幅轴测图同样表现了建筑中的预制结构。图中前半部分展示了银灰色绝缘铝面板何以覆盖在管状钢桁架的外部。建筑是在模块化的系统上生成的，每个部分都呼应着这个系统。该建筑由36个桁架结构组成，单个宽3.6米，这些桁架内部的连续跨度为28.8米，建筑的长度、宽度、高度比例为16：4：1。建筑立面上的多孔铝百叶窗，通过模块化网格中的凹槽嵌装在立面中，可以调节内部光线。这一剖视图也展现了桁架结构中的设备在维持室内微气候方面的工作原理。图的后半部分详细展现了桁架的每一个组成部分，并暗示了这个向外延伸的建筑的边缘—— 一片可以俯瞰草坪的平整玻璃墙。

亨利·拉布鲁斯特
(1801—1875)

圣热纳维耶夫图书馆阅览室
(1842)

纸上石墨、铅笔和墨水笔

45.5厘米×58.5厘米

这幅由亨利·拉布鲁斯特（Henri Labrouste）为巴黎圣热纳维耶夫图书馆（Sainte-Geneviève Library）阅览室所作的复杂的设计草图，展示了他对外露铸铁结构的创造性使用，以及结构的建造之美。在这间阅览室的设计中，他结合考古研究中程式化的古典元素，发明了一种应用于公共室内空间的美学语言，如纤细金属柱上的科林斯式柱头。平面设计参考了帕埃斯图姆的一座庙宇建筑，四个拱模拟了哥特式拱顶。其中，两个拱呈纵向，两侧一根接着一根的柱子支撑着中心主梁。在横向上，两个拱横跨整个房间，穿过两个走廊的倾斜屋顶。由于该图为灭点向左侧倾斜的透视图，所以两条拱廊以两种不同的角度呈现出来。这幅图还通过描绘窗户一侧的镶板装饰，展现了整体式外墙的空间关系，而这些外墙的细微结构也在房间尽头的立面中有所体现。镶板装饰由窗侧蔓延至天花板——天花板在最终的设计方案里变成了圆形拱顶。在图中，装饰都掩藏在一层由锻铁打造的拱形桁架的“面纱”之后，其营造的三维空间感使画面更为活泼。这是图书馆里的一个大型公共阅览室，占据了图书馆上层的全部空间。其实柱子底部的基础部分就有4米高，只是其巨大的空间体量在画中并不明显。柱基之处，还有一个连续的厅廊，以便读者取阅柱墩之间的大量书籍，厅廊下部由放有书籍的厚墙支撑。

弗拉基米尔·塔特林
(1885—1953)

第三国际纪念塔
(1920)

纸上墨水

18厘米×13厘米

1919年，艺术家、建筑师弗拉基米尔·塔特林（Vladimir Tatlin）受苏维埃政府的委托，完成列宁以新纪念碑代替沙皇时代纪念碑的任务，以此向大众传达新政权的理念。图中的建筑是他最为著名的作品《第三国际纪念塔》。它的主题——第三国际，或称共产国际，在画中被描绘成一种新社会秩序的隐喻。他构想了一座矗立在彼得格勒（今圣彼得堡）的、高达303米的高塔，在雾气弥漫的远处，隐约是由工业建筑构成的天际线。塔本身以科学图解的方式绘制，但它实际是一种内在的象征，而非实用的物件。图中以黑墨描绘的两组相互缠绕的框架式螺旋结构，由一根巨大的悬臂铁梁支撑着，铁梁与地面呈一定角度悬挑而起，展示出这些精细结构的完整轨迹。螺旋钢架的内部悬挂着三个柏拉图式的玻璃几何体：一个立方体、一个锥体和一个圆柱，分别标有A、B和C。建筑顶部是半球形的无线电台。这些元素都是用细墨线描绘的，淡色水墨使画面呈现出半透明的质感。建筑的每个部分都在以不同的速度旋转，周期最长的一年，最短的一天，它们象征着苏联不同部门的和谐共存。塔特林的方案与埃尔·利西茨基（El Lissitzky）等艺术家抽象的、具有煽动性的艺术运动不谋而合，尤其是后者的“普鲁恩”［Proun，俄语中“赞同新世界的项目”（project for the afrmation of the new）的首字母缩写］概念。

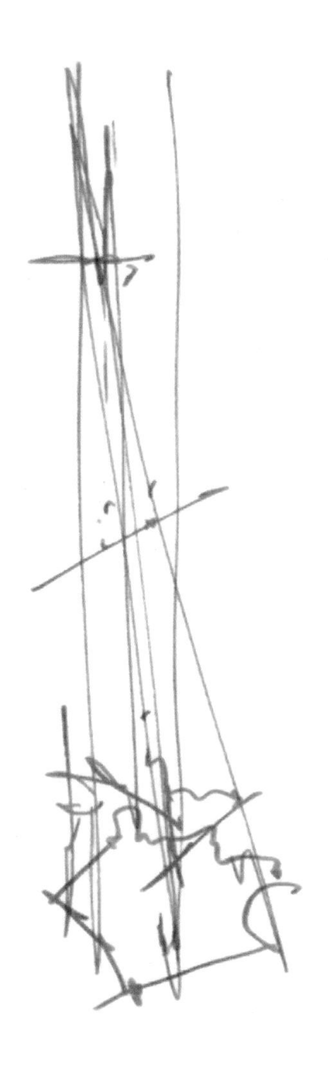

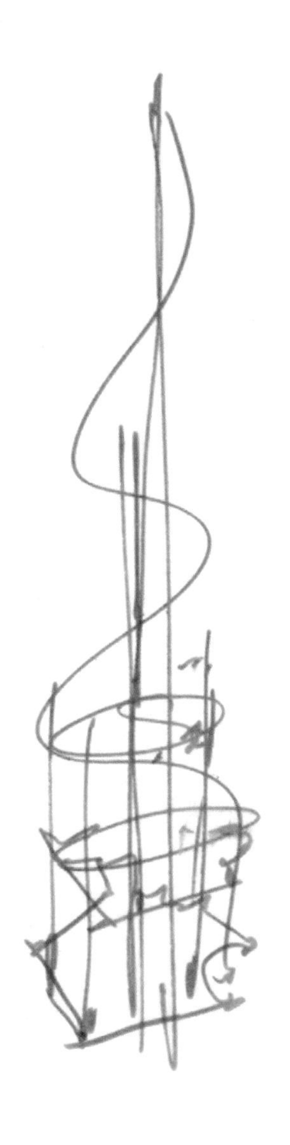

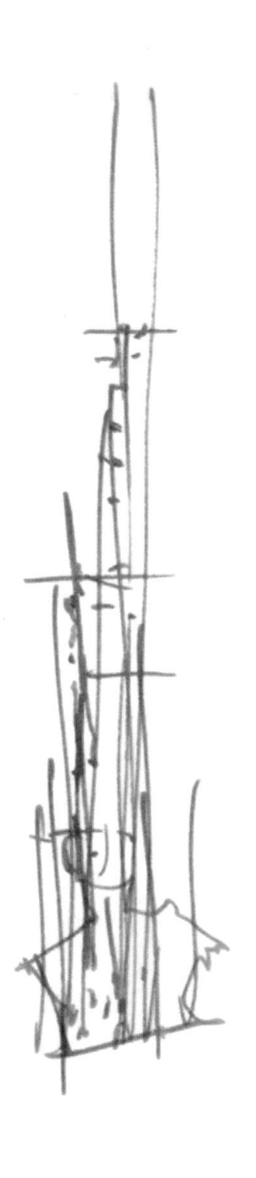

伦佐·皮亚诺
(1937年生)

碎片大厦
(2004)

纸上毡尖笔

20厘米×29厘米

伦佐·皮亚诺（Renzo Piano）这三幅绿色草图是他著名的绿色画中的典范。这些绿色画通常是在一次谈话的时间中快速完成的，几道简单的线条便能捕捉到对话中的精髓。一般情况下，这些草图只对谈话的人有些作用，但这三幅则不然。它们展示的是伦敦最高建筑的三个概念，官方称其为“碎片大厦”，由皮亚诺设计。这三幅图各展示了一个略有不同的、建造细高塔楼的形式策略，地面上的七边形地块被底部结构填满，而随着高度增加，楼体逐渐缩小，在达到顶点时，它变为尖尖的一点。在最终实现的方案中（第一幅草图与其最接近），七个侧立面采用了长三角面。除了展现建筑如何逐渐变细，它还说明了七个侧面是如何永不接触的，皮亚诺将这些漂浮着的长三角面描述为“在相互调情”。他所用的那些引人入胜的词句，加上迷人的草图，将这座建筑的起源变为了一个神话。这要追溯到更早前的关于碎片大厦的绿色草图，据说是皮亚诺在2000年3月与地产开发商欧文·塞勒（Irvine Sellar）的一次会面中，在一家餐厅的餐巾纸上画出来的。欧文·塞勒是该项目的发起人，也是项目的实施者。皮亚诺感叹素描如此快地成了现实，而塞勒到现在还把那张著名的餐巾纸放在办公室里。在一次采访中，塞勒回忆起皮亚诺是如何看着河流与铁路的美景，看着它们之间的能量流动、混合，并开始用绿色毡尖笔在餐巾纸上勾勒出他所看到的巨大的风帆或冰山。

塞巴斯蒂安·勒·普雷斯特雷·德·沃邦(1633—1707)

里尔军事计划
(1709)

纸上墨水
39厘米×39厘米

法国著名的军事工程师塞巴斯蒂安·勒·普雷斯特雷·德·沃邦（Sébastien Le Prestre de Vauban）率领法国军队包围里尔（这是他职业生涯中50次类似的军事行动之一）后，于1667年8月从西班牙手中夺取了里尔。一年后，国王路易十四命令担任防御工事监察长的德·沃邦设计并建造一座新的堡垒。这张平面图是德·沃邦死后不久，由地图制造商和印刷商尤金·亨利·弗里克斯（Eugene Henry Fricx）指导、布鲁克曼（Brüchman）绘制的，图片展示了德·沃邦如何将城堡作为城市东北防御系统的一部分。他在里尔这个位于比利时边境附近的战略要塞的位置上，依据完善的、分12个阶段的攻城逻辑顺序，设计了一座城堡，攻陷它并找到登上其顶端的方式最长需要48天的时间。这是一座星形堡垒：一个五边形，可以从各个角度观察周围的地形，没有盲点。自然的河道沿着图的左边蜿蜒而行，灰蓝色的河道环绕着土方工程中心的城堡，河道里注满了水，并打上了成千上万的桩，防止船只进入。由此创造的沼泽地和洪水系统使得这些壁垒的底部被淹没，从而挫败了敌人挖开它们的企图。同心平面呈辐射状，它的布局和建造，体现了德·沃邦加强工事结构的手段——通过一座被称为“斜堤”的防御性斜坡，将整个基地用堡垒和幕墙包围起来。在他所有的防御工事设计中，他把景观作为一个基本的元素来使用，将景观本身的特点——如此处的沼泽——作为他的优势，他种植树木来掩盖大炮的烟雾，并重塑地形以掩护军队。

玛丽–何塞·范·熙
(1950年生)

泽伊德赞德住宅
(2007)

纸上铅笔

41.6厘米×55.1厘米

从这幅草图中我们可以看出，在项目一开始，玛丽–何塞·范·熙（Marie-José van Hee）就考虑到了场地的物理环境，例如原有建筑的大小、周围环境的自然特征、当地的建筑材料和建筑文化，以及光线的质量与朝向。泽伊德赞德住宅占据了一片种有许多树木的乡村土地，位于荷兰和比利时交界处平坦的平原上，靠近大海。一座农舍和大型谷仓为既有的建筑，建筑师在手绘草图中考虑了这些影响因素。 范·熙决定在场地的西北角建造一座新建筑，这幅草图展示了一座常见的建筑核心布局是如何开始向南开放，同时融于被树木包围的开阔草地。建筑的中央变成了一座塔，它的高度与大谷仓的高度相当——这一设计与画面下方的楼梯剖面图相呼应。建筑周围像羽毛裙摆一样的部分构成了一个单层的元素，其复杂的几何形状环抱着花园，将其引入房子的底层，从双向壁炉的周围深入起居空间。范·熙说当她开始考虑一个项目时，她会不断地画——先画出新建筑的轮廓线或平面图，这样可以发现一些有趣的东西，并保留下来。她说，不断地绘画是一种催生各种想法的方式，如果到最后灵感都没有出现，那么画面将变成一片死黑色。这些线条密集的草图包含了许多层叠在一起的图像，其中的某些部分可能会被擦除，但说不定哪一条线或一组标记就成了最终的核心。

罗杰里奥·萨尔莫纳
(1929—2007)

托雷斯公园
(1964)

纸上墨水
29.5厘米×20.5厘米

罗杰里奥·萨尔莫纳（Rogelio Salmona）于1964年开始做他的第一个重要项目——位于波哥大的托雷斯公园住宅区。他想把这一项目与斗牛场旁边的城市中心地块联系起来，把它放在一座废弃的独立公园里，这使得他的建筑手稿充满了独特的气质。这张早期的草图展示了萨尔莫纳试图通过草图来捕捉项目场地与周围环境的本质特征，并以此来推敲项目整体形象的想法。在波哥大东部的昆迪博亚森斯高原（Altiplano Cundiboyacense）和哥伦比亚安第斯山脉东部山峰的壮丽景色中，可以看到三座塔楼中的两座，它们个性独具，与山势相呼应。左边的一座位于天际线之下，它的垂直布局是围绕中部的一个核心筒，一组螺旋串联的台地式体块从高处倾泻而下，营造出了一座山的效果。第二座塔楼位于画面中心，楼体位于地平线之上。它的台地式体块要紧凑得多，倾斜而下，与它所处的山势相连，形成一个阶梯状的地面。这无异于将人造环境转化为一种自然的地貌特征。画面右侧是一个规划中的花园，两棵高大的棕榈树模拟塔楼的姿态，表明它们所属的公园与塔楼周围漫步道的平等关系；画面左侧的圆形斗牛场创造了一条反向曲线，平衡了构图，暗示了城市肌理的连续性。螺旋形、径向几何和曲线的使用在萨尔莫纳后续的作品中非常重要，塔楼正立面所采用的独特的红砖材料也很重要，萨尔莫纳在西班牙格拉纳达的摩尔式建筑中第一次见到了这种材料。

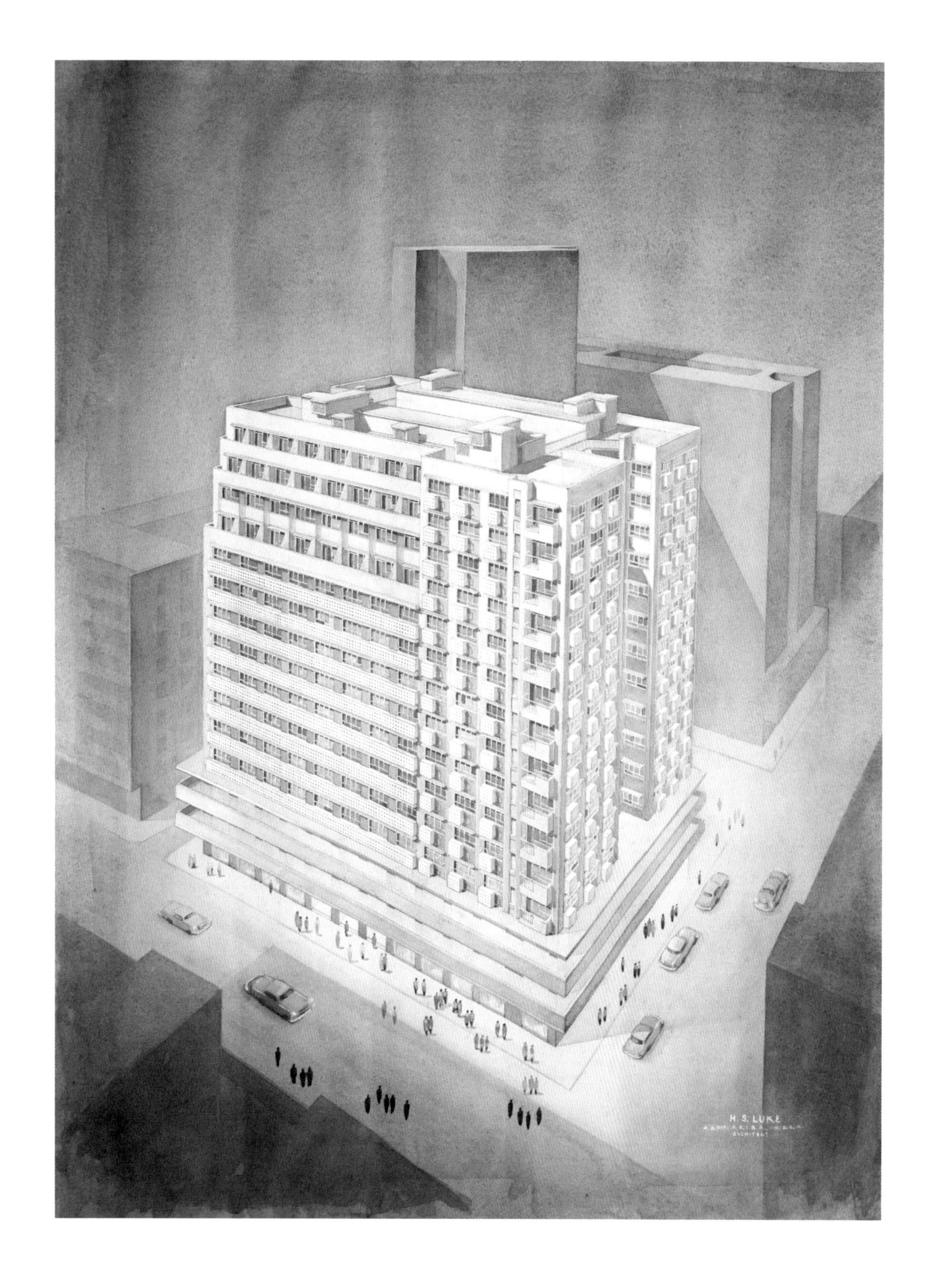

陆谦受
(1904—1992)

德辅道综合体
(1962)

纸上水彩和墨水
30厘米×22厘米

这幅渲染透视图描绘了香港繁忙的德辅道上的一座综合体建筑，详细地展示了陆谦受的建筑作品特质。在伦敦建筑联盟学院（也译为英国建筑学会建筑学院）完成学业后，他被贝聿铭的父亲贝祖诒任命为当时上海的中国银行建筑科科长。为了胜任这一新工作，他在1930年进行了为期11周的欧洲之旅，并绕道美国返回中国，其间他大量调研了欧美的银行建筑。慧眼独具的他认为欧式古典主义建筑不适合环境脏乱的城市，建筑上的装饰容易落满灰尘，并且过于宏伟的规划也是不科学的。他发现，美国的方式更适合当时中国的银行业和城市现状。他在上海中国银行的工作，不仅是设计银行大厅和办公楼，还包括设计住宅和仓库。他慢慢形成了一种既不受西方现代主义的束缚，又不以中国传统为基础的设计方法。正如这幅图所示，众物皆有其位。他设计的街区在其城市的大环境中脱颖而出，这幅图与一些美国艺术家如休·费里斯（Hugh Ferris）的渲染风格遥相呼应。周围街区和城市空间的体量和比例没有经过修饰，画面只表达了它们对光影和构成平衡的影响。建筑的底部三层设计了基座一般的裙楼作为底商。街道上的人们有的向大楼走来，有的待在大楼周围，还有几辆汽车为街道增添活力。建筑上部的住宅部分通过裙楼与街道隔开，其立面简单而连续的组合形式，在尺度和布局上与周围环境相呼应。

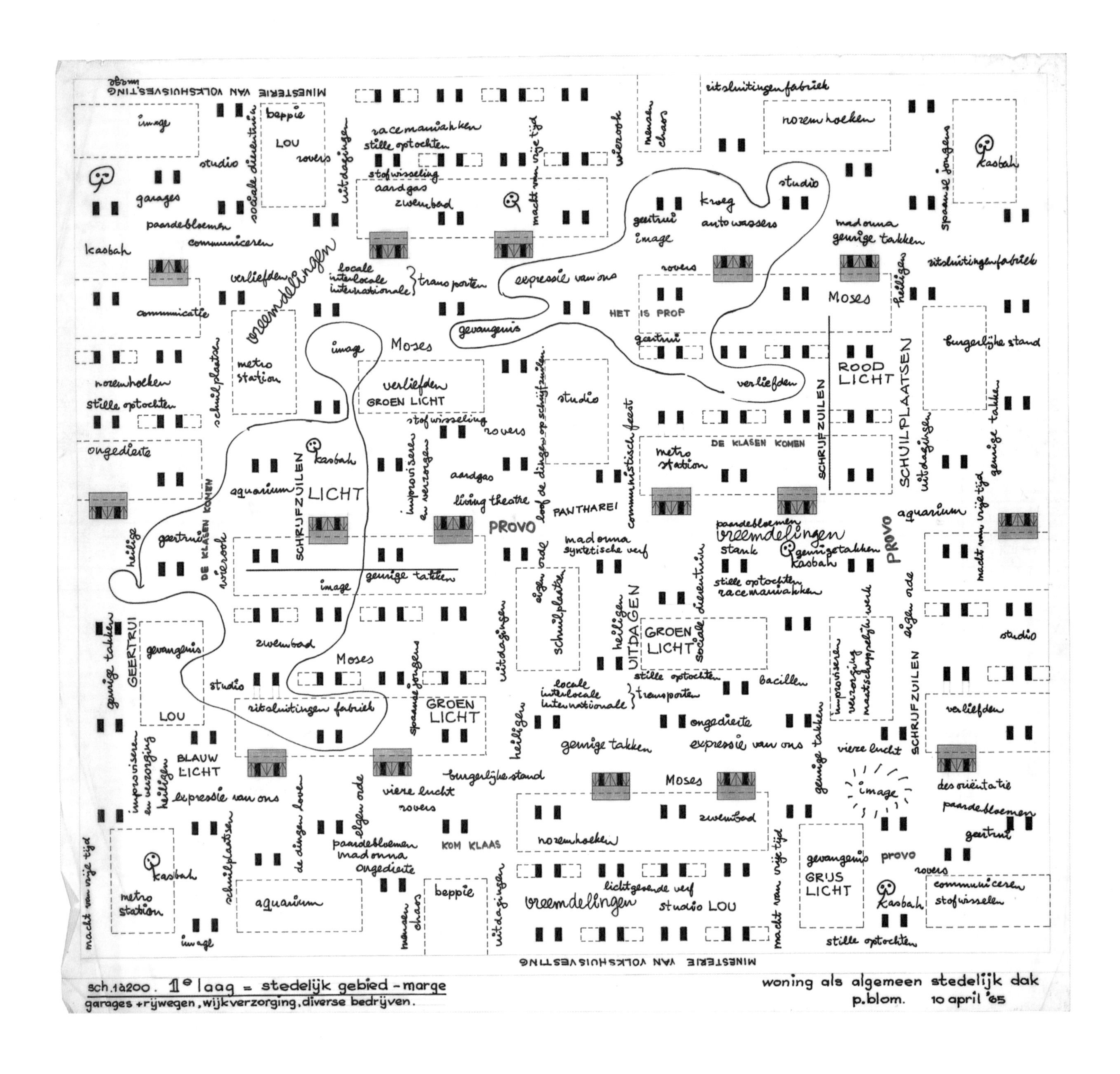

皮耶特·布洛姆
(1934—1999)

多功能社区展示图
(1965)

纸上墨水

49厘米×53厘米

这幅荷兰建筑师皮耶特·布洛姆（Piet Blom）的手稿描绘了一个反理性的项目，他称之为“城堡”（Kasbah），是一个融合了所有城市生活的新型社区模型。房屋建在地面的柱子之上，画面中黑色的方块表示高层住宅楼的支撑柱。下面是一块公共空间，虚线表示的是白天自然光能照入的空隙。不规则形状的曲线打破了严格方正的结构，整个画面都被文字覆盖。而标注的词汇短语，有些指的是建筑中光的品质，有些是晦涩的字符，还有一些是不寻常的活动，从表面上看，有些短语甚至是无意义的，如“到达的公鸡”“一起制造奇妙混乱的无声游行”。1959年，阿尔多·凡·艾克（Aldo van Eyck）在他编辑的杂志《论坛》（*Forum*）上发表了一篇挑衅性的行动呼吁文章，呼吁“另一种想法的故事”。这是对从现代主义中分离出的功能主义及由技术官僚主导的“二战”后重建方案做出的回应。影响凡·艾克的是两个20世纪早期的艺术史学家，海因里希·沃尔夫林和威廉·沃林格尔，他们回溯历史的方式是基于过去艺术与当下艺术之间的形式与视觉上的联系，这种方式取代了原先的历时性的艺术史观，以当下的结构为主题，以共时性的视角朝着乌托邦式的未来前进。这一提议在1966年被称为结构主义，并被《论坛》杂志的核心成员雅各布·巴克马、赫尔曼·赫茨伯格、约翰·哈布瑞肯和布洛姆接受。它呼吁以一种更为“人类学”的方式，基于平等性与共时性去设计（建筑）。他们提出了一种诗意的、人道的替代方案，考虑到了人的尺度的重要性以及建筑对人的情感影响。他们的方案涉及了社区、平等社会关系及用户适应性等议题。

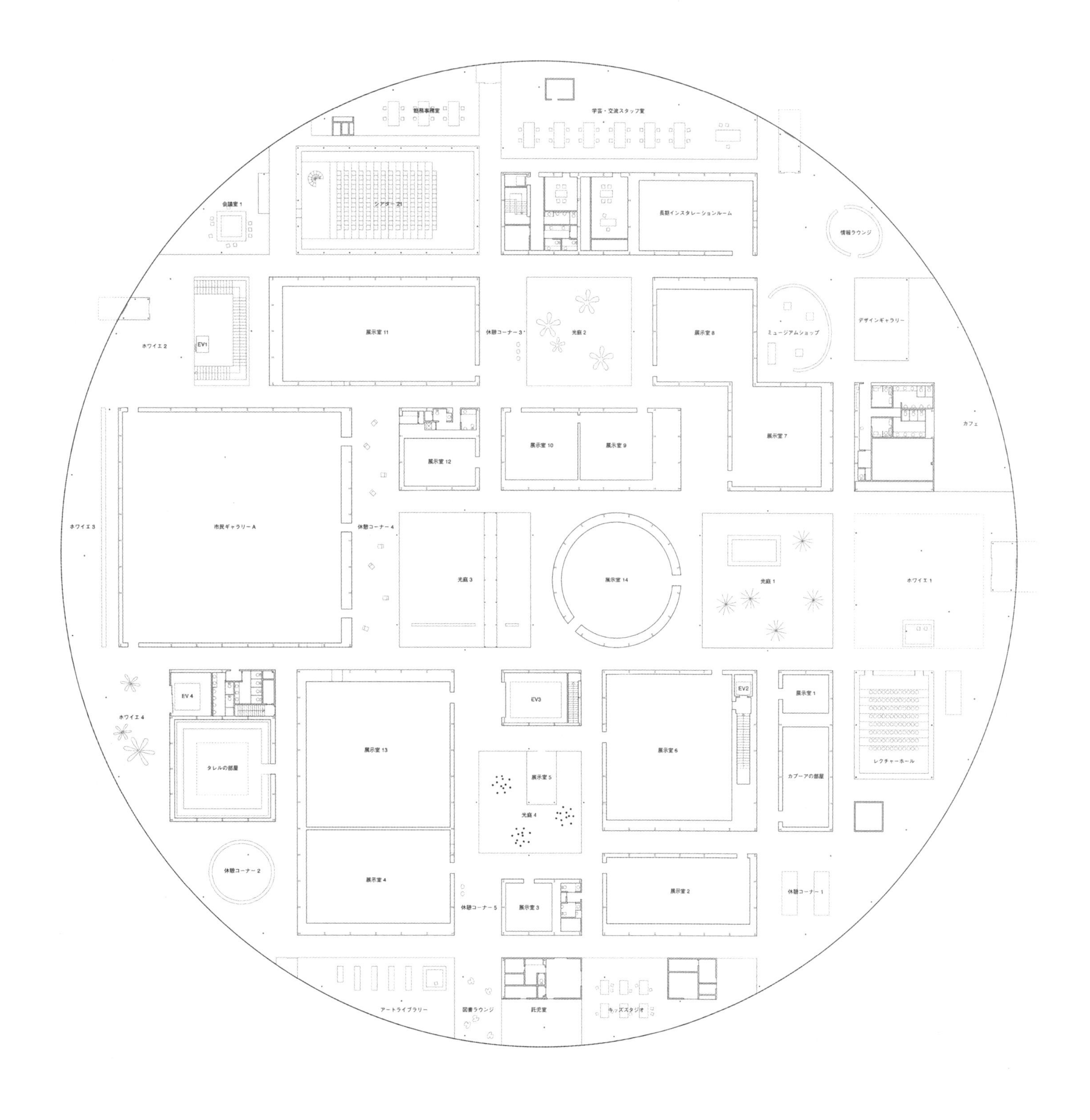

SANAA建筑事务所

21世纪当代艺术博物馆 (2004)

电脑软件制图

这幅圆形平面图是SANAA建筑事务所的妹岛和世、西泽立卫为21世纪当代艺术博物馆的项目绘制的，平面图以纯粹的线条，引导人们对传统博物馆等级化的空间组织进行彻底的反思。建筑1.4公里的周长包围着时而狭窄如小巷、时而开放如广场的迷宫般曲折的通廊。这些通廊构成了建筑中各种场所汇聚的基底——白盒子展厅空间、办公空间、商店、图书室、餐厅，以及更为奇特的空间，比如特瑞尔空间和人民画廊。这些空间形成的体量穿插于圆形边界轻薄的屋顶上，其中最高的体量高14.9米，飘浮在离地面4米高的地方，由细白钢柱支撑。在这个巨大的类似楼面的圆形平面之上，不同高度或比例的空间共同构成一处纯白色的景观——方形、圆形、矩形的体量汇聚于此。在建成的建筑中，整圈的玻璃外墙消弭了室内空间与室外景观的界限，并开有多个入口，进一步瓦解了博物馆空间的等级感。馆内一些空间由带门的实体墙围合，另一些空间则仅以地面铺装材料的变化来暗示边界。还有一些空间由部分玻璃或者全玻璃围合，较大的空间由内部楼梯向上延伸至上一层或者夹层，或者向下延伸至两层地下层。这座博物馆坐落在金泽市中心的一个市立公园里，周围是点缀着树木的平坦草坪。弧形的玻璃围墙内另一座自洽的“城市”，在这一平庸的日常城市景观之中显得分外别致。

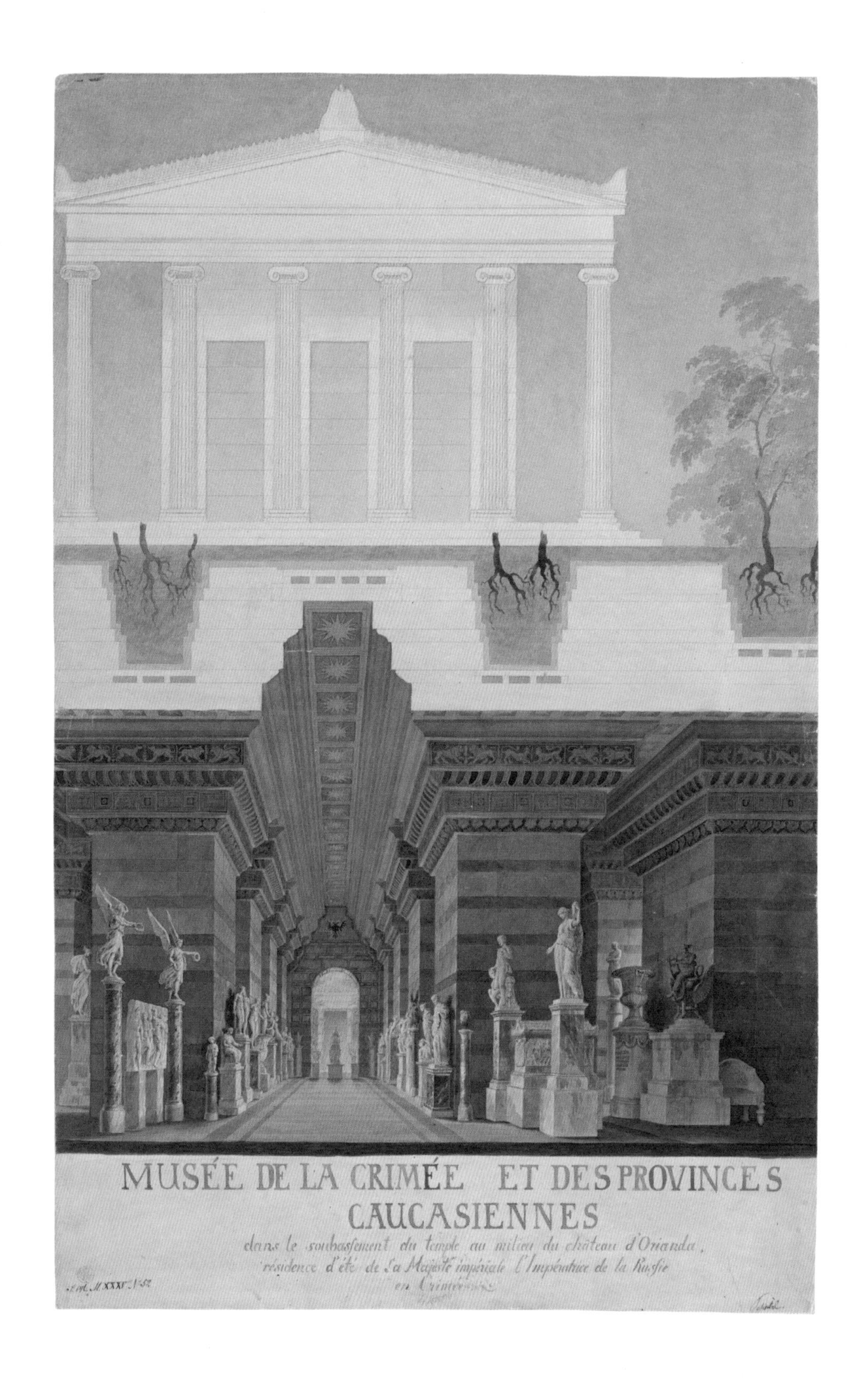

MUSÉE DE LA CRIMÉE ET DES PROVINCES
CAUCASIENNES

卡尔·弗里德里希·申克尔
(1781—1841)

一座宫殿
(1838)

纸上钢笔、灰色水彩
94.4厘米×60.2厘米

卡尔·弗里德里希·申克尔（Karl Friedrich Schinkel）的绘画作品经常使用不对称的构图，来表现对称的希腊式建筑，而不像罗马帝国时期的作品那样。这幅画以一种戏剧性的方式描绘了两个不同的世界，它们由一个很深厚的、人造的地面隔开，两个世界对应两种图示类型。最引人注目的是它戏剧性的垂直上下分隔。上半部分是一个爱奥尼柱式的简单希腊神庙的空灵立面，它如此扁平，就像是由一张印有精美铅笔线条的纸，只在描绘深远无尽的蓝天时才采用了最淡最轻的水墨渲染。在神庙坐落的地面以下，几处树根生长其中，使得画面具有了实体（的重量）感，画面由此也变化成剖面的形式。奇异的地基深入土中，而土却在一个壁龛式的深梁之中，这标志着画面在向着洞穴般的地下世界过渡。在巨大的整块石柱的支撑下，长长的、色彩斑斓的门廊两旁排列着古希腊雕塑。它以纵深感极强的视角展现出来，门廊尽头是一个洒满了光的房间。这座宫殿的建筑质量看起来极好，有些不切实际，但它真是一个实实在在的项目，客户是亚历山德拉·费奥多罗夫娜（Alexandra Feodorovna）——俄罗斯皇帝尼古拉一世的普鲁士妻子。这座宫殿是要建在可以俯瞰黑海的悬崖顶上，申克尔从未造访过项目的基地，但他通过借鉴历史上的建筑样式来确立他认为合适的建筑语言。克里米亚地区曾是古希腊的殖民地，因此，神庙是表面覆以玻璃的古希腊经典式建筑，坐落在独特的屋顶花园中，“守卫”着安放皇后艺术藏品的地下收藏室。

伯尔纳多·普里韦达里
(生卒不详)

教堂废墟内景，
或人与神庙(1481)

版画

70.8厘米×51.2厘米

这件诞生于15世纪的最大的单版雕刻作品，是金匠伯尔纳多·普里韦达里（Bernardo Prevedari）依据多纳托·布拉曼特（Donato Bramante）的一幅画创作的。它复杂的构造方式、独特的风格及蕴含的肖像学内容，一直吸引着研究者们。作品的主题尚不明确，它似乎描绘了一个改为基督教堂的异教神庙，场景中的细节充满了模糊性。跪着的修士在地板上投下的三角形阴影刚好落在他面对的巨大烛台之下。地面上的铺装网格清晰地表现了画面的单点透视，但落在其上的三角形阴影打破了这一构图。这一不真实的塔状透视元素被绘制成了日晷的阴影，以描绘时间和空间的踪迹，从而唤起了时间和空间的重叠。这种喻示在侧堂拱顶上的锯齿状石雕中亦有呼应，石雕连接着一段断裂的拱，断裂边缘仿佛就在画作的前景平面上。它被毁坏的一面暗示着时间的流逝，但同时也将室内空间和外部世界联系起来。这与布拉曼特创作原画时期，菲利普·布鲁内莱斯基和阿尔贝蒂关于透视的争论有关。布鲁内莱斯基在15世纪早期发明了一种线性透视系统（此透视系统需要使用镜子），而阿尔贝蒂则用格子窗取代了布鲁内莱斯基的镜子。布拉曼特的透视遵循了更为科学的阿尔贝蒂的方式，它的灭点偏离了中心，这使得侧堂的第二透视空间得以显现出来。这种不对称的构图与贯穿画面的秩序与混乱之间的张力一致，也与神秘烛台中作为崇拜对象的神圣与亵渎的混合物相一致。

拉基·森纳那亚克
(1937年生)

埃纳·德·席尔瓦别墅
(1960)

纸上墨水

21厘米×50厘米

这幅画是斯里兰卡雕塑家、画家拉基·森纳那亚克(Laki Senanayake)年轻时在杰弗里·巴瓦(Geoffrey Bawa)工作室工作时绘制的作品，再现了在科伦坡边境为年轻医生埃纳·德·席尔瓦设计的别墅，细致地展现了别墅早期的立面和剖面。吸引人们注意的不是精心描绘的建筑细节，而是来自自然世界的元素及对居于此处的生活畅想。房子的主体位于一个开放的庭院内，院中的杧果树树冠在三层楼高的屋檐处舒展开来。这座宅院强烈的风格影响了附近地区的很多建筑，画中的树大部分是借助拖拉机和大象驮进院子的。剖面图从宅基地中剖切而过，这使得场地中陡峭的斜坡变得并不明显，但此处实际有一道长长的脊沿着斜坡延伸至画外，它将房子与场地前方花园中的诊所连接起来。房子使用了当地的建筑材料和式样：从剖面图中可以看到，石柱支撑着屋檐和建筑上层的楼板。交叉通风加强了房屋的散热。在两层高的柱体上部，开放的屋顶有利于排除热空气，进一步为房屋降温。精细的黏土屋顶瓦片和木质遮阳板构成的水平条带横贯整个画面。当巴瓦被委托建造这幢别墅时，斯里兰卡已经独立约11年了。巴瓦开始自觉地重新审视殖民遗产，在德·席尔瓦别墅的设计中，他重构了殖民地平房的逻辑，并模糊了室外空间和室内空间的边界与差别。

格拉夫顿建筑事务所

新城住宅楼，英国金斯顿大学(2013)

电脑软件制图

为了给面向学生的开放式建筑设计方案提供辅助，格拉夫顿建筑事务所通过设计新城市住宅建筑的剖面图，传达了建筑在城市语境之中有趣、轻盈、开放的氛围。画面小心翼翼地剖切场地环境，最显眼的是画面底部的灰色土层，它是画面中其他部分的坚实基础。新建筑靠近街道的一侧，占据了画面半部分，其结构（墙板和梁）也被剖切，但它们是白色的，而不是常见的黑色或阴影。其后的柱子与墙面的立面，在室内空间和远处雾气弥漫的树景之间创造了一层浅色的“面纱”。在画面另一侧，宽阔的街道对面，市政厅的一部分立面为画面创造了某种平衡。在画中，建筑的各层都站满了五颜六色的居民，还有一辆红色公交车、一辆小轿车、一弯新月和大大小小的树木，这些使得画中的场景生动无比。数码拼贴图是在一个来回往复的过程中完成的，先从矢量线稿的基础剖面图开始，然后转至Photoshop（一款修图软件）。颜色的选择和应用的灵感来自大卫·霍克尼和爱德华·霍珀的画作、埃里克·贡纳尔·阿斯普朗德和西古德·莱韦伦茨的建筑图绘、米罗斯拉夫·萨塞克的童书。一些元素的照片式再现，如市政厅，是用来表现材料的质感；而对于天空，通过使用不同的颜色、质感和蒙版实现了一种绘画的观感。画面中的树木反衬出城市的尺度，并与人产生了联结。在树色褪淡的远处，几乎消失的小路的曲线被“唤醒”，创造了一种无须透视辅助的空间感。

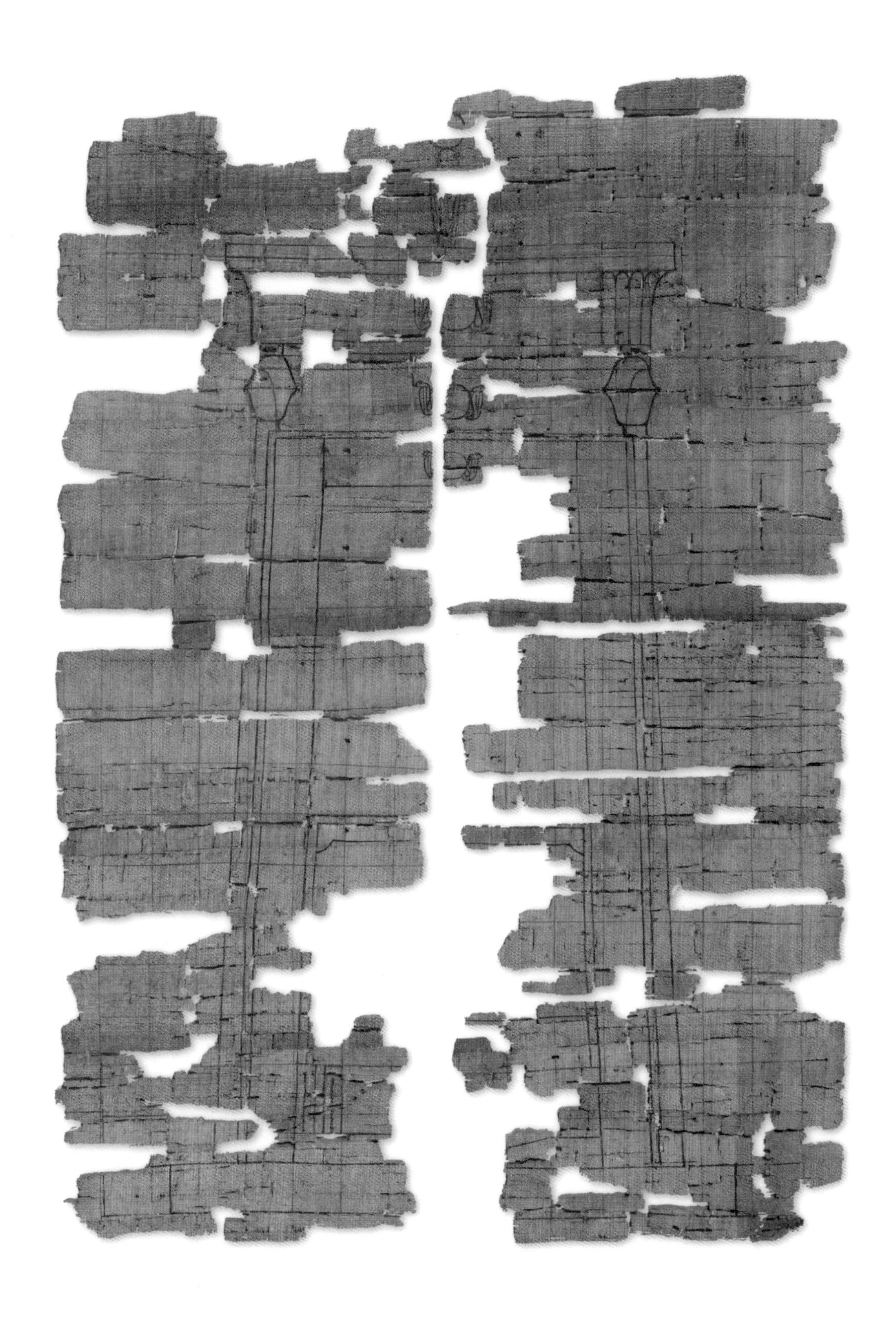

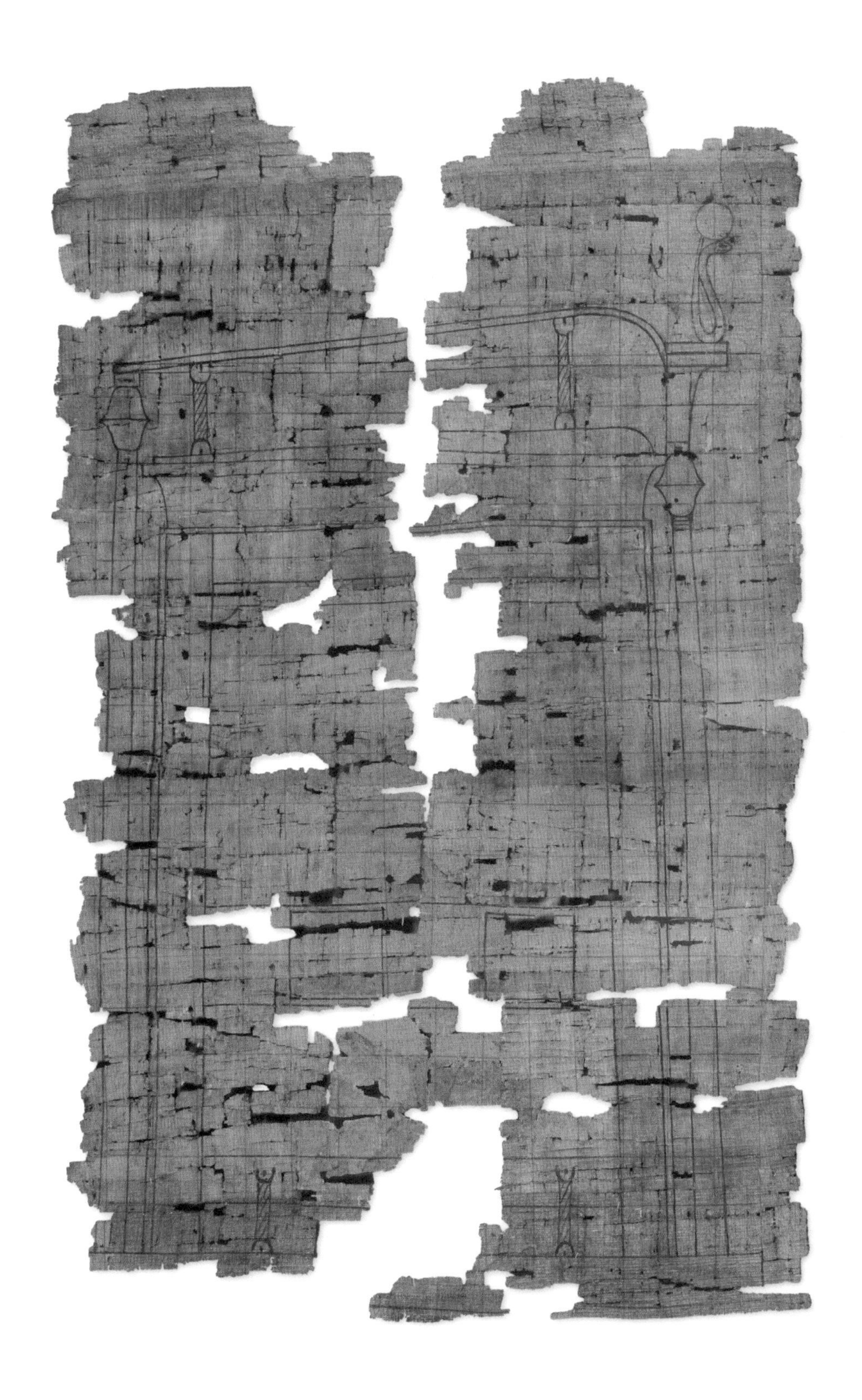

佚名

古罗布神龛莎草纸
(约公元前1350)

莎草纸、墨水

53.5厘米×28厘米

现存最大的莎草纸，出土自埃及法尤姆地区的古罗布考古遗址。该遗址曾是一座重要的城镇，遗址中包含一座宫殿和一片墓地，是由经验丰富的英国埃及学家弗林德斯·皮特里爵士发现的。莎草纸是由多层剥离的纸莎草茎相互重叠制成的，茎需要先晾干，然后用石头、贝壳或硬木打磨出光滑的表面。这种纸会成卷，由于卷纸中部被破坏，因此形成了一对图像，现在由许多碎片组成的版本是1980年修复并重新拼成的。纸面底层是红色线条组成的方格网，上面便是黑色墨线的设计稿。红色的线条是设计的基础，用黑色墨水画的是一个便携的木制神龛的侧立面，神龛是用来放置神像的。另一幅对应图描绘了神龛的正立面。神龛的顶部用短绳悬挂，底部用轻质框架固定，整体可以用载重杆运输。底层的网格让制图者可以精确地按照比例作图，而这张图被认为是1∶3的比例，很可能是建造用图——众所周知，古埃及的木匠很熟悉正交投影法，他们用它来确定木材的大小、比例和布局——尽管另一种理论认为，这幅画只是在壁画中描绘神龛时被用作样板。

海因里希·特森诺
(1876—1950)

室内透视
(1908)

纸上墨水

56厘米×53厘米

这幅简单的室内透视图捕捉到了宁静家庭空间的一角，其中任意一件物品都是对日常生活艺术的精致回应。房间并不是很整洁，但是每处细节都是用一种没有阴影的、简单而精致的线条描绘出来的，画面是明亮的，光线无处不在。桌子上有没干完的家务活儿，一个小娃娃被扔在桌边，它的腿自然地垂了下来。窗帘被拉回到开着的窗户周围，窗台上还有一株植物，光秃秃的茎呼吸着新鲜的空气。画面另一侧，储物柜中打开的拉门让本应被整齐地隐藏起来的书籍和物品露了出来。画面的构图朝向房间的角落，地毯和储物柜被突兀地裁掉了。墙壁和天花板上的刺绣状图案增强了画面之外的物品的存在感，形成了一块无缝的、环绕的区域，似乎可以无限延伸。通过这种绘画来记录生活中无意但完美的设计，并从中汲取智慧，是海因里希·特森诺（Heinrich Tessenow）工作和教学的重要组成部分，他还是1907年成立的德意志制造联盟（Deutscher Werkbund）的创始人之一。1909年，他出版了他的第一本书《住宅的建造》（*Der Wohnhausbau*），书中充满了诸如此类的图画。特森诺在书中提出，住宅的主要目的是满足生活的基本需要。他同时还为工人设计联排住宅的原型，这些观察也被记录在书中。除了传统的平面图、剖面图和立面图，他还绘制了一些草图，阐释自己对花园和卧室的功能构想，这些草图中甚至有茂盛的小块菜地，亦如此图一般充满生活细节。

葛饰北斋
(1760—1849)

式子内亲王
(1830)

彩色木刻
36.8厘米×25厘米

日本画家葛饰北斋（Katsushika Hokusai）在这幅画中描绘了一位睡着的女人，她在等待她的爱人。她坐在缘廊里，身后是精美的书法屏风。在院子里，两个仆人也在火炉前睡着了。画中的环境几乎是完全封闭的内部空间，只有前景中的瓦片屋顶和层叠屋檐，以及画面右边的入口，暗示着室外的区域。但画中并没有自然元素，取而代之的是一幅生动的骏马图，马的红色鬃毛和尾巴与头顶花枝相呼应。在画面中，红色也被用来描绘壁面上的一些结构，如骏马图下面流畅的木纹，还有代表精致窗扇的红色网格。被窗扇限定的空间彼此重叠，因此也没有了限定画中人物的清晰边界，甚至空白屏风的透明度也不明显。这幅木刻版画的标题来自日本一首古典和歌的作者式子内亲王，画面内容即是以她的和歌《玉绪》为基础绘制的。式子内亲王于1201年去世，《玉绪》被收录进了藤原定家集成的和歌集《百人一首》中，葛饰北斋为和歌集的每一首和歌配了一幅版画。1159年，式子内亲王作为斋宫侍奉于贺茂别雷神社，后来孤独终老。这首和歌中提到了一段秘密的恋情，这段“秘恋”可能是她独居生活的写照。

胡安·奥戈尔曼
(1905—1982)

墨西哥城城市景观
(1949)

木板蛋彩
66厘米×122厘米

墨西哥建筑师、画家胡安·奥戈尔曼（Juan O' Gorman）为墨西哥城绘制了许多图纸和画作，其中大部分比这幅更为超现实，但所有这些作品都包含了同样强烈、层叠的历史感。在1949年由墨西哥城报纸《至上报》（*Excelsior*）主办的竞赛“艺术家诠释墨西哥城”中，这幅作品获得了一等奖。最初的解读似乎是，这幅画展现了墨西哥城自阿兹特克时期（以羽蛇神为象征）以来越发理性、先进的演变，以及前哥伦布时期的建筑材料（直到今天仍在使用的火山岩）。在16世纪阿兹特克帝国首都特诺奇提特兰的地图上，可以看到殖民时期的景象。由于城中的湖床在不断收缩、移动，这座城每年都会有新的考古遗迹被发现。画作的标题写道：“这里代表的是墨西哥城的腹地，站在革命纪念碑之上，向东看。”奥戈尔曼后期的作品被描述为魔幻现实主义，其中共时并存的现实颠覆了传统的景观流派，从而也批判了当下的现实。这幅画所描绘的是20世纪40年代到50年代，在总统米格尔·阿莱曼·巴尔德斯的领导下迅速扩张的城市。他引进外资并发展重工业，推进了墨西哥的现代化进程。但许多墨西哥知识分子认为这种方式是有问题的。画面前景中拿着地图的一双手代表画家、建筑师本人，将画面与真实世界联系起来。建立在历史之上的现代化进程，正体现在钢筋混凝土和开拓者手里的蓝图中，这与旧地图形成鲜明对比。两座城市都是网格状的：一个是象征性的景观，另一个则是殖民时期代表财富价值的网格。从这层意义上说，这幅画就是一张墨西哥城的追溯宣言。

罗布·克里尔
(1938年生)

阿尔托纳北部
(1977)

纸上彩铅

47厘米×47厘米

1979年，罗布·克里尔（Rob Krier）发表了一篇类型学和形态学方面的分析研究，内容与第二次世界大战中被轰炸摧毁的欧洲城市有关，特别是德国的斯图加特。这幅生动的手稿是为重建汉堡阿尔托纳北部地区所作，汉堡在“二战”中几乎被夷为平地。这幅图反映出了克里尔对构图和题材的关注。画面下部描绘了一块石板，上面展示的正是主视角中孩子们所嬉戏的广场的总平面图。低矮的绿荫路堤环绕着这个长长的城市广场，丝毫没有车辆来往的迹象。画面上部是由两层或三层高的柱廊组成的四层住宅街区，其简洁的表达方式与意大利同时期的坦丹萨学派（新理性主义）建筑相似。画面中心是一座圆形的公共建筑，以深色线条呈现，呼应了传统的古典建筑，比如圆筒形的希腊神庙或中世纪的罗马式教堂。克里尔反对现代主义完全以新秩序取代旧秩序的“擦除式”城市规划思想，认为这几乎与欧洲在战时的破坏性冲动无异。在20世纪70年代，关于城市重建与历史和现存建筑的作用的争论达到顶峰，克里尔针对现代主义的替代方案在住宅上得以实现。彼此疏远的城市生活，社会环境与氛围，个人表达与共同合作的潜在可能，以及生活中的喜悦时刻，都与这种看似本土化的城市生活描绘相关。

路易斯·巴拉干
(1902—1988)

拉斯·阿普勒达斯景观住区
(1957)

透明纸上墨水、彩铅

30厘米×45厘米

这是现存的路易斯·巴拉干（Luis Barragán）亲手绘制的草图之一，线条自信而富有表现力。层叠的树叶像绿色海洋中巨大的浪花，撞击着建设项目场地中的原始景观。墨西哥的拉斯·阿普勒达斯（Las Arboledas）景观住区及马术俱乐部，作为巴拉干此后的项目，开始于1958年，供上流人士居住休憩。项目位于墨西哥城北部的一片乡村中，这里有大型公园和体育设施，未来的居民能在此悠闲地享受生活。巴拉干绘制的位于场地中心的第一座建筑——被称为“红墙”——展现出了路面规划和建造的形式。一辆20世纪50年代风格的汽车行驶在铺好的路面上，路面的网格用黑色线条简单地描绘出来，并没有刻意追求生动而采用色彩渲染；路旁狭窄的人行道也以同样的方式绘制，两个人朝着红墙后的台阶走去，而红墙在画中没有任何颜色。在人行道和一片翠绿的篱笆（篱笆围着的是一片私家花园，草坪很平整）之间，有一条专供骑马的沙道，以鲜艳的橙色表现。沙道上，三个骑马的人看起来非常优雅，其中两个人正骑马走下平缓的斜坡，仿佛从天然的林地进入了一个有序的世界。与巴拉干的许多作品一样，拉斯·阿普勒达斯景观住区周围有着美丽的精致——饮水槽喷泉，林荫道末端有一条供马匹饮水的长长的水槽，水槽的尽头是一面蓝墙、一面白墙，四周是古老的树木。这些是拉斯·阿普勒达斯景观住区最具历史意味的核心。住区从主路很方便到达。

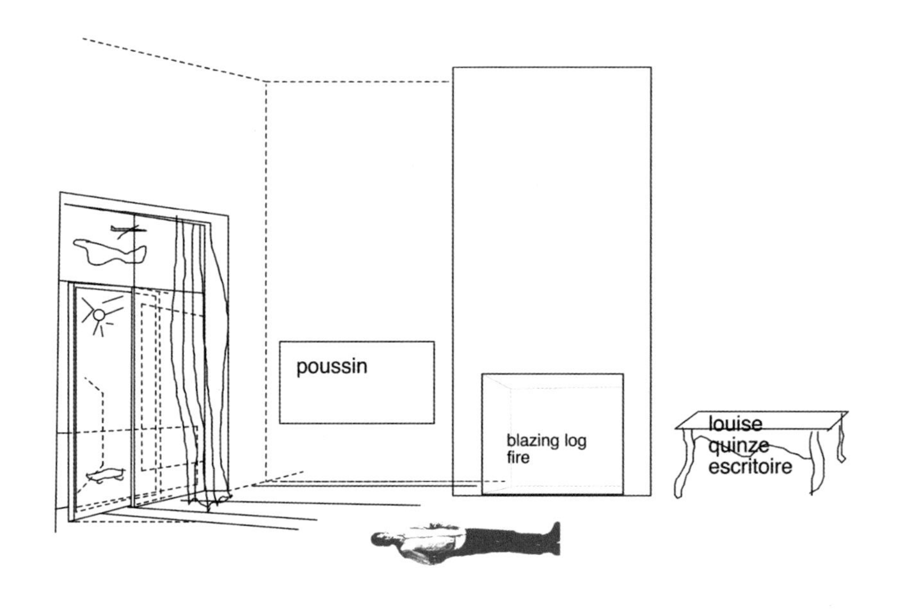

托尼·弗雷顿
(1945年生)

红房子
(1999)

电脑软件制图

20.85厘米×50.8厘米

托尼·弗雷顿（Tony Fretton）这幅谜一般的电脑图绘完成于世纪之交的1999年。2016年，这幅图与他多年来在不同设备——从20世纪90年代的个人掌上电脑，到各种手持设备，再到iPad（苹果平板电脑）——上绘制的概念草图和观察研究草图一同展出。由于过去使用的程序已过时，重新打开或复制90年代的数码图片就变得十分困难。在解决这一问题后，这两张图片才以限量版印刷的方式展出。表面上看，它们以简单的线描绘了弗雷顿在切尔西建造的红房子里的两处室内空间，房子完工于2001年。左侧，一个男人躺在宽敞的二楼休息室的地面上；右侧，他又出现在一层花园旁边的客厅里，靠在沙发上。男人在两个空间中的形象一模一样，像批量复制的玩具娃娃一样，他僵硬的站姿却成了在家里舒适环境中的休息姿势。这反映了弗雷顿对社会因素如何介入建筑，以及人类与物质世界的关系的兴趣。这个故意让人难受的人物形象营造了一种感觉：房间实际上是用来表演的舞台。在楼上，左侧房间的奢华装饰体现在各种符号上：普桑（Poussin）的绘画、路易十五式的写字台和炽热的壁炉。在画面中，它们的物质实体都被标签取代。尽管如此，外面的世界也被描绘出来。一扇敞开的阳台门让微风吹进房间，角上草草勾勒的太阳意味着地板上必定充满温暖的光线。在楼下（右图），那些令人愉悦的内容更多是暗示性的，而不是像楼上那样用标签写出。飘浮着的远景唤起了远处的空间。铺着小地毯的木地板上，一份摊开的报纸和随手一放的眼镜仿佛在说：时间还多呢。

乔治·艾奇逊
(1825—1910)

阿拉伯大厅，莱顿住宅
(1891)

纸上水彩、墨水

28厘米×21厘米

这幅水彩画是英国建筑师乔治·艾奇逊（George Aitchison）为画家弗雷德里克·莱顿勋爵设计的阿拉伯大厅的完美缩影。精细的图形边缘展示着大厅的剖面，所有细微的差错都用不透明的白颜料修复了，线脚和檐口从侧面凸出，横梁和上部的穹顶轮廓分明。为了满足莱顿勋爵各种各样的娱乐活动，艾奇逊设计了楼上带有巨大工作室和一整套会客室的建筑，后来又增加了阿拉伯大厅，用以展示莱顿勋爵在土耳其、埃及和阿尔及利亚旅行时收藏的珍宝。这幅画展示了装饰有科林斯式圆柱的大厅入口，象征着东西方古典世界的过渡。入口用水墨绘成灰色云状，考古学中常用这种形式表现门廊。刻有阿拉伯文的蓝色门楣上，是雕刻镶板屏风，或者称为“哥哩砖墙”（jali）。在印度传统建筑中，女人可以透过这种屏风看到街道。但在这里，屏风镶在门廊之上的壁龛之中。金色的穹顶将光线反射到大厅中，大厅中央小小的喷泉增强了愉悦的氛围。矮处的墙面上覆盖着蓝色瓷砖，瓷砖上的图案由艾奇逊亲自绘制，细致入微，一看便知耗费了大量时间。值得一提的是，这幅画揭示了艾奇逊在以莱顿住宅为中心的艺术环境中，所拥有的广泛的社交生活。他还是古建筑保护协会的创始成员，英国皇家艺术学院的教授，并在1896年到1899年担任了英国皇家建筑师协会的主席。画面中满溢热情，似乎对艾奇逊而言，绘画能使他逃离维多利亚时代日益紧张的生活，从而进入一个属于自己的世界。

佚名

纪念章上的圣彼得大教堂(1506)

青铜

直径5.7厘米

这枚纪念章背面的浮雕图案，是现存唯一的对多纳托·布拉曼特主持设计的罗马圣彼得大教堂正立面的描绘。纪念章就是为了庆祝新教堂的奠基仪式而制的。之所以称其为“新教堂”，是因为圣彼得大教堂建在公元4世纪君士坦丁大帝建造的教堂旧址上。布拉曼特提议，在广场中央建造一座希腊十字式教堂。纪念章上，中央的巨型穹顶占据了大片天空，两边较小的穹顶和半穹顶左右对称，平面整体呈放射状分布。其中一个半穹顶位于通往教堂的门廊之上，在塔楼和建筑主体之间还有两个小的穹顶。尽管浮雕的细节是平面化的，但通过青铜表面的图像还是能看出设计方案复杂的空间层次。在立面中央，带有三角山墙的入口与整座建筑相比显得很小，它通向走廊和带有半穹顶的前厅（类似的前厅共四处），揭示出教堂向外拓展的空间。纪念章的正面是教皇朱利叶斯二世（Pope Julius II）的半身像，他面向右方，削发，穿着布满装饰的长袍。布拉曼特是教皇朱利叶斯二世的首席建筑师和城市规划师。作为布拉曼特的重要赞助人，朱利叶斯二世雄心勃勃地要重建古罗马的宏伟建筑，决定拆除可能是圣彼得陵墓的旧教堂。在布拉曼特1514年去世的时候，新教堂的建造还远未完成——建造工作还将持续一百多年。所以，最终竣工的教堂与布拉曼特最初的设计方案相去甚远。

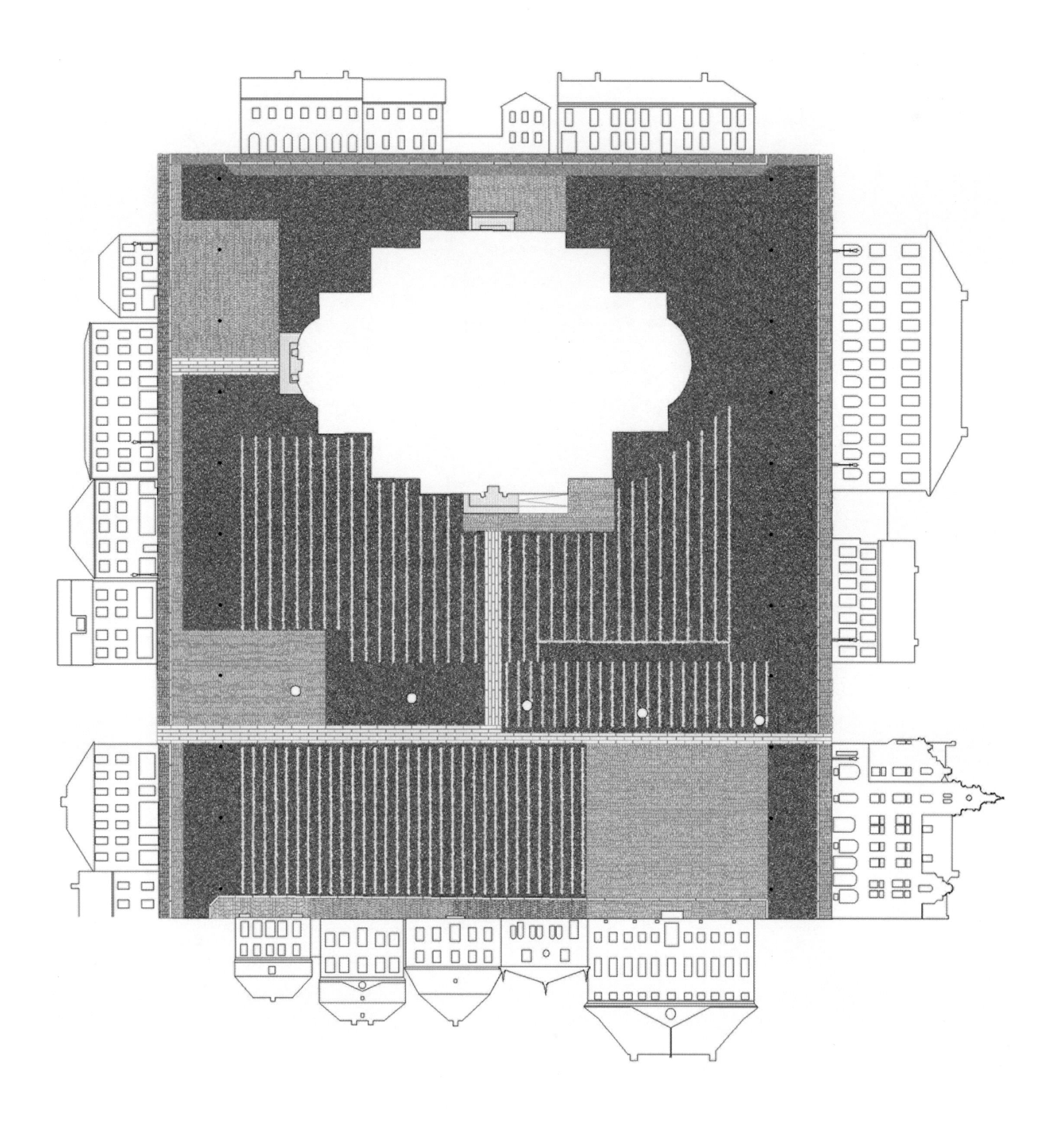

卡鲁索-圣约翰建筑事务所

卡尔马的大广场
(1999)

电脑软件制图

这是一座宽98米、长107米的广场的平面图，细致的描绘赋予了广场中成千上万的石头以个性。广场环绕着巴洛克式的卡尔马大教堂，大部分区域位于教堂的正前方。这幅图像诞生在墨线绘图技术向CAD（计算机辅助设计）绘图技术过渡时期，综合运用了多种手段：将纯电脑生成的简单线条图与手工绘制的元素结合，最终在计算机上完成，或是绘在纸上并扫描。无论用哪种方式，这些被复制的图案都像一个复杂版的拉突雷塞印字（字母，符号）传输系统（Letraset），以生成由尺寸和纹理各不相同的石材构成的广场，大广场就是用这样的石材铺装的。铺装广场的材料主要是从城镇周围的田野中收集来的圆形冰川石。移走田间的石头，是为了让田地便于耕种，而不是用来在田地之间垒砌矮墙。在大广场的表面，小的石头组成带状，稍大的石头组成细条状。已经在广场中存在了三百年的石头与新的石头连接起来，形成了广场新铺装的图案。在市政厅和大教堂入口前，铺有经过切割的大块石材，仿佛是光滑的地毯，形态规整。由冰川石和巨大的混凝土预制板铺就的道路，为行人走路和骑自行车穿越广场，提供了很大的便利。艺术家伊娃·勒夫达尔（Eva Lofdahl）的作品，在广场上随处可见。图中的小黑点表示不锈钢路灯柱的位置，其顶部有手工吹制的红色玻璃灯笼；圆形的井盖，代表着作为回音室的五口井，用来聆听潺潺的流水声。广场周围封闭的建筑立面图，使得整个大广场更像是一个巨大的公共房间——它的“地板”上铺着一张张“地毯”，显得柔软舒适。

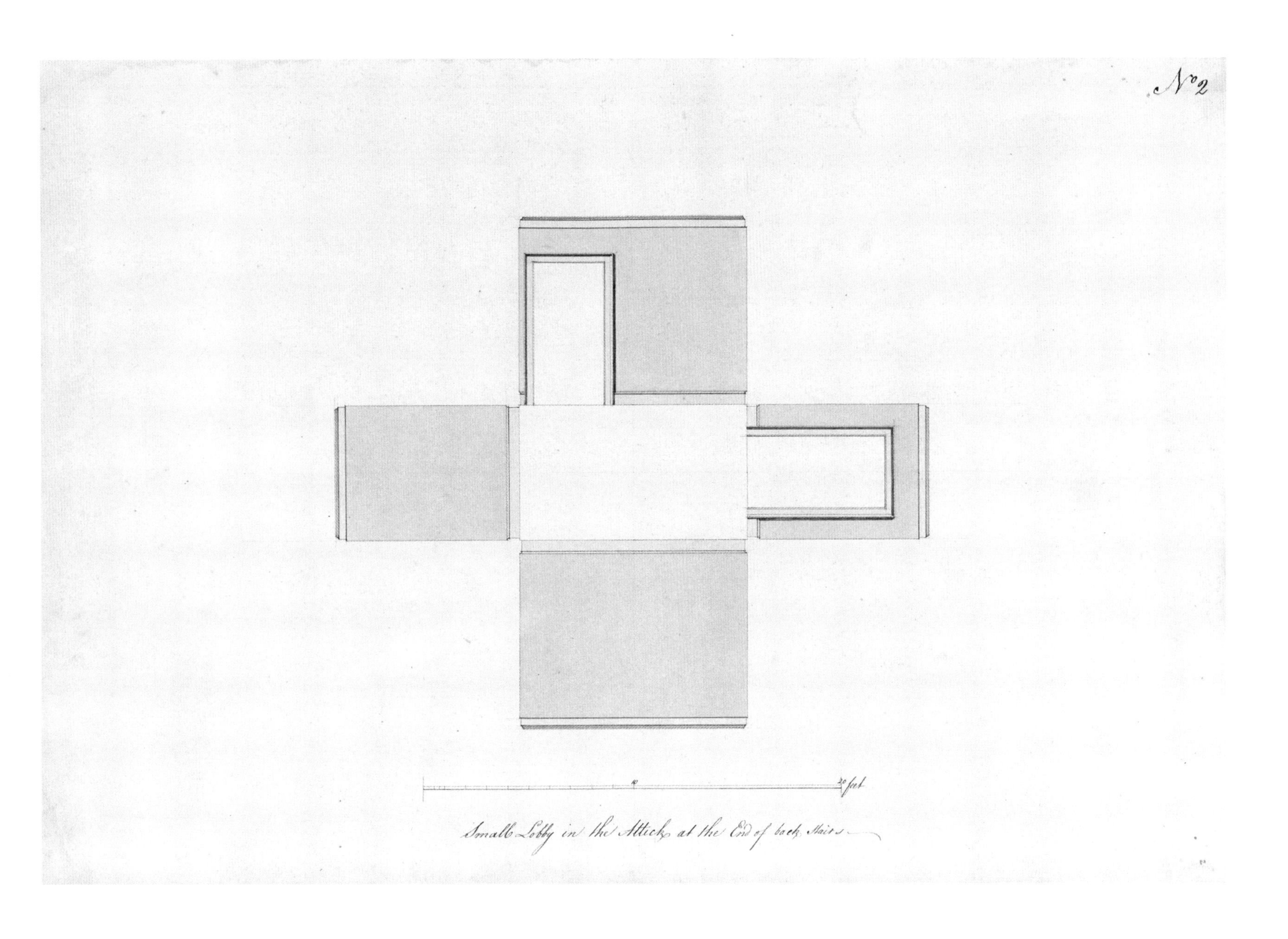

兰斯洛特·“万能”·布朗
(1716—1783)

克莱蒙特之家
(1770)

纸上铅笔

21.2厘米×30.5厘米

兰斯洛特·“万能”·布朗（Lancelot “Capability” Brown），18世纪英国“自然风景式造园之王”，有时会接受委托，帮人装修住宅及花园。“克莱蒙特之家”正是布朗受罗伯特·克莱武男爵委托整修的。此处的房子原是建筑师约翰·万布鲁（John Vanbrugh）1708年修建的，克莱武在1768年买下后将其拆除，由布朗在这片土地的高处设计了一幢帕拉第奥风格的宅邸。这幅朴素的图绘展示了阁楼中一个小厅的立面，反映了住宅简单的古典主义立面设计。难解的是，为何如此完整地呈现这一简单的空间呢？图中的墙壁没有任何装饰，也没有复杂的变化，只有屈指可数的壁板和飞檐。图中没有家具，只有两个简单的门框嵌在墙壁上，墙壁涂以毫不显眼的水墨。这种设计通常用于表现大房间，以展示装饰方案或艺术品的陈设。布朗的确在“克莱蒙特之家”中设计了一些这样的房间，包括一个客厅、一个哥特式图书馆和一个餐厅，然而都未被克莱武采纳。在1803年出版的《风景园艺理论与实践的研究》（*Observations on the Theory and Practice of Landscape Gardening*）一书中，亨弗利·雷普顿（Humphry Repton）敏锐地觉察到，“布朗建筑师的声名被他景观园林设计师的声名掩盖了”。的确，“景观园林设计师”才是如今世人熟知的他。作为景观园林设计师，他创作了大约170幅浪漫主义风格的风景画，描绘过“英国最美丽的风景”布伦海姆宫（又称丘吉尔庄园）和斯陀园，其生动别致、轻松随性的画风受到了意大利风景画的影响。18世纪新古典主义流行，自然主义的风景成为背景，布朗的园林中加入了亭台楼阁和桥梁。

里卡多·波菲尔
(1939年生)

太空城市研究
(1970)

铅笔、墨水和水彩
18.9厘米×30厘米

这幅色彩斑斓的图，是由杂志剪贴画和城市正交投影图组成，其中有各种颜色的块面，表现出一座想象中的城市的强烈活力。这座超级城市的外立面是悬崖边缘，前景人口密集。我们很难确认，这处开放空间——里面有形形色色的人群、呼啸而过的汽车、晃来晃去的行人，甚至一棵光秃秃的树——是太空城市计划的一部分，还是为了突出城市的问题。这幅图展示了西班牙著名建筑师里卡多·波菲尔（Ricardo Bofill）创办的泰勒建筑事务所（RBTA）在1970年发起的城市空间项目中的一个方案——将所有的城镇功能置入一个模块化系统，可以根据需要添加和调整，形成一个住宅综合体。它建立起整个社区的实体结构和社会结构，同时由于自身的复杂性和灵活性，能够迅速适应变化并做出改变。在图中很容易辨认出基础的立方体模块，方形的窗户上有非常精细的结构，底部的商店有广告牌。在高些的楼层处可以看到街道、广场和拱廊，而底层则是服务设施和停车位。设计者的设想是，住宅综合体将满足各个阶层的需求，并由某种集体共同管理。在进行了理论研究后，泰勒建筑事务所才开始在现实中设计建造大型住宅综合体，并尝试多种可能，比如1975年完工的巴塞罗那的瓦尔登7号（在这个项目中，他们将一座旧水泥厂扩建并改造为住宅），1982年在马恩-拉瓦雷建造的阿布雷克斯空间（Abraxas Spaces）。

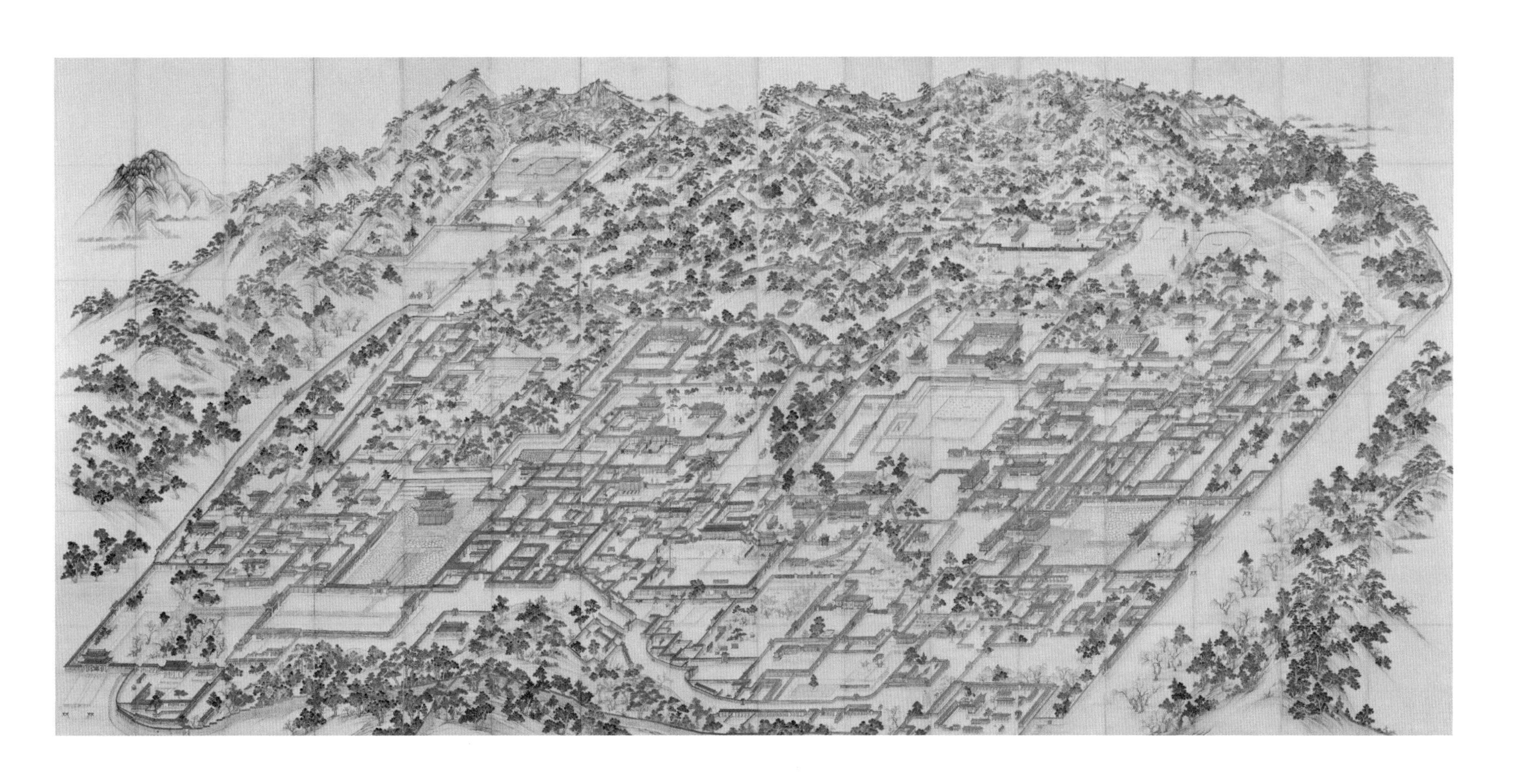

佚名

东阙图
(1830)

纸、绢上墨水
274厘米×583厘米

通过描绘昌德宫和昌庆宫（均位于今韩国首尔）两处巨大的东方宫殿建筑群，《东阙图》记录了朝鲜王朝典雅的院落式建筑和园林。从鸟瞰的视角可以清晰地看到，建筑群依照自然山势而建，周围树木繁茂，打破了宫殿的庄重规整；风景如画的林带蜿蜒穿过复杂的庭院和宽厚围墙。在朝鲜王朝时期（1392—1910），社会倡导儒学。这幅画不仅描绘了人造景观与自然景观的精妙关系，还精细准确再现了当时的建筑。画中用精致的笔触表现了建筑群中的每座亭子、厅堂、大门和院墙，以及建筑的材质，乃至建筑场地、花草树木、溪流、池塘、盆栽植物、观星台和桥梁等细节，时而错综复杂，时而一目了然。画面还表现了建筑群中的特色建筑，比如宙合楼二层的“奎章阁”，楼下有芙蓉池，池水将整个地势“收入囊中”。在这里，建筑景观与天然地势融为一体。这幅画绘制在绢上，组成16扇的折叠式屏风。画面上的一系列水平线和竖线，形成网格状布局，从内向外逐渐明显。这幅画的作者已不得而知，但他受雇于“图书署”——朝鲜王朝时期专门负责为官方制图与绘画的机构。

皮埃尔-弗朗索瓦-莱昂纳德·方丹
(1762—1853)

房间模型图
(1803)

纸上钢笔、墨水、水彩

12厘米×18.5厘米×14.4厘米

有时，建筑图纸是为了创造趣味而绘制的。尽管它们遵守了传统绘画的规则，但也对传统进行了颠覆，从而成为一种简单而直接地传达空间构想的方式。皮埃尔-弗朗索瓦-莱昂纳德·方丹（Pierre Francois-Léonard Fontaine）是一位法国建筑师，同时是影响深远的巴黎学院派传统的早期创造者。他遵循一种以常规建筑元素布局为开端的设计流程，特定的几何布局十分精确。对方丹而言，房间就是建筑项目的基本元素，单个的房间按照一定方式连接并组合成系列或序列，形成对称的整体。方丹在此分出了一个单独的房间，这或许是约瑟芬皇后位于枫丹白露宫卧室的设计图。19世纪初，方丹和合伙人查尔斯·玻西尔（Charles Percier）曾为拿破仑大帝整修枫丹白露宫，遵循的就是18世纪新古典主义建筑师表现房间的常用方法及装饰图式。在这张设计图中，房间的平面图周围围绕着一圈向外突出的墙壁立面图。每一个建筑元素都是遵循某种准则而绘制的——绘制门窗的方法和装饰语言让业主们也能看明白。方丹在此基础上更进一步，他将色彩鲜艳的墙面围成了一个圈，像一个珠宝盒，使房间充满生气。床对着窗户，窗户的壁龛向外凸出，窗户两边各有黄色窗帘，床上也有层层的黄色织物，很有安全感。物体间的相互联系，使画面引人入胜，极具说服力。

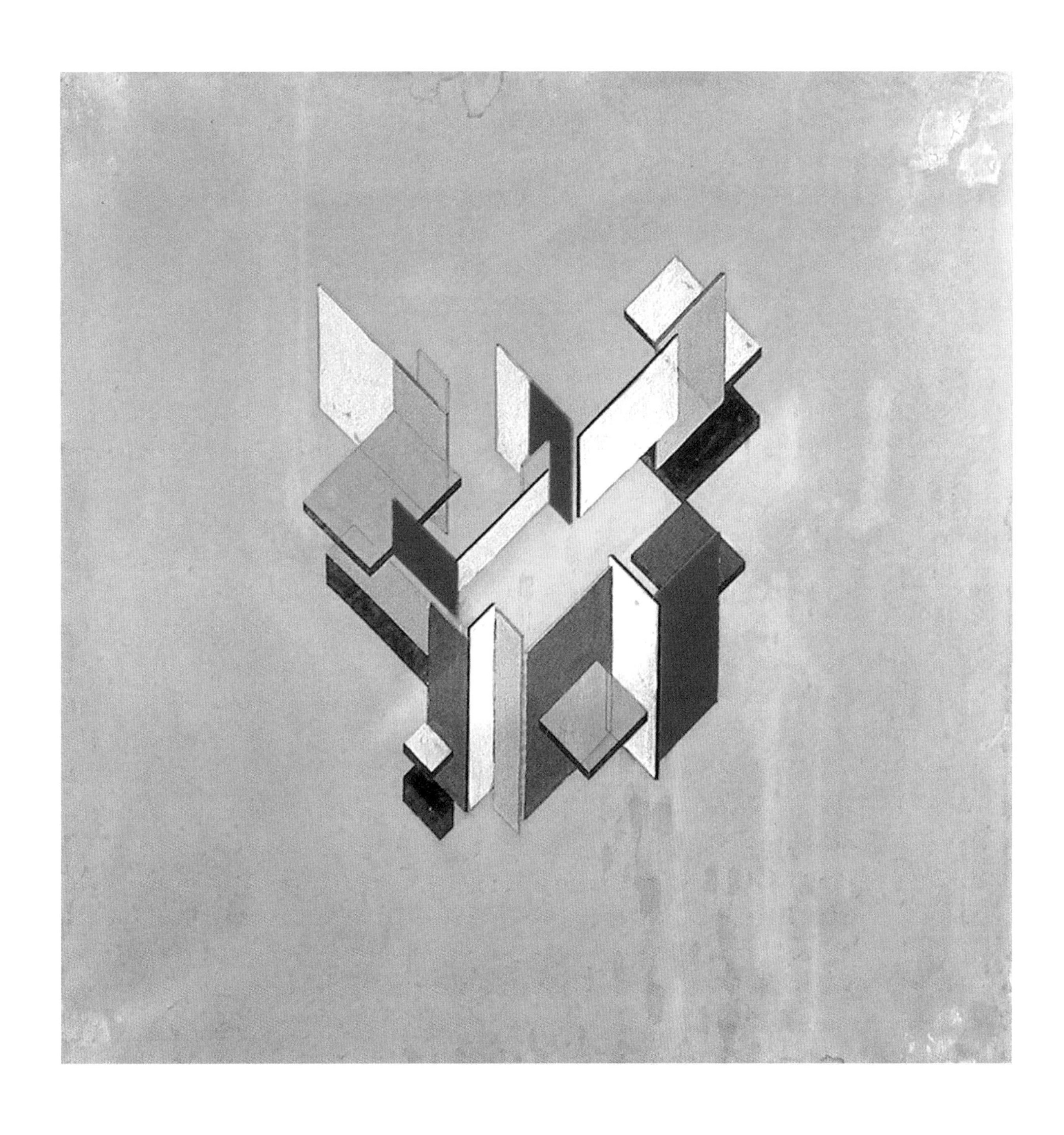

特奥·凡·杜斯伯格
(1883—1931)

反构造
(1923)

纸上水粉与日光制版
57.2厘米×57厘米

1921年，荷兰风格派艺术家特奥·凡·杜斯伯格（Theo van Doesburg）加入了包豪斯，他提出了一个与传统的单点透视或两点透视全然不同的空间概念与表现方式，这种方式在他的学生中颇受欢迎。他在一系列“反构造”中完善了自己的想法。如图所示，建筑表现的规则，例如地板、窗户和门等可识别元素，以及人的尺度感，变得无关紧要，取而代之的是一些色板——他用色板来暗示互相嵌合而无实际所指的各元素之间的关系。在这幅画中，建筑飘浮在宽敞的金色地面上，让人想起文艺复兴之前乔托·迪·邦多纳（Giotto di Bondone）画作中流动的空间，其画中的主体包含在空间之内，但并非散布于空间之中。对杜斯伯格而言，这样做是为了将观众置于画中而非画前。这些项目的模型采用了越来越普遍的等距投影法，旨在传达一种空间动感，通过色彩与形式来表现四维的感觉。他与荷兰建筑师、规划师康乃利斯·范·伊斯特伦（Cornelis van Eesteren）合作设计的私人住宅和艺术家之家便是如此。1923年10月，他们的作品在巴黎当代美术力量画廊展出，随即受到了广泛关注。这些彩色分析图由能够承重和分隔的平面构成，抽象地概括了杜斯伯格的意旨，即创造一个反个人主义的、无装饰且无层次的建筑，没有上下、前后的分别。他意在创造一个没有内外边界的开放空间，而非一个封闭的立方体。重要的不是居住在建筑中，而是置身于由建筑外观营造的氛围之中。

汉斯·夏隆
(1893—1972)

柏林爱乐音乐厅
(1956)

纸上墨水、彩铅
29.7厘米×21厘米

德国建筑师汉斯·夏隆（Hans Scharoun）的代表作柏林爱乐音乐厅（Philharmonie）于1963年竣工，这幅早期的草图展示了他对建筑平面和剖面的整体思考。他想象着将主体设计成巨大的帐篷状，周围辅以其他空间，最终的方案还基于音乐厅自身定位及其与周围环境的呼应。这些思考在上部的平面图中几乎看不到，画面中的红色和蓝色线勾勒出建筑的边缘，意味着凸出和循环的空间。下部的剖面图中，暗示性的蓝色线条表示支撑着音乐厅中空体量的门厅。这些线条看起来深入地下，曲曲折折。和夏隆所有的音乐厅设计过程一样，这座建筑的设计也是由内而外，始于它的中心。在上图中，设计从平面上的一个圆圈出发，那是乐队的指挥台；旁边的绿色区域是管弦乐队的位置。而下部剖面图的中央是一个巨大的悬挂装置，将声音反射至观众席较远的一边。它的上方是一个穿透屋顶的烟囱状物，上面画着一束红线，仿佛射入的天光穿透整座大厅（或是上升的热气）。梯田式的观众席清晰可见，在距离舞台32米的范围内，共有两千多个座席。大厅呈内凹的碗形，上下叠加的观众席向内倾斜，使观众向外、向高处散开。这样，所有的观众都不会距离管弦乐队太远，也正好利用了声波向四面八方传递的特点。这张草图几乎就是这一原理的图示——“梯田”围绕着舞台，其韵律仿佛碰撞在音乐厅多面墙体上的声浪。

汉斯·波尔齐格
(1869—1936)

萨尔茨堡的节日大厅
(1920)

纸上炭笔

68.8厘米×84.3厘米

图中棱柱状的阴暗“洞窟”，是汉斯·波尔齐格（Hans Poelzig）为萨尔茨堡的海尔布伦宫（Hellbrunn）节日大厅做的第一个设计，虽然并未建成，却展现了他与众不同的风格。富有力量感的手绘炭笔线条，时而暗沉深重，时而明亮轻盈。舞台周围呈半圆形排布的座席，只有椅背上部被舞台的灯光照亮，其深重的色调构成画面坚实的基底。座席与画面中央奢华的舞台形成了对比，由舞台散射出的灯光照向了两旁云雾一般的包厢。两侧不修边幅的笔触描绘了阴暗的室内空间，笔触融合在一起，仿佛成了金字塔式的天花板两侧的羽翼。图中的洞窟是宏伟的纪念性建筑群的核心，建筑群与周围的地形相结合，就像城镇里的一座巨大山丘。波尔齐格作为一名建筑师，也受过绘画和布景设计的训练，这使得他在设计造型上可以突破建筑功能与技术的限制。对他而言，表达情感和象征，与实现建筑的功能同样重要。出于对“艺术意志”（艺术家或一个时代所拥有的自由的、创造性的艺术冲动）的推崇，他与表现主义艺术家和“玻璃链小组”中的艺术家和建筑师站在了一起，比如汉斯·夏隆和布鲁诺·陶特。尽管有出色的绘图能力，但他并不将图绘本身视为一种结果——而当时的建筑学校都秉持这样的理念。他将图绘视为一种把想象力变为现实的重要手段。在这幅图中，他运用空间的表现手法将整座大厅描绘得非常生动，像植物一般，尤其是位于中央的浪漫的洛可可式舞台。

拉斐尔
(1483—1520)

万神庙
(1506)

纸上钢笔、棕色墨水

27.8厘米×40.4厘米

这幅罗马万神庙的室内图展现了拉斐尔·桑齐奥·达·乌尔比诺（Raffaello Sanzio da Urbino，即众所周知的拉斐尔）是如何以散点透视法描绘建筑空间的。他并未采用阿尔贝蒂所推崇的、在当时更为人熟知的方式，即透视从单一的视点出发，图像化地描绘场景。相反，拉斐尔的画让观者从内部去感知空间。在这一透视视角中，视点大约位于房间的中心。由于空间是圆形的，如果既想保持对象的三维感，又要描绘出透视感，就无法依据阿尔贝蒂的准则——想象透过一扇窗户来观看对象。这幅室内图并没有描绘对空间的一瞥，而是以散点透视的方式暗示了一种对空间持续性的凝视。拉斐尔认为建筑图绘艺术包含三种层面——平面、立面和内部空间，这是他在参与修建圣彼得大教堂期间仍然坚持的原则。这幅图基本上是一幅正交图，其呈现的空间感仿佛是透过一片广角透镜看到的。由于画面效果扁平化，墙面和装饰的细节能够以图解的形式描绘出节奏和韵律。交叉排线式的阴影表现了墙面之后的空间进深，圆柱和壁柱的空间造型，营造了一种明暗交替、浅浮雕和深空间对比的韵律，把人们的目光引向曲线的大厅边缘，以传达建筑本身的形式特征。选择中心视点而非远距离视点，使得画面成了一个观者可置身其中的空间，颠覆了常见的单点透视中观者与对象之间的空间关系。

佩佐·冯·埃尔里奇豪森事务所

罗德住宅
(2016)

布面油画

30厘米×30厘米

制图与绘画是智利建筑师毛里西奥·佩佐（Mauricio Pezo）和索菲亚·冯·埃尔里奇豪森（Sofia von Ellrichshausen）建筑实践的重要组成部分。他们用图绘的形式表现建成的作品，这同时也成了一种基于多元媒介的自洽的艺术实践，他们称之为建筑化的艺术。除了以水彩和单色水粉描绘的、“虫眼”视角的穿透式轴侧图（这种投影方式将建筑从本身的几何逻辑中抽离出来，飘浮在一片毫无空间感的橄榄绿色区域之中），他们还通过其他形式再现过这座独立的住宅。房子完全由木材建造，建筑外形呈半圆，陡峭的屋顶向圆心倾斜。在这里（本图所示为布面油画），住宅被想象中的光源照成鲜红色，而阴影处则呈棕色调。图中表现出了建筑内部的矩形空间，它们以内接于圆的正方形的两边排列开来，其中容纳了橱柜间、卫生间、厨房及其他设施。但在这张抽象的图中，他们着重描绘了空间的几何形状，似乎在“正方形”的一角交会并延伸至圆圈之外。这一形式打破了构图的对称，并创造出一个特殊的私密空间。内部曲线和室外场地之间的大悬挑，营造了安全的室外空间，人们可以穿过房子所处的绿地，俯瞰奇洛埃岛的内海。单一材料的使用（木材）增强了设计的纯粹性，同时也呼应了岛上的木作手工艺传统，这一传统是通过教堂和船舶的建造发展起来的。罗德住宅从结构框架到所有的内部表面均使用了木材，连屋顶也使用了薄木瓦。

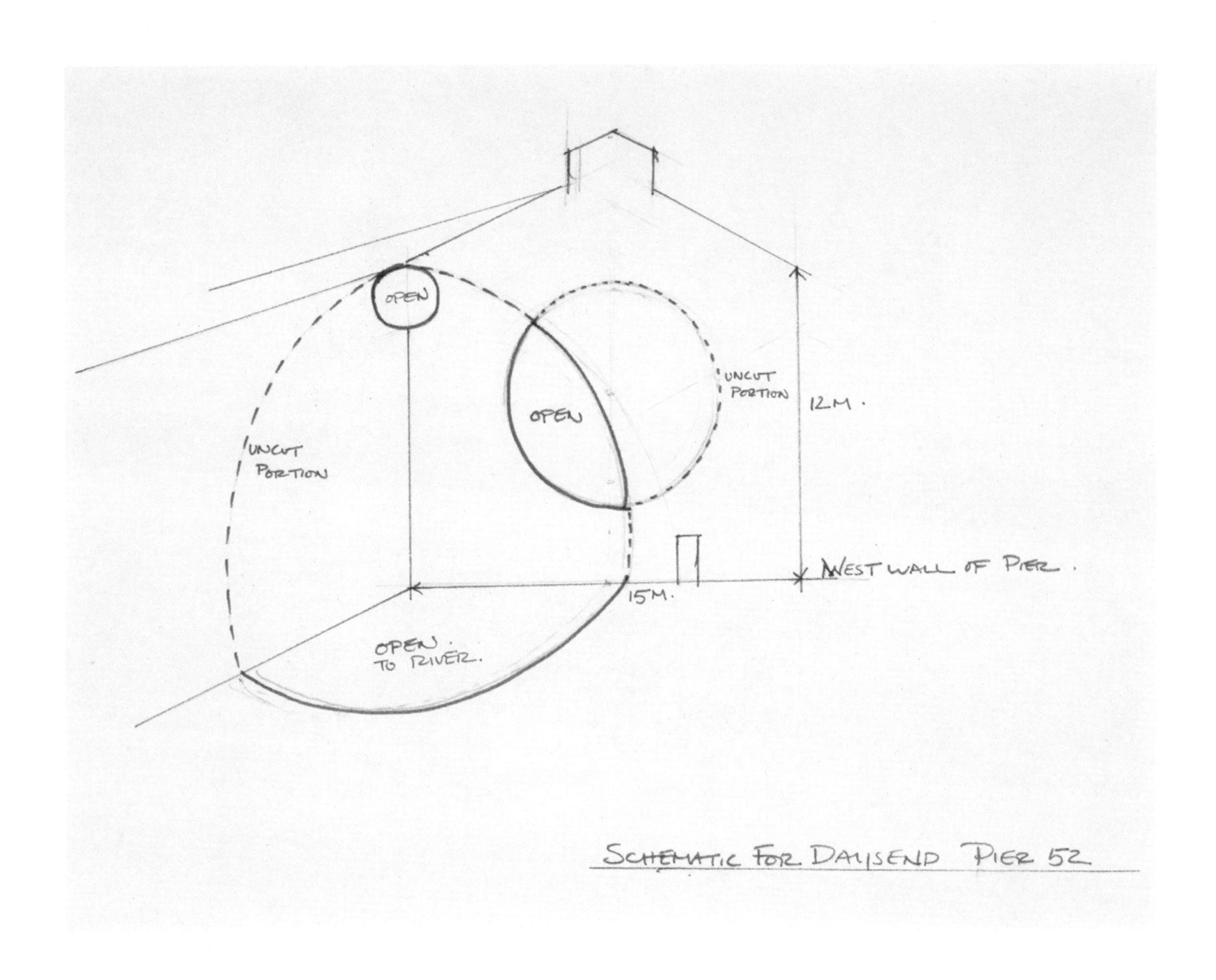

戈登·玛塔-克拉克
(1943—1978)

一日尽头
(1975)

纸上铅笔、黑色墨水
23厘米×28厘米

1975年夏天，美国艺术家戈登·玛塔-克拉克（Gordon MattaClark）在哈得孙河上格林威治村旁边的52号码头（Pier 52）发现了一栋建于19世纪末20世纪初的废弃仓库。他花了两个月的时间，和助手一起秘密地切割并拆除了一部分码头、屋顶、墙壁和钢桁架，直到其中一个成员申请拍摄该项目的许可证时，他们的行为才被发现。这幅图展示了河西岸60米远处，仓库瓦楞板立面上的巨大椭圆形窟窿，正如玛塔-克拉克的伙伴格里·霍瓦吉米扬（Gerry Hovagimyan）所说，地面上用于支撑瓦楞板的钢腹板也被整齐地切除。另一种声音来自码头负责人，他说何等疯子才会把码头下面的钢梁切掉。在这幅图中，地板上用黑色实线画出了切割出的窟窿，窟窿边缘呈弧形，上面标注着“通向河流”。弧线的两端与表示房屋结构的线条相接，线条暗示出墙面、地面。与上部表示坡屋顶的线条一样，长立面的平行线在画面左侧逐渐退去。出于功能和实用性考虑，图纸上只标注了必要的元素，比如关键尺寸、朝向、切割线。曲线仅仅代表概念中的几何形（也是现实中切成的形状），而没有完全揭示整个设计。尽管如此，这幅图依然呈现出了自身的逻辑：用实线来表示明确要切除的部分，用虚线表示行为背后的思考。从远处看时，这一空间呈现出了某种具象的特质，像帆、玫瑰窗，或是一天中不断变幻的四分之一圆。

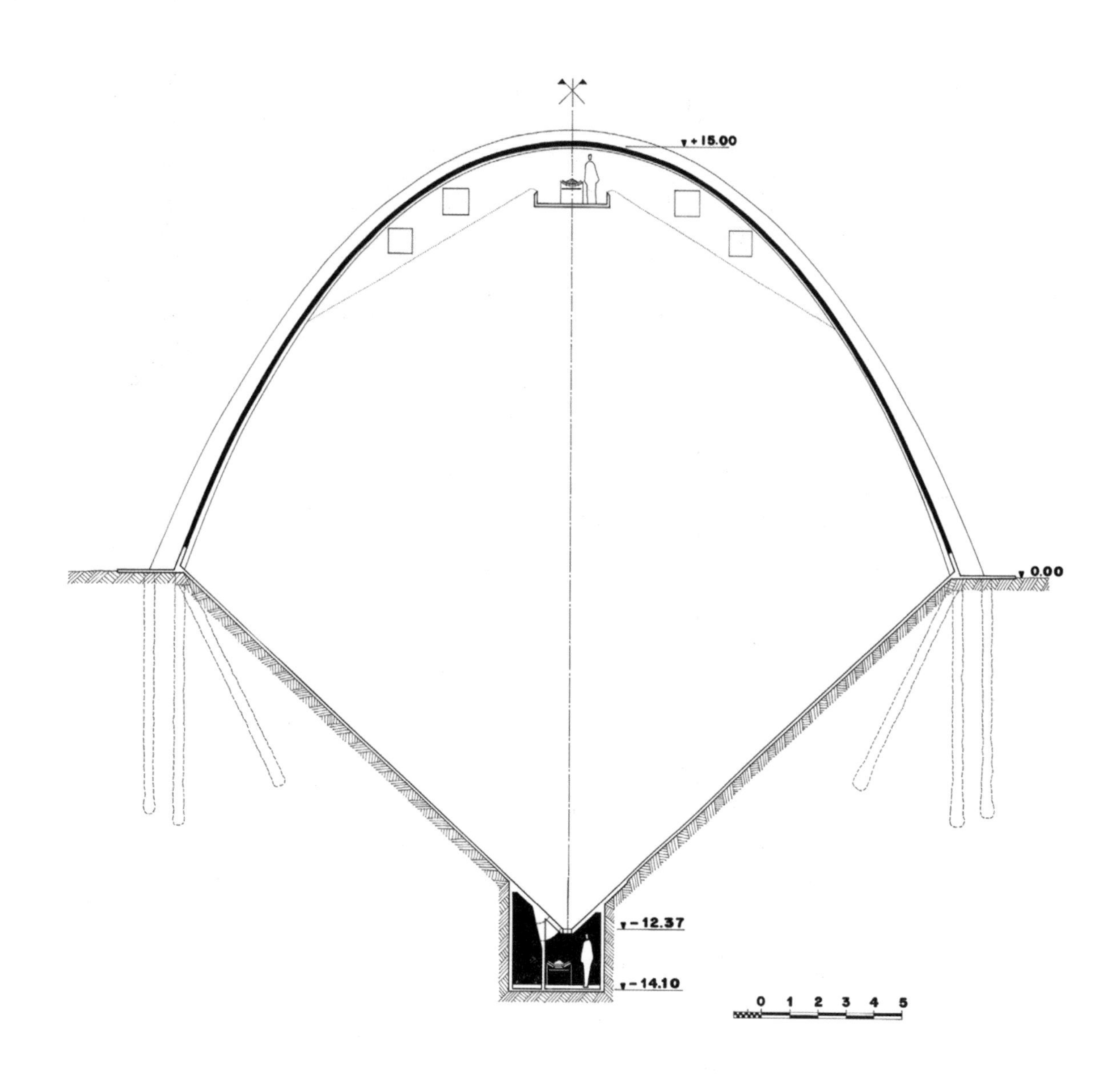

埃拉蒂奥·迪埃斯特
(1917—2000)

筒仓剖面
(1974)

纸上墨水

76.5厘米×85厘米

图中描绘的建筑是一座储料筒仓，位于乌拉圭东部的小城贝尔加拉郊区。乌拉圭著名建筑师埃拉蒂奥·迪埃斯特（Eladio Dieste）在这张凸起的抛物线形拱结构的剖面图中，向我们展示了地基承受拱顶向下的压力和侧向推力的原理。在基准面以下，拱与地面接触之处都有深深插入地下的混凝土桩。其中，有两根圆形桩以一定的角度深入地面，以抵消拱产生的外推力；其余的桩基承受着向下的重力。剖面图下部展示了一个由混凝土加固的三角形深坑，它沉入地面，用以储藏稻米。进入筒仓的通道如画面底部所示，是一段长长的、黑暗的坑道，位于三角形深坑的尖点处，里面站着一个高个子的人；画面上部还有一个站着的人，他所在之处是有舷梯顺着屋顶曲线倾斜下来，舷梯与屋顶之间空隙很小。迪埃斯特设计的建筑结构通常由非常薄的抛物线形拱顶组成，用空心陶瓦做材料，建筑表面呈现出一种温和的泥土色，富有生动的表现力。制作砖瓦只需要就地取土，成本低廉。建造时先制作简单的结构模板，再配以钢筋网格加固，然后在网格中置入砖，最后将砂浆填入砖瓦之间的缝隙中，便建成了极具震撼力的结构形式。这些材料和结构使建造跨度很大拱顶成为可能。在不断变化的外部风压和内部稻堆的压力下，正是这种正弦曲线形的结构形式，赋予了拱顶结构高度的抗变形能力。

仇英
(1494—1552)

汉宫春晓图
(1536)

手卷，绢本设色
30.6厘米×574.1厘米

这幅画取自中国明代绘画《汉宫春晓图》，描绘了初春时节中国古代宫闱中的日常琐事。宫女们享受着高雅的生活，或在花园里散步，或在屋内演奏乐器，或读书。而在画面中心，坐着一位画家——可能是仇英本人，正在为一位妃子画像。这幅描绘想象中的汉朝（公元前206年—公元220年）宫廷生活的长卷，绘制于16世纪的明朝。仇英是一位工笔画大师，其画面线条工整严谨、色彩饱满，迥异于写意画。绘制建筑工笔画时，要用界尺画线，用细致的线条精确描绘建筑形体。仇英极力描绘宫殿的建筑细节，如基座、柱子、屏风和敞开的窗户等，宫女们的生活正是以这些建筑细节为背景展开的。然而，画家没有绘出建筑的屋顶，画面的焦点落在花园和高高的宫殿上。宫殿的空间进深不是以透视的方式描绘的，而是沿立面边缘所做的平行投影，视角仿佛来自画面左边。垂直的多个立面构成了层次丰富的空间：有的空间狭窄，比如走廊；有的空间就有较强的进深感，比如为妃子画像的楼阁，屋内屏风和柱子更是增强了这种空间感。长卷中还绘有自然景观，与人工的建筑形成鲜明对比。在选取的这幅局部图中，代表自然的元素就是一块奇石，石下是植物或石子。但在长卷的其他部分，自然景观时而清晰可见，时而若隐若现，不仅有茂密的树木，也有长着羽毛般枝叶的松树。

米开朗琪罗·博那罗蒂
(1475—1564)

未知场地挑檐的莫达诺
(1530)

钢笔、棕色墨水、红色粉笔
22.3厘米×28厘米

在15世纪和16世纪的意大利，莫达诺（modano，复数为modani，莫达尼）一词被用来表示纸质的等大图案模板，供石匠雕刻建筑细节。图中所示的莫达诺可能是由于未被采用，才留在了工作间里幸存下来。这也解释了这张图为何与任何一件米开朗琪罗·博那罗蒂（Michelangelo Buonarroti）建成作品中的装饰都不匹配，尽管它和佛罗伦萨的劳伦齐阿纳图书馆的装饰有一些相似之处，可能用来解决“如何从门口复杂的横梁过渡到阅览室简单的挑檐”这一问题。这幅图最初是用红色粉笔画的，包括几条竖线、横线及一条切割线，再用钢笔和棕色墨水勾线，然后进行裁剪。勾勒的钢笔线条有被切掉的部分，说明这一模板在被丢弃之前曾被试用过。这种技术源自早期的模板，或称为“范式”（paradeigma），是在建筑工地的墙壁或地板的石灰岩表面，直接绘制或雕刻想要的建筑形式。其中一些模板在今天仍然可见，如罗马奥古斯都陵墓前的人行道上就有。在文艺复兴之前，莫达尼一直是建筑施工所需的核心图纸，同时也是建筑师知识水平及创造力的佐证，被建筑师们谨慎保管。米开朗琪罗工作室中陈列的许多模塑和剖面图，很大程度上就是他才华的证明。莫达尼既具备实验性，也具有说明性：作为描摹的工具，能够帮助建筑师在设计方案的过程中去调整柱基和檐口的细节。

比乔伊·杰恩
(1965年生)

萨拉塔-马利伽胶带画
(2013)

胶合板上铅笔、胶带
83厘米×185厘米×1.5厘米

比乔伊·杰恩（Bijoy Jain）的萨拉塔项目是一个低密度的住宅综合体，独立居住单元围绕着相互分离的庭院，中心是一块大型室外公共空间。这种室外室内空间均衡、模棱两可的空间类型，在像孟买这样的城市里很常见，那里的建筑类型与气候温和的地区并不相同（孟买是热带季风气候，全年高温多雨）。大悬挑空间非常重要，当阳光过于强烈、空间过热时，它能提供阴凉；而在每年为期五个月的季风期中，它又能将雨水引流到远离墙体的地方。这幅与实际等大的细节构造图描绘了建筑中一片屋檐的剖面，并展现了外墙垂直面之上的屋顶的缓坡。制作时，先将纸胶带粘在一片便宜的胶合板上，然后在上面用铅笔画出线条和图案。这是一种特殊的图绘形式，被称为“放线桩”。这种薄薄的胶合板或原木板，通常由木匠制作而成，并涂成白色，这会使上面的图绘更加清晰，用完重新刷白，即可重复使用。在这个表面上，工匠们把一个物件的整体用原尺寸画出来。按照杰恩的说法，这些粗野但有活力的物件是在施工过程中自发出现的，胶带画就是其中的一个代表。用于确定木构件尺寸和连接方式的纸质图绘，会因潮湿的空气变得模糊。有一天，木匠带来了一个从建筑师的图纸中复制出来的粗略版本，让他和他的团队测量比较柚木框架和过梁横带部分，为屋檐的建造做准备。与常见的放线桩的白色表面不同，这件胶合板暗色的表面保持原样，上面的纸胶带也成为图绘的一部分。

埃利尔·沙里宁
(1873—1950)

维特莱斯克
(1901)

纸上墨水、水彩
22厘米×22厘米

1901年，埃利尔·沙里宁（Eliel Saarinen）和他从事建筑行业的同事赫尔曼·格赛利乌斯（Herman Gesellius）、阿马斯·林德格伦（Armas Lindgren）在赫尔辛基郊外买下了一片林地。他们共同设计建造的建筑群由工作室、办公室、沙里宁的家庭住宅、林德格伦的家庭公寓和格赛利乌斯的一个小单间组成，被命名为“维特莱斯克”。维特莱斯克是“白色的湖面”的意思，意指从山顶俯瞰的广阔水域。在这幅室内透视图中，通过大厅尽头的大窗户射入的光及其他反射光，照亮了室内织物和漆涂家具的表面。沙里宁负责建筑的室内设计，他用这幅小插图来展示设计环境的整体性，通过一系列初步、粗略的铅笔草图来推演最终的构图。如图所示，维特莱斯克用花岗岩和松木等当地天然材料做天花板、墙壁镶板，与壁炉周围柱头上装饰的釉面砖及室内的其他装饰部分相结合。墙面的壁画图案精致，它们仿佛一张挂毯，让坚硬的墙面无比柔和。不同空间的重叠创造了一种复杂性，每个地方都没有明确的功能界定，但通过壁龛、楼梯、定制家具、屏风甚至地毯连接起来，并暗示其功能——这幅画是沙里宁所塑造的整体氛围的一个片段。1923年，沙里宁移民到美国，继而在一个截然不同的环境中继续他的设计生涯。沙里宁是世纪之交芬兰民族浪漫主义的重要领导人物之一，他的设计在19世纪末到20世纪初影响了北欧诸国。通过将整座房子视作一件艺术品，维特莱斯克的设计和装饰对传统工艺、材料和建造技术做出了诠释。

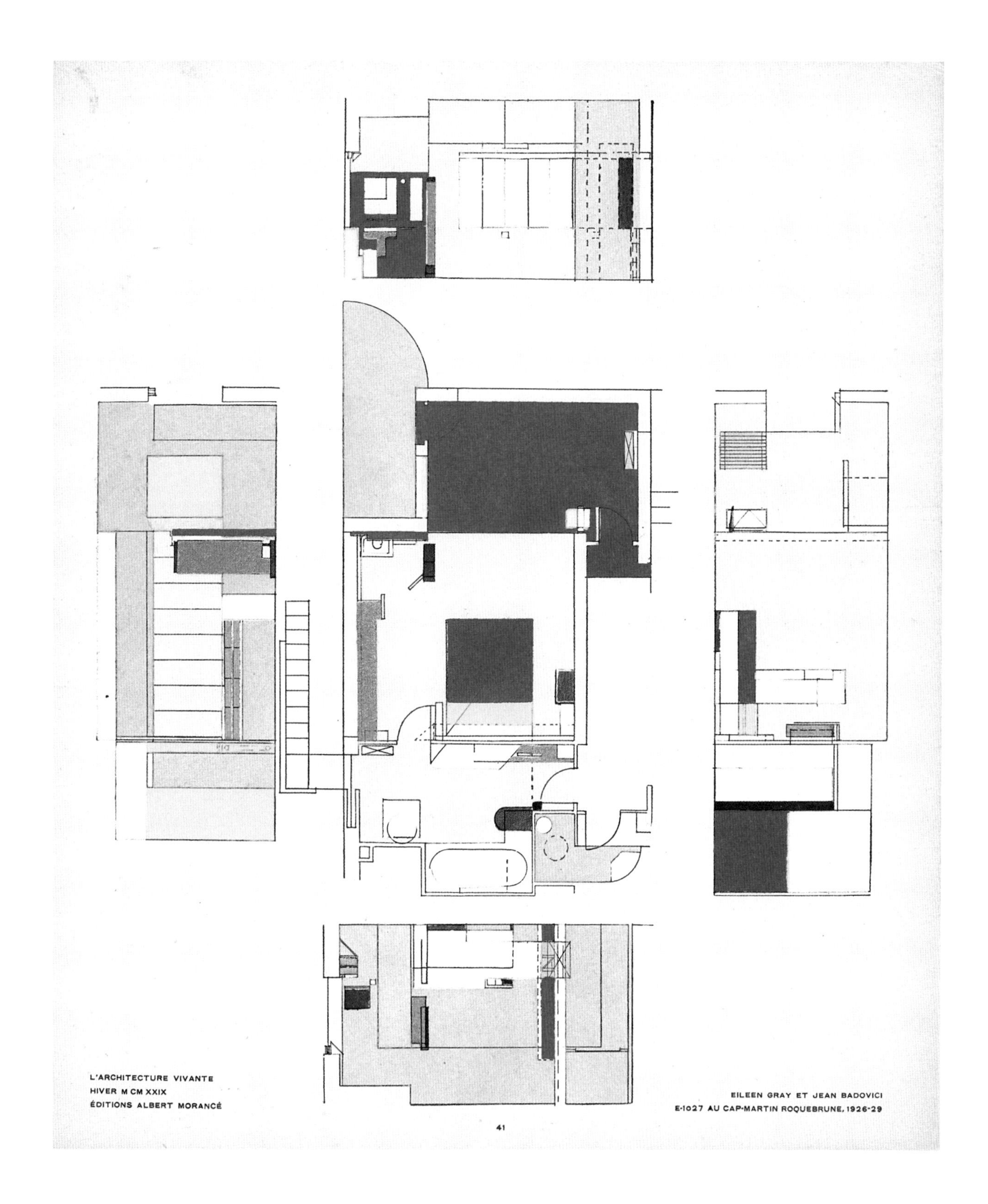

L'ARCHITECTURE VIVANTE
HIVER M CM XXIX
ÉDITIONS ALBERT MORANCÉ
EILEEN GRAY ET JEAN BADOVICI
E-1027 AU CAP-MARTIN ROQUEBRUNE, 1926-29
41

艾琳·格雷(1878—1976)
吉恩·巴德威克(1893—1956)

E-1027海边别墅
(1929)

纸上铅笔、墨水
26.8厘米×22.4厘米

1929年，这幅图刊载于极具影响力的前卫建筑杂志《现代建筑》(*L' Architecture Vivante*)的冬季刊上，描绘的是建筑评论家吉恩·巴德威克(Jean Badovici)位于罗克布吕讷-卡普马丹的消夏别墅，这里可以俯瞰地中海。别墅由艾琳·格雷(Eileen Gray)设计，其令人费解的名称是她与客户兼密友二人名字的结合：E代表艾琳(Eileen)；基于字母在字母表中的顺序，10代表"吉恩"(Jean)，2代表"巴德威克"(Badovici)，7代表"格雷"(Grey)。别墅的正面朝海，开放式的外立面设计可以让建筑"呼吸"海边的空气，当然也可以关闭。别墅的主要楼层呈L形，有着平坦的屋顶，下层是一个小地下室。建筑中完全封闭的空间非常有限，其设计最大限度地发掘了独立房间之间的墙壁和隔断的可能性，用家具来代替——主要是一些储藏空间。画面中心描绘了别墅平面图的一个局部，展示的空间是主卧的两个区域、浴室和卫生间；还有一个凸出的小阳台(用蓝灰色表现)，从住宅的正面向大海延伸。每一件内置的或特别设计的家具，都画在围绕着平面的四个立面上。平面上没有描绘窗户，让人有完全封闭的感觉，甚至连阳台和主卧之间的门也看不到。然而，在周围房间的立面上，长长的条状窗户几乎撑满了整个外墙。平面图的颜色与别墅真实的装饰图样没有关系，而是描绘了多样的墙体和楼面之间的关系。

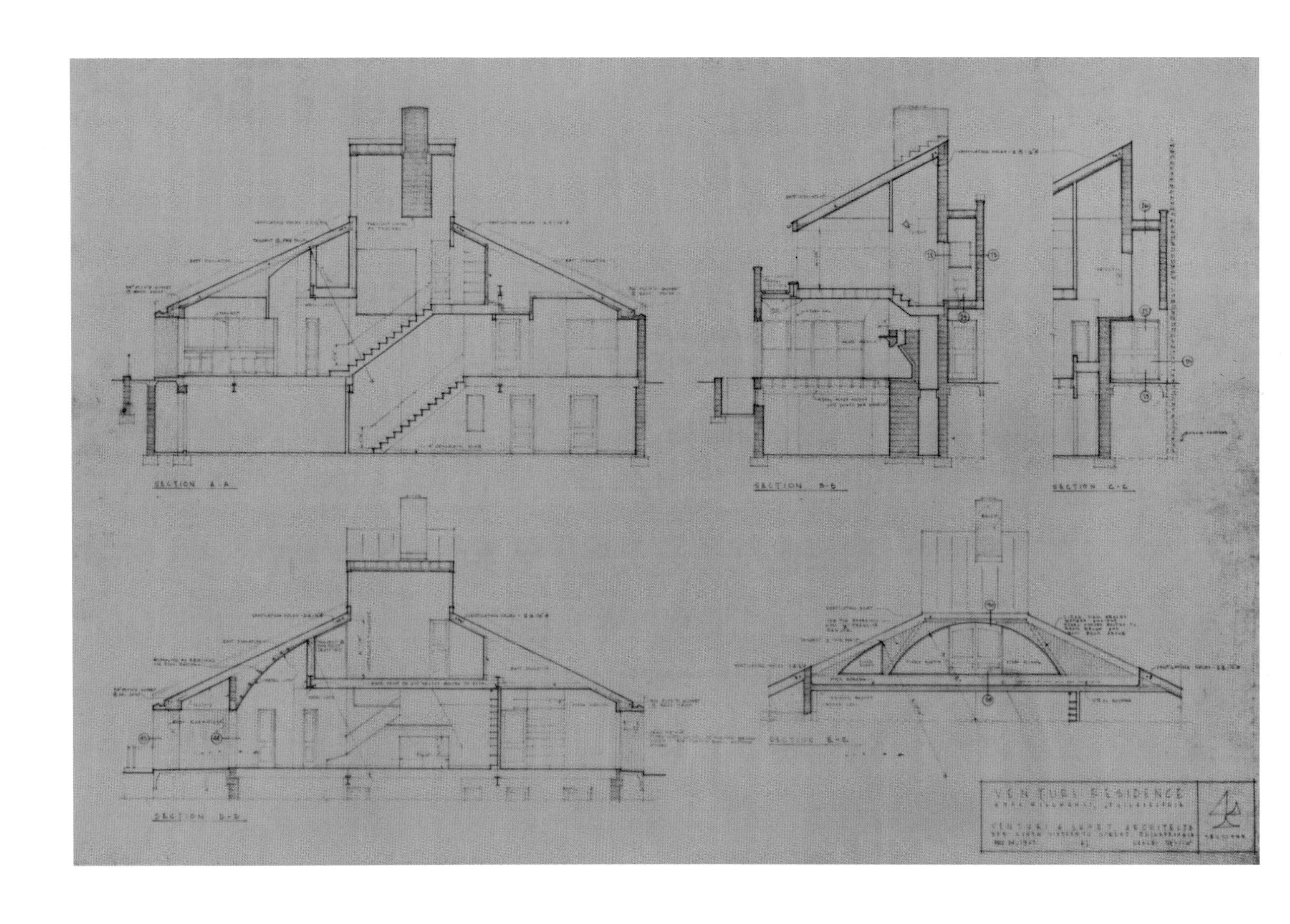

罗伯特·文丘里
(1925—2018)

万娜·文丘里住宅
(1962)

纸上墨水、彩铅
61厘米×91.2厘米

“后现代主义建筑设计之父”罗伯特·文丘里（Robert Venturi）于1962年至1964年间在美国宾夕法尼亚州切斯特希尔为母亲建造的住宅，被认为是“第一所后现代主义住宅”，在文丘里1966年出版的《建筑的复杂性与矛盾性》（*Complex and Conflict in Architecture*）一书中可谓耀眼明星。这一系列的建筑剖面图展示了住宅相对简单的材料和工艺，及其营造的室内空间。如果没有读过书中的叙述或亲眼见到这栋住宅，我们很难参透这幅图传达的深层信息。“我喜欢建筑的复杂性和矛盾性。”文丘里在反对现代主义建筑的“还原论”乃至道德主义的“温和宣言”（其著作第一章）的开头写道。他的才能来自丰富多样的现代建筑实践经验，这些经验在他的设计中得到淋漓尽致的展现。图中，两个互相垂直的元素——坚实的壁炉烟囱和轻盈的楼梯——在剖面上非常显眼，两者在整栋建筑中争夺着存在感。在A-A剖面，尽管烟囱在顶部凸出，但楼梯更胜一筹。在B-B剖面，烟囱变为主导，楼梯不得不缩小、扭曲变形，以与其协调。住宅的立面图案和变化多样的整体空间，在局部结构的剖面图中得以体现，例如D-D剖面的弯曲屋顶，E-E剖面中阁楼内分段的圆，通过住宅后部屋檐下的一扇眼形窗得以呈现。住宅分三层：底层是地下室；顶层是小阁楼，斜屋顶下是一间小客房；一层是起居室。整个设计给人的感觉是“一座体量很大的小房子”，它中和了复杂性，使这栋住宅拥有一种张力。“少即是多”这个著名的现代主义比喻，在这里被文丘里重新演绎，对他来说，“少即是无聊”。

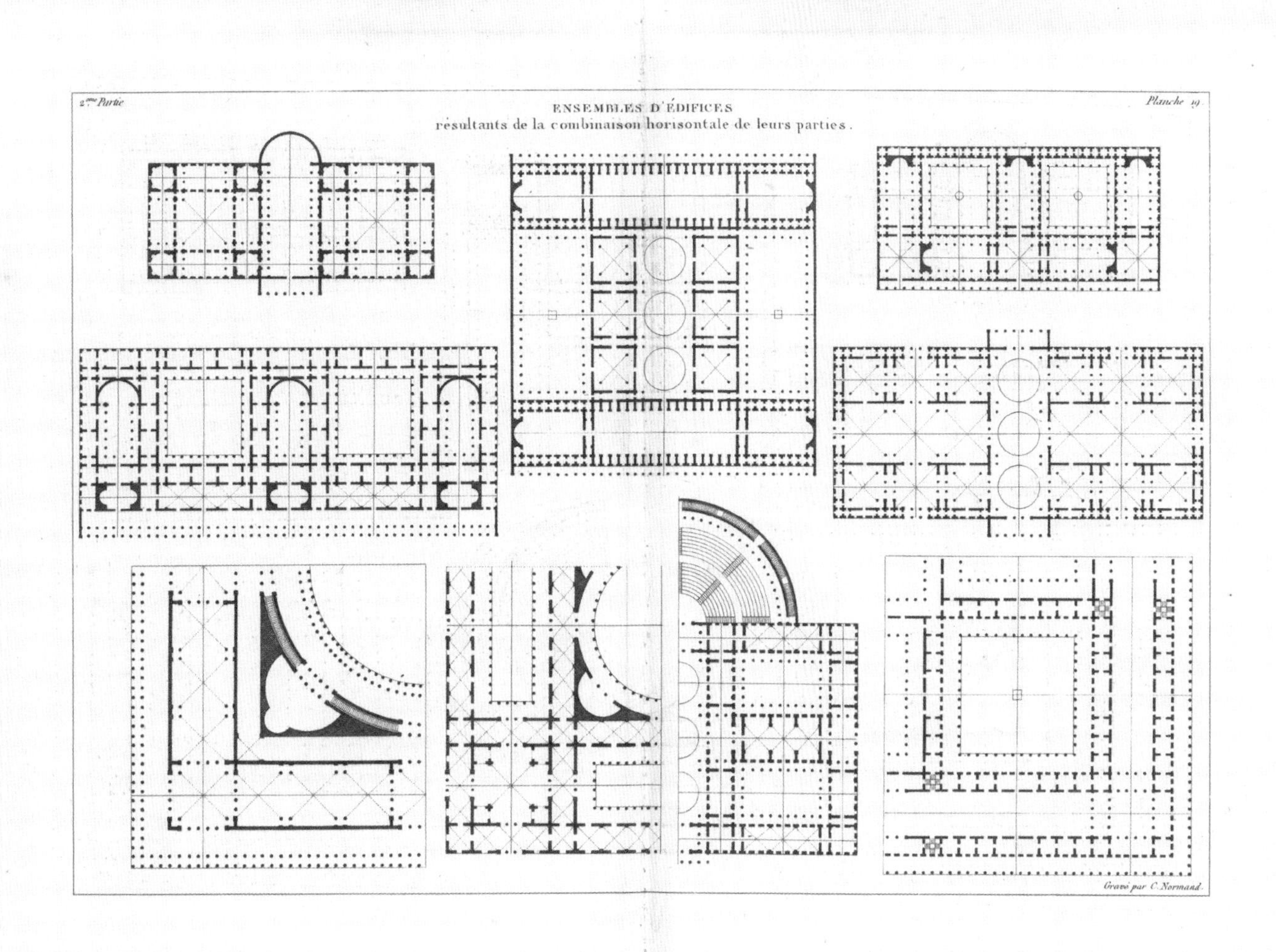

让-尼古拉斯-路易斯·杜兰德
(1760—1834)

大厦合奏曲
(1819)

纸上墨水
27厘米×39.5厘米

18世纪与19世纪之交出版的两本著作囊括了18世纪建筑思想的精华，一本是让-巴普蒂斯·朗德莱（Jean-Baptiste Rondelet）1802年至1803年间所著的《建筑艺术的理论与实践》（*Traité Théorique et Pratiquede l' Art de Bâtir*），主要记述了18世纪的建造艺术；另一本是让-尼古拉斯-路易斯·杜兰德（Jean Nicolas-Louis Durand）所著的《建筑精讲》（*Précis des Leçns d'Architecture*），主要总结了杜兰德从1802年至1805年在巴黎综合理工学院做的讲座。本页图《大厦合奏曲》，取自杜兰德的《建筑精讲》，表现的是多组建筑局部的平面图。杜兰德构图的起点，总是从一个正方形开始。对他来说，圆形和球体是最优的图形和形体，因为它们可以用最小的周长或表面积包围最大的面积或体积。但是，考虑到在建筑设计中经常使用圆形和球体并不切合实际，正方形和立方体变成了替代方案。正方形生成网格，网格的主轴和辅助轴连接，如图中表示房间部分的浅色线条。在网格之上，添加墙壁、柱子，以及窗户和门廊等负形建筑元素。剖面图和立面图是通过平面图的垂直投影得到的。这样的建筑是一个全然理性的产物，形式和体量完全由规则确定，具有对称性和规律性，其目的是为解决实际问题提供方案。朗德莱和杜兰德的著作在50多年的时间里一直被奉为圭臬，为教条主义的正统学说提供了范式。杜兰德的学说影响更为深远，以至于在20世纪现代主义反思工业化的浪潮中都能发现他的影子——现代主义设计中节约性设计的盛行，装饰和独特的历史风格的消失，无不受其影响。

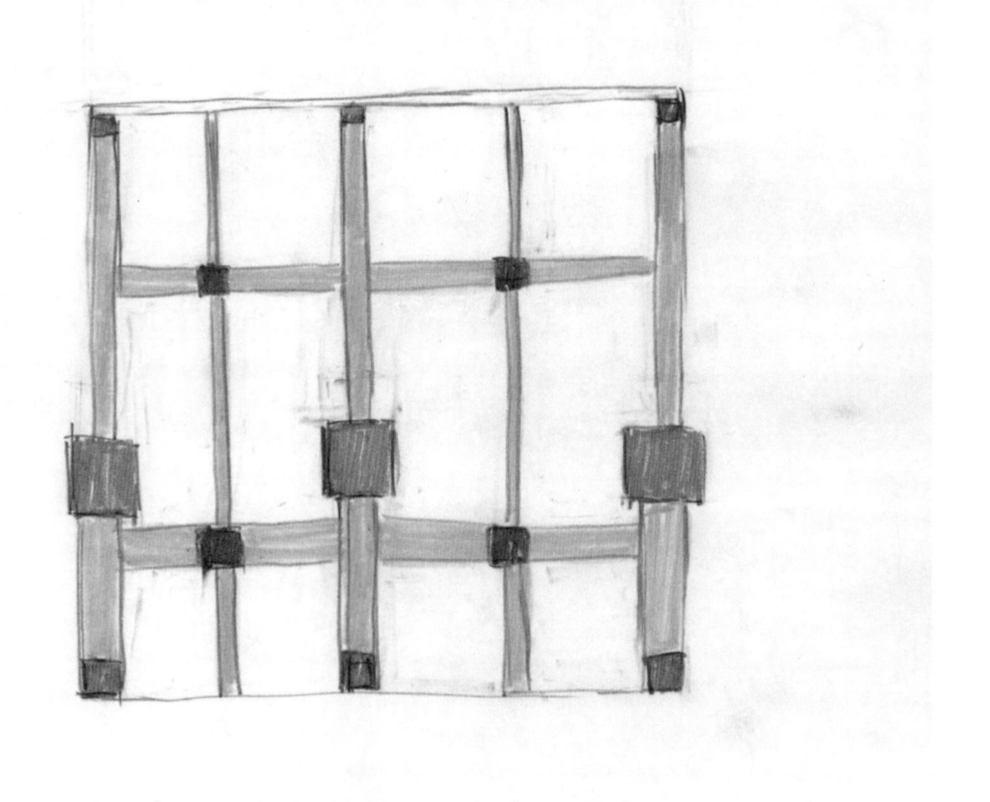

彼得·马尔克利
(1953年生)

语言画，无题2115
(2012)

纸上铅笔

29.7厘米×21厘米

对外人而言，往往很难通过彼得·马尔克利（Peter Märkli）画在速写本或大小不一的活页纸上的图（像本页图一样），看出他的创作意图，遑论图片对应的地点。在这张纸的中部，绘有一个方框，框内的网格是建筑的局部立面。虽然有擦除的痕迹，试画的线也使得部分图纸有些模糊，但定稿的画面依然十分清晰明了。只有底部的线（可能代表地面）有些许不确定，这一笔在一处断开。这条线连接了三根粗竖条和两根细竖条，三根较粗的竖条属于同一类型；而细竖条分别夹在两根粗条中间，与两根水平条处于同一平面上，四根细条的长度和重要性基本相同。蓝灰色的线条并没有组成规则的正方形网格，而是像画中所呈现的那样，通过系统地使用比例模块而产生了某种韵律。网格上有红色的结点，在现实中，这些结点通常会演变为马尔克利建筑立面中预制混凝土板交点的投影。在这里，方形结点标记出整体的底部和顶部，比如弱化的地面和房顶；同时又标示出内部线条相交之处，此处的色块也涂了些许蓝色。主导构图的是三个橙色方块，比它们所在的竖条的宽度略宽。这些橙色方块标志着其上下部分竖条的变化——其下部的竖条较粗，如多立克式石柱一般，而上部则变细了。这些大方块看起来不再像是结点或凸起，倒像是强大的中心，支撑着肉眼无法辨识的东西。

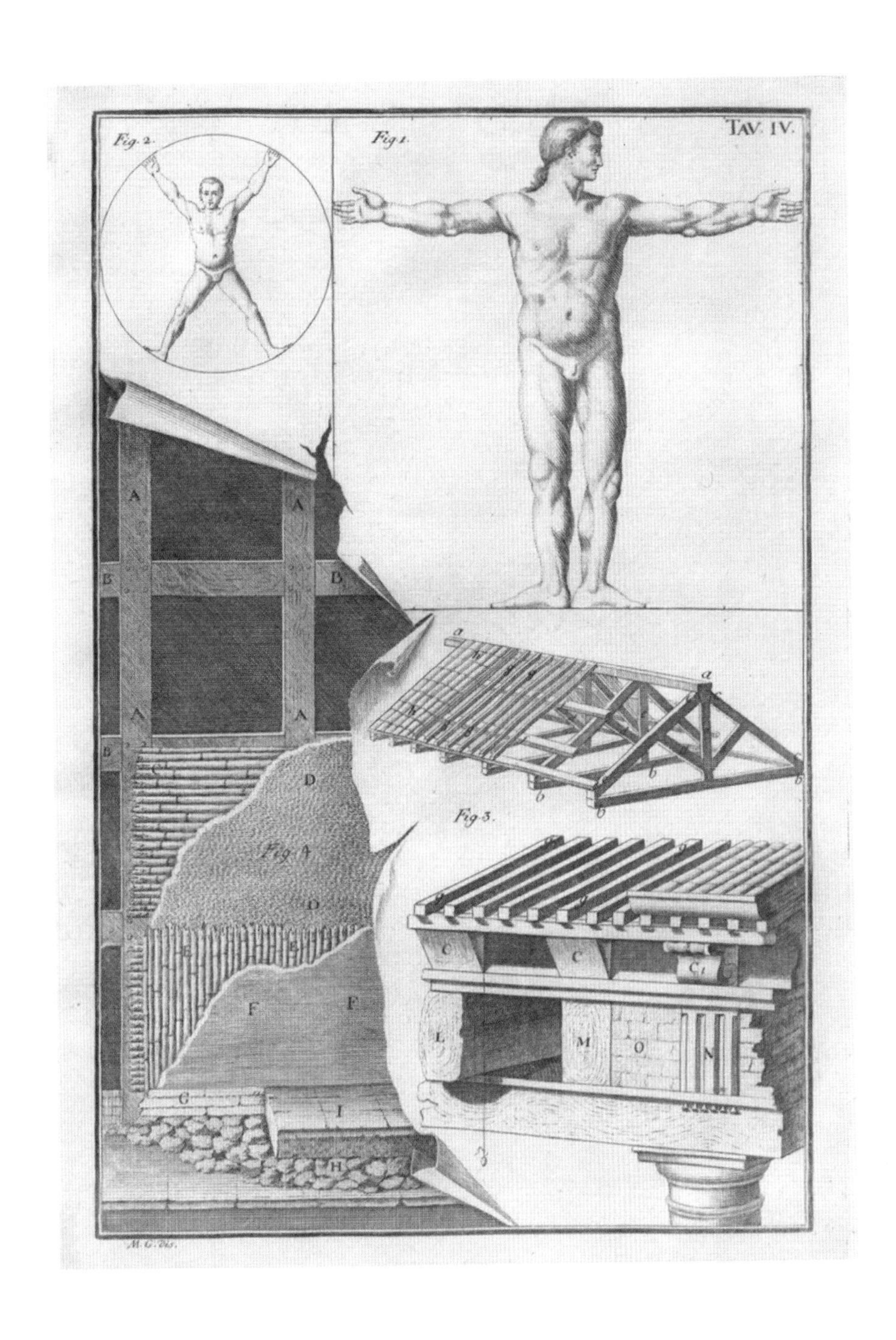

贝尔拉多·加里亚尼
(1724—1774)

图录4，选自维特鲁威的《建筑十书》(1758)

纸上墨水
35.5厘米×24.8厘米

在这幅插图中的图1，一个男人的形象被限定在一个正方形之中，体现出人体比例及其与人造建筑世界的决定性关系。这幅图被其原作者——神秘的历史人物维特鲁威——称为古典范式之基。在图2，同样的图形再次出现，只不过此处人的手臂和腿伸展于一个圆圈之中。这是由弗朗西斯科·塞帕鲁利（Francesco Cepparuli）用铜蚀刻的25幅插图中的一幅，收录在维特鲁威的《建筑十书》的第十三版中。第十三版由贝尔拉多·加里亚尼（Berardo Galiani）翻译，出版于1758年。加里亚尼的版本第一次探讨了维特鲁威的著作在启蒙运动学术方面的考古意义——从他在图录4中绘制的屋顶结构的详细图纸和对建筑物不同部分的呈现中可以明显看出这点。为了将两张人物图组织到画面中，加里亚尼在纸上绘制了分析图，然后"剥开"一部分，再现了一面墙的分层结构，就像考古复原作品。这样，两组独立的部分产生了对话。图3包含了对结构元素比例的推测——精心编码和标记的横梁，斜屋顶的椽子和支柱，以及屋檐组件（如三竖线花纹装饰和排档间饰）的名称。其左侧是分层的墙体结构——木材、芦苇、灰泥、碎石和大块石头组成了建筑的结构层。这种与维特鲁威文本的结合，以及为这一版本创作插图，延续了从1511年《建筑十书》的第四版开始的附解释性插图的传统。

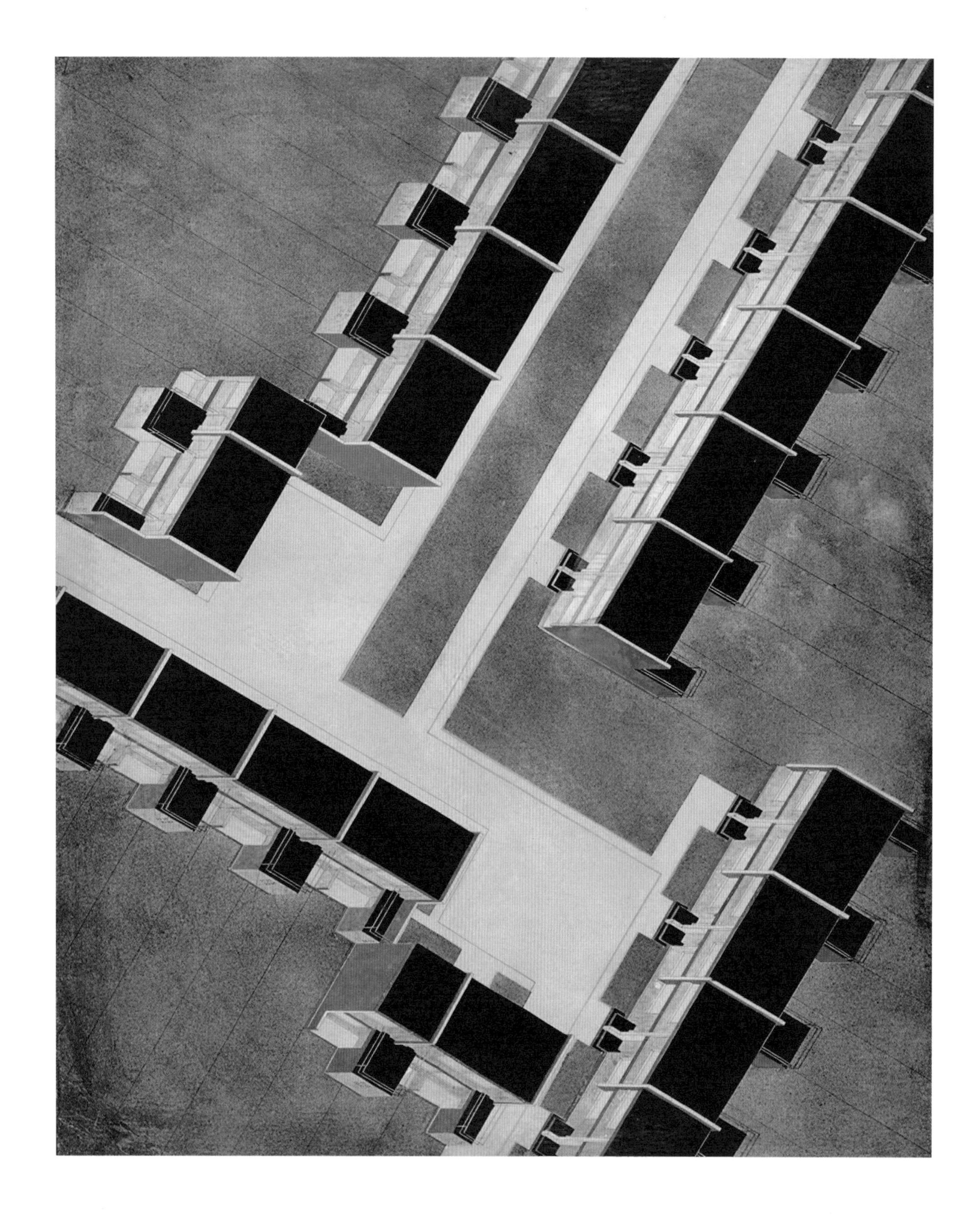

沃尔特·格罗皮乌斯
(1883—1969)

德绍住宅建筑
(1926)

纸板上水墨、溅彩涂料、水粉
107.3厘米×88.8厘米

两次世界大战之间，魏玛共和国住房短缺，因此修建的住宅小区以实用为主要目的。然而，在这张轴测图中，实用主义的现实被转化成了一幅美丽的抽象画。如此选择投影角度，是为了让建筑的屋顶以片段的方式在街道和联栋式房屋中展现出来。这些联栋式房屋共314间，是沃尔特·格罗皮乌斯在1926到1928年间设计的。这些现代住宅的平屋顶是黑色的；立面的L形墙壁在轴测图中略高于基准面，呈红色或蓝色，轮廓分明。L形墙壁不仅确定了每栋双层住宅之间的界墙，而且与土色地面上的细线呼应，这些细线标注着每个单元的花园用地范围。这幅图的妙处在于，建筑的对角线式投影斜穿画面，街道和小路呈规则的几何形状，建筑整体与道路几乎垂直。这加强了个体住宅模块与整体的从属关系，而这种严格的类型化又被打破——具体来说，体现在半独立式住宅后部的小正方块——这种背离明显是反常的。尽管如此，作为一种对建造合理住房的时间、成本和效率进行考察的试验，该建筑确实尝试了多种类型的住宅。这意味着要将建筑工地组织成一条工业生产线，主要使用预制的材料。混凝土墙、玻璃窗和屋顶构件，乃至凸出的部分，甚至是门阶，这些规律性地重复出现的元素，使这幅图充满节奏感。其中唯一有变化的元素是立面墙的颜色。在城市尺度上，这些元素在艺术风格上影响、约束着个体居住单元，将它们统合为风格统一的整体。

汤姆·梅恩
(1944年生)

第六街住宅
(1990)

纸上金属箔丝网印刷
101.6厘米×76.2厘米

摩弗西斯建筑事务所(Morphosis)的汤姆·梅恩(Thom Mayne)声称,在原子弹爆炸或生态灾难出现之后的世界,作为高科技的建筑将成为"死亡科技"。关于现代主义者在工业和社会进步的信念上所面临的挑战,加利福尼亚州圣塔莫尼卡市的第六街住宅项目正是一种诠释,它同时体现了技术在其不可避免的失败和决心中所扮演的角色。房屋的附属构件,计划做成插入物,放置于十个被重新加工并翻新为一般房屋框架的物件中。每一块物件都用体现死亡科技之精神的耐候钢(耐大气腐蚀钢)制作,包括传统房屋中的构筑物,如楼梯、壁炉、柱子、横梁,或者是光线监视器。这个项目本来是打算进行实地建造的,但是由于资金匮乏而夭折。作为替代方案,梅恩与安德鲁·扎戈(Andrew Zago)合作绘制了一系列阐释构想的图纸。这与梅恩的理念一致,即绘画永远是独立的,而一组绘画也能自成一件作品——它赋予自身以生命。第六街住宅的图纸是对这一项目的详细阐释,并结合了两种创新:立面和剖面图以斜视的方式绘制,而不是互相平行;将物体之间的内部关系与立面的组成元素置于同等重要的位置。在这张图中,不同视角的图被组合放在一起,它们各不相同又彼此相互关联。绘制图纸的扎戈受到了丹尼尔·里伯斯金(Daniel Libeskind)的"小大由之"(Micromegas)系列的影响;梅恩受到了詹姆斯·斯特林的影响,尤其是后者机械精度极高又毫无修饰的莱斯特大学工程系大楼轴测图。

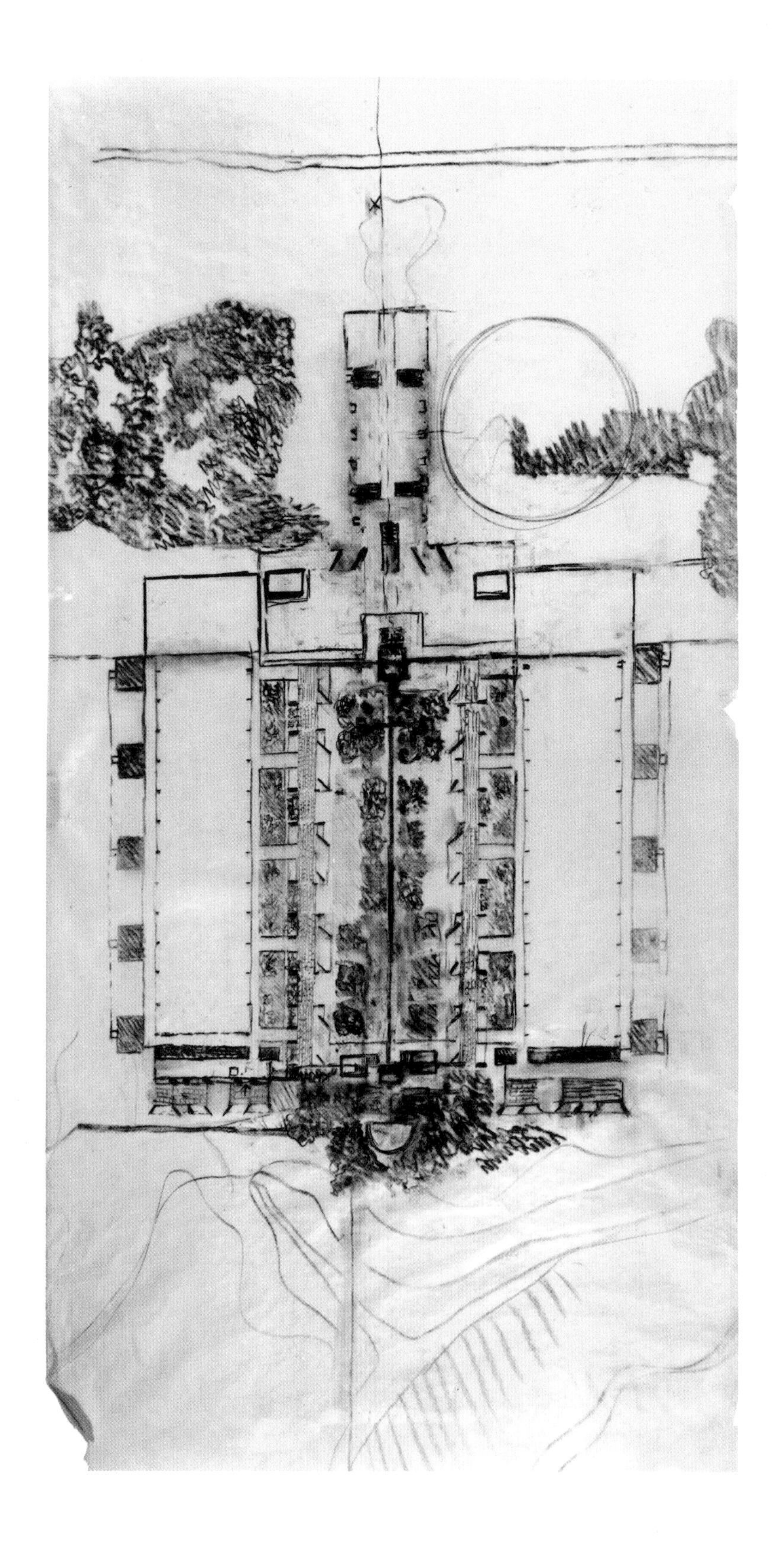

路易斯·康
(1901—1974)

萨尔克生物研究所
(1959)

纸上炭笔

38厘米×19厘米

在所有正交投影图中，平面图——从最早的用于感知场地的草图，到描绘每个元素位置的详细配置图——是路易斯·康（Louis Kahn）用于思考空间的最重要的工具之一。这种“以平面图为设计起点”的方式来自学院派体系，即通过考虑不同功能之间的空间关系、方向和组织而提出项目的解决方案。萨尔克生物研究所位于美国加利福尼亚州拉荷亚市，是一个生物科学研究中心。这张草图展示了路易斯·康最初的一部分方案，该方案旨在协调实验室、会议设施和住宅单元之间复杂的排布，而这正是该项目的要求。他将研究所分成三部分：会议室（或会议中心）、提供生活住宿的社区和实验室。实验室是这个项目中唯一需要建造的部分，这张平面图表现的就是它的配置。由于是用较软的炭笔绘制的，有些部分被抹除过，看起来有些脏，画面的意思不太清晰；而有些部分用的是又硬又深的线，让人感觉是临时画上去的，并不符合图纸传达设计决策的精确性。尽管图纸是徒手绘制的，但标记精确，清晰易读：两块长长的区域里是实验楼，它们隔着中庭相对而立。实验楼两侧，各有5座附带着小型研究室的塔楼，塔楼之间是下沉庭院。塔楼转向西面，面朝大海，形成了独特的角度，在图纸中历历可见。在纸张下半部分，即建筑群之下，绘有等高线，暗示此处是一个陡峭的悬崖。路易斯·巴拉干建议路易斯·康将中央空间对称排列的植物移除，并在平坦明亮的白色步道中央加一条水道。

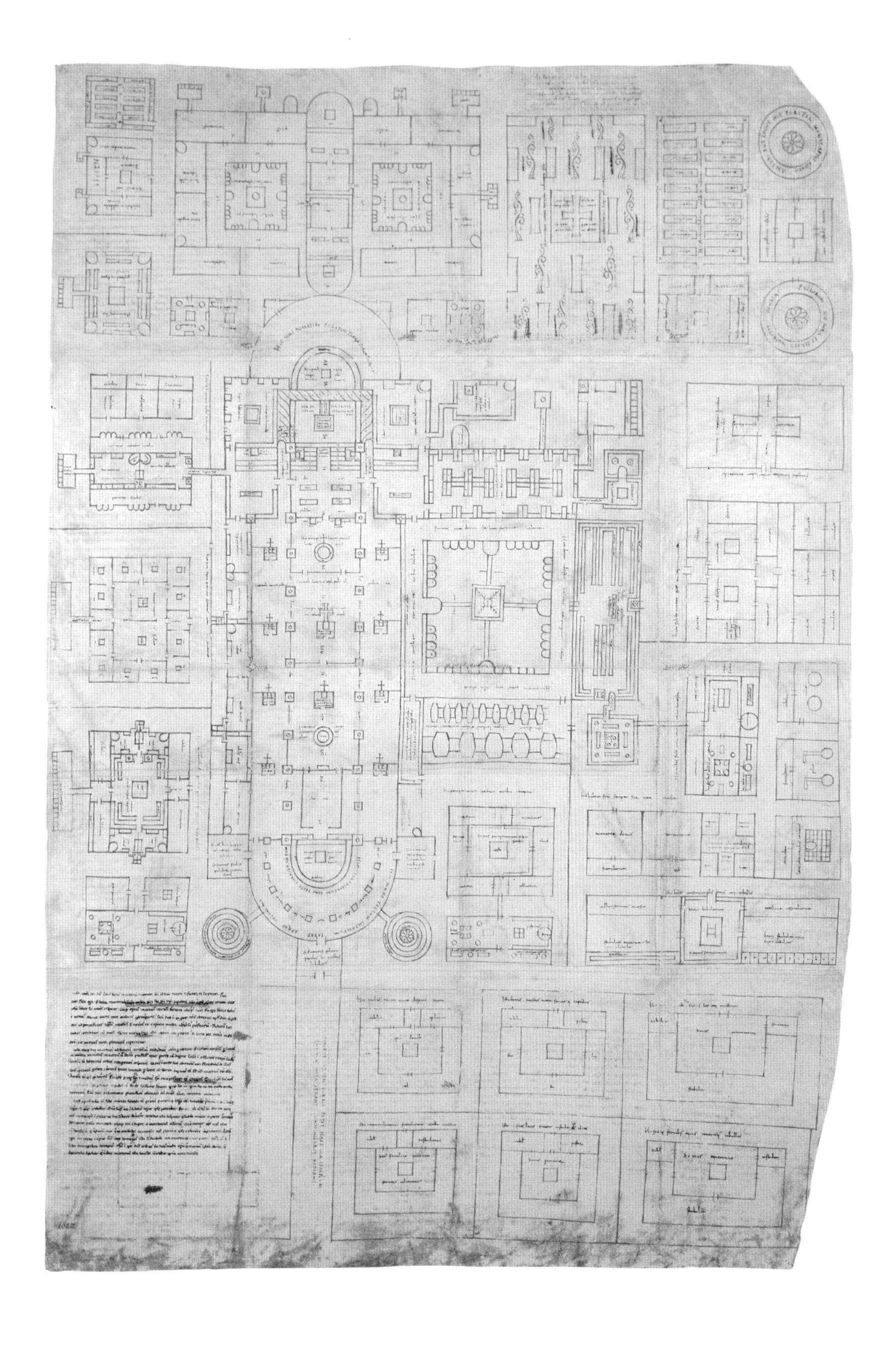

佚名

圣加尔修道院
(820)

羊皮纸上红色墨水、棕色墨水

113厘米×78厘米

尽管我们很容易通过翻译这幅图上标注的333个棕色拉丁文字来了解其内容，但创造这座建于中世纪的、有着罕见形象的综合体建筑的原因，仍然是一个谜。文字描述了加洛林王朝修道院的各种建筑及花园的功能。从公元476年西罗马帝国灭亡到13世纪，留存下来的建筑图纸屈指可数，其中一幅是由5张羊皮纸缝合而成的。一位匿名制图师用红色的单线在羊皮纸表面绘制了一张精细的网格，描绘了40多座建筑的平面图。这座有围墙的社区中心坐落着僧侣们的修道院，食堂、宿舍、取暖室、厨房地窖和储藏室组成了他们的集体生活区。修道院的北面是长方形的基督教堂。在这个自给自足而又封闭的中世纪修道院中，以基督教堂为中心，配套功能区严密地排布在周围，呈辐射状。除了修道院院长的住所，还附带面包房、酿酒厂、学校宿舍、访客宿舍、仆人的宿舍、农场动物的栖息之所、工作坊、一所毗邻草本植物园的医院和果园中的一片墓地。图中左下角的注释写道，这是为圣加尔修道院院长戈兹伯特（816年至837年间主持修道院）设计的。它不是一个真实的修道院设计方案，而是指导修道院规划的理想化提案。实际上，这个设计并不符合圣加尔河谷的地形，因而加洛林王朝的圣加尔修道院与这个平面图中的修道院设计并不一致。

塞德里克·普莱斯
(1934—2003)

巴特西发电站
(1990)

速写本上毡尖笔、蜡笔
20.3厘米×25.3厘米

1984年英国举行的设计竞赛，是多年来第一次为具有标志性意义的巴特西发电站（Battersea Power Station）寻求解决方案。这座砖砌建筑曾是一座燃煤火力发电站，在1983年时废弃了。被废弃前，该发电站为伦敦提供了高达全市20%的电力供应。它的二期工程——加建两座引人注目的烟囱——于20世纪50年代竣工。塞德里克·普莱斯（Cedric Price）是被邀请投标的七位建筑师之一，他提出的个性鲜明、激进的批判性方案，是基于现有结构创造性的改造，不是煞费苦心、一味小心地保护。他建议将大烟囱下部的大量砖块全部拆除，这能将整个地面空间解放出来，用于多功能空间的开发。这种多功能空间也是普莱斯设计项目中永恒的主题之一，比如他在1961年与戏剧导演琼·利特伍德（Joan Littlewood）共同设计的游乐宫（Fun Palace）。他把自己的参赛作品命名为“巴塔”（Bathat），之后他又在自己的草图本上重新审视了对于这一场地的想法，用柔和的橙红色蜡笔勾画了速写一般的草图。其中紫色的方块表示的是伦敦南部一排排维多利亚时期的房子，它们的体量与发电站相比显得微不足道。普莱斯在前景处用红色毡尖笔描绘了一面“薄纱”，表面上看是裸露的钢结构，效果出乎意料，使得画面中一些部分比另外一些更具表现力。极细的支撑结构似乎是拴着飘浮的平台，而非支撑着，建筑的重量感随着墙壁的消失而消失，但保留了最初方案的象征意义和地标性——尤其是草图中手指一般的四座烟囱塔。

阿尔多·罗西
(1931—1997)

圣卡塔尔多公墓
(1971)

纸上彩铅
41厘米×59厘米

这幅由阿尔多·罗西（Aldo Rossi）绘制的意大利摩德纳市圣卡塔尔多公墓（San Cataldo Cemetery）的彩色渲染图，是由一幅设计图演变而来的，色调相对柔和。它不是对已完成的建筑设计或最终建成部分的精确描述，而是对罗西在1966年出版的《城市建筑学》（*The Architecture of the City*）一书中提出的城市形态的象征性表达。画面的构图展现了由不同类型的投影构成的复杂组合。其中包括通过深色的阴影表现深度的平面图；通过使用两个不同灭点的单点透视来表现的立面图；还有其他的小插图，包括以平面形式出现在画面上部的圆锥形塔的一个剖面，它是公墓的标志。这座墓园与一片建于19世纪的墓地毗邻。19世纪的墓地里有雕像和墓碑，其景观构成了这一“亡者之家”的前景。而这幅图描绘了墓园的围墙，在整幅画面的边缘投下了深深的阴影。靠近入口处有一座安置骨灰盒的方形纳骨塔，其两侧是周边建筑的立面。在这个项目中，罗西尝试使用一些纯粹的几何符号——圆锥体、立方体、平行六面体——来代表一些基本的建筑类型，像工厂、住宅和街道。这种正式的语言被精简到最低限度，从而成为一种表达个人怀旧情感和集体记忆的方式，墓地自然地体现了这一点。

埃里克·贡纳尔·阿斯普朗德
(1885—1940)

森林公墓
(1920)

描图纸上石墨、黑色蜡笔、彩色蜡笔

21厘米×26.7厘米

埃里克·贡纳尔·阿斯普朗德（Erik Gunnar Asplund）的这幅草图看似简单，却揭示了他与西古德·莱韦伦茨共同设计的斯德哥尔摩森林公墓的很多信息。二人自1915年赢得一场设计竞赛后，开始了长达25年的纷争。这幅草图通过分层的结构，以透视的方式展现了小教堂的正立面，深门廊的拱腹隐约可见，有序的廊柱呼应着周围的树干，传达出一种庇护感。一扇精心绘制的锻铁门标示着通往另一空间的入口，上方的心形饰板也强调着那个空间的存在。廊柱轻盈地落在建筑的薄基座上，基座划定了建筑的范围，两级浅台阶赋予其铺装以进深感，材料的实体感也被隐约地勾勒出来。教堂位于一座土丘的平台上，通过一条狭窄的林中小路可以到达。草图中最明显的元素是一棵高大的松树，其深绿色的松针为整幅图提供了一抹强烈的色彩，而远景的林地阴影则用浅浅的黄绿色和灰色蜡笔勾勒出来。阿斯普朗德和莱韦伦茨共同设计的墓地融合了周围环境的自然特征，并在流线的布局和建筑的排布之间，通过挖掘土地重塑了柔软的山谷，增强了墓地的感染力。小教堂的设计被直接分配给了阿斯普朗德。他的设计不仅反映出建筑融入自然的意图，还包含了复杂的文化指涉。设计还反映了瑞典浪漫主义对这座古典教堂和当地小屋的影响。当地小屋则受到丹麦利瑟隆德小屋的启发，陡峭的黑色倾斜屋顶是它的一大特色，呼应着幽深的森林。

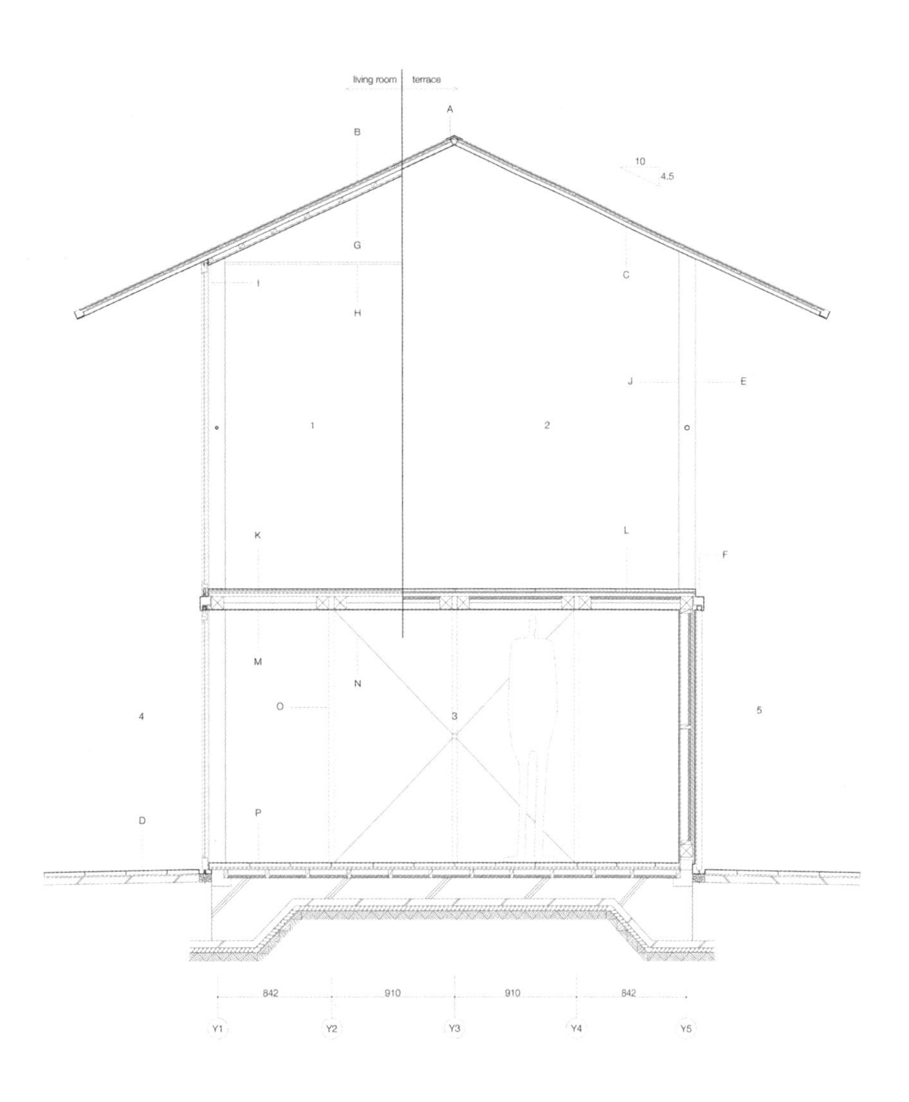

长谷川豪
(1977年生)

经堂之家
(2011)

电脑软件制图
32.6厘米×26.6厘米

这幅关于东京都世田谷区经堂的一栋小房子的剖面图，捕捉到了这一日本最大城市里大部分住宅空间的精髓。一层空间的层高几乎与身高180厘米的人相当（长谷川豪身高180厘米）。很明显，这座建筑受限于极端的经济状况，建筑材料的朴素证实了这一点，每种元素的细化和精简，使这幅剖面图的尺寸被减至最小值。矩形平面面积为70平方米，共两层，私密且封闭的一层与挑高的上层空间形成对比。上层是一块开放区，有厨房和起居空间。长长的单层玻璃围墙被屋顶的大挑檐保护着，透过它可以俯瞰花园和邻近的低矮社区。屋顶由6厘米厚的钢夹芯板构成，表面光滑，没有檐沟和覆层，支撑它的结构部分也几乎看不见。屋檐的底面是闪亮的银色，反射着从屋顶和山墙之间的空隙聚集而来的光线。屋顶的线条清晰可辨，与阳台和起居室（在图中以“H”标示）之间隔断的边界线相呼应。地面层由滑动板围合，可以根据需要向外界开放。私人空间也位于这一层，分散在出版商兼客户的书架间，聚集在有着温暖纹理的木质天花板下及方形的灰色黏土地砖上。剖面显示，整座建筑被置于一块混凝土筏板基础之上，主要的隔热层位于筏板基础之下。在房子的边缘处有一圈很小的沟渠，用来将建筑表面流下的雨水引开。

佚名

塔米娜走进鲁斯塔姆的卧室（约1434）

纸上不透明水彩、金粉
20.8厘米×10.5厘米

《列王纪》是波斯诗人菲尔多西在977年至1010年间创作的英雄史诗，这幅画即表现了其中的一个场景，展现了15世纪帖木儿帝国宫廷作坊中抄本插画的新方向。尽管没有关于这幅画的文字记录，但后来基于它创作的作品证实，这幅画描绘了萨曼甘国王的女儿塔米娜在晚上来到鲁斯塔姆卧室的情节。画面中华丽的细节揭示了帖木儿宫殿内部消失已久的辉煌。扁平化的空间，使得画面中水平方向的元素，如鲁斯塔姆的床和远景处壁龛下的地面，看起来像是塔米娜走进的塔门一侧的墙壁立面——它们在同一平面上，上面装饰着美妙的图案。鲁斯塔姆的床位于一个圆顶厅室中，三面有墙，一面敞开，朝向观者。方形墙面（pishtaq，皮什达克）围绕着圆顶厅室，鲁斯塔姆的寝具就在那里。在画面上部，拱形镶板呼应着三扇长长的窗户，洞穿了画面远景的墙壁，表现了建造过程中的透视法逻辑。画面下部是卧室的地板，与其他部分组成一个稳定的构图。这幅画诞生于阿富汗城市赫拉特的一个作坊，采用了当时最优质的材料，制图技术十分精湛，堪称大师级的作品。它严格遵循手抄本插画的范式，同时进行了微妙的创新。它的制作日期、制作目的，以及它2∶1的高宽比例，都使之成为谜一样的存在，极不寻常，并且也难以确定是否属于尚存的《列王纪》手抄本。它曾经与文字和其他插图一起装订成册，但现在，这些上下文的参照都遗失不见了。

道格玛事务所

有墙的场地
(2012)

电脑软件制图
11.7厘米×13.5厘米

这幅令人好奇的剖面属于一系列的图绘，图绘还附有一个白色的假想罗马模型。这一整套作品是由皮埃尔·维托里奥·奥雷利（Pier Vittorio Aureli）和马蒂诺·塔塔拉（Martino Tattara）主持的道格玛事务所为2012年的威尼斯建筑双年展制作的。在模型中，城市面貌主要是15列狭长且多层的墙体，这一系列的图绘从不同侧面展现了这一构想。该项目回应了美国建筑师彼得·埃森曼（Peter Eisenman）的一篇名为《皮拉内西变奏曲》（*Piranesi Variations*）的设计纲要，其提倡重新思考意大利建筑师乔凡尼·巴蒂斯塔·皮拉内西（Giovanni Battista Piranesi）在1792年制作的蚀刻版画《战神广场》（*Campo Marzio*）。在道格玛的阐释中，皮拉内西的图像展现了一个空间，在这个空间中，城市常见的所有建筑类型和形式都被排除在外，因此建筑就变成了简单的围墙包围着的空间。道格玛将模型中的墙描述为非类型化的，因为它们不是具有等级化功能、位置和视觉表达的特定建筑，而只是一般性结构。从形式上看，它们裸露的外表、不断重复的柱廊和方形的窗户，与20世纪60年代意大利的早期建筑形式实验很相似，比如阿尔多·罗西和超级工作室（Superstudio）的作品。这张图绘中的墙也独具特色，画面中层叠式的结构暗示了一种考古意图，一些墙壁看上去仍然在地下，但处于暴露的边缘，就像皮拉内西时代庞贝古城的废墟一样，那里只能通过狭窄的巷道进入，没有光线。这个剖面被一个无法攀登的塔状元素一分为二，右侧是封闭的圆拱石墙，它是支撑高处的基础。在图上部，是建筑群的层层立面，这些建筑群蜷缩在远景中两个巨大的非类型化的结构之间。

PROGETTO DI ARCHITETTURA MONUMENTALE PER
LA CONSERVAZIONE DELLE MEMORIE NAZIONAL-POPOLARI
1976

埃托·索特萨斯
(1917—2007)

储存国家记忆的纪念性建筑
(1976)

纸上彩色水粉、印度墨水
47.2厘米×34.5厘米

奥地利建筑师汉斯·霍莱因（Hans Hollein）将埃托·索特萨斯（Ettore Sottsass）的画作比作花瓶，花瓶是索特萨斯工作和想象的一个主题，展现了他的态度和哲学。这幅像花瓶一样的画是一个隐喻，其本质是一个无用的物体，但它的价值却被想象力激活。作为理论家、作家、设计师和建筑师，同时是孟菲斯设计小组（Memphis design collective）的创始人之一，索特萨斯创作了许多不同类型的绘画作品。这幅画是他建筑绘画作品的一个例子，充满体量感，色彩也起着关键作用。画中的颜色相对柔和，主要是黑色和中性蓝。在这幅轴测投影中，色域坚实且密集，基座和地面上的蓝色渐变为白色，这是画中关于光感的唯一暗示。占主导地位的柔和颜色与黄色和红色的细节形成对比，比如，黄色让飘扬的旗帜生动起来，黄色的考古碎片散落在挖掘过的地面和新建的基座之上。黄色强调了顶层的圆形拱门，并与红色一同描绘了主体墙壁上的阶梯式图案，让人联想起玛雅建筑中的装饰。索特萨斯这幅画的标题中蕴藏了民族主义的暗示，取笑了早期主张关注罗马帝国并延续古典传统的新文艺复兴运动。这一运动反映在坦丹萨学派（新理性主义）建筑师所提出的自治性的建筑语言中。索特萨斯认为，外来的传统可以像那些从意大利本土产生的传统一样与国家和大众的记忆相关。在这一点上，他把自己定位于一种相对主义的后现代传统之中。

罗伯特·布雷
(1940年生)

起居空间
(1970)

纸板水粉

39.3厘米×57.7 厘米

这是在《花花公子》(*Playboy*)杂志1970年1月刊上刊登的一幅理想客厅的室内透视图，是花花公子复式顶层公寓的6幅房间插画之一。这是针对城市单身汉的“花花公子居所系列”的第二个设计，第一个设计出版于1956年。据描述，这座公寓住户可能会认为，一个男人的家不仅仅是他的城堡，也是他内在自我的外在表现，是一个可以生活、热爱和获得快乐的地方——招待他的朋友，和办公室里的密友打扑克，或者和一位可爱的伴侣一起放松。这幅室内透视图反映了该杂志对那个时代富裕的男性消费者心理的把握，洞见了他们的追求。两层高的起居空间置身于公寓自身的世界中，从室内可以看到天井——一个在远处，另一个在屏风墙后面，以及连接着其他不可见空间的两个楼梯、长长的走廊和室内的阳台。中央的下沉区域被上方的天光照亮，而深色的天花板、地面和游泳池水面，再加上远处阴暗的室内空间，令人感觉这是隐秘自我的系列陈设之一。从公寓的门厅可以看到，大量由设计师专门设计的家具陈列在此，包括多米诺皮沙发和弯铝制的都灵椅，一张涂漆的墩形鸡尾酒桌，以及一排音频和视频设备。餐厅壁龛后面的墙板上装饰着彩色的抽象画，其他较小的图案装饰使原本很冷静的单色室内空间充满活力。

海因里希·特森诺
(1876—1950)

森林中的坟墓
(1905)

纸上铅笔
39厘米×27厘米

德国建筑师海因里希·特森诺绘制的这幅隐匿在森林深处的坟墓的画，是为一个鲜为人知的、未完成的项目所作。这幅画诞生于他职业生涯之初，正值他的多产期。当时他对方言有浓厚的兴趣，这源于他对日常生活的细致观察，这些兴趣后来促成了很多朴实的住宅项目。他的设计还得益于对传统建筑材料的知识储备，尤其是木材，因为他的父亲是一个木匠。在学习建筑之前，特森诺自己也做过木工学徒。画面中弥漫着自然的力量，将观者从日常空间拉入一片神秘的森林王国。森林是公认的日耳曼文化发源地，直到今天仍然在德国精神中扮演着重要角色。画面中挤满了树干，前景的树干基本将画面撑满，但看不到明显的树冠，唯一的生命气息是树干上横生的树枝。尽管树干密密麻麻地排列着，但表现树皮隆起的细线描绘得很轻，森林地表并没有随着透视的深入而不断变暗，成为一片不祥的黑暗之地，反而一直是浅色。与这片明亮的土地相比，坟墓这个怪异的深色物体如此直观，令人不安。在立面上可以看到一个刻有方格的黑色方块，一棵小树从矩形顶部冒出光秃秃的树枝——这是画中颜色最深的部分。它们形成了一个小型遮蔽场所，在树林中划出一片圆形空地。在这幅画中，特森诺对纪念碑的感觉正在形成，此后不久，他就可能对古典建筑的潜力产生了兴趣。除了一种与生俱来的德国式风格，这幅画中简约的象征性形象不属于任何风格或时代。

Ta: V.
Die grosse Cisterne zu Constantinopel
an dem Marckte Atmeidan sonst Hippodromus genant.
Wessen steinerne Säulen grösten Theils mit Wasser ange=
füllet unter der Erden nicht weiter von einander
stehen als daß man mit Kahnen zwischen durchfahren
kan. Ihrer werden in allen 224. gezehlet. Gegen=
wertige eigentliche Abzeichnung ist samt dem Grund=
risse und anderen Türckischen Gebäuden aus Orient
verschrieben worden um solche der sonderbahren
Beschaffenheit halber denen Liebhabern mit zu=
theilen.
La grande Cisterne de Constantinople
à la place dite Atmeidan autrefois l'Hippodrome
Les 224. Colonnes de pierre de taille dont elle est
soutenüe sous terre sont presque couvertes d'eau
à une distance qui ne souffre que le passage de
petits bateaux. On en a fait venir de l'Orient
cette Elevation avec le plan et avec quelques
autres batimens Turcs pour les communiquer aux
curieux à cause de leur singularite.

约翰·伯恩哈德·菲舍尔·冯·埃拉赫
(1656—1723)

地下水宫
(1721)

版画
18厘米×27厘米

约翰·伯恩哈德·菲舍尔·冯·埃拉赫（Johann Bernhard Fischer von Erlach）这幅描绘地下水宫的图画，既发挥了艺术想象力，同时也使用了大量的考古和历史材料，保持了他一贯的风格。作为维也纳宫廷的建筑师、雕塑家和建筑史学家，他有机会看到皇室秘藏的大量图绘作品，其中就包括君士坦丁堡大地下水宫的图纸及其他的构筑物。他将这些内容进行整理和对比研究，汇总成五卷本的著作《历史建筑概览》（*Entwurf einer Historischen Architektur*）。该书首次出版于1721年（后来出版了英文版，名为*A Plan of Civil and Historical Architecture*），被认为是世界上第一部图文并茂的建筑史。这幅图位于该书第三卷，它以中心视点展现了地下水宫，并在画面下方的平面图中强调了一种持续的重复。它参照了当时的考古学和各种各样的书面资料，包括古代作家和旅行家的作品，还有硬币和残存的与废墟相关的绘画，就像埃拉赫的其他复原作品一样。地面层的位置模糊不定，表明这是一幅想象图而非精确的图绘，因为柱网可能位于地面之上，而不是地下，更像是一座清真寺的结构，而非一座地下水宫。《历史建筑概览》展现了埃及、波斯、希腊、罗马、印度和中国等地的重要建筑。第一卷描绘的是世界七大奇观，第五卷是埃拉赫自己的作品。与同时代的观念一致，他的建筑史写作追溯了建筑秩序的起源，并在所罗门神庙中发现了这些秩序。在埃拉赫的大量建成作品中，他都将各个不同的部分和谐地统一成一个整体，为每一项独立的部分寻求最成功的解决方案。在这一点上，他受到朋友、数学家莱布尼茨许多理念的影响。

阿尔瓦·阿尔托
(1898—1976)

芬兰音乐厅
(1970)

纸上铅笔

32厘米×23.7厘米

这幅徒手素描是阿尔瓦·阿尔托(Alvar Aalto)在芬兰音乐厅的设计阶段创作的，展示了礼堂的木墙浮雕。阿尔托竭力在人造的文明世界中体现自然的形式，这体现在多个方面——大至城市规划，小至家具、建筑构造与装饰的细节。绘制草图是阿尔托设计工作的一个重要部分，让他得以自由地工作，确认并整合自己的各种想法。在这幅素描里，阿尔托将对墙面浮雕的三维探索与那些时常出现在他作品中的主题相结合，比如贝壳状的、起伏不定的形式，此处呼应了空间的声学需求。阿尔托在右侧画下了为芬兰音乐厅小音乐室吊顶所做的声学研究，右上是吊顶采用的弯曲胶合板的形状轮廓设计，右下是其对应的音乐厅的空间平面。1959年至1964年间，阿尔托为芬兰首都赫尔辛基中心区平面重新进行了设计，当时他就将这一历史中心区与其北边的图洛湖区连接起来。这样一来，周边的自然环境就被嵌入这座城市乃至国家的中心。设计规划包括新建一系列文化建筑，如多座博物馆、一座歌剧院和一座国会议会厅。这些建筑散布于湖的周围，由主要的交通系统来连接。芬兰音乐厅于1971年正式竣工开放，对阿尔托而言，这是融合了他晚年所有建筑观念与才思的最后一座建筑。音乐厅位于城市规划中的核心位置——湖的东岸，建筑嵌入花岗岩基石，并露出一条长长的直墙。音乐厅的平面形态自由，墙表覆盖着卡拉拉白大理石，与灰色的石质地面形成鲜明对比。

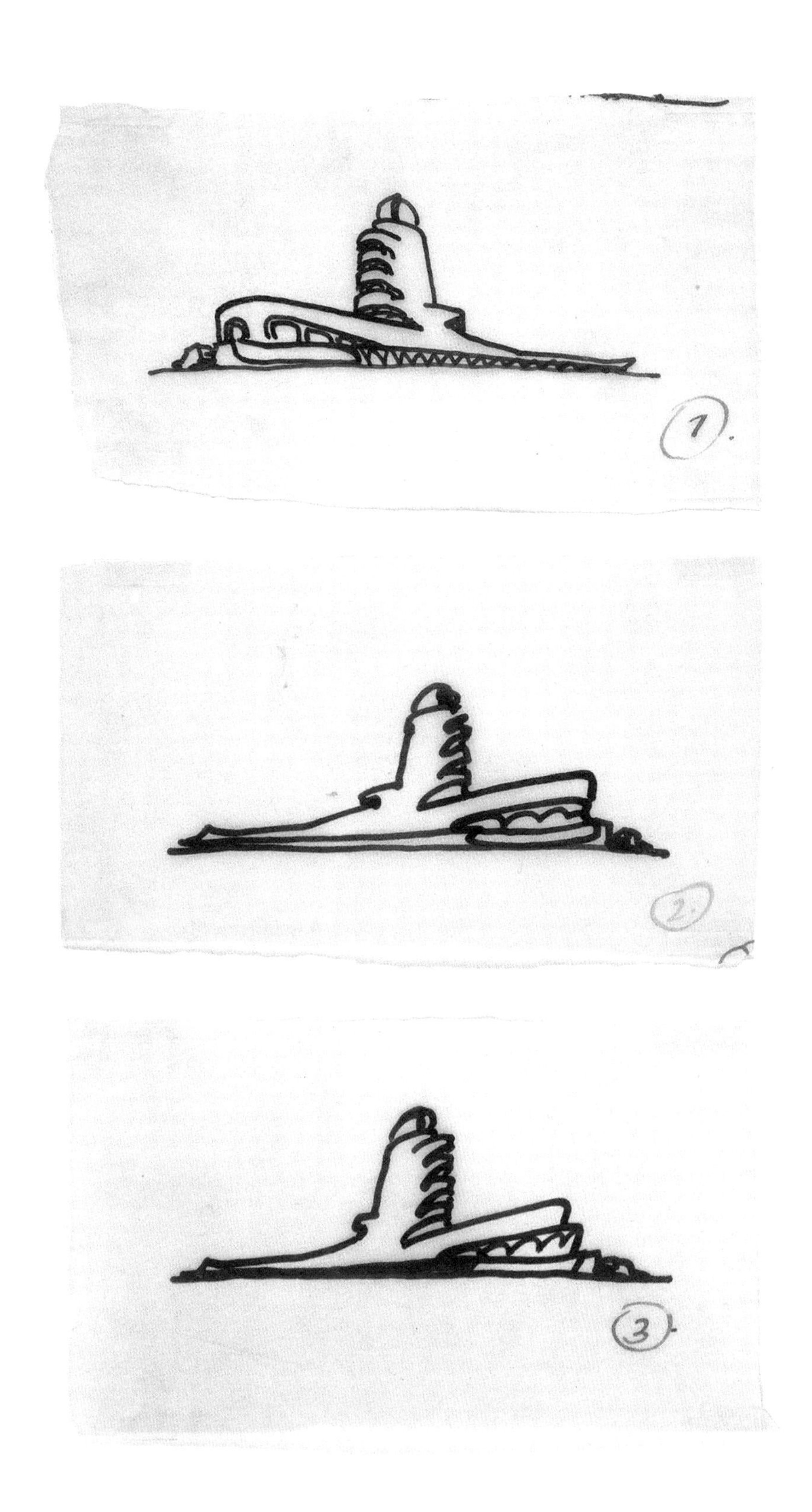

埃里克·门德尔松
(1887—1953)

爱因斯坦天文台
(1920)

描图纸上墨水

28.5厘米×33厘米

埃里克·门德尔松（Erich Mendelsohn）是一位多产的建筑师，20世纪20年代就成立了自己的工作室，后来他的工作室成为德国最大的建筑事务所。门德尔松一生颠沛流离，先是流亡英国，后来是美国。他的作品也先后呈现出对表现主义、构成主义、现代主义的折中——既有温和的现代新艺术运动风格，又有国际建筑风格。在1917年至1921年间，他在设计这座位于波茨坦的纪念阿尔伯特·爱因斯坦的天文台时，正徘徊于各种表现主义团体之间。包豪斯与表现主义的理念分歧，从1914年科隆的德意志制造联盟展会就开始浮现出来。前者推行工业时代下的规范性设计，后者则推崇个体创造者应当拥有的造型表现意志，即“艺术意志”。当时门德尔松站在表现主义一派。这三幅草图很好地佐证了门德尔松这一时期的工作。它们由建筑师快速完成，依照顺序观看，仿佛远远地围绕天文台走了一圈。这样的绘图序列探索了建筑形式所具有的雕塑性。图2与图3初看是相同角度，但实际上建筑师稍微调整了下屋面的俯冲形式和下方双层建筑的关系。门德尔松边画边修改自己的想法，他先用草图来尝试修改，再把修改后的设计画用同一视角画出，以判断修改所带来的实质影响。天文台的建造是一次使用现场浇筑混凝土的试验，形式则糅合了当时流行于表现主义各流派的若干手法，如1914年科隆展会上亨利·凡·德·威尔德（Henry van de Velde）的德意志制造联盟剧院与布鲁诺·陶特的玻璃展览馆两座房子的流动曲线，以及荷兰表现主义流派的一些元素。

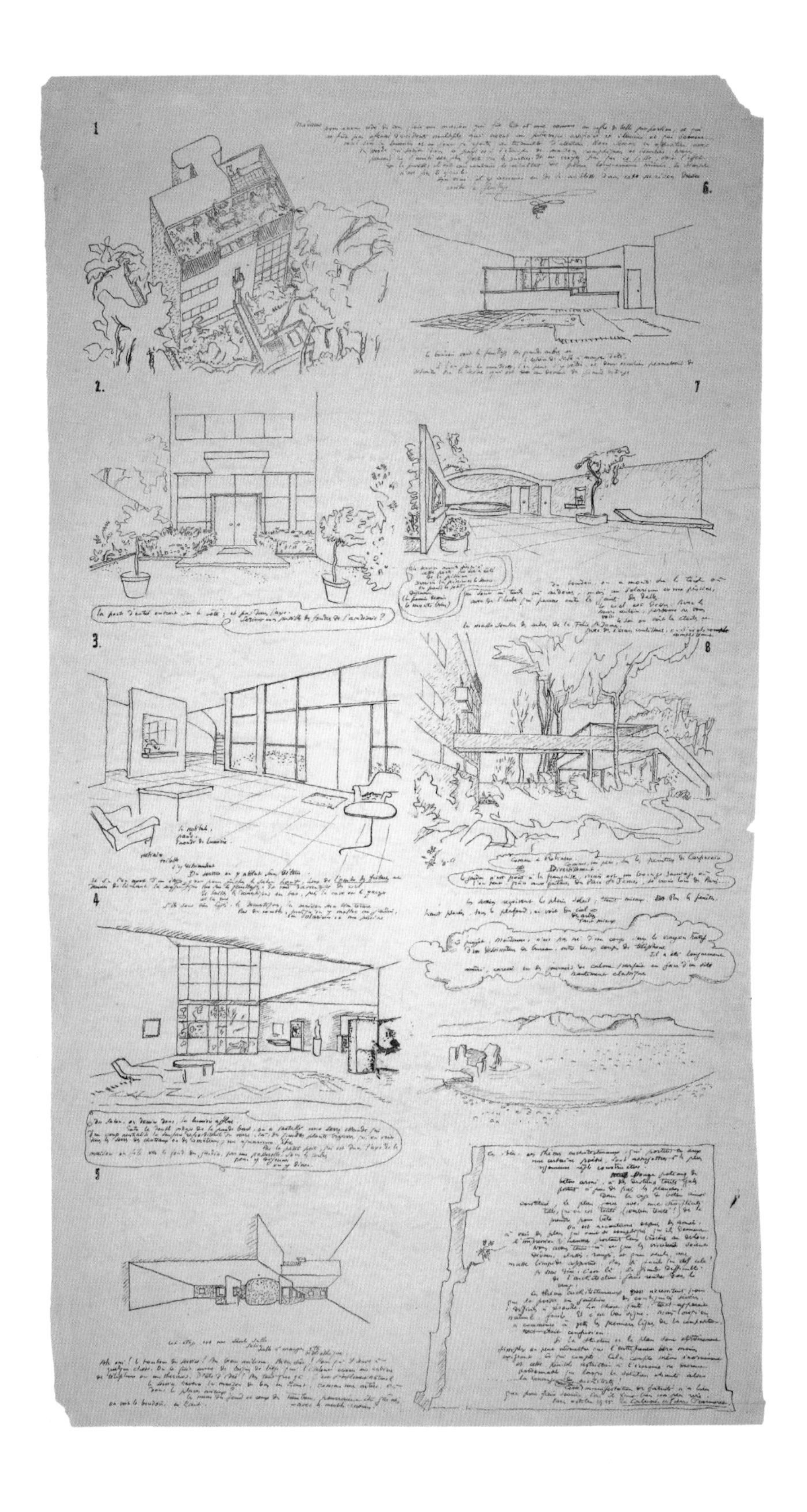

勒·柯布西耶
(1887—1965)

致梅耶夫人的信
(1925)

描图纸上印度墨水

42厘米×26厘米

1925年10月，勒·柯布西耶写信给委托人梅耶夫人，在信里描述了为她在巴黎西边的塞纳河畔纳伊市住宅设计的四个方案中的第一个。这封信分为十部分，从上至下、由左及右，构成了一个有插图的故事。他从别墅的鸟瞰视角开始：房子高四层，周围树木葱茏，屋顶则是一个漂亮的、生机盎然的花园。位于二层的小阳台和一层通向花园入口的小桥，进一步把房屋向外部空间延伸。所绘图纸轮廓精确，线条细腻、粗细均匀，尽可能保证图绘的阐释作用。第二张图显示的是主入口，建筑师把它布置在了房屋的侧面，很有争议性。“我们会惹怒学院派吗？”他在信里这样写道。画面中还展示了主入口后一个宽敞的前厅。下一张图里，柯布西耶表现了一楼的接待室——布置极简，式样却很新。接下来的几张图中，柯布西耶对主要空间进行逐一展示。最后两幅图中，一张展示了从建筑师母亲住宅向外望去的迷人而宁静的湖景；另一张则是一块刻字的石板，上面的诗文重申了这个设计的诗意与严谨性。自始至终，柯布西耶保持着劝诱和幽默的语气，解释了简单的平面与结构体系如何降低施工难度，以及如何降低建造成本。他指出，透过宽敞的窗户，居住者将尽情观赏天空与树林，并强调了感性又私密的凉台。第七张图中展示了日光浴场和泳池，周边绿草如茵，步道上空唯有天空。这是柯布西耶第一次尝试实现自由平面与自由立面的方案设计，在1923年出版的《走向新建筑》一书中，他把这两点列入了“新建筑五点”。尽管未建成，这个方案的构思还是深深地影响了他后来的作品。

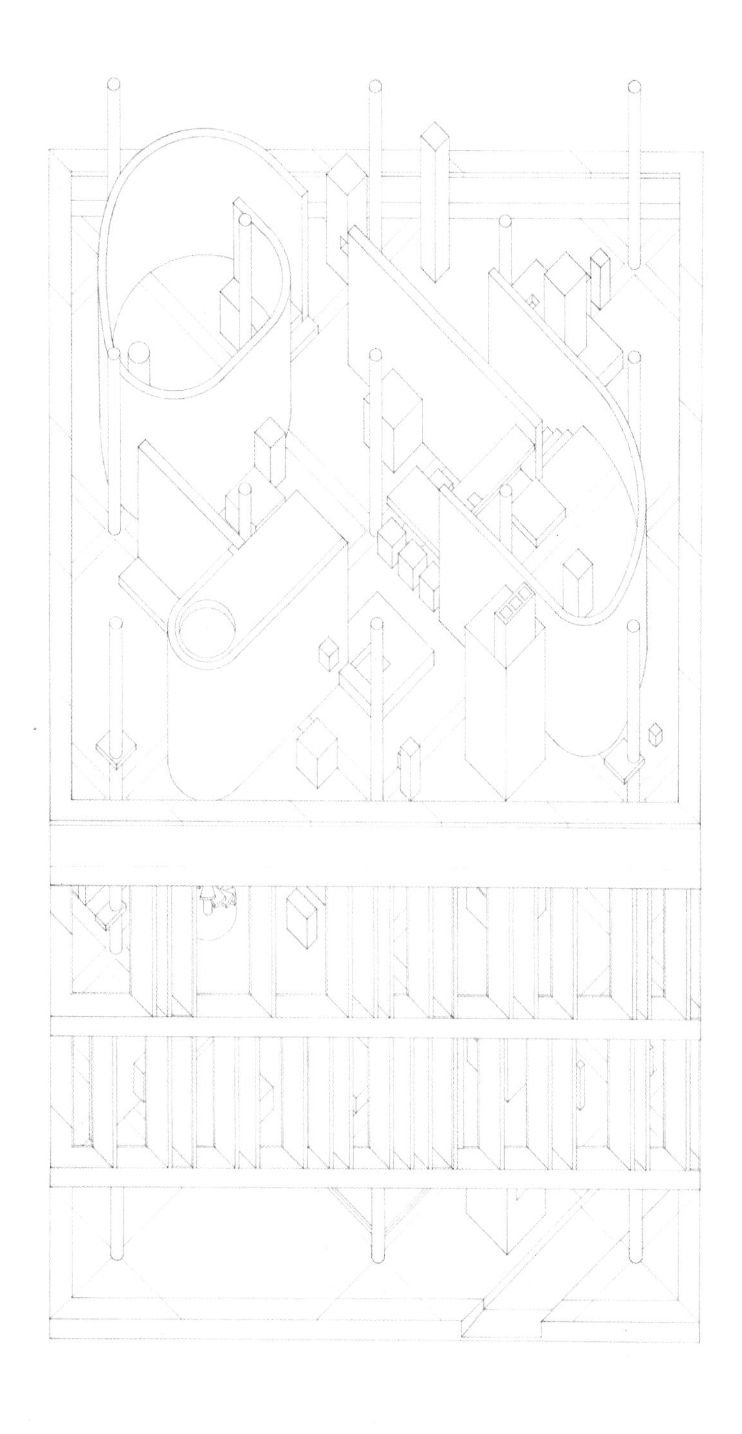

约翰·海杜克
(1929—2000)

菱形住宅A：带有开放式起居空间的第四层(1963)

半透明纸上石墨

68厘米×68 厘米

1962年，约翰·海杜克（John Hejduk）开始了一项为期六年的建筑学研究，以探究45°角轴测图纸所能容纳的建筑空间意义。他将这项研究称为“菱形构造”。在“菱形住宅”系列中，他发明了三种类型，分别探究了三种建筑要素在旋转后的不同效果，分别是菱形住宅A的柱子、住宅B的平面和住宅C的生物学形态。本图属于菱形住宅A的系列图纸。与观察者位于场景之中的透视图相反，在轴测图中，被描绘对象与观者是保持分离的——观者被邀请观看，但不介入。这张图照例画在一张方形纸上，结构朝上，构图边界与纸的边缘平行。底面的放线平面图旋转45°，是通过10米×10米的网格组织排布的，网格交叉点用13根圆形柱子标出，其中一根柱子标示着画面的中心。轴测图中显示了一种内在逻辑，弧形隔墙与平台围合成了不规则的空间。在轴测图的下方，海杜克特意放上立面图，却在遮光板后又透露出轴测图，从而在二维的立面图中体现出深度。这使得整体的体量及在更大背景下的朝向性变得模糊。据海杜克本人所言，他最初开展这项探究是为了研究蒙德里安以《菱形》（*Losangigue*)为名的系列油画中蕴含的抽象问题。对海杜克来说，建筑是独立于其他文化和社会学科之外的自主的符号体系。他基于一种正式的语言，建立了自己的符号语言理论。对他而言，结构与形式的形成并非来自空间组织，而是诞生于如语言符号一样的元素调配。

雅科夫·切尔尼霍夫
(1889—1951)

建筑幻想
(1933)

纸上水粉、墨水、绘图笔、铅笔
30厘米×24厘米

这幅由雅科夫·切尔尼霍夫(Yakov Chernikhov)设计的轴测图表现了工业建筑的主题，聚焦于预制金属构件的批量复制理念。图中的未来世界不再有大自然。从天空中一个令人眩晕的角度看去，整个景观完全由人造构件组成，随之而来的是绝对虚空。但这种感觉被米黄色的轻薄纸张纹理冲淡，不像另一位结构主义建筑师伊万·列奥尼多夫(Ivan Leonidov)的画，黑色墨水在纸上咄咄逼人。画面前景是密集的建筑，仿佛在为画面主题做铺垫。半圆形桁架等着覆上筒形拱，跨越四根架在支柱上的梁。较高的街区在周边形成边界，仿佛一堵长墙包围着中间巨大的城市公共空间。两座高而暗的架线塔从这个未来的人类活动空间通向天空。不再有气象变幻，云层被穿越画面的成组的电线替代，只是角度略有不同，它们在较小的塔群之间，以不同的高度穿梭；还有从城市其他地方悬浮延伸过来的水平桁架钢梁。20世纪20年代，切尔尼霍夫创作了一系列用于教学的概念性图像，这些图像发表在1933年出版的《建筑幻想：101件彩色作品》(*Architectural Fantasies:101 Compositions in Colour*)中。书的名字巧妙运用了俄语与英语中幻想一词的模糊含义：既指创造的无限可能，又指想象的强大能量。借此，建筑师意指自我从传统中解放，自由地为未来畅想新的规则与形式，尤其是为了当时的苏联建设。对于切尔尼霍夫来说，创造一个建筑幻想的必要前提是强烈的愿望，采用多种描述、构图和技术手段表达出一个建筑师的脑海中所能够诞生的全部想法，以此激励观者进一步发展它们。图绘因此成为集体创作过程的一部分。

托尼·加尼尔
(1869—1948)

冶炼炉
(1917)

彩色平版印刷

86厘米×115厘米

托尼·加尼尔(Tony Garnier)来自里昂。里昂是19世纪法国最先进的工业中心之一,以丝绸制造和冶金为基础产业。加尼尔想象中的工业城市就坐落在这个地区。选择此处的原因是它靠近原材料产地,拥有提供能源的自然资源,交通也十分便利。加尼尔设想了这样一个场地:坐落在山区中河流沿岸的峭壁上,可容纳3.5万居民,按照社会主义原则组织——没有围墙和私人财产,没有教堂和兵营,没有警察局和法院,所有未被开发的土地均用作公共活动场地。这幅透视图是1904年美国圣路易斯世界博览会作品集中为数不多的描绘工业的作品之一,后来收录于他1917年出版的《一座工业城市——城市建设研究》之中。在画面背景中,加尼尔设想的为城市供给电力的水电站就像一座横跨遥远山谷的大坝。和火车站、医院、食品供给站及垃圾回收站这些公共设施一样,水电站也属于公共设施。这幅图清晰、写实地反映了规划的合理性,图中的冶金工厂被简化到只有最基本的骨架。建筑设计中没有多余的装饰,也没有浪费任何材料。这幅图并没有将制造过程藏于棚子之下,而是将其展示出来。仓库、烟囱和用于监督的类似塔楼的构筑物创造了垂直的景观元素,界定了工厂区域,区域两侧是两层行政楼。大坝周围的山丘代表围绕着这座城市的自然环境,山丘以怀旧明信片的风格渲染,呈现出如画的质感。

埃尔·利西茨基（1890—1941）

尼基茨基广场上的铁云（1924）

纸上铅笔、水彩
27.2厘米×20.4厘米

图中这个项目的全名是《尼基茨基门广场上的沃肯布格尔》（*Wolkenbügel on the Square by the Nikitsky Gate*），其设计者拉扎尔·马尔科维奇·利西茨基更广为人知的名字是埃尔·利西茨基。这幅图的注释将这些面向克里姆林宫的塔楼称作"莫斯科的沃肯布格尔"。wolkenbügel这个词通常被翻译成"铁云"（Iron Clouds），但bügel的意思是"吊架"或"T形梁"，更能唤起人们对建筑中居住部分不同寻常的水平布局的记忆。这些部分悬挑在杂乱无章的旧城之上，看起来更像是挂在空中而不是飞入云霄。图中强烈的单点透视的画线以铅笔绘制，消失于天空和道路表面交融的无限中。图中除了利西茨基的"铁云"，克里姆林宫及其他纪念性建筑的踪迹都不存在。这张图将城市表现为一个四层高的网格状街区，遵循一种虚构的秩序概念，这与利西茨基拍摄的事无巨细地展现车水马龙的交通路口的照片迥然不同。这一地点将成为围绕城市的两条主干道的交叉点，长而水平的办公大楼将由三个竖井支撑，竖井中装有电梯，避免阻碍交通。两个孤独的人站在人行道的拐角处，一个站在沃肯布格尔一根巨大柱子旁边，另一个凝视着马路前方，暗示着个体在这个虚构世界中的角色和体量。这原本会是利西茨基的第一个建成作品，技术图纸和普鲁恩式的画一同保存了下来。普鲁恩是"为了新艺术"的俄文首字母缩写，是利西茨基创造的一种独特的抽象画图式。一同留下的还有一些在摩天大楼上俯瞰莫斯科标志性地点的景观图。但他的设计从未实现。

OPA建筑事务所

布鲁塔尔别墅
(2015)

电脑软件制图

2015年7月，一张镶嵌于爱琴海悬崖上的建筑模拟图在网上迅速走红，一周之内就被非建筑类新闻媒体转发。有趣的是，栩栩如生的效果图揭示出一个奇妙的现实——尽管建筑外表奇特，但这样的设计显然是吸引人且可能实现的。此项目的设计机构OPA建筑事务所（Open Platform for Architecture，简称OPA）称这是一个深思熟虑的尝试。在发现房地产开发商对事务所不感兴趣后，他们决定创造一个看似不可能但极具吸引力的模拟图，并借此传达他们发现的最迷人的生活方式，以此激发人们对自己作品的兴趣。玻璃游泳池是这件作品的特色之一，它被设计成一个屋顶结构，位于一间卧室上方，水面折射的阳光照亮了房间。一堵巨大的玻璃墙俯瞰着湛蓝的大海，未封闭的悬崖边代表自由，无边界的泳池呼应天空。从陆地上几乎看不见房子，只有当一辆汽车或两个人出现时，才会使附近的人意识到房子的存在。然而，从水中的视角来看，比如在私家船只上，这一建筑在悬崖景观中颇为突兀。因此，它的存在引发了社会讨论，其神秘的专属性也正是该项目的另一个吸引人之处。OPA声称他们的项目已经有了成熟的先例，包括马拉帕特别墅（Casa Malaparte）；尤其是野兽派建筑，自2010年以来已经越来越流行。布鲁塔尔别墅（Cosa Brutale,或称“野兽之家”）即借用了野兽派建筑的元素，从其名字中便能看出来。设计师称，如此命名是因为建筑采用了裸露的混凝土、玻璃及钢铁结合的表面，未做任何装饰。

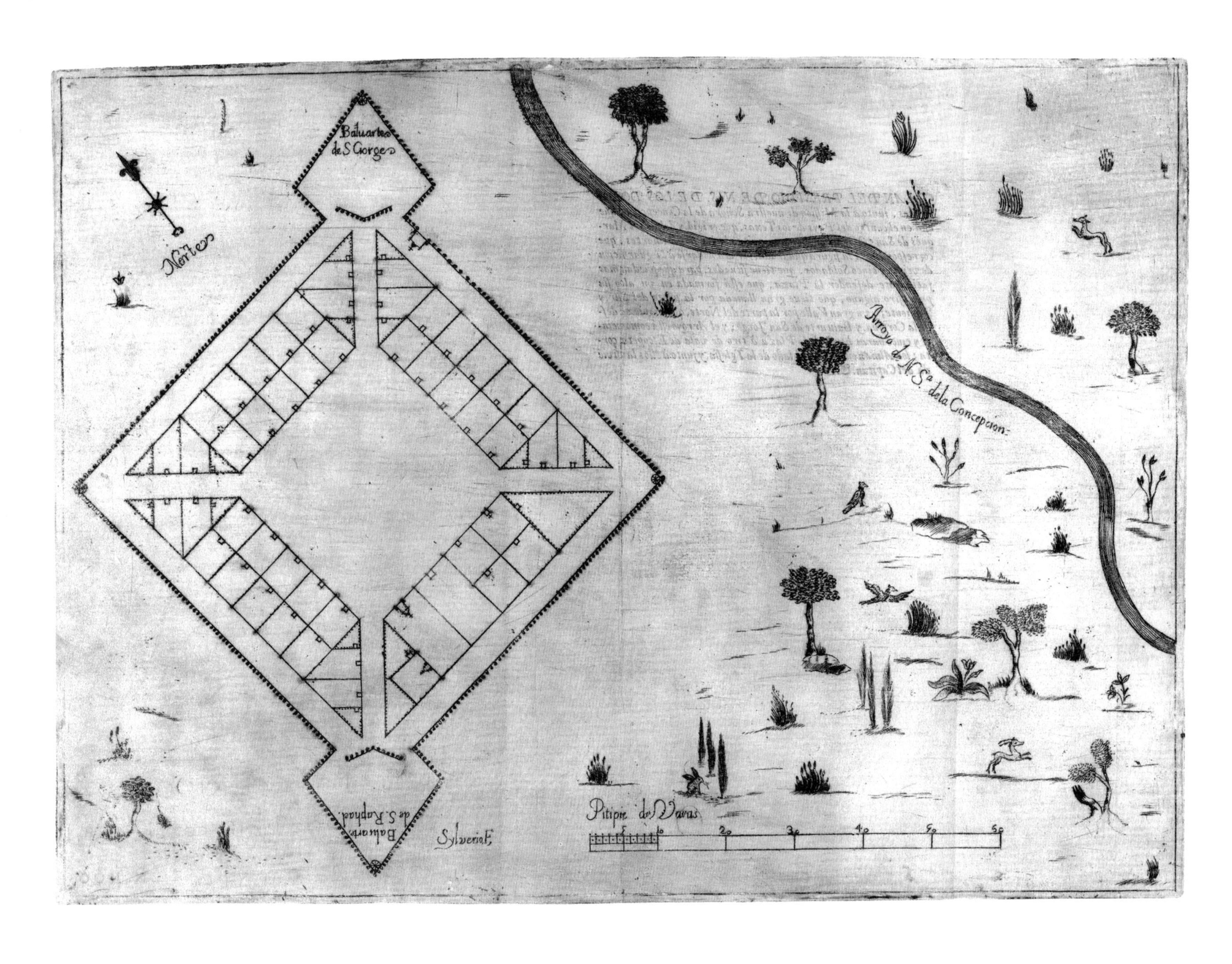

胡安·安东尼奥·德拉·佩·雷耶斯（生卒不详）

洛斯·多洛雷斯·德·洛斯·特加斯要塞（1722）

纸上墨水

29.7厘米×42.6厘米

这幅图是18世纪西班牙向北殖民得克萨斯（今美国得克萨斯州）的过程中绘制的。西班牙的城镇规划是由流动的天主教神父和士兵设立的，他们会首先设立一个教区或要塞（presidio）。presidio源自拉丁文praesidium，意为保护或防御。有防御工事的基地通常是临时性的，用以保护那些初来乍到、对周遭地理环境一无所知的新居民。这张平面图展示了西班牙要塞最初的结构形式，它拥有标准的正方形布局，四周有四排面向内部的楔形建筑；外部由木栅栏围合，每一根圆形的木桩都在图纸上标明；还有两个棱堡，分别面向东北和西南。这个要塞只有西班牙军队才能进入，其作用正是宣誓领土主权。在要塞和河流之间的高地上绘有树木和动物，用以彰显土地的生态资源，同时也标示出了要塞的位置和布局。这幅图不像地图一样以北为正上方，否则图中的要塞就不会像端头带有堡垒的菱形，而应呈现为不对称的方形。这座堡垒可能位于特加斯大道（El Camino Real de los Tejas）上或附近，是通往特加斯印第安人聚居地的捷径，也是18世纪的运输通道，连接着得克萨斯东部和墨西哥城。画中的要塞1716年建立于内奇斯河（Neches）的东岸，其平面上标注着“我们的小溪”（Arroyo de Nuestra Señora de la Concepcion），并保护着附近的四个教区。

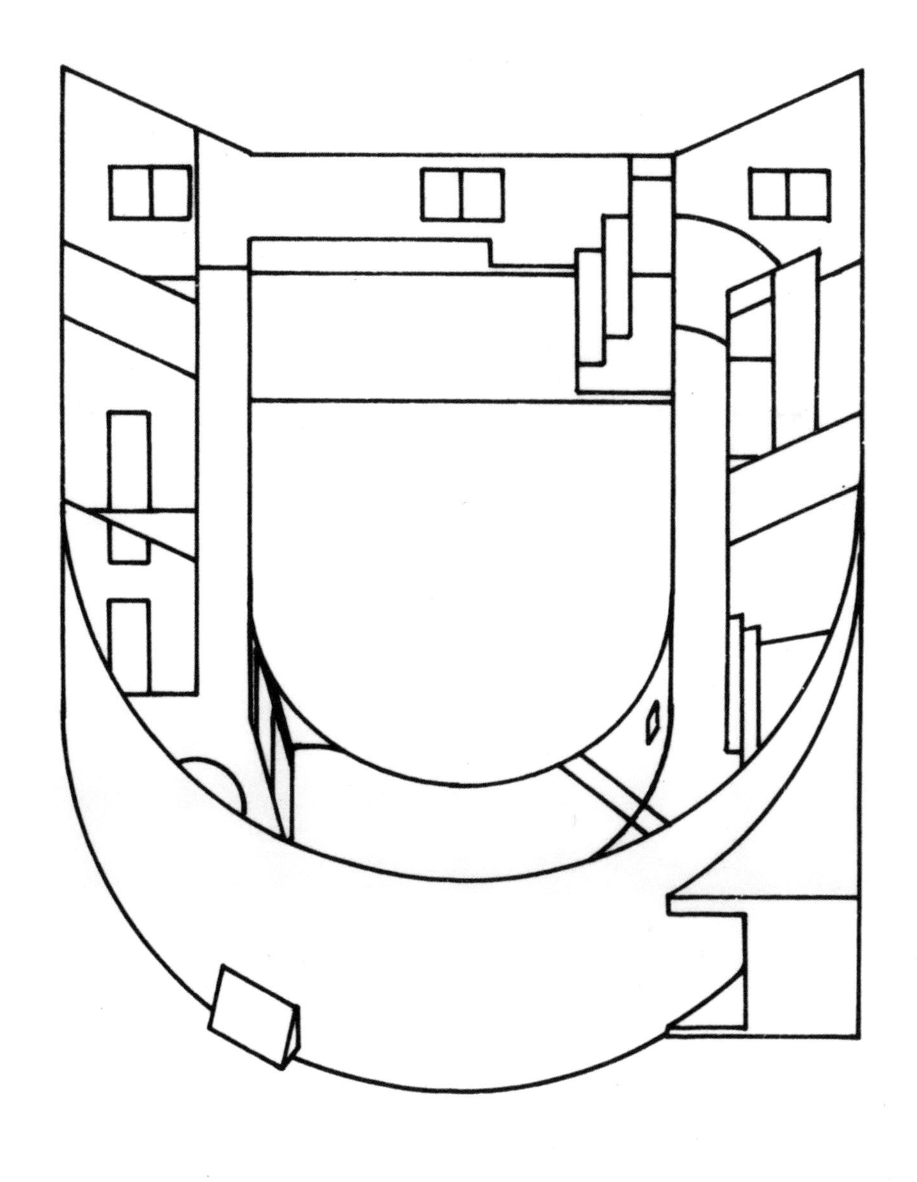

伊东丰雄
(1941年生)

白色U形
(1976)

描图纸上铅笔
46.2厘米×50厘米

1976年，伊东丰雄（Toyo Ito）为他丧偶的姐姐和她的孩子们设计了U形屋，就在自家隔壁。这张正等轴测图勾勒出的空间展现了这个家庭的小世界。伊东丰雄把它归类为洞穴屋，就像地下洞穴一样。连接卧室两端的一个封闭的U形走廊，在中央扩大成为共享空间。这个奇怪的房间形成了一个孤立的内部天井的边界，它黑洞般的气质使宠物也不愿独自待在那里。描绘墙壁的线条在平面上以同样的比例向上投射。平面图没有设定角度，传统的轴测图通常是水平30°或45°的方向，所以房间的正交墙以直立面的形式显示。这些都是可见的，因为伊东丰雄选择把屋顶从图纸上移除，显露出这个单层建筑的空间。这座房子在1997年被拆除，至今仍是一个谜——一个尘封的、抽象的，只记录在图纸和照片中的建筑。因此，它成为一个永恒的封闭世界的隐喻。尽管如此，这个封闭世界在它的围墙内几乎完全对自己开放，就像博尔赫斯的《阿莱夫》，将宇宙万物囊括于一个符号。另一方面，U形屋及这张轴测图的象征性，将其与阿尔多·罗西的自治建筑理念联系在一起。在罗西的理念中，欧洲城市的建筑提供了“一种贮藏着‘我们双手的劳动’的仓库……通过简化、提炼单个建筑对象的信息量，并将其类型化，来提出针对现有问题的解决方案”。

彼得罗·林格里
(1894—1968)

但丁纪念堂
(1938)

纸上水彩、墨水、铅笔
15.2厘米×20.6厘米

尽管但丁纪念堂（Danteum）一直被认为是意大利理性主义建筑师朱塞佩·特拉尼（Giuseppe Terragni）设计的，但为其设计准备的前期图纸却保存在彼得罗·林格里（Pietro Lingeri）的档案中。该项目并没有出现在特拉尼首个作品回顾展的完整作品目录中(该作品目录于1949年发表，并由勒·柯布西耶作序)。这幅描绘“天堂”的图画展现了空间序列中的一个片段——但丁纪念堂的终点。这是一座向意大利诗人但丁致敬的博物馆兼图书馆，以他的《神曲》为空间组织概念。依据但丁的三首诗（或三界），即《地狱》《炼狱》《天堂》，一个迷宫般的空间序列被展现出来。这幅透视图展现了最后一个要到达的房间，呼应着但丁寓言式文本中的文学序列，林格里用象征手法进行视觉和符号化的构造演绎。这个空间表现了透明的天堂。林格里对建筑透明性的痴迷，使得在建筑入口的门廊中就可以看到里面的100根石灰柱。透过网格状的玻璃梁，能看到用水彩描绘的变幻的天空，这些玻璃梁与地板上精确绘制的方形玻璃砖相呼应。不透明的墙体颜色统一，显得整体而永恒，与其中的33（但丁第三首诗中的章节数）根玻璃柱形成呼应。在天花板部分，玻璃柱的顶端与玻璃梁结构体系保持节点对应关系。而在地面上，柱子又明显地与玻璃砖的网格错开，这为画面提供了一种张力。这个概念方案最终在罗马帝国大道（Via dell'Impero）上变成了现实，它表明了林格里坚信艺术和艺术思想扮演着很重要的意识形态角色。总体来说，但丁纪念堂是一个由高墙包围的矩形空间，高墙在入口门廊处打开。它的平面比例是由正方形和黄金比例的矩形限定的。

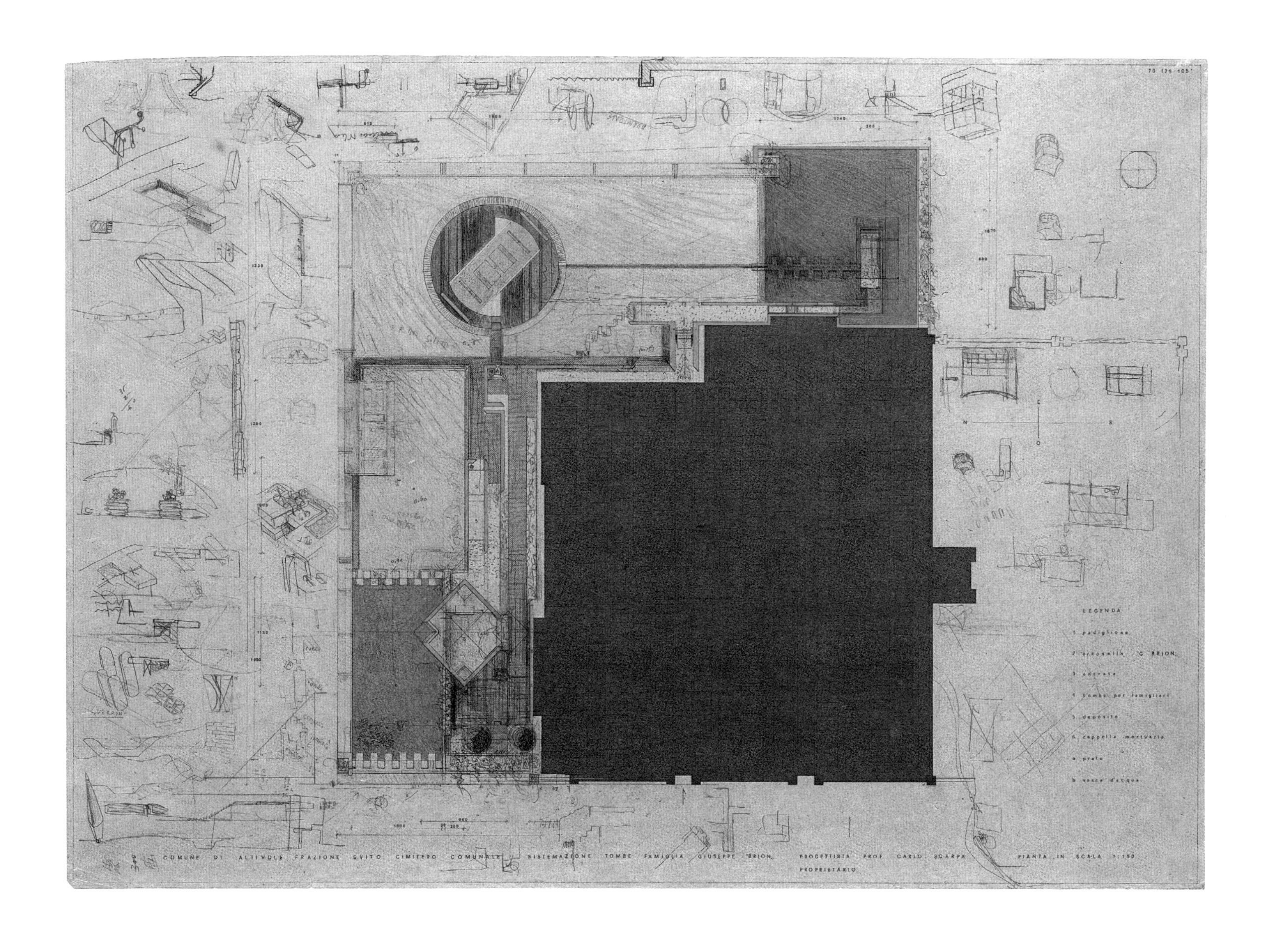

卡洛·斯卡帕
(1906—1978)

布里昂墓园
(1970)

棕色复写纸上石墨、钢笔、彩铅
59.3厘米×83.9厘米

这幅生动的平面投影图是典型的卡洛·斯卡帕（Carlo Scarpa）风格，描绘了斯卡帕对于阿索洛平原上圣维托·阿尔蒂维尔村公墓扩建项目早期的想法。富商朱塞佩·布里昂（Giuseppe Brion）家族在现有墓地周围购买了一块2200平方米的L形地块，由斯卡帕设计的不同寻常的墓地景观在其间徐徐展开。画面中央的黑色块代表原有墓地。在中央上部，即场地的东边可以看到一条狭窄但豪华的门廊，是通往布里昂墓园的入口。从门廊进入后，右手边是一个仪式性的池塘，左手边是陵墓区，陵墓区尽头是一座冥想亭。平面图用不同的色块标示出两片水池和草坪，陵墓位于最大的草坪之中。画面旁边的小草图试图解决建筑中的细节问题，比如排水系统、变化多样又相互关联的地面层，以及限定空间边界等，这表明斯卡帕在画的时候就在脑中构思着所有的细节了。对于斯卡帕来说，建筑图从来都不是建筑的替代品，也不是建造建筑的另一种方式，它一直是设计中发现问题的工具。他经常从一个想法出发，绘制一系列的平面图，在此基础上不断深化设计，并不断地通过小图来推敲结构的比例和几何形式，使独立元素建立联系。然后，斯卡帕会用特定节点的剖面图和立面图来推敲更多的细节，在这些图周围又会有一些小图。他会优先考虑项目如何能够建起来，很少使用三维透视图或轴测图来审视他的设计或三维效果。

扎哈·哈迪德
(1950—2016)

休闲俱乐部
(1982)

纸上彩铅、颜料
129.5厘米×182.9厘米

早在扎哈·哈迪德（Zaha Hadid）的第一座建筑落成之前，她就以制图和绘画闻名于世。她在学生时代无比沉迷俄国结构主义绘画，尤其是马列维奇、利西茨基和罗申科的作品中抽象、复杂的几何图形及笔法，从那时起她就已发展出一套极具个性和辨识度的建构建筑形体的方法。哈迪德将抽象画作为一种富有想象力的设计工具和交流手段。这幅手绘图是她在毕业五年后的一次设计竞赛中完成的，竞赛内容是在香港九龙山区设计一家健康俱乐部兼水疗中心。哈迪德的方案是在拥挤的城市的陡峭斜坡上，创造一处建筑地标，其核心结构是一座水平延伸的摩天大楼，摇晃地立在一片由抛光花岗岩构成的人造地貌之上。在这个夜晚的场景中，想象中的峡谷被涂上了深褐色和黑色的颜料，大部分以轻薄、参差不齐的叶状石头展现，而不是体块。用淡灰色和白色突出的部分，仿佛将整幅图描绘成了由画面左边的一个旋涡点向外爆炸式的构图，那是一条路的急转弯。这种碎片式的风格让哈迪德在1988年加入了由一群解构主义建筑师在纽约现代艺术博物馆举办的展览。图中蜿蜒曲折的道路穿过变幻莫测的大地，将哈迪德的设计与山下城市的现实世界连接起来。建筑本身呈现出明亮的绿色、黄色、红色和蓝色，耀眼的白色墙壁包围着狭长的悬臂式体块。这些建筑遥不可及，飘浮在挖掘的地下空洞之上，她称之为“独特地质学”，象征着上流社会。

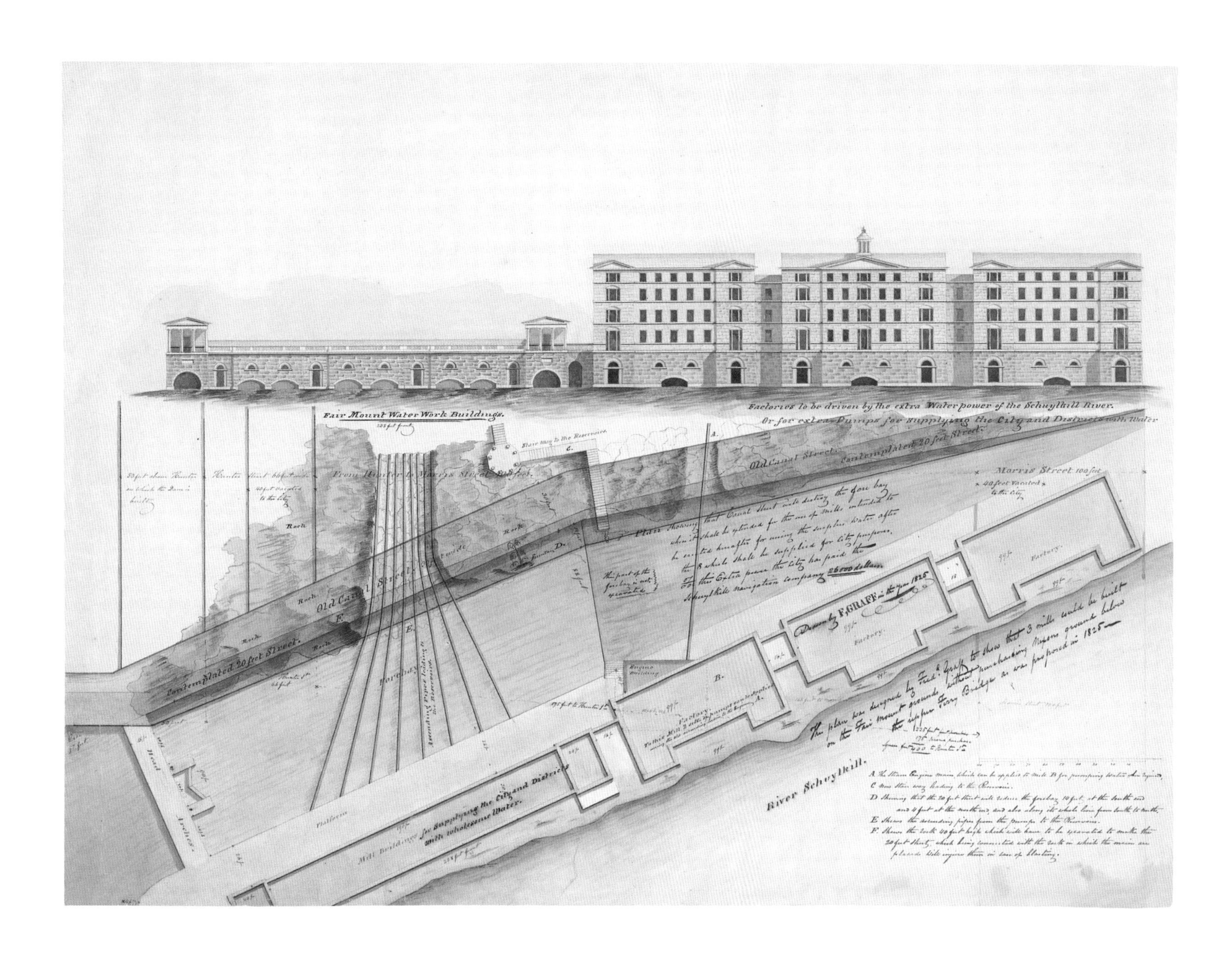

弗雷德里克·格拉夫
(1775—1847)

费尔蒙特水务工程
(1825)

牛皮纸上钢笔、墨水、水彩

56.5厘米×76.8厘米

弗雷德里克·格拉夫（Frederick Graff）是一个建筑工人的儿子，最初做木匠，遇到新古典主义建筑师本杰明·亨利·拉特罗布（Benjamin Henry Latrobe）之后，才开始从事建筑。他帮助拉特罗布绘制了宾夕法尼亚银行和费城水务工程的项目图纸，并对帕拉第奥主义产生了兴趣。然而，使他声名远播的是其卓越的工程技术。他被任命负责与费城费尔蒙特水库及其蒸汽动力水电相关的水务工程，在这些工程中，他发展了将人造景观和自然景观相结合的技术。这幅图描绘了费尔蒙特水务工程建筑群的总平面图，以及工厂的立面图和平面图。虽然没有建成，但我们依然可以看出他将工厂和水务工程统一成一个风景如画的整体设计，可以看到水道之上的大坝。沿着斯库尔基尔河岸延伸的石基板，形成了工厂建筑群的水位层。在大坝的两端是两座像寺庙一样的小建筑物，它们把风景和工业建筑巧妙地并置在一起。低矮的大坝与四层的工厂形成了对比，但是其山墙却与更高的建筑一起建构了天际线。从总平面图中能看出，三座相连的大楼彼此分离又连续对称，这种布局方式使得从立面上看三座大楼的总体量有所减轻。从河对岸望去，石材的运用增强了建筑立面的纪念碑性，这种设计就是为了吸引项目的潜在投资者。这幅图是小心翼翼地渲染而成的，用色严谨，清楚地标示了水、地面和石头等元素，这说明它是为展示而不是施工所作的。

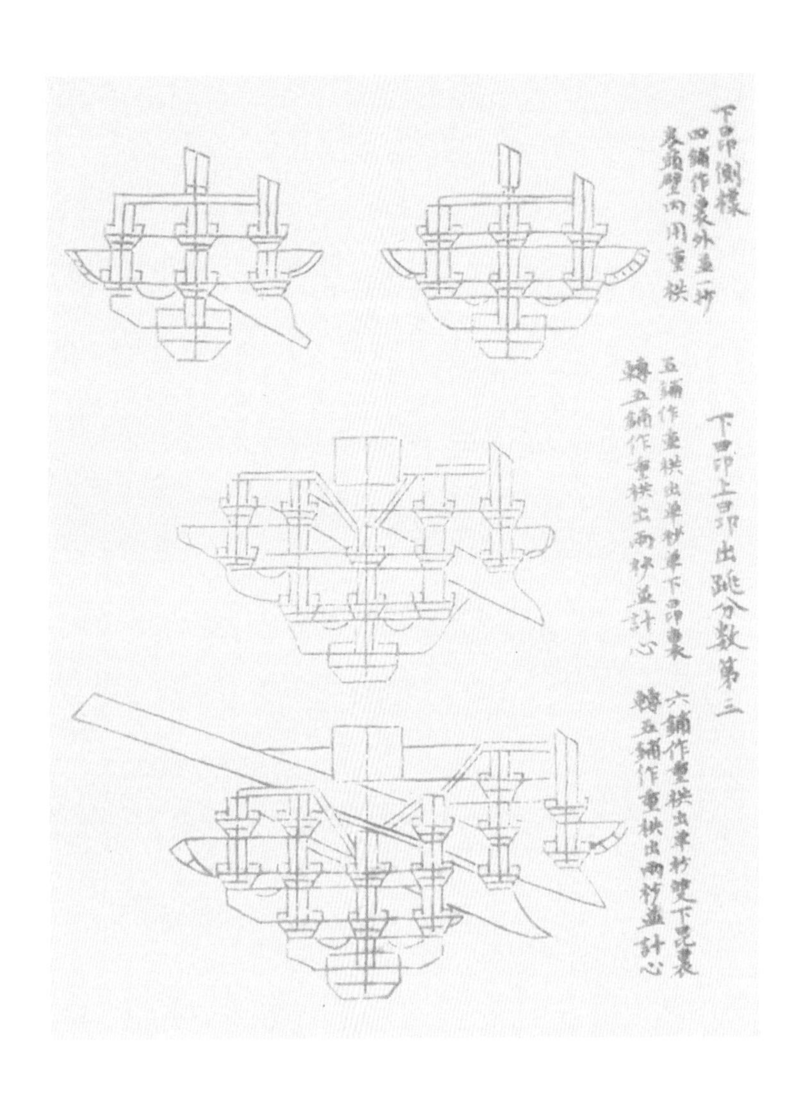

李诫
(1035—1110)

斗拱
(1103)

纸上墨水
15.5厘米×11.5厘米

《营造法式》刊行于1103年的宋代，是中国古代最完整的建筑技术书籍。它定义了中国广袤土地上建筑和测量模数的标准，意义深远。《营造法式》吸纳了唐代《营缮令》中的标准，并与邮驿、贸易体系相结合——自公元前221年秦始皇统一六国以来，所有都是国家制定并通用的。这套三十四卷的丛书从简明术语表开始，包括涂料混合的规范说明、劳动力支出预估，以及设计标准和施工原则，均以类似此图的附图形式加以说明，包括右侧的手写说明，用粗细均匀的线条简单描绘的图示，非常经济。图中四个图样循序渐进地展现了斗拱的构造，包括如何向上延伸。画面底部的是最复杂的一个图样。图样属于大木作部分（书的第五部分，即最后一部分），这一部分包含了关于大木作与细木作的操作细节说明，比如木作交接节点、木作样式及装饰图案。中国木作长期在一种秘密的、传承的家族行会系统中发展，这种系统很好地保护了木作技术。11世纪，一系列的社会变革对建筑和城市规划产生影响，使这种技术垄断发生松动。1097年，将作监李诫奉宋哲宗旨意重新编修规范。在编写过程中，他参阅了历史文献，但主要还是收集那些继承下来的方法和既有的范式。

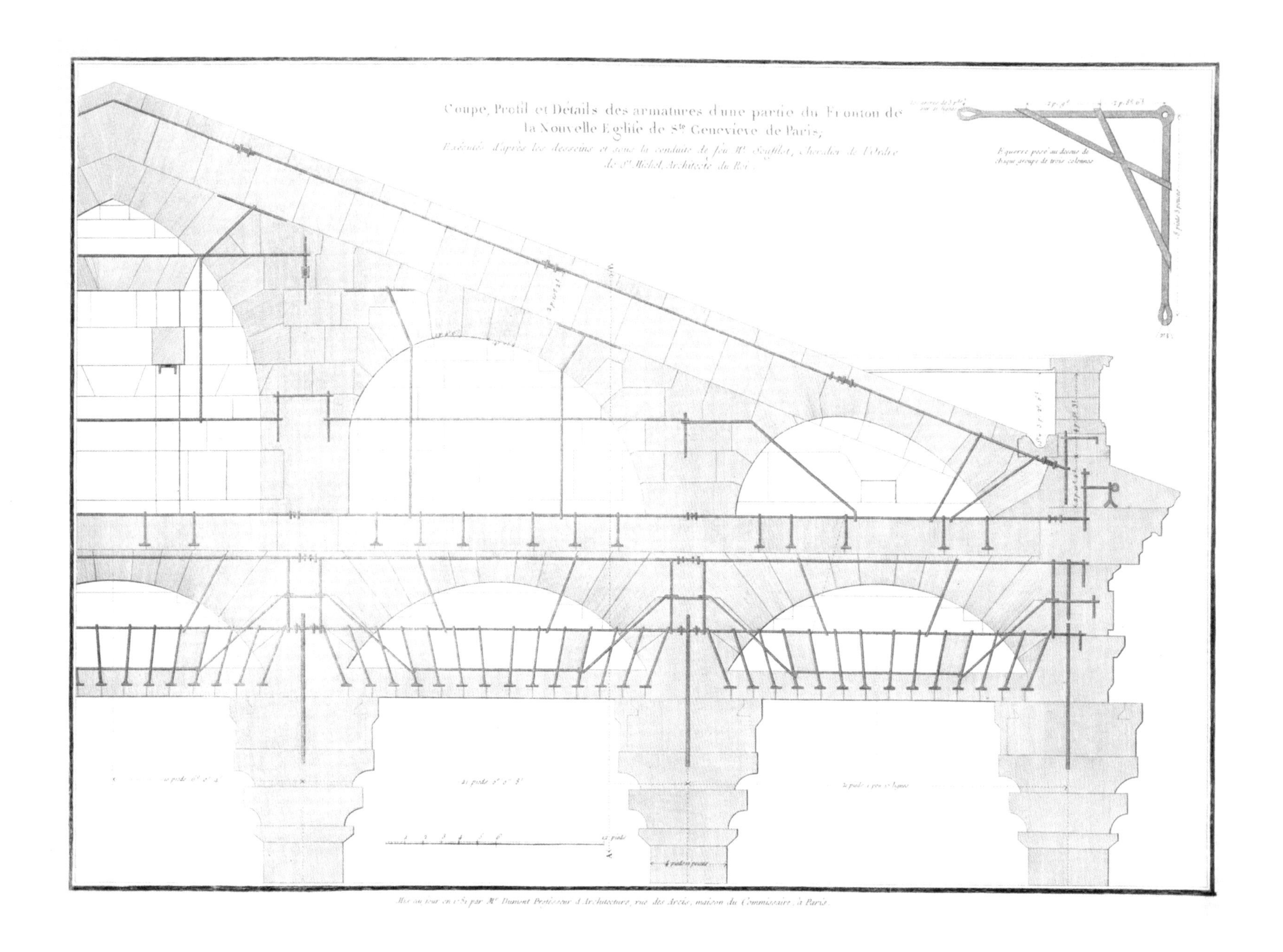

Coupe, Profil et Détails des armatures d'une partie du Fronton de
la Nouvelle Eglise de Ste Genevieve de Paris,

雅克–日尔曼·苏夫洛
(1713—1780)

山墙局部铁条结构详图
(1781)

蚀刻版画

41.2厘米×56.7厘米

加布里埃尔·皮埃尔·马丁·杜蒙（Gabriel Pierre Martin Dumont）的这幅蚀刻版画，记录了雅克–日尔曼·苏夫洛（Jacques-Germain Soufflot）对加固巴黎圣热纳维耶夫教堂（1791年改为先贤祠）正面大山墙的分析。这幅画揭示了山墙壁面不为人知的一面：它以室内的视角展现了朴素结构的经济和优雅，与朝向公众的外立面上纪念碑式的装饰表面和巨大的科林斯式柱廊形成对比。穿过门廊可到达教堂的中殿，配有两个圆顶的大穹顶矗立在教堂内十字交叉处的上方，穹顶下有盛放圣人遗物的神龛。为了从教堂的各个角落都能看到神龛，必须尽量减少石柱和拱廊的数量。于是，承受穹顶和拱顶推力的飞扶壁，被隐藏在正面的阁楼层之后。苏夫洛还设计了一种加固石材的结构——用剖面中描绘的铁架将石块牢牢固定在一起。画面中用淡色表现结构被剖切的位置，铁条构成的加固结构以垂直的方式固定石块，一直延伸到柱头的位置。石块之间的接缝也被画出，加固结构与石块拼缝之间的呼应关系清晰可见。拱形结构在节省材料的同时，也使结构更轻。立面图展示的柱廊内部是未被遮蔽的。苏夫洛去世后，他的侄子苏夫洛·勒·罗曼（Soufflot le Romain）在工程师让–巴普蒂斯·朗德莱（Jean-Baptiste Rondelet）的协助下接手了这些工作。摆在他们面前的是苏夫洛雄心勃勃的构想，致使教堂筒形结构的十字交叉处产生的裂缝问题。朗德莱扩展了铁条网，在某种程度上缓解了这些问题。

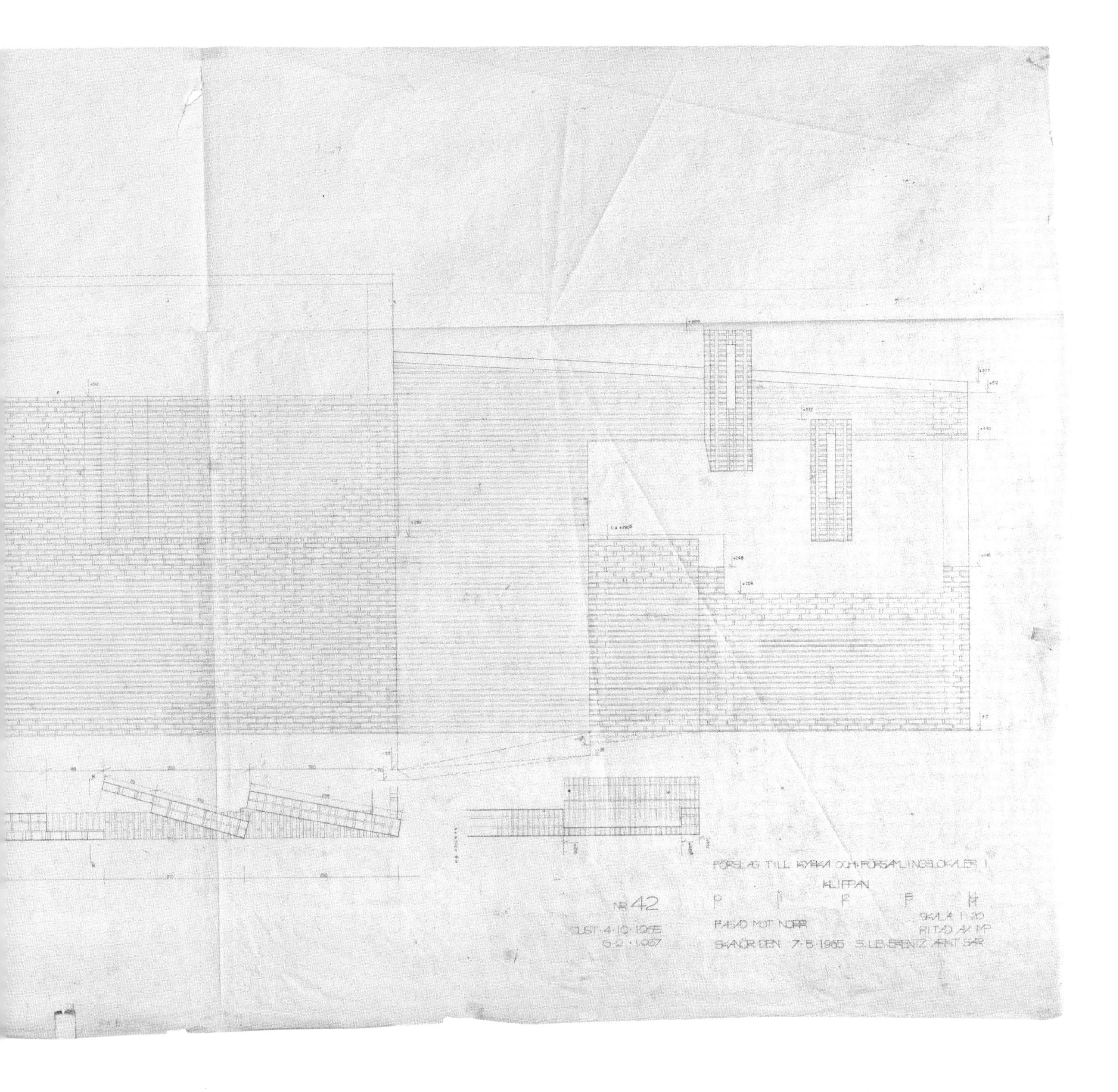

西古德·莱韦伦茨
(1885—1975)

圣佩特里教堂
(1965)

描图纸上铅笔

74.6厘米×171.3厘米

西古德·莱韦伦茨(Sigurd Lewerentz)为指导砖砌教堂的建造，精心绘制了平面图和细节构造图，再现了建筑表面材质的独特质感，他的这件晚期作品正因用材而闻名。圣佩特里教堂位于瑞典南部的斯堪尼亚省，在一座工业小镇克利潘的镇中心附近，坐落在小镇公园的一个角落里，公园与街道之间隔着一道堤岸和一排树。当时莱韦伦茨也住在斯堪尼亚省，所以人们认为找他在这片平地上设计一座教堂很合适。它简单的平面由呈直角相交的两翼组成，创造了一个避风的空间。教堂的场地方面，其方形平面向北延伸，其中包含一间法衣室和一个钟楼，以及一个带门厅的较小的矩形空间。莱韦伦茨开始设计这座教堂时是77岁。在他住院的一小段时间里，尺寸错误的砖块被运到了施工现场，他不得不重新计算合适的模数。解决问题的方法，就是在墙壁表面刮一层特别的厚砂浆，与深灰棕色的砖块形成了鲜明对比。莱韦伦茨绘制了很多用于订正和解释的图纸给承包商(承包商是一名泥瓦匠)，但这些图很难理解，往往需要专为说明如何阅读这些图纸再做进一步的解释。在室内，教堂的地面和屋顶的浅筒形拱都使用砖砌，形成了一个温暖统一的空间表面。这幅图展现了教堂外立面的两个部分：在左边，墙向内收，为四个独立的砖墩留出空间，并充当(下部空间的)采光井。在右侧，教堂的北立面展现了入口门厅，一对高大的砖砌烟囱既充当了室内的采光井，又使倾斜的屋顶生动起来。在立面的另一侧是包含法衣室和钟楼的侧翼，从侧面可以看到那些奇怪的砖墩。

佚名

伊蒂穆德-乌德-陶拉陵墓 (1828)

钢笔、水彩、金漆
53.5厘米×75厘米

皮特拉·杜拉（pietra dura）是一种将半宝石切割、打磨，镶嵌成马赛克图案的工艺。它的铺设对技术要求很高，因为每一块宝石都需制作凹槽，以便与相邻宝石进行咬合；宝石嵌在一个个框架中，框架又把这些复杂神秘的元素连接起来。在这张陵墓内部的透视图中，可以看到这些框架依托着拱形墓顶，形成了复杂的星形几何图案和尖尖的倒V形，指向蓝、红和金三色交织的穹顶。画面边缘的剖面线虽然勾勒出建筑的形状，却并未准确地描绘出墓顶的边缘，而是形成了一条舒适的曲线。画面用深红色、蓝色、绿色和金色等强烈的颜色，来代表稀有的镶嵌宝石，如玛瑙、玉髓、黄玉和碧玉，它们既镶嵌成马赛克图案，也用于装饰镂空的隔断和带有图案的地板。伊蒂穆德-乌德-陶拉（Itimad-ud-daula，头衔意为“支持国家”）和妻子的衣冠冢位于陵墓的中心。这座陵墓由印度莫卧儿帝国第四位皇帝贾汉吉尔的皇后努尔贾汉于1622年主持建造，最初是为她的父亲米尔扎·吉亚斯·贝格（Mirza Ghiyas Beg）所造的，位于印度北方邦的阿格拉附近。这幅图据说是由德里或阿格拉的一位艺术家创作的，属于19世纪早期为英国驻印度官员创作的众多作品之一（这些官员也收藏描绘美丽的莫卧儿王朝废墟的画）。画这些画的当地艺术家可能从欧洲的建筑图绘范例中获取了灵感，这一点也可以从此画中找到证据，例如应用了欧洲传统的透视法。

卡鲁索-圣约翰建筑事务所

雪铁龙文化中心 (2018)

铜版纸上喷墨打印
26.5厘米×39.5 厘米

这幅合成图像是为布鲁塞尔雪铁龙文化中心的设计竞赛所作，设计者卡鲁索-圣约翰建筑事务所通过了资格预选。它展示了将雪铁龙工厂的车库空间改造为艺术空间的可能性。作为一张效果图，其初衷在于传达设计概念希望营造的空间氛围。方案将半透明的玻璃幕墙覆盖于现有结构之上，依靠新型结构体系支撑，并配有照明与空气调节设施。宽松的外皮包裹着文化中心的空间，为那些精致、脆弱的物品提供了一个栖身之所，整个空间像一个大型展示橱窗。为了传达设计意图，进行激进却无形的变革，建筑师首先绘制了一幅石膏模型般的纯白底图，上面没有结构细节、颜色和纹理，只有渲染出的灯光效果与柔和的阴影。他们又先后赋予地面粗糙的质感，采用单点透视来表现这个椭圆空间的静谧与平衡感。然后加入更多相互平衡的元素来丰富画面：远处的门、黄色小汽车和扫地的人。透过玻璃幕墙，一道旋转楼梯若隐若现，引领我们来到二层回廊——三五个参观者站在那里，他们的位置和身姿经过精妙设计，这种构图无形中突出了汽车强大的存在感。最后，建筑师加上一层纹理，表现散射的光，营造出玻璃墙后景物的半透明效果。玻璃的透明度，以及这难以确定的、微妙的、像清漆一样的图层，经过精心修饰，使画中不同的部分结合在一起，而且并没有显得过于死板或抽象。图中仅有第一步用到渲染工具，渲染出基本的形体轮廓与光的变化，其余细腻的绘画效果则依靠图片处理软件Photoshop完成。

Der Kristallberg
Der Fels ist oberhalb der Vegetations-zone behauen und geglättet zu vielfachen kristallinischen Formen.
Die hinteren Schneekuppen sind mit Glasbögen-architektur bebaut
Vorne Kristall-nadelpyra-miden
Über dem Ab-grund eine Brückenvor-gitterung aus-Glas
7

布鲁诺·陶特
(1880—1938)

山地建筑
(1919)

纸上墨水

27厘米×19.5厘米

1919年，为了纪念第一次世界大战的结束，布鲁诺·陶特将这幅作品作为图7收入《阿尔卑斯山建筑》（*Alpine Architektur*）一书中。该书分五部分论述乌托邦建筑，插图超过30张。书中，最能象征这座理想城市的材料是玻璃。图中场景位于该书第二部分，他根据奇幻小说作家和建筑理论家保罗·西尔巴特在《玻璃建筑》（*Glass Architecture*，1914）一书中所描述的理论，对阿尔卑斯山脉进行了重塑。1914年，陶特为科隆的德意志制造联盟展览所设计的玻璃展览馆，即“玻璃亭”（又称“水晶宫”），便展示了不同种类的玻璃应用于棱柱结构体系里的可能。这种结构由混凝土和玻璃组合而成，它所传达的信息与砖结构传达出的唯物主义和功利主义文化形成了鲜明的对比。在陶特看来，水晶建筑表达了一种精神上的和平主义乌托邦，玻璃代表着纯洁和天真。在图下部的几行说明文字里，陶特不仅表达了自己对幻想的玻璃之城的看法，也说明了他的图绘展现了西尔巴特对辉煌的、技术至上的文明的憧憬。在植被线的上方，岩石被凿成各种各样的晶体形状。远处的雪峰与玻璃拱门相映成趣，较近的丘陵地带则分布着水晶堆簇而成的金字塔。在前景的深渊上方是一座由方块玻璃组成的玻璃桥，桥上有碑文和题名“水晶山”。这幅图运用了表现主义强烈而流畅的线条，旨在传达某种意义或情感体验，而并非物理现实。在这里，传统城市的体量被一个虚幻、空灵的空想境界替代。

弗朗切斯科·博罗米尼
(1599—1667)

菲利皮尼礼拜堂正立面
(约1660)

纸上石墨

43厘米×30.3 厘米

这幅图是意大利巴洛克风格建筑师弗朗切斯科·博罗米尼（Francesco Borromini）为罗马菲利皮尼礼拜堂（Oratorio dei Filippini）正立面绘制的设计图纸，左右两部分在风格上截然不同。左边以平面投影的方式绘制了立面的基本框架，标注着主要尺寸。下方是按常规方式绘制的平面图，结构以黑线加粗，用铅笔绘出阴影。图纸的右边则呈现出了这张极富戏剧性的立面的细节：以深色及更有表现力的线条描绘出设计的建筑感——台阶、阴影和张力。右上的三维模拟图展现了博罗米尼使用石墨作画的功底——石墨是他最喜欢的绘画媒介。线条的多样性显而易见，博罗米尼通过改变手的压力或笔的使用部位（有时用笔头，有时则用笔锋），画出了各种各样的线条。其中一些是精确的，但大多是重叠的。除了线条，他还依靠斜线排列与揉擦涂抹创造出阴影。在博罗米尼看来，对形式的追求是在绘画中实现的——笔触相互重叠，直至最终确定。很小的细节也与整体构图相关——立面边缘最终方案的局部性与模糊性强调了这一点。博罗米尼把礼拜堂的入口描绘为一个人伸展双臂的样子，立面混合线条的动态效果在室内空间也得到重复应用。他借鉴历史，却无意执行学院派为形式和创作定下的规则，而是将个人的诗意表达与传统元素相融。他能捕捉到不同寻常之处，并将它们整合到自己动态的空间体系中。

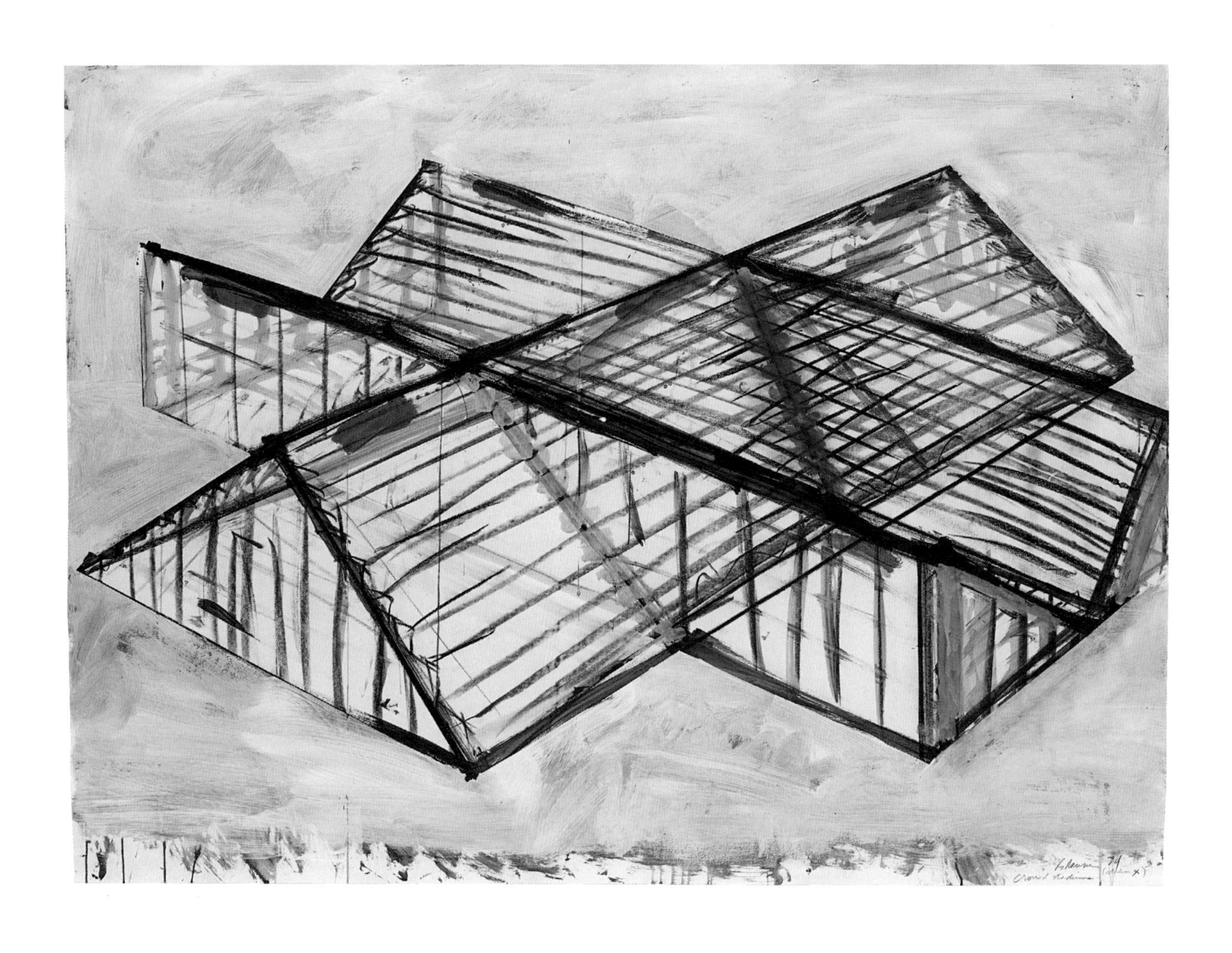

布鲁斯·瑙曼
(1941年生)

交叉的体育场
(1984)

纸上人造聚合颜料、水彩、炭笔、蜡笔

134.7厘米×184.2厘米

在工作中，美国艺术家布鲁斯·瑙曼（Bruce Nauman）会借助一切可以得到的艺术媒介，但他始终将画草图当作一个重要的手段。这幅草图使用了多种材料：先用炭笔建立一个主体框架，再用水彩和聚合颜料上色。这些笔触无法让人直接解读其含义，内在却遵循着一种强烈的材料和概念逻辑，并充满了刻意的矛盾。两个不同形式的坡屋在画面中心交叉，并延伸到纸边。它们好像是两个半透明的阁楼，四周涂抹着的灰暗却笔触坚实的背景色，突出了建筑主体的通透感。炭笔线条点明了结构：屋檐和屋脊部位的线条最深，其他的椽子和墙内构件等则轻浅许多。有时，在被阁楼遮挡住的地方，能看到阴影般的水彩线条延续着局部框架。这幅图可看作是对两个形体交叉点的研究：第一个正双坡屋顶的交线容易推断，第二个蝴蝶形的负双坡屋顶则要复杂得多。画面的线条效果仿佛在暗示：其中一个已经从另一个中抽离出来，而在这一过程中，它们变得独立了。尽管很多对角线与交线的存在让它们彼此纠缠，但它们仍然显得互不干涉。有两个连接点间的部分线条已经被抹除了，这反而增强了坚固性；而另一处却笨拙地飘着，简单地连接着正双坡屋顶的屋脊和屋檐。瑙曼在每段屋脊上都加了一个色彩艳丽的色块，黄色上叠着红色，作为某种标识，好像是对饰面的说明：此面都涂成这样的颜色，或用这样的小块材料铺砌。

奥斯卡·尼迈耶
(1907—2012)

卡诺阿斯住宅
(1953)

描图纸上墨水
34.9厘米×53厘米

奥斯卡·尼迈耶(Oscar Niemeyer)为自己和家人设计了位于巴西里约热内卢郊区的卡诺阿斯(Canoas)住宅。尽管尼迈耶为世人熟知的作品是其早年在里约热内卢与贝洛奥里藏特创作的大型作品，以及和老师兼合伙人卢西奥·科斯塔(Lucio Costa)一起在巴西利亚设计的一系列政府建筑，但他在漫长的职业生涯中也设计并建造了几栋小型住所。尼迈耶一直工作到生命的尽头，享年105岁。这张为卡诺阿斯住宅画的简单草图，揭示了尼迈耶对建筑品质的重视，尤其明显的是自然世界在人造形式中的体现，以及这看似对立的两者实质上具有的联系。尼迈耶曾说，在他的作品中，不是形式服从功能，而是形式服从美。他并不喜欢直角和直线，说它们生硬又呆板，不过是人类发明的产物。他钟爱的是自由流动的、肉欲的曲线，就像巴西境内连绵的群山、蜿蜒的河流、波浪起伏的海洋，乃至心爱女人的胴体。房子建在能俯瞰里约热内卢海湾的山坡上，在画面顶部，一艘孤独的船正穿越遥远的海平线——画中唯一的直线。下面，起伏的薄混凝土屋顶板轮廓悬挑出去，扑打着两侧争相涌来的茂密的热带植被，尼迈耶几乎是按实际的平面形状展示了屋顶板。房子的内部向外开放，两个随意勾勒的小人躲在屋顶下，凝望着圆形水池，池边上是一块将人工世界与自然世界相连的岩石。

西泽立卫
(1966年生)

森山邸
(2005)

彩色喷墨打印

30.5厘米×41.9厘米

2017年，西泽立卫（Ryue Nishizawa）的森山邸（Moriyama House）等大模型建造完毕，参加了伦敦巴比肯艺术中心举办的一场名为“日本之家”（The Japanese House）的大型展览。用于居住的房屋分布在矩形的地基上，由10个面积、高度不同的盒子组成，楼层从一层到三层都有。它们彼此独立，之间有很多公用的花园空间，包括小天井、狭窄的小巷和一个中央庭院，地板直接架空在棕色的地面之上。从这张彩色的细节图中可以看出，这些结构的外表非常简单。在表示剖面的色域图上，深棕色的区域代表地面，黄色代表构造材料，具体的连接点和各元素的结合方式通过各种形式绘制出来。例如，正立面上有一根延伸的支柱，是用正投影图精确描绘出来的；但在另一端，竖直的支柱绘制得比较粗略，可能表示一种临时的状态。其他细节都画得很整齐，地板和舱口盖构成了一个平整的表面，嵌镶板的末端能精确地嵌入一个小的T型钢内。另一幅类似的图描绘了从外墙表面排出雨水的巧妙解决方案，展示出西泽立卫四两拨千斤的高超技巧。在展览中，房子的模型是由涂有白色油漆的薄木板制成的，营造出主人和租户在布局异常紧凑的小空间内生活的氛围。漫长的日常生活中的生动性为这一模型赋予了灵魂，展示了在极有限的条件下，人们拥有许多零碎而重要的物品是怎样的生活状态，呈现出充满艺术的混乱感。

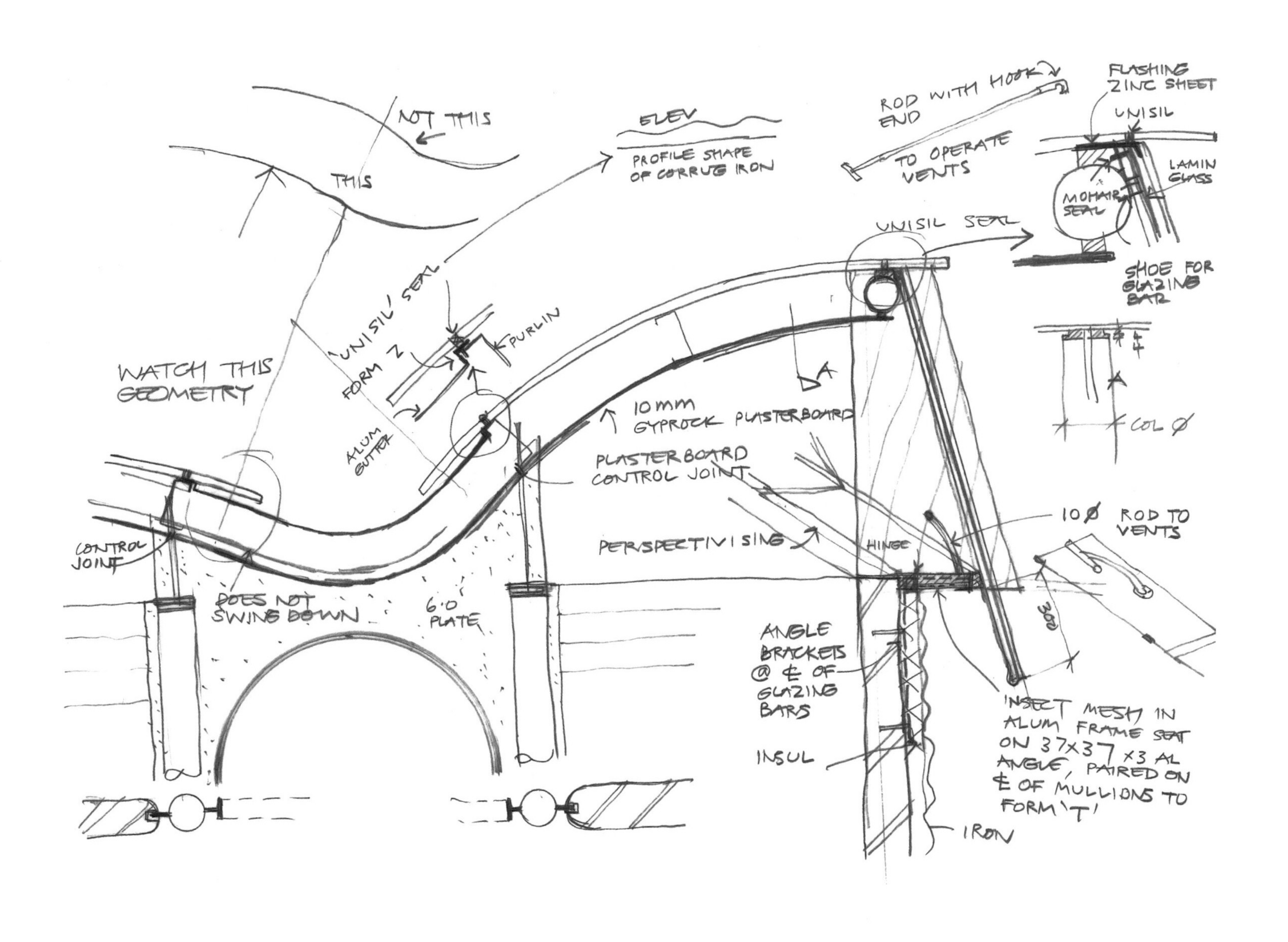

格伦·马库特
(1936年生)

麦格尼住宅
(1982)

纸上墨水

22厘米×30厘米

海拔50米，温带海洋性气候，年降水量约为1000毫米——对格伦·马库特（Glenn Murcutt）而言，这些关于建筑场地环境的信息十分重要，在设计澳大利亚本基山的麦格尼住宅时也不例外。这是他为私人客户设计的第一座住宅，是度假时的清闲安居之所。这幅素描中生动的细节以一种直截了当但包罗万象的方式，在形式和建造逻辑上反映了马库特对这些环境条件的考量。屋顶的俯冲式流线设计，其形式是由太阳在不同季节中的位置决定的，它与这张剖面图中用于排导雨水的排水槽一样，都十分显眼。画面中精心设计的柔和线条向人们详尽诉说着“看这个几何形状”——“不是这个”，而是“这个”——一个特别的小草图展示着镀锌铁板是如何与铝水槽结合的。在水槽的细节下方，是主要的金属构件，房子的中央环廊从拱下通过。这张剖面图的细节还显示了南立面屋檐的方案——在南半球，背对着太阳的屋檐可以抵御寒风。在图的右下方可以看到一堵砖墙，砖墙的保温材料上覆盖着镀锌的瓦楞钢板。砖墙上方，一个倾斜的玻璃面形成巧妙的通风系统——可调节的水平通风口与门楣的高度相当，可以在夏天实现交叉通风。一个类似垂直尾翼的构件将玻璃面与门楣分开，这个构件有一个显眼的奇怪装置。屋顶和通风管之间的结构在墙体延伸线与通风管纱窗中得以呈现，这被称为“透视化”，用以区别剖面呈现的内容。

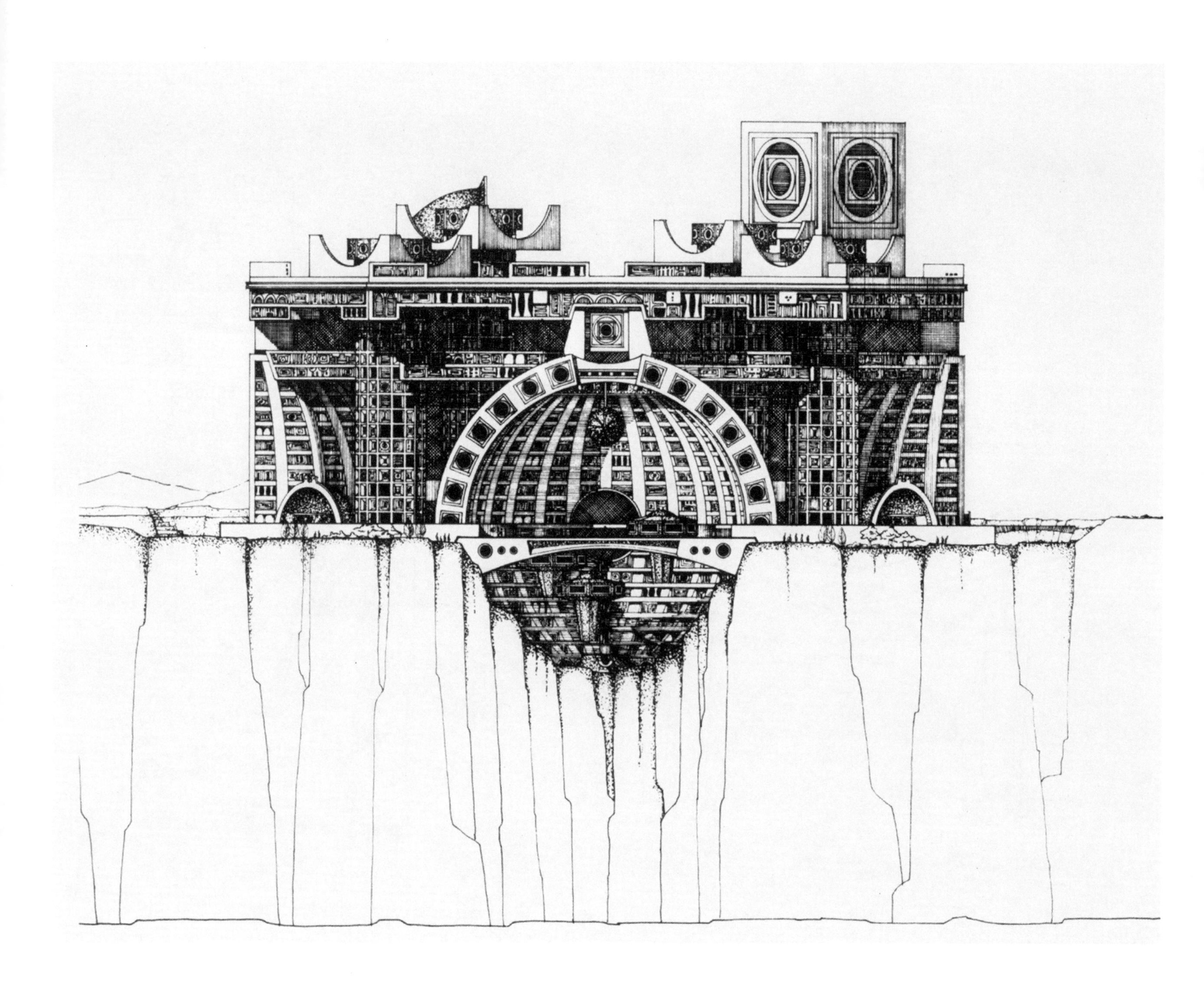

保罗·索莱里
(1919—2013)

阿科桑蒂
(1970)

纸上黑墨水
89.6厘米×76.2厘米

保罗·索莱里(Paolo Soleri)出生于意大利都灵，但他大部分时间都在美国亚利桑那沙漠生活和工作。索莱里创建的阿科桑蒂(Arcosanti)小镇，其名字集中体现了他的理念，即arcology(生态建筑学，是索莱里提出的建筑与生态有机结合的学说)和cosanti(意大利语，意为“万物之前”，是他在凤凰城附近工作室的名字)的融合。20世纪60年代中期，人们在亚利桑那州北部、靠近阿瓜弗里亚河的地方发现了一块场地，阿科桑蒂的建造从1970年便开始了。在这段时间里，索莱里绘制了许多引人注目的图纸，这些图纸上的计划极富远见，但其中只有少部分被真正建造出来。他的作品吸引了包括乔治·卢卡斯(George Lucas)、弗朗西斯·福特·科波拉(Francis Ford Coppola)和朱利叶斯·舒尔曼(Julius Shulman)在内的许多名人，以及数百名志愿者到现场工作，并参与到科桑蒂基金会(Cosanti Foundation)组织的工作坊中。这张剖面图揭示了阿科桑蒂项目的许多关键主题。沙漠下面深层的土地占了这张图的一半，苔藓状的附属物在深部裂缝上蔓延，中央穹顶与岩石中的一口深井呼应，富有戏剧性。上面如同旧城一样的世界由巨大的半圆形元素依照更为传统的网格构成。除了形成中央穹顶的肋拱，这些半圆形元素还引向屋顶上复杂、具有开放结构的巨型入口。从20世纪60年代末开始，索莱里的生态建筑采取了适应人口密集型城市的形式，垂直扩张而不是在地面蔓延，减少了对机动车的需求和对自然景观的影响。这样，整个生活环境将被包含在单一的结构中，正如在阿科桑蒂看到的，建筑向下扎根、向上生长。

艾蒂安-路易·布雷
(1728—1799)

大教堂
(1782)

纸上钢笔、水墨
33厘米×63厘米

这张轴对称透视图展示了一座巨大的虚构建筑，最初是为法国蒙马特高地上的一个大教堂项目设计的，现在该地矗立着圣心大教堂。图中的巨大空间展示了一系列由严格有序的花格镶板装饰的筒状拱殿和走廊。这种装饰表面为该图对光线和透视的刻画增强了感染力。连续绵延的花格镶板图案在中殿中部戛然而止，光线从中殿倾泻而下，暗示着希腊十字平面的中心穹顶。随着拱顶渐渐退到远处，方格图案逐渐变得模糊起来，但拱顶的末端框出了明亮而朦胧的外部空间。中殿两边的侧廊排列着一排排科林斯式圆柱。走廊的深度似乎也因阴影而增强了，这些黑暗的阴影暗示了这座巨大的建筑所产生的略带寒意的氛围。在中殿和侧廊之间，科林斯式圆柱支撑着宽大的飞檐，使走廊空间更为高大。建筑风格揭示了艾蒂安-路易·布雷（Étienne-Louis Boullée）对精简的古典建筑语言的偏好，而非当时流行的洛可可风格，他富有远见的新古典方案影响了当时的先锋派。这幅图虽然制作时间较早，却是布雷后续设计的一批单体建筑项目的先导，这些建筑作为案例，出现在他的建筑专著《论艺术》（*Essai sur L'Art*）中。此书于 1794年完成，但直到1953年才出版。书中包括理想城市所需具备的建筑：剧院、图书馆、博物馆、法院，甚至城墙和大门。这幅图是用钢笔画的，线条精细，颜色浅淡，在技法上和其他几幅建筑图绘相似，但其他几幅的颜色以粉色、黑色和灰色居多。

佚名

五台山图，莫高窟第61窟
（约950）

壁画

15.5厘米×35厘米

这幅壁画出自敦煌莫高窟第61窟。自汉朝以来，敦煌一直是古代陆上丝绸之路上的重要城市，也是古代印度和中国之间主要路线的交会处。莫高窟中，有壁画和雕塑的洞窟共492个，其中最大的一个窟进深14.1米、宽13.6米，窟内满绘壁画。该窟也被称为“文殊堂”，主要是为供奉文殊菩萨而修的。文殊菩萨在佛教中代表无穷的智慧，传说他的道场在山西五台山。窟中最重要的壁画位于主室西壁上部，表现的是文殊菩萨修道之处——五台山的全景图。五台山是中国佛教四大名山之一，东西绵延2000多千米。这幅壁画的不同寻常之处在于，它以45°角鸟瞰式视角描绘了五台山的地理环境和现实社会场景，有寺院、客栈，以及高僧讲经等。它采用地形图的形式，展示了寺院建筑之间的关系和路线，同时也描述了10世纪时人们的居住状况。这幅画与五台山的实际情况基本一致，是重要的历史文献。画上还有许多简短的铭文，标示出了一些具体的细节，比如各个建筑的名字，包括十几座大型寺庙建筑，以及一些亭台楼阁和佛塔。寺庙群被墙包围，带有角楼和两层高的门楼，通常还有座中央塔。寺庙在五座山峰之间隐现。

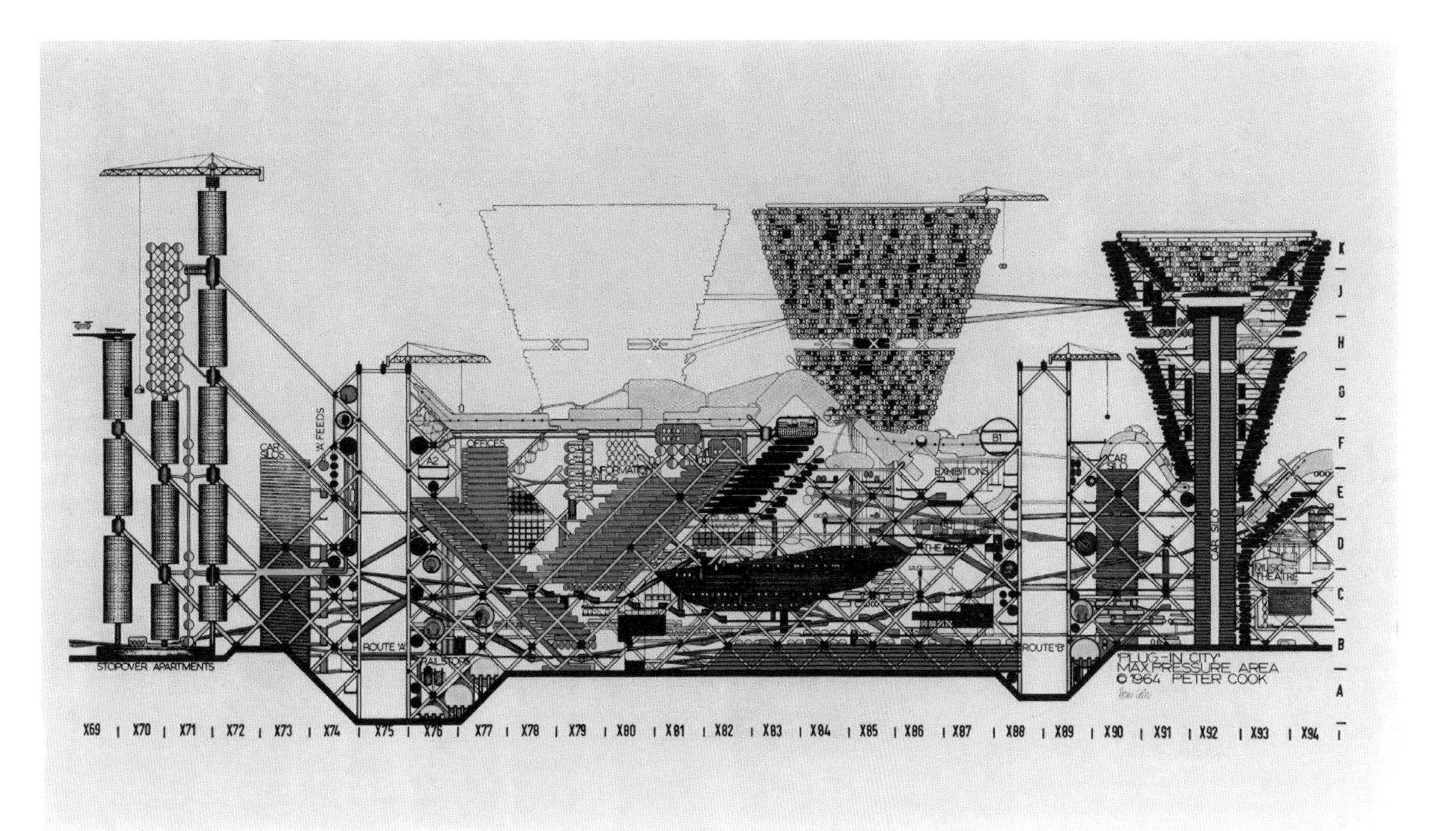

彼得·库克
(1936年生)

插入城市：高压区域
(1964)

墨水和水粉，照相制版

83.5厘米×146.5厘米

处在画面边缘的X轴和Y轴，暗示了这片"高压区域"属于一个可能无限大的环境。在X轴69之前和94之后的区域中发生了什么，我们只能想象，而无从知晓。这种猜测为图绘带入了一种时间感——一个序列不断向前移动，像完全自发的前进，不断变化。彼得·库克（Peter Cook）和他的建筑电讯派（Archigram）为20世纪晚期的大都市提出了许多奇妙而富有想象力的构想，"回应当下"是他们创作中很重要的一个方面。"插入城市"是一个不断变化的巨型建筑，旨在通过废弃来鼓励变革。其核心结构使用了浅绿色网格的形式，围绕左右的是虚拟城市的功能区集合，包括住宅区、服务区、工业厂房、商业区、文化活动区和社交活动区。在X轴69至94之间的部分，垂直的"烟囱"包含了主要的通道——路线A和路线B，它们打断了网格，钻入了图中象征性的地面。夹在"烟囱"中间的，是由电梯、坡道和吊舱构成的三维世界。它们形状各异，十分密集。图上标注着"办公室""信息库""剧院""展览馆""火车站"。与大通道相邻的是高大的汽车筒仓，以及其他一些神秘的地方，如B1、"A供给"（A Feeds）和停靠公寓。在高压区域的后方，有三个巨大的倒三角形轮廓，它们为插入式生活胶囊舱提供基础设施。在其中一个倒三角形的顶部，起重机正在通过添加或拿掉其中一个模块来调整组合，这表明了插入城市在持续重建。这幅图描绘出了建筑电讯派小组所迷恋的代替了传统生活方式的流动性生活。

艾蒂安-路易·布雷
(1728—1799)

艾萨克·牛顿爵士纪念堂
(1784)

黑色墨水、棕色调灰色水墨

40厘米×66厘米

艾蒂安-路易·布雷一直不甘心做一名纯粹的建筑师，他想成为一名画家。后来，他作为皇家建筑学院的理论家和教师，创作了壮观且具有远见的作品。和同时代的许多知识分子一样，他深受艾萨克·牛顿爵士著作的影响——牛顿的著作彻底改变了人们对地球及其在宇宙中位置的认识。这幅震撼人心的剖面图是他为1727年去世的牛顿虚构的一座纪念堂。描绘纪念堂的图共六幅，这是其中一幅，此外还包括一张平面图、一张立面图，以及一张展现夜晚时内部空间的剖面图——夜晚时球体内部明亮，仿佛白昼一般。这幅图描绘了纪念堂白天的样子。在150米高的球体中，黑暗显得浩瀚而崇高，从穹顶上的洞透入的光线仿佛星光一般，将微小的石棺照亮。在纪念堂外，布雷用水墨精细描绘的云彩，暗示着难以预测的现场气氛。这幅剖面图不仅描绘了纪念堂基于纯粹几何结构的抽象形式——一个嵌在圆形基座上的球体，还表现出其超乎想象的巨大尺度所蕴含的戏剧性及震撼人心的空间感。这是世界内部的一个宇宙，可以通过地下通道进入，就像一座古埃及陵墓。周围环绕着种有柏树的台阶，让人难以接近，这一灵感来源于古罗马的奥古斯都陵墓。作为一种思维练习，该设计是法国启蒙主义思想在建筑上的一次体现——它把知识公认的形式作为各类科学发展的证据，例如对古希腊和罗马考古成果的参考（当时正在挖掘相关的遗址），对对称和柏拉图式几何的运用，以及伴随个体自由产生的抽象推理的符号化。

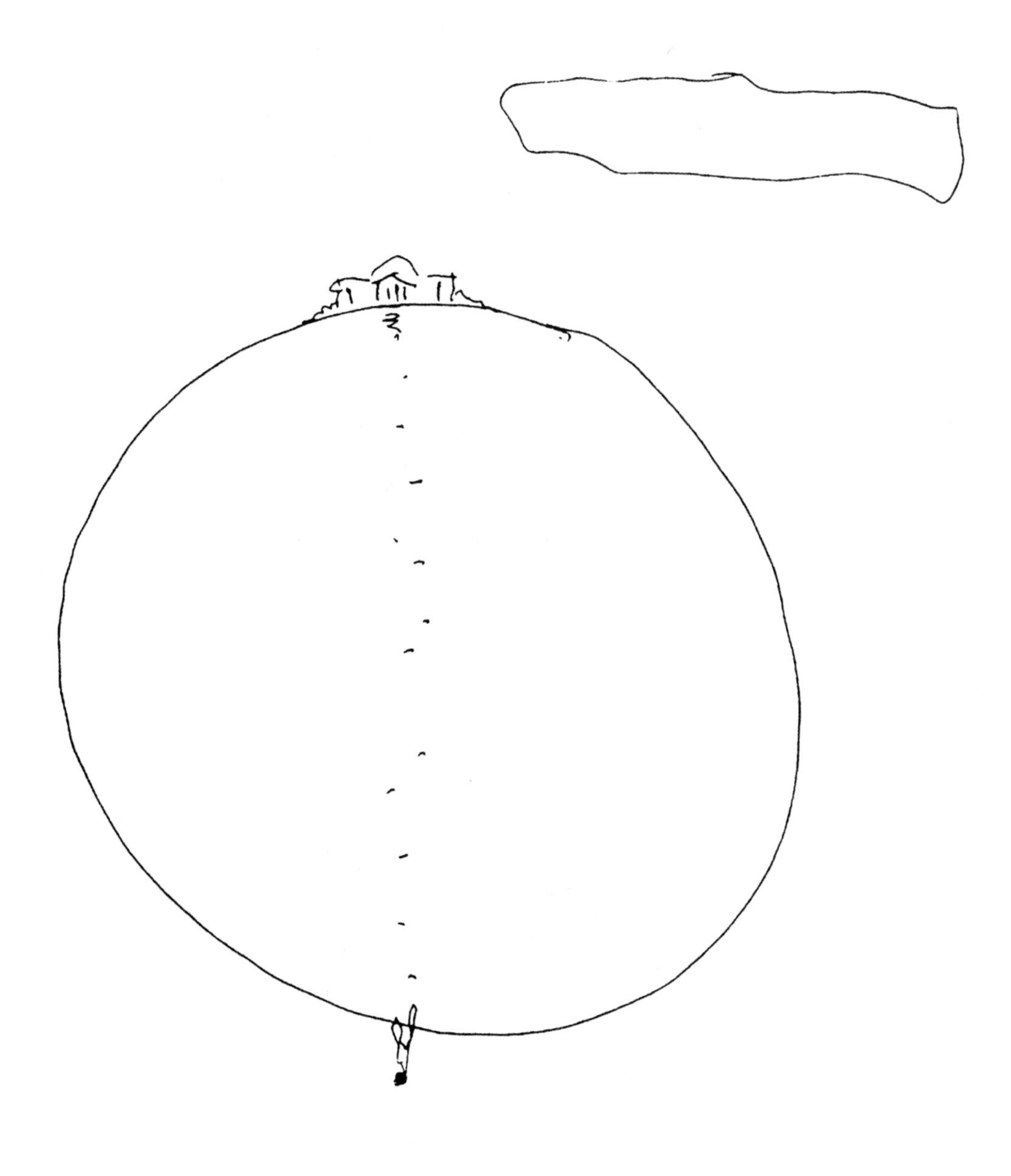

斯维尔·费恩
(1924—2009)

诺尔雪平别墅
(1963)

纸本水墨

22.2厘米×14.4厘米

1963年，挪威建筑师斯维尔·费恩（Sverre Fehn）作为五位北欧建筑师之一，受邀为一个四口之家设计理想的住宅。房屋面积为150平方米，位于1964年举办的诺尔雪平住宅展上。2001年，该建筑被列入纪念性建筑名录。这张速写草图即是对建筑的表现，甚至成了一个关于费恩担心失去神秘感的绝妙的笑话。他解释说，这张图画的是人们发现地球是圆的之后，对地平线即地球边界的认知被改变，地球就变成了一个有限的球体，可以用科学的方法来测量。费恩年轻时曾住在摩洛哥，在居住和研究过的当地住宅中，他对用自然材料建造的简单灵活的建筑充满敬意。他为诺尔雪平别墅做的设计并不针对特定的场地，正如这张速写草图给人的感觉，它仿佛位于世界之巅，也许在北欧，但你也可以质疑它的位置——它可能在任何地方。从右边隐约出现的一大片云改变了画面的比例，并与建筑的轮廓产生联系。虽然建筑是用最少的线条迅速画成的，但它的基本细节是可以辨认的。费恩设计的房子是一座有着四个相同立面的“迷宫”，明显受到帕拉第奥的影响，尤其是帕拉第奥在维琴察设计的圆厅别墅（Villa La Rotonda）。别墅的一个角向上凸出，另外两翼各在其一侧。实心砖墙将十字交叉处的两端包围在一个方形平面内，其镶着玻璃的四个角将室内空间抽象化，同时强化了设计的几何原理。

迪特尔·乌尔巴赫
(1937年生)

电视塔的室内景象
(1964)

混合材料

73厘米×105厘米

在20世纪60和70年代，迪特尔·乌尔巴赫（Dieter Urbach）受当时德国优秀建筑师[包括约瑟夫·凯泽（Joseph Kaiser）和赫尔曼·亨瑟曼（Hermann Henselmann）]的委托，为他们的设计制作精美的模拟图，并向政府代表展示，以供审批。乌尔巴赫为这些雄心勃勃的国际式风格建筑项目创作了一系列由照片拼贴的透视图。他经常将这些项目置入城市背景中展示，其中包括巨大的开放广场，广场周围环绕着历史建筑，它们与建筑模拟图形成了一种乌托邦式的对应。这幅图展示了电视塔（Fernsehturm）的室内景象——乌尔巴赫曾为电视塔制作了几幅用于宣传的拼贴画，其中也有为其他客户制作的。在拼贴画中，他结合了多种材料和技术，包括从杂志和摄影片段中剪下来的素材，用墨水和铅笔画的画，喷漆，以及在这幅图中使用的不透明白色涂料。前景由从照片上剪下来的素材层层堆砌组成，将具象的元素（植物和女人）粘贴在抽象的元素上。其中，抽象的元素由闪亮的方形材料和小纸片构成，上面可以清楚地看到校正标记，它们代表家具。远景处是由精选的摄影图像巧妙并置而成的。层层叠叠的阳台延伸至地面，它们蜿蜒的线条将画面中各不相同的元素整合在一起。栏杆由一条简单的白色条带描绘，在背景的反衬下显得很突出。郁郁葱葱的树叶由近及远逐渐变小，直到室内最远处，增强了画面的透视感和这幅精妙模拟图的超现实氛围。

Par Percier et Fontaine.
Vue perspective de la Chambre à coucher du Cit. V. à Paris.

玻西尔(1764—1838)
方丹(1762—1853)

公民V在巴黎的卧室
(1812)

纸上蚀刻版画

27.3厘米×40厘米

查尔斯·玻西尔和皮埃尔-弗朗索瓦-莱昂纳德·方丹于1779年前后在巴黎学习艺术和建筑时相识，而后，漫长的罗马之旅使他们成为终生的朋友和工作伙伴。从1798年开始，他们定期出版图书来传播各种风格的设计理念，其中最具影响力的是《室内装饰集》（*Collection of Interior Decoration*）。他们将72幅版画分12期发行，每期6幅，首期于1801年出版。到1812年全部完成出版时，整组版画装订成册，并在开头附上一段前言阐述观点——从室内装饰的整体和统一的把控，到每一个元素最后的细节和位置，还讲到了他们试图将美学与功能结合的愿望。这幅透视图是13号版画，和其他版画一样，是用英国陶艺设计师、艺术家约翰·弗莱克斯曼（John Flaxman）推广的一种轮廓刻版技术制作的，弗莱克斯曼是玻西尔的密友。尽管公民V（citoyen V）是玻西尔和方丹的富豪客户之一，但他的名字中包含了citoyen这个具有革命色彩的词，其意思是“公民”，而不是传统的“先生”（monsieur）。他们通过对13号版画的精细描绘，展现出室内的奢华，其装饰元素用油画颜料画在石膏上，不根据任何设定的主题来设计。室内许多表现水果和日用品的静物画，都是以纯灰色画在浅色的背景上。床和桌子对面是一个铜制盥洗台和一个壁炉台，其表面是青铜、珐琅彩画和各种木制的镶嵌物。前景处的高台是一个用来放置睡衣的壁橱。玻西尔和方丹完善了新古典主义这一1804年拿破仑称帝后的帝国风格，成了政府的官方建筑师和室内设计师，但他们的许多室内作品后来都被破坏了。

佚名

农场生活
（约300）

石灰岩和大理石
21厘米×29.7 厘米

这幅地板上的马赛克图案，描绘了公元300年左右的一座传统的地中海房屋。这块镶板来自塔巴尔卡——一个靠近阿尔及利亚边境的突尼斯沿海小镇。在公元前146年迦太基沦陷到公元698年被阿拉伯征服这段时间里，小镇是罗马的殖民地。即使在那个时代，它也是一个古老的主教辖区所在地，建立了修道院。画中的房间位于一座美丽的花园中心，周围有许多树和人工种植的灌木。地面上鸭子（或鸽子）闲庭信步，和树木一样，给人一种自然闲适的感觉。农家庭院前后是两座水平布局的建筑。前景的一处建筑看似更具防御功能，它那类似城堡的形态暗示着院落外部的防卫边界，大量的开窗证明其中存在一些居住空间。其后以立面的方式描绘出的大建筑，是一栋简单的带有谷仓的住宅，通过一个倾斜的侧立面来营造空间的进深感。立面伸入花园，但没有透视效果。罗马帝国在非洲掠夺的财富是建立在当地农业基础上的，该地区为罗马斗兽场提供了橄榄油、黄金甚至野生动物等奢侈品。马赛克图案由富有的农场主委托工匠团队制作，使用了当地盛产的彩色石灰岩和大理石。与意大利的马赛克相比，它们的颜色更有生气。这幅描绘农场主住宅的田园诗般的画面，体现出这些罗马殖民者舒适的生活。

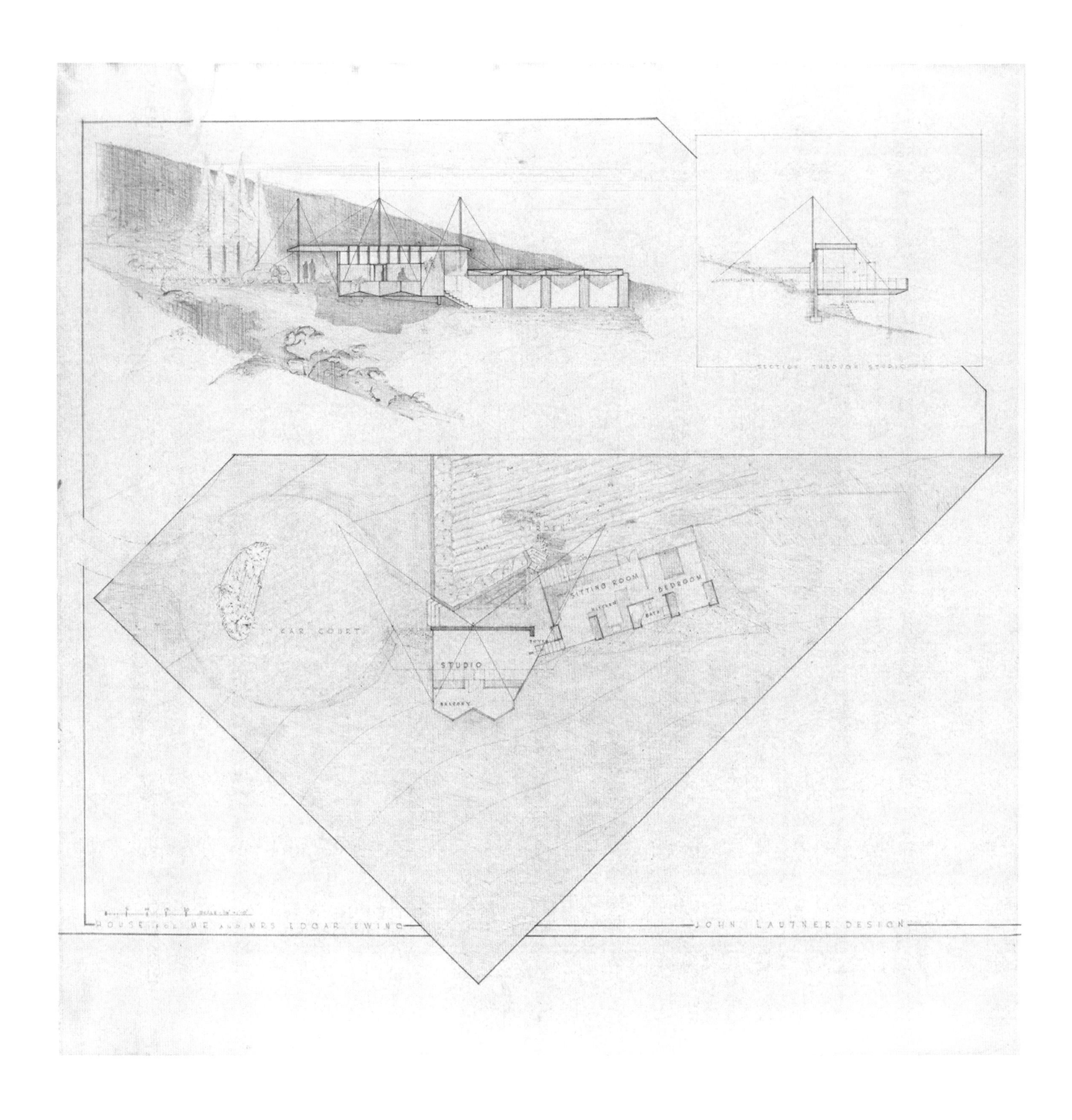

约翰·劳特纳
(1911—1994)

住宅兼工作室的悬吊方案
(1952)

水彩、铅笔、蜡笔

78厘米×78厘米

美国建筑师约翰·劳特纳（John Lautner）为画家埃德加·尤因（Edgar Ewing）的住宅兼工作室绘制的这幅设计草图，囊括了设计方案的所有关键信息，且构图呼应了建筑的核心特征。图绘通过一条红线将住宅的总平面图、剖面图和主立面图连接在一起，同时标示出场地的边界，体现了建造手段的经济性。建造这座住宅的时候正赶上建筑繁荣期，建材紧俏，因此设计利用了当地航空航天工业用的剩余材料，雇用最少的工人将这些预制构件迅速组装在一起。平面图上用等高线和植被表现出倾斜的地基，中间放置了人物和一辆汽车。劳特纳设计了一系列使用桅杆支撑的悬吊系统的作品，这是最后一个，他在这个项目中使用了两套悬吊系统。由于山地环境的不稳定性，地基会很复杂，悬吊系统的使用则缩小了建筑的占地面积。彩铅赋予设计方案一种人情味，它描绘了场地周围山野的景观和隐蔽的风景。图中存在多种对角线，例如电缆、地面斜坡、环绕的红色边界，它们相互呼应，成为住宅水平面的衬托。颜色也具备说明的功能，以强调平面中的空间布局。明黄色区域描绘了工作室、客厅和卧室，它们相互交织，却功能明确，由后面的花园连接在一起。从在塔里埃森设计团体（Taliesin Fellowship）中做赖特的徒弟开始，劳特纳在他成功的45年职业生涯中设计了超过200个建筑项目，只是包括此项目在内的很多项目都没能落地。

贝尼德托·博尔多内
(1460—1531)

波利安德里安遗址
(1499)

木刻版画

29.5厘米×22厘米

由弗朗切斯科·科隆纳（Francesco Colonna）撰写、威尼斯出版商阿杜思·曼尼修斯（Aldus Manutius）出版的《寻爱绮梦》（*Hypnerotomachia Poliphili*），在今天仍无法被归为任何一种流派。有时它被称为文艺复兴时期关于建筑的第二部专著，但它有着虚构的情节，围绕着一个发生在梦中的爱情故事展开。这不仅将情色引入到了文学中，也将其引入待人发掘的废弃空间。该书首创图文结合的形式，对此后的建筑出版物产生了决定性的影响；其故事情节亦成为探索复杂的考古学和语言学问题的一种富有想象力的方式。科隆纳书中的图案是由意大利画家贝尼德托·博尔多内（Benedetto Bordone）以木刻的形式制作的，但也有一些学者提出，它们最初由安德烈亚·曼特尼亚（Andrea Mantegna）和真蒂莱·贝里尼（Gentile Bellini）等艺术家绘制。书中图像既描绘了虚构的场景，也描绘了与古代及文艺复兴时期意大利、希腊和小亚细亚的许多场所相像的地方，甚至字体也是基于古罗马的碑文而来的。这幅关于波利安德里安（Polyandrion）遗址的图绘，揭示了科隆纳对废墟本身作为一种整体存在的审美趣味。这是一种对短暂无常的忧郁象征，与当时看待废墟的普遍方式完全相反，即将废墟视作可以完整复原的历史证据。这幅图所配的文字，是对画中间粗糙、隆起的石头碎片的描述。前景的低矮石墙灵巧地包着残垣断壁，英雄普力菲罗（故事主角）站在这里，正在这个幻想的旅程中寻找着他的爱人。在后方，一个类似神庙的建筑看起来已经废弃了大半，其拱形壁龛是用简单的透视法画出来的。旁边，两个象征男性生殖器的元素——棕榈树和方尖碑，从茂密的矮树林中凸显出来。更远处，另一座损毁的建筑物遮挡了地平线。

彼得·埃森曼
(1932年生)

房子II
(1968)

纸上墨水
29厘米×10.2 厘米

这幅草图是美国建筑师彼得·埃森曼（Peter Eisenman）所有公开作品中不同寻常的一幅，因为他的作品通常由硬线条、轴测图和鲜艳的色彩组成，即便是表达设计过程的局部，也以一种克制、精确的形式描绘，其建筑本身也模仿了这种类似分析图的形式。埃森曼将“房子Ⅱ”比作模型，通过用实际材料制造建筑模型，来表现出比例的特殊性。房子不仅看着像模型，实际上也被建造成一个模型，由胶合板、薄木板制成，并刷上油漆，只是缺乏传统房屋具备的一般细节。这幅图并非想要将整座房子描绘得像一个模型，没有任何地方能显示出建筑的整个方形平面或者房子的整个体量。相反，手绘的线条歪歪斜斜（可能是用钢笔画的），暗示着这幅草图尚未创作完成。画面顶部的图绘，研究了为门和窗户、空间和天花板提供结构支撑的实心墙的特性，阴影揭示了空间的进深。沿着画面向下，它们被分割成了柱廊、框架和一些扭曲的圆形，这些结构元素的平面是以黑色的正方形和长方形来表现的。在图的底部，出现了一些拱，拱之间有沟槽状的结构，这些结构肯定不会真的出现在建筑中。房子II是埃森曼1969年至1970年间为理查德·福克（Richard Falk）夫妇设计和建造的，位于美国佛蒙特州哈德威克附近一个贫瘠的山顶上，视野开阔，可以将山景尽收眼底。这是1967年至1975年间埃森曼设计并建造的十套住宅中的第二套。在这十套住宅中，埃森曼探索了矩形平面不同的解构方式。在房子II中，他对矩形元素进行了巧妙处理，将其作为一系列的线条和平面，例如柱子和墙壁。这些元素在一个复杂而开放的空间布局中，创造出了体量的融合。

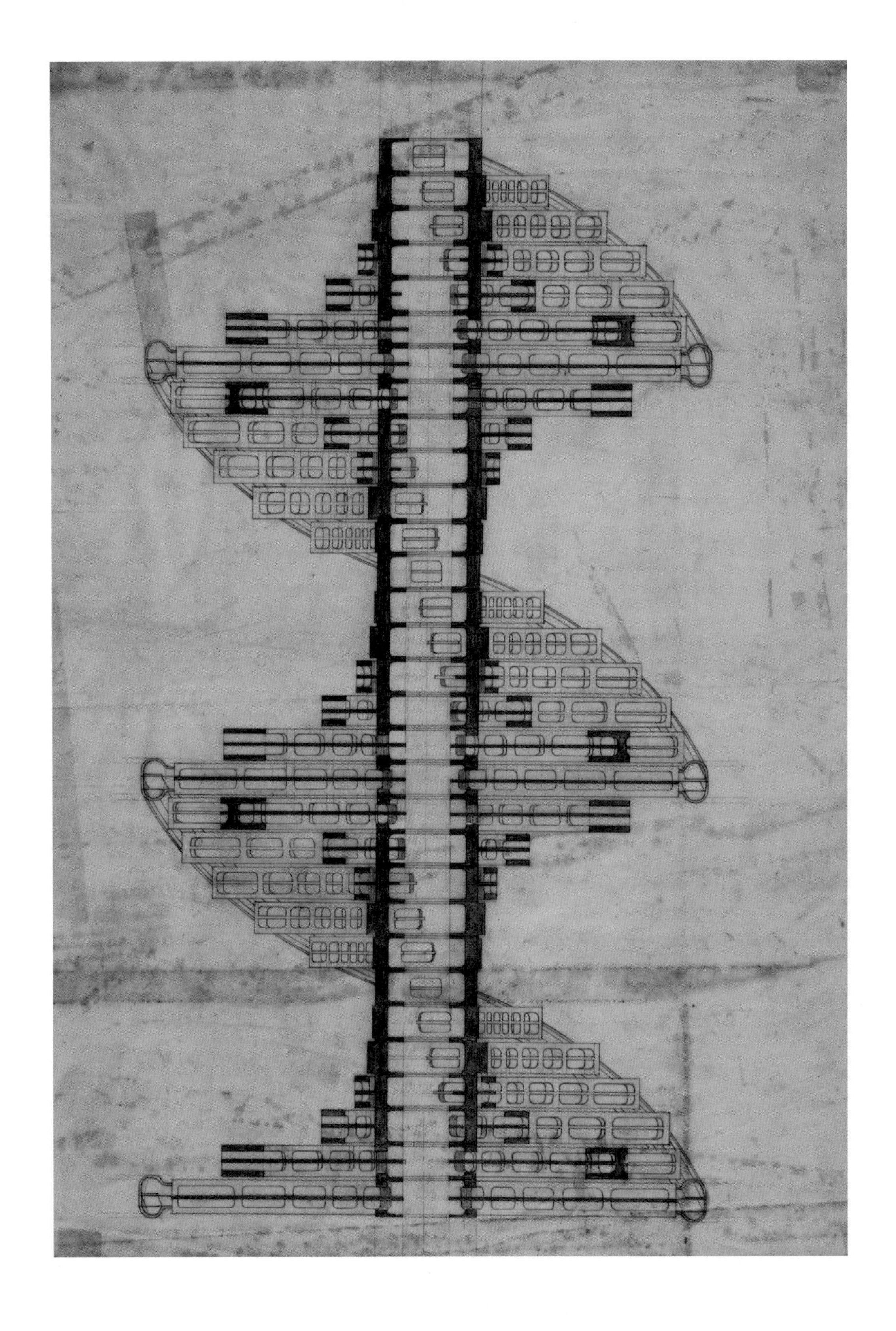

黑川纪章
(1934—2007)

螺旋结构
(1961)

描图纸上铅笔
46厘米×32厘米

日本建筑师黑川纪章（Kisho Kurokawa）在螺旋城市项目中构想了一个有机的城市结构，一旦启动，它将根据当代世界的需求和技术进步带来的机遇进行自我改造——有些部分会茁壮成长，另一些则会枯萎、被淘汰。在这种循环中，自我支撑的人工结构保持不变。这幅剖面图展示了这个巨大的双螺旋结构，从平面上看它占据了一片很大的区域，从剖面上看它有31层高。它包括后勤塔和住宅塔，由横跨陆地和海洋的桥梁连接起来。在这里，一座住宅塔楼被剖开，展现了外围螺旋结构的内部构造和稳定的中央核心筒之间的关系。它们之间有着充足的空间，以供居住舱停泊。黑川在1970年的大阪世博会上展出了舱体住宅项目，并在1972年建造的东京中银舱体大楼中完善了他的理念。类似的逻辑支撑了许多巨厦项目，不仅包括日本1945年后回应现代主义规划的项目，还包括欧洲和北美洲的项目。这座巨厦试图以一种自然的表现来回应资本主义自我延续的逻辑。黑川是20世纪60年代日本新陈代谢派的领军人物，他们认为城市可以按照有机模式来设计。1960年，他与丹下健三共同参与了东京的规划，此后黑川开始涉足城市设计领域。实际上，螺旋城市项目是对日本城市住房极度短缺的回应，只是他的方案采用了一种有机的类比方法。黑川把它描述成DNA（脱氧核糖核酸）的螺旋结构，这种结构在20世纪50年代早期就被发现了——无论是它的外在形式还是作为信息传输的空间结构，都得到了探索研究。

阿尔布雷希特·丢勒
(1471—1528)

马克西米利安一世凯旋门
(1515)

木刻版画，雕版由195块木板拼接而成

357厘米×295厘米

阿尔布雷希特·丢勒（Albrecht Dürer）的《马克西米利安一世凯旋门》（*The Triumphal Arch of Maximillian I*，简称《凯旋门》），是他创作的最大的木刻版画。马克西米利安一世曾委托丢勒制作两幅宏伟的木刻版画《凯旋队伍》和《凯旋门》，以强调自己在帝国广布的管理人员和下属中的统治地位，捍卫自己在神圣罗马帝国辽阔而多元的疆域中的权威。其领土包括今天的德国、奥地利，以及法国、荷兰、意大利的部分地区。这幅可移动的纪念碑彰显着这位皇帝的成就和王朝的野心，在图书馆、档案馆和展览馆中巡回展览。《凯旋门》光是雕刻和印刷就花了三年。这一壮举是协作的产物，由丢勒监督，在他位于纽伦堡家中的印刷作坊中完成，其中制版部分是由雕刻师希罗尼穆斯·安德烈亚（Hieronymous Andrea）完成的。它的主题不是一座建筑，而是一个想象中的构筑物，被设计成一个带透视效果的立面，凝结了很多艺术家的才思。例如，阿尔布雷希特·阿尔特多尔弗（Albrecht Altdorfer）设计了外塔，而中心塔由丢勒本人设计。三面拱门的建筑构架赋予其纪念碑的性质，三扇门分别代表着荣耀、赞扬和高贵。一座真实的纪念碑是通过其所在的特定场所来传达象征意义的，而这座纪念碑却没有固定的地点，完全依赖展示。密集的、充满细节的图像向观者传达了大量的信息，这需要高超的表现技巧。画面包括七个场景，赞美着马克西米利安一世的军事成就和哈布斯堡王朝的荣耀。在他统治时期发生的历史事件被描绘在侧门上，例如马克西米利安一世本人坐在哈布斯堡家族族谱上方的穹顶壁龛里，周围环绕着权力的象征：狮子、公牛和鹰。

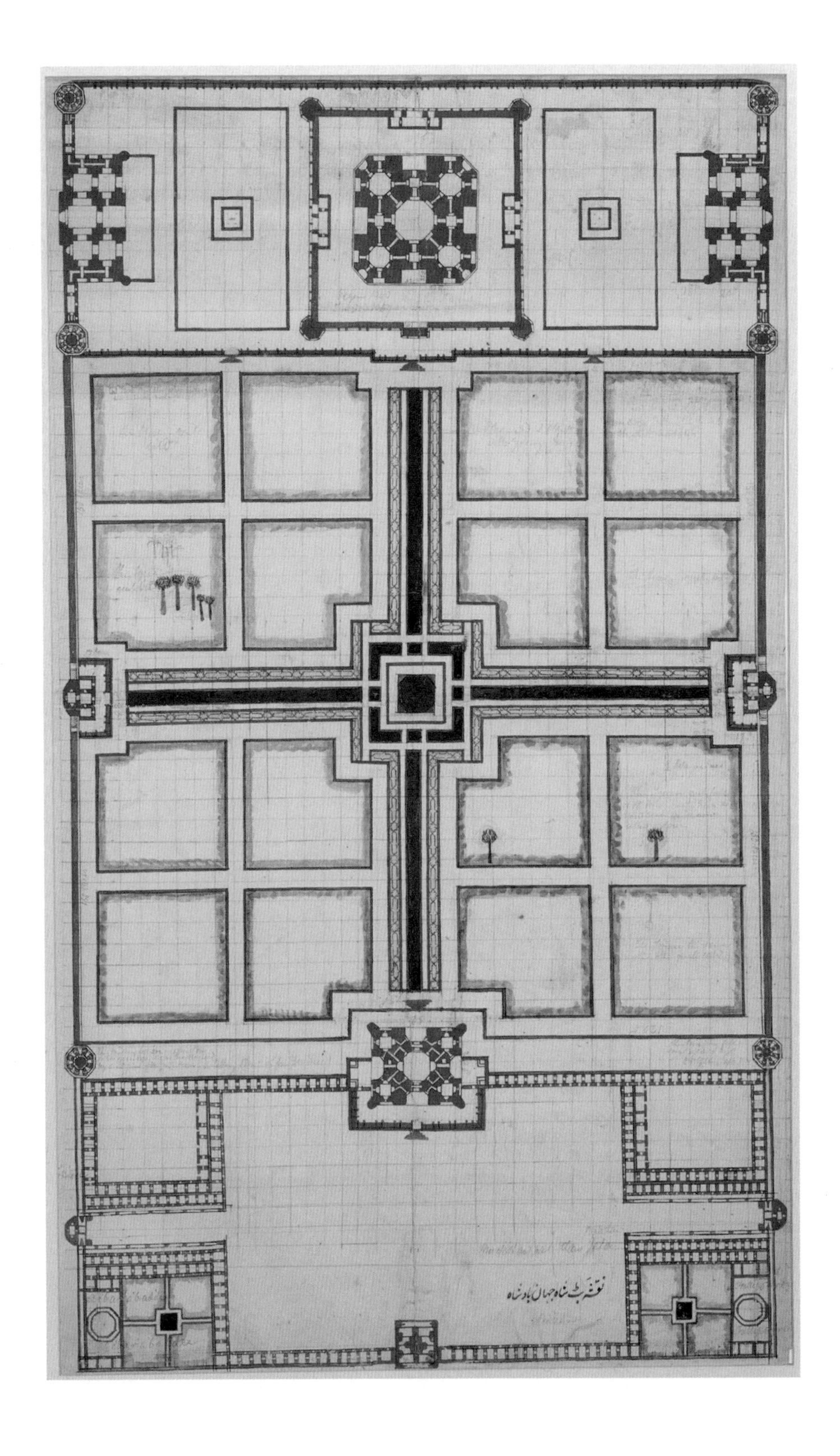

佚名

泰姬陵的花园
(1805)

纸上铅笔、墨水、不透明颜料
70厘米×41.2厘米

这幅墨水绘制的图纸以铅笔画的浅色网格为背景，网格展现了泰姬陵建筑群的模数化规划。尽管它的主要目的是描绘步道的几何图形和布局，以及位于画面顶部和底部的花坛与升高的基座上的建筑的关系，但方形苗圃的灰绿色边界还是暗示出一些绿植的存在，还有那些以立面形式绘制的小树丛和树丛右下方两个孤独的“同伴”。每一座花坛中的不同植物都附有品种标识和说明，图绘显示出了与托马斯（Thomas）和威廉·丹尼尔（William Daniell）在1789年绘制的平面图的关系，该平面图于1801年出版。这些花园又称“察哈尔巴格”（chahar bagh），意为四重花园。现存最早表现四重花园与泰姬陵、清真寺、礼堂、大旅馆的关系及更广阔的环境的平面图，是1720年为斋浦尔的王公所绘制的阿格拉（Agra）地图。地图的布局在这幅图中得到体现，画面顶部的临河基座朝向北方，台基上陵墓的墙体结构由红色描绘，左边是清真寺，右边是大旅馆。由红色描绘的整体结构元素在花园墙壁延续，围合着四重花园，被横轴两端的门打断。正门在南面，从前院（jilaukhana）大门进入，里面有两座较小的墓，还有墓园服务人员的住处。这个空间是纪念性的大门后的陵墓区与由商队集市形成的世俗区的过渡。

OFFICE建筑事务所

美国、墨西哥边境通道（2005）

电脑制图

OFFICE建筑事务所由克斯滕·吉尔斯（Kerstin Geers）和大卫·凡·塞弗恩（David van Severen）创办，其作品中的类型学层面的简单性和符号学层面的复杂性，在他们合伙初期创作的这幅拼贴画中已经清晰可辨。这幅图是他们与万·伊克斯（Wonne Ickx）合作，为参加美国、墨西哥边境通道的国际设计竞赛设计的方案，也是他们与摄影师柏斯·普林森（Bas Princen）合作的系列作品中的一张。这幅获奖作品明显参考了密斯·凡·德·罗的拼贴画和大卫·霍克尼的早期作品，在其中也能看到与彼得罗·林格里的但丁纪念堂（102页）的些许呼应。作为背景的沙漠景观照片在他们的方案中如桌布一样滑落，显示出边境两边并无二致的地理环境。火车轨道逐渐接近围栏，却又突然转向，掉头远去。围栏被描绘成一个网状的条带，其整齐规律的形态表明它使用了拼贴素材而非手绘。白色墙壁形成了盒状的围合，它们的边缘线粗细不一，有深有浅，线条周围的微小缝隙给了它们短暂的喘息。盒子以单点透视描绘，朝着远方山脉的一个山口，而不是地平线的中心。盒子中的无人区是一座浓荫遮蔽的大花园，或者说是一小片绿洲，成了广袤的得克萨斯—墨西哥沙漠中的一个点。根据吉尔斯和凡·塞弗恩的说法，直线形的围墙使它隐藏在开放的景观中，对应许之地的渴望提出了质疑。棕榈树丛中还有布局分散的亭子和小片空地，用于行政管理和检查护照，但在图中并未显现。

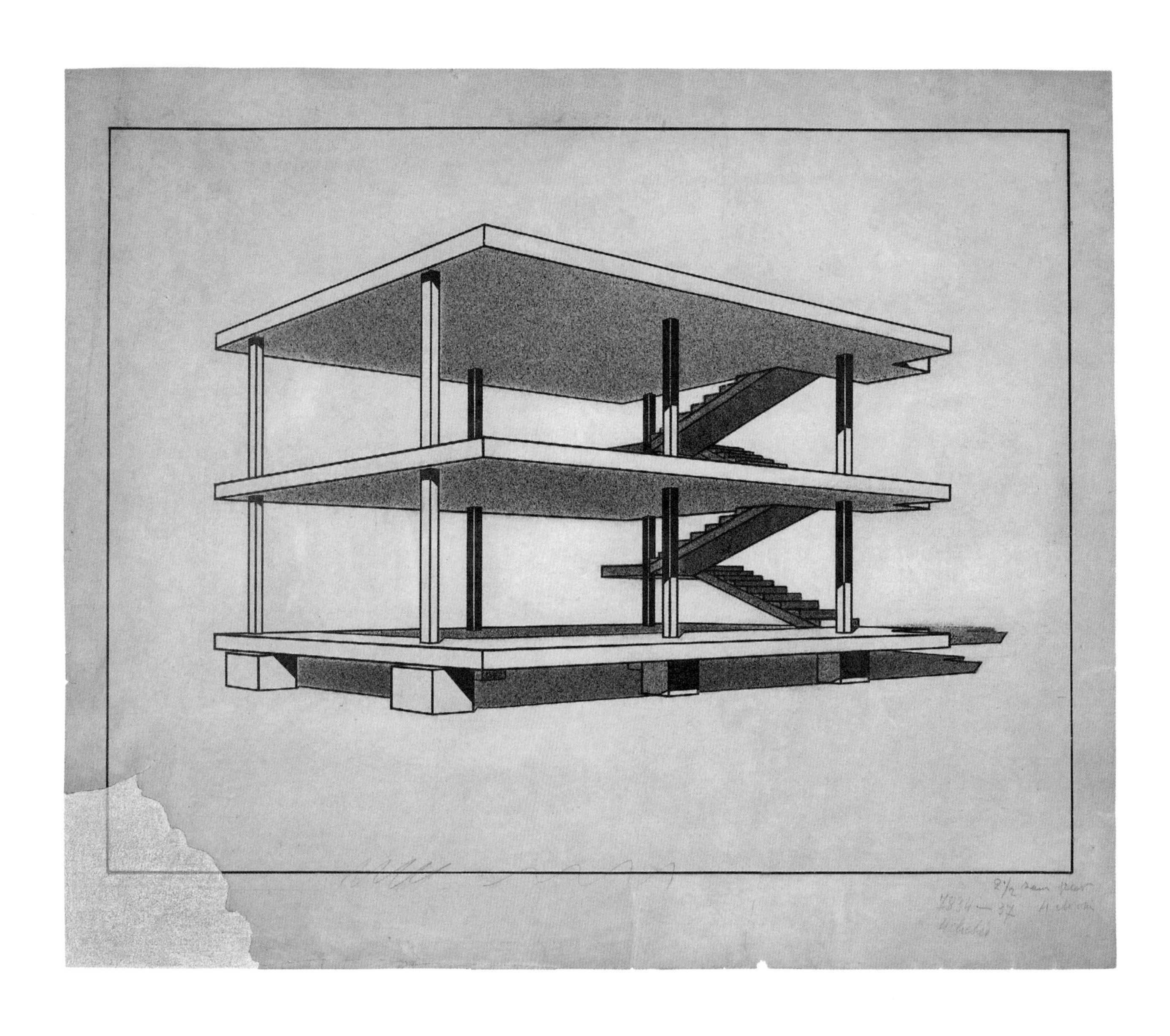

勒·柯布西耶
(1887—1965)

多米诺体系
(1914)

纸上墨水
22.4厘米×27厘米

在此图中，勒·柯布西耶描绘的结构极其简单，却很有影响力，是沿着福特主义（Fordist）路线发展的一种标准化住房系统的原型。受美国底特律福特汽车厂中高效、成功的机械化生产线启发，在第一次世界大战初期比利时佛兰德斯毁灭性的住房短缺的推动下，勒·柯布西耶提出了可以大规模生产，并且一般工人即可完成预制装配的住房方案。虽然这一体系现在已成为世界各地解决住房问题的基础，但在当时，这是一个前所未有的、激进的提议，因此这位27岁的建筑师想要申请专利。这个理念的精髓在他给项目起的名字“多米诺”（Dom-Ino）中就有体现，方案描绘了一个可以像多米诺骨牌一样头尾相接、不断重复的系统，同时也是“住宅”（domus）和“创新”（innovation）的组合。设计简化到最低限度，现浇混凝土楼板由混凝土柱网支撑，楼层之间由混凝土楼梯连接，既没有墙壁，也没有房间。房子被设计成一个基本的框架，可以有不同的演绎。这幅图本身采用了简单的透视，视点几乎在地面上，不仅呈现了人的视角，同时清楚地描绘了结构中的所有元素，以及它们如何组织到一起——从地基到支撑楼板的柱子。尽管这一结构是完全开放的，但混凝土板的出挑部分和建筑物后部的楼梯也为空间营造了一种围合感。

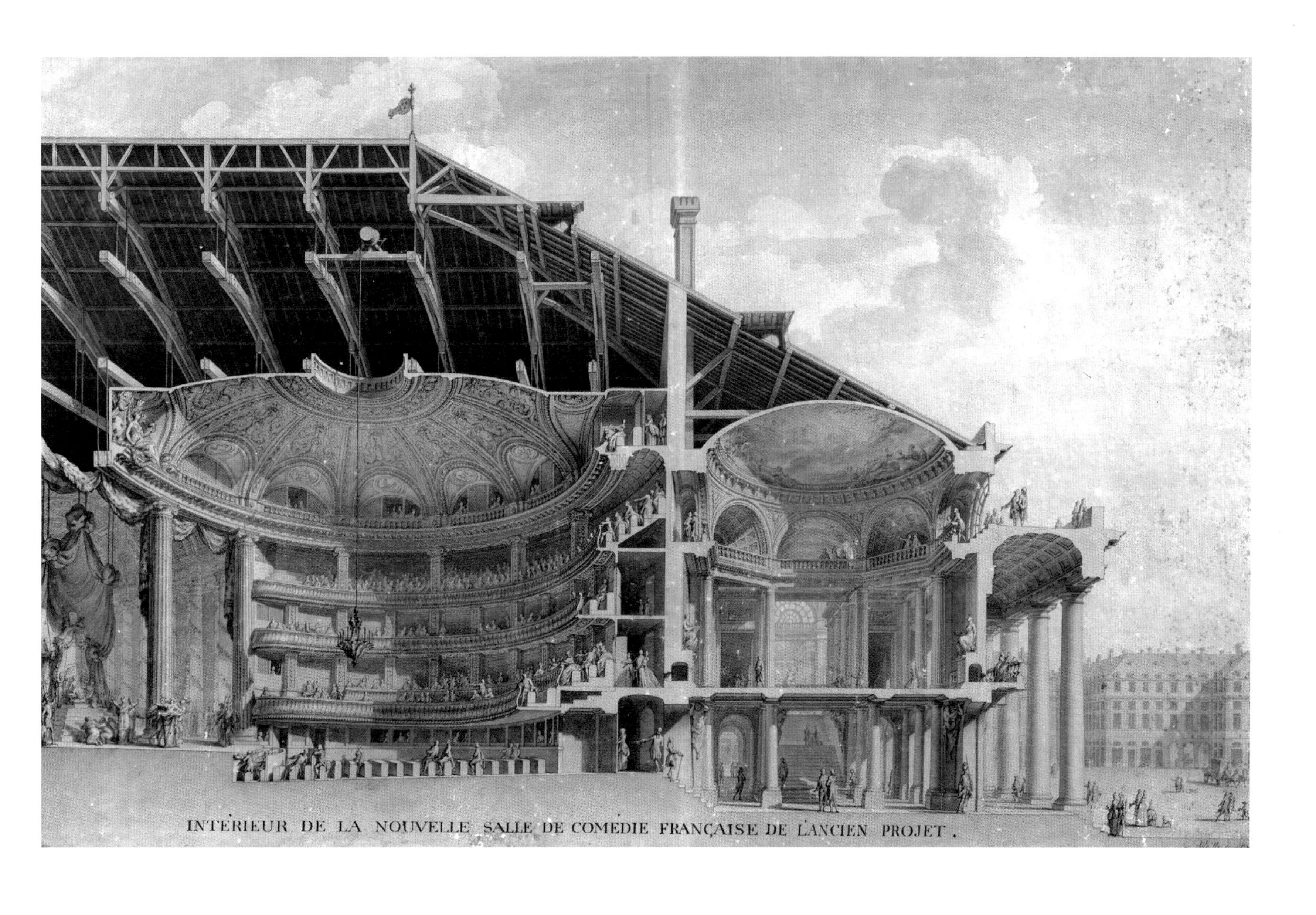

INTERIEUR DE LA NOUVELLE SALLE DE COMEDIE FRANÇAISE DE L'ANCIEN PROJET.

查尔斯·德·瓦伊
(1730—1798)

法兰西喜剧院
(1776)

水墨、赭石颜料
59.5厘米×93.5厘米

这张由马利-约瑟夫·佩里(Marie-Joseph Peyre)与查尔斯·德·瓦伊(Charles de Wailly)共同设计的法兰西喜剧院(Comédie Française)方案的剖面图，最初是为了吸引观众并激发公众对喜剧的兴趣而绘制的。在建筑正式建成之前，这张剖面图曾经在1781年做了为期一年的展出。利用剖透视这个文艺复兴时期诞生的绘图技法，图纸将剖面图和室内透视图结合在了一起。建筑内外布满了人，表示出观众来到剧院可能体验到的空间。从街道上被新古典主义多立克式柱廊衬托得渺小无比的人群，到分散在宏伟剧院内的蝼蚁般的观众，写实又充满想象力的社会奇观赋予图纸以生命。图纸也描绘了这座剧院中引入的新技术，如下沉座位，由铸铁构件支撑的连续走廊，以及舞台与观众席整合在一个圆弧中。原本德·瓦伊希望舞台上的柱子成为连续柱廊的延伸，然而建造的过程中女像柱被换掉了。建筑如棚屋一般的外形与精致的室内空间形成强烈对比，从而加强了剖面的戏剧效果。剖面中精致的浅穹顶、壁龛、拱顶和通向想象世界的远景，都浸在光线中。而洞穴般的阁楼，以及里面的滑轮和绳索，则被黑暗的阴影淹没。剧院的走廊也因零星分布的阴影而显得神秘。与18世纪后期许多有成就的制图师一样，德·瓦伊也深受乔凡尼·巴蒂斯塔·皮拉内西的幻想建筑画和蚀刻版画中明暗对比与强烈氛围的影响。这些室内空间现在都已经不复存在了，但这幅画依然能够让观者充分感受到法兰西喜剧院这个空间的杰作。

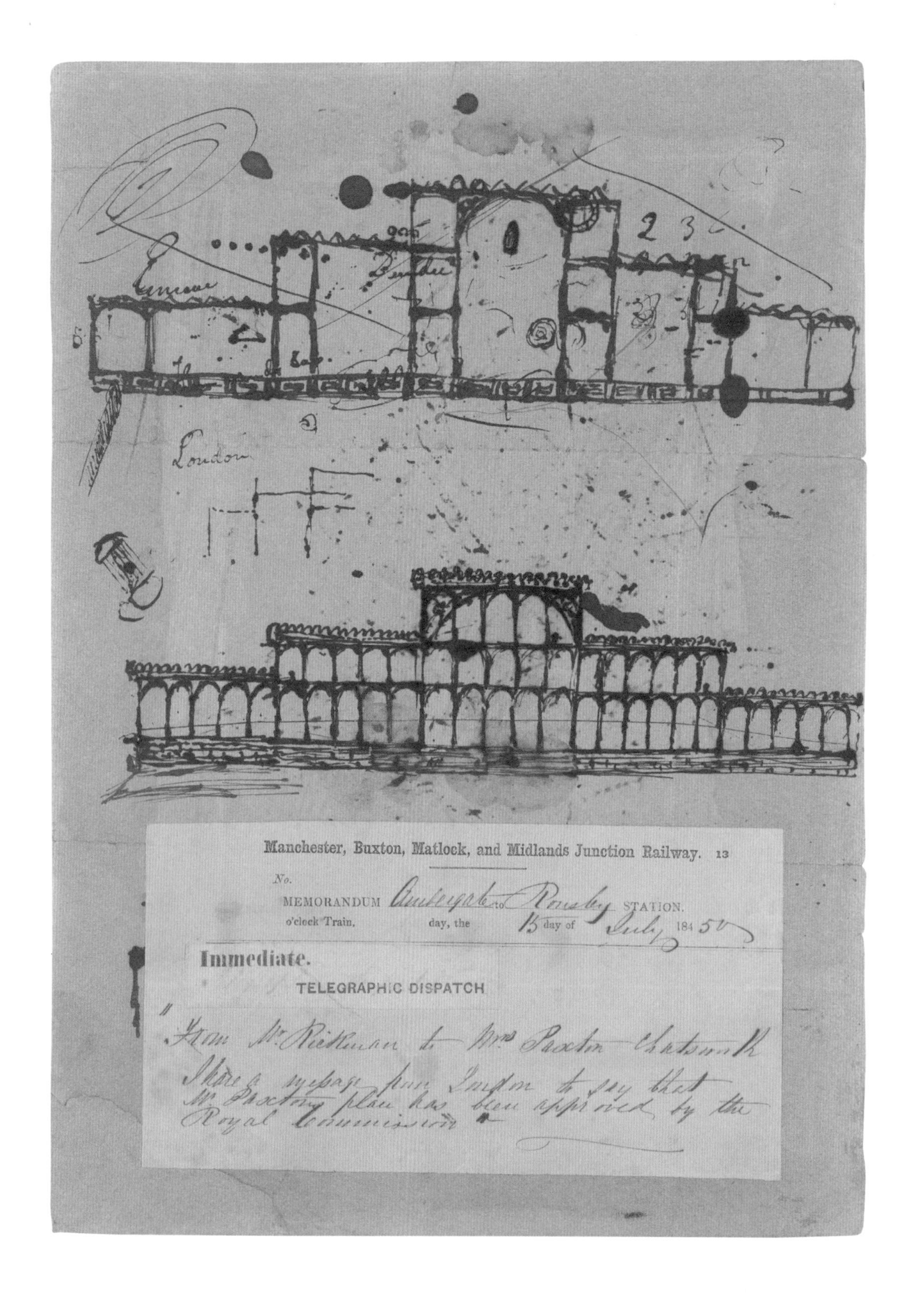

Manchester, Buxton, Matlock, and Midlands Junction Railway. 13

No.

MEMORANDUM Ambergate to Rowsley STATION.

o'clock Train. day, the 15 day of July 1850

Immediate.

TELEGRAPHIC DISPATCH

"From Mr Ricksman to Mrs Paxton Chatsworth

I have a message from London to say that

Mr Paxton's plan has been approved by the

Royal Commission"

约瑟夫·帕克斯顿
(1803—1865)

大展览馆(水晶宫)
(1850)

吸墨纸上钢笔、墨水,一张电报表

39.1厘米×28厘米

当约瑟夫·帕克斯顿(Joseph Paxton)在英国德比参加米德兰铁路公司(Midland Railway)会议的时候,他将这张草图迅速地画在了一张吸墨纸上,通过精简的线条和形式表现了大展览馆(水晶宫)的铸铁结构。当时参加会议的人员,包括世界博览会建筑委员会的主要成员:伊桑巴德·金德姆·布鲁内尔(Isambard Kingdom Brunel)、约翰·斯科特·拉塞尔(John Scott Russel)和罗伯特·斯蒂芬森(Robert Stephenson)。图纸包括一张剖面、一张立面和一些表达其他信息的节点图;下部附有寄给帕克斯顿夫人的电报,内容是通知她设计已经被皇家委员会通过。委员会曾经为这座展览馆的设计举办过一个竞赛,然而,只收到了一些建设时间过长且需要消耗大量金钱和材料的方案。帕克斯顿提出了一个优雅而史无前例的方案,即用铸铁构件与玻璃搭建一座大型建筑,灵感来源于他长期为德文郡公爵在查茨沃斯建造大量温室的经验。在一周之内,他的第一个草图就转化成了工程图纸,而草图中体现的精简和迅捷也渗透到从设计到施工的各个环节。设计模数约2.44米,装饰预制块和组合构件(包括铸铁梁柱),都在伯明翰预制。当时钱斯兄弟公司(Chance Brothers)刚改良了玻璃生产技术,负责制造建筑所需的30万片玻璃。铁件和玻璃通过水路从米德兰运送到了伦敦。木质窗框和排水构件则在施工现场用蒸汽机械切割。新发明的电报网络使得施工现场与分散各处的工厂能够进行及时沟通。这座雄伟的建筑,不到9个月的时间便建成了。作为一座采用大胆方式建成的"建筑奇观",水晶宫成为工业时代最具影响力的象征。

巴特勒米·普罗斯佩·安凡丹
(1796—1864)

军事项目设计方案
(1849)

纸上水彩、墨水、铅笔

29.5厘米×35厘米

这幅扁平而富有装饰性的图描绘了北非的一个军事小镇(或综合体),可能是针对阿尔及利亚的某个特定地点而作,也可能是一个适合各种环境的普通提案,由法国经济学家和政治理论家巴特勒米·普罗斯佩·安凡丹(Barthelémy Prosper Enfantin)于1849年设计。法国空想社会主义者亨利·圣西门(Henri de Saint-Simon)1825年去世以后,安凡丹成了圣西门学派领袖。圣西门提出了一个空想社会主义的体系,以解决工业化带来的社会与政治问题。安凡丹在访问北非之后,于1843年发表了一篇名为《阿尔及利亚的殖民化》的文章。他在文中提出,从阿尔及利亚人手中征收的土地应该用来建立完整的村庄,要将土地所有权细分,避免被大地主把持。一开始,应由军方建立范式,即建立殖民地高等师范学院。在这个军事项目设计方案中,安凡丹面对严酷的沙漠环境与气候,应对措施是不切实际的大型玻璃结构,以及殖民地常见的方格网状城市规划。道路由粉色的线条标记,中心城区的两个主要街区被精细地描绘出来。平面上方的立面透露了这两种街区的性质与目的。左侧是一座玻璃房子,平面图显示这个街区有可能是一个分割成网格的花园,然而这与立面的结构并不相符。与左侧相隔一条马路的右侧街区,平面图表现的是一座看上去像市场的姊妹建筑。立面图显示,左右两个街区中的建筑在形式上类似,然而右侧建筑材料却与玻璃房子完全不同——玻璃房子上方有一根很高的杆子,似乎能够聚集并反射太阳光。

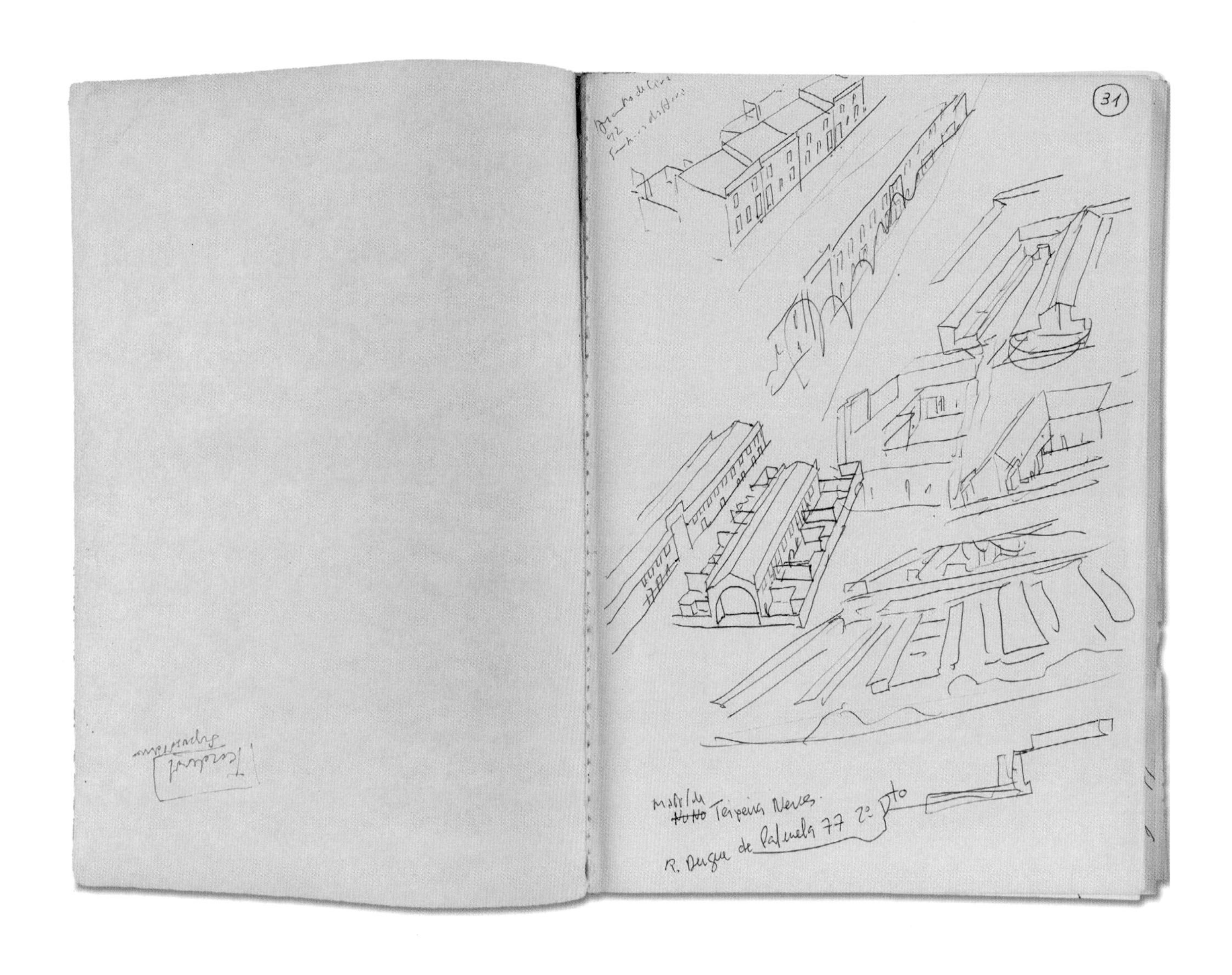

阿尔瓦罗·西扎
(1933年生)

维索萨速写(速写本一页)
(1979)

纸上墨水、铅笔

21厘米×29.7厘米

从1977年3月开始，葡萄牙著名建筑师阿尔瓦罗·西扎(Álvaro Siza)开始随身携带一个速写本。在此之前，他虽有随时随地描绘周围和脑海中世界的习惯，但往往是在零星的活页和纸片上画的。本页的这些草图，来自他1979年2月使用的A4黑皮速写本。与随后的许多作品不同，这一系列草图显然是为了某个特定的建筑而作的。西扎的速写还包括朋友和家人的肖像、天使、人物躯干、家具、孔迪镇某个银行的灯光、自画像，甚至是自己绘画时的自画像，还有注释说明和备忘录。这些草图是在弗洛贝拉·伊斯潘卡住宅项目的设计初期绘制的，项目位于葡萄牙东部的维索萨镇。草图探索了城市中的露台形式。在这页草图的上部，西扎画了一个带传统露台的小型住宅，这种住宅成本低，在欧洲的许多城市都十分常见。住宅的外立面紧挨车道，后面则是一个小而封闭的后院。在它旁边的另一张表现这种建筑的草图中，每个单元通过一个大门被整合到了一起。这两张草图的下部，是一张更加成功的草图，露台和大门被栏杆与坡屋顶赋予了一定功能。街区在房屋后面，后院被移到了房屋之前。私密的空间公开展露于社区，并与社区的公共空间毗邻。将社区空间化，创造从偶遇到居民集会的社会交往空间，是西扎的基本手法之一。他的建筑草图，往往与更大尺度的作品紧密相连。而其他草图则是在会议、社交场合或独处时，不由自主地完成的。

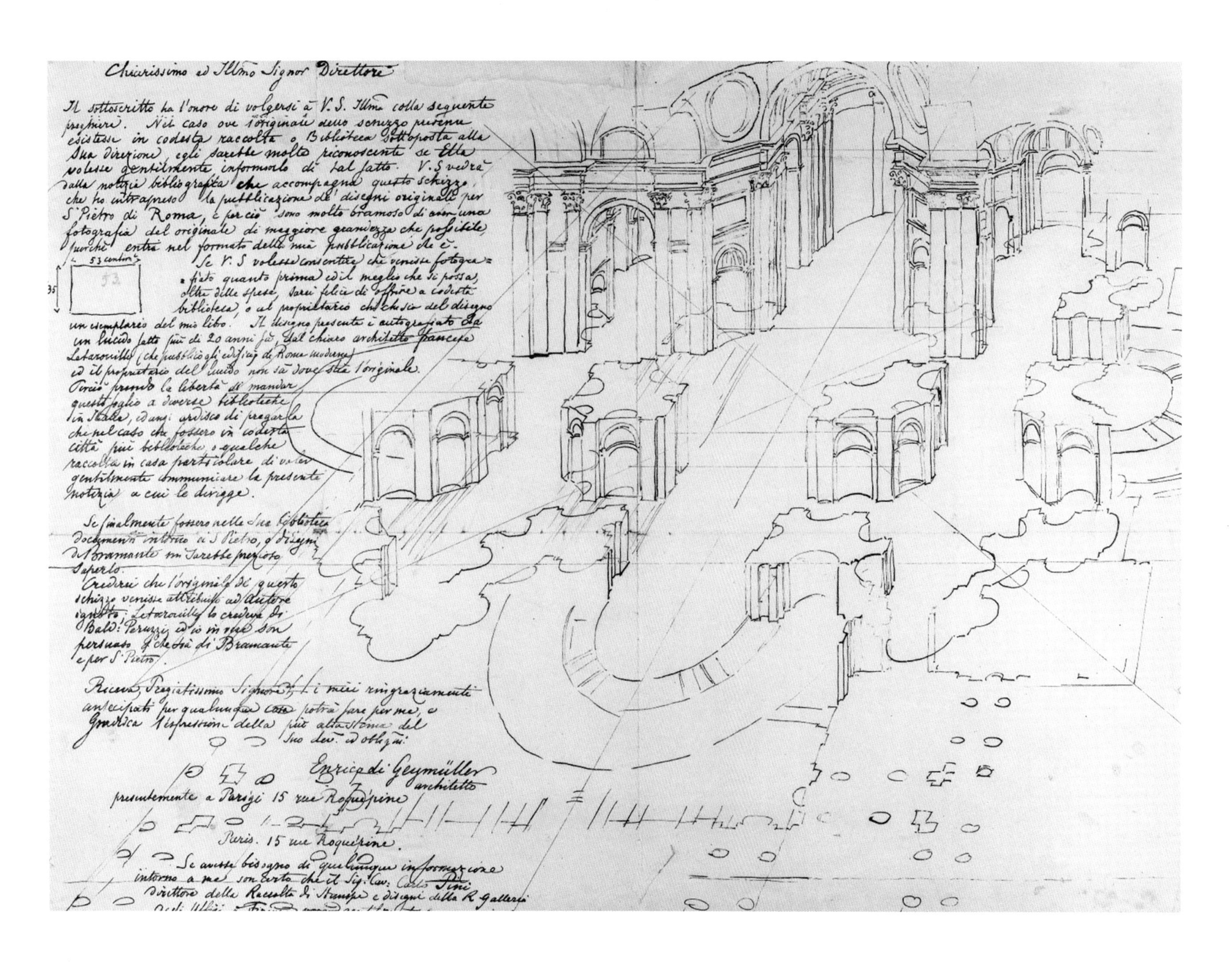

巴尔达萨雷·佩鲁齐
(1481—1536)

圣彼得大教堂
(1535)

纸上钢笔、墨水

34.5厘米×46.4厘米

这幅钢笔速写是在建筑平面图的基础上绘制的，由红褐色粉笔打草稿，这使得作为建筑示意图的平面不至于影响建筑清晰的三维透视和整体构成。在远景透视中，不连续的剖切线避开蜿蜒的穹顶和拱顶，并通过浅龛之前的中间区域，与前景中的平面相连。巴尔达萨雷·佩鲁齐在绘制这幅透视图时借助了尺子和圆规，也徒手添加了些许元素。它展示了圣彼得大教堂的一部分。1514年布拉曼特去世后，佩鲁齐成了该建筑的设计师。他绘制这张图的初衷，是为了让刚升任教皇的保罗三世感受到自己偏爱的体量、手法，即梅花形（quincunx）系统的美。梅花形是由正方形组成的几何图案。五个正方形组成一个十字形，一个位于中心，其余四个正方形两两围合成一个更大的正方形的四角，在平面上形成了九宫格。中心与四角的方格有穹顶覆盖，其余四个覆盖筒形拱顶，图片中部即显示了一部分。佩鲁齐是他同辈人中第一个使用这种合成投影的人。水平地面上的石柱，既表现了平面的形式，也表现了石材的实在感。图纸展示了室内图景，让人得以想象站在中央穹顶下所能感受到的空间。这与达·芬奇采用的鸟瞰图不同，鸟瞰图能够给人以整体感，却无法描述空间内部给人的感觉。

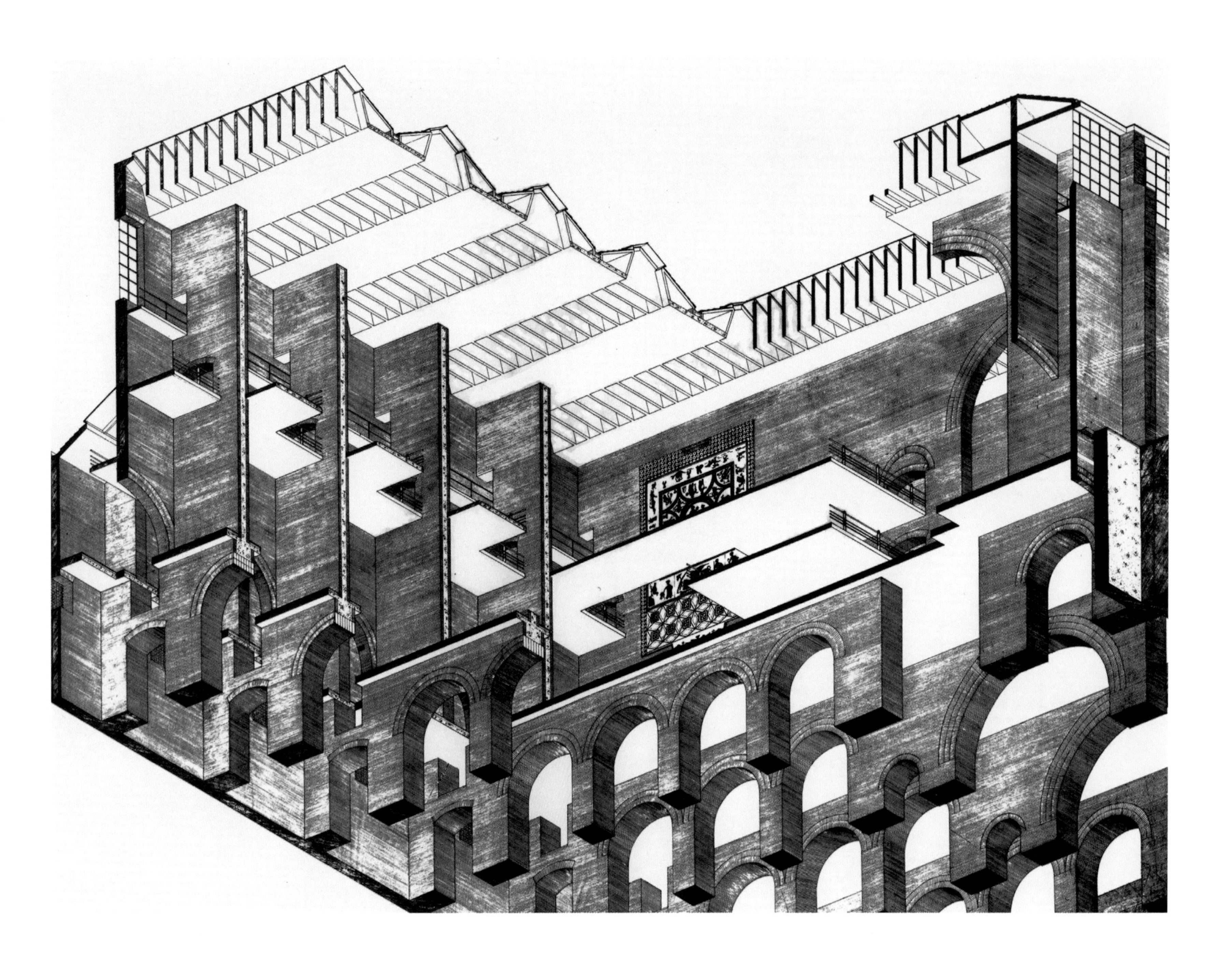

拉斐尔·莫内欧
(1937年生)

国家罗马艺术博物馆
(1986)

素描纸上铅笔
107.6厘米×130.1厘米

这幅轴测图展示了拉斐尔·莫内欧（Rafael Moneo）在西班牙梅里达设计的国家罗马艺术博物馆（National Museum of Roman Art）的主要结构。轴测图的角度十分不寻常，这样低的观察角度，通常被称作"虫眼"视角。图纸清晰地表达了建筑山墙的承重体系。然而，这些拱券墙在图中被从中心切断，展示出建筑不同的楼层。白色的楼板围绕着中心大厅，大厅的地板由拱券墙支撑。这一系列结构创造出一个地下空间，里面保存着古罗马时期梅里达的遗迹——它几乎完好无损，古老的剧院和圆形剧场就在博物馆对街。在这幅图中，唯一的展品出现在画面上部的墙壁上，在一面由细长的砖翼支撑的外墙边缘。这是一块跨越两层的马赛克地板，设计师甚至为它设置了专门的观景台。剖面纵向贯穿整个建筑，以表现上部的玻璃屋顶。多个坡屋顶形式遵循着下面结构系统的节奏，将日光引入建筑的深处，围绕着展出的雕塑"跳舞"。由于"虫眼"视角的人为性，图纸起初看起来难以理解，但它的表达方式又迫使观者将建筑本身作为一个形式的客体来理解。这幅图中，莫内欧用一种近乎沉思的方法来展示这个博物馆的砖结构，让观者有足够的时间联想到他借用的形式，并唤起他们的记忆。例如，残破的结构让人联想到考古遗迹，而半圆形拱门则是罗马建筑与工程中的常见形式。

VIII

DESSINE PAR A. CHOISY　　GRAVE PAR J. BURY

PALATIN

奥古斯特·舒瓦西
(1841—1909)

宫殿
(1873)

蚀刻版画

51厘米×33.4厘米

工程师奥古斯特·舒瓦西(Auguste Choisy)分析了古代文明中的建造艺术，并为它们制作了精美的插图，将建筑的复杂性简化为精炼的、近乎格言般的线条图纸。这张轴测图出自舒瓦西所著的《罗马建筑艺术》(*The Art of Roman Building*)，制版者是J. 巴里(J. Bury)。图纸表现了被舒瓦西称作罗马晚期建筑的关键性结构概念。他在这个领域的许多研究都试图证明：建筑的经济性对古罗马建筑结构系统的不朽性产生了影响。对他来说，建筑的经济性需要从建筑的材料和形式两方面进行考量。为了解释建筑材料的数量、表面质感与结构系统之间的关系，舒瓦西发展出了一套被称为“虫眼”的轴测画法，将平面旋转一定角度后，从下往上绘制轴测图。位于图纸底部的三维空间轴显示了这种技法如何有效地传递三维信息，也透露了平面的旋转角度。这种旋转方法展示出的空间使内部材料也成为理解结构的必要元素。在这张图纸中，需要理解的是拱顶的空间构造形式。图中露出的白色平面是在柱子的不同高度剖切的，表现了柱子的材质，可能是石质的，也可能是混凝土制成的。拱券和穹顶从这些柱子上“生长”出来，墙和穹顶的曲面都被各种砖组成的图案覆盖。虽然图纸是技术性的描绘，但绘画中的阴影强调了它的空间感，穹顶下部明亮的外墙和穹顶之上狂风大作的春日天空形成了鲜明的对比。

彼得·塞尔
(1920—1974)

瑞典银行
(1970)

水粉、模型照片
37.5厘米×38.7厘米

这幅在模型照片上绘制的图画，浓缩了建筑师用来想象解决方案的各种表现形式。图纸描绘了瑞典银行（The Bank of Sweden）的主立面。该建筑由彼得·塞尔（Peter Celsing）与扬·亨里克森（Jan Henriksson）合作设计，历时11年。建筑与瑞典斯德哥尔摩的布鲁克伯格斯托格广场（Brunkebergstorg），即前景的狭长三角形广场相呼应。原本的模型照片只能表现设计稳定而敦实的体量，在网格的衬托下则更显呆板。绘画则将简易模型的呆板转化为一种现场感。清新的天空与建筑前飘扬的蓝白相间的旗帜相呼应，在有风的天气里，图中随处飘动的蓝色斑点使风力显得更为强劲。乍看之下，蓝色好像是玻璃上的反光，但又延伸到了街上，赋予了画面节日般的气氛。三角形的广场被表现成一个不规则的区域，车辆在广场西面的马尔姆托尔斯加坦大街（Malmtorgsgatan）上穿行，簇拥在画面的左下角，带来一种急迫感，并暗示着城市生活的速度。打破广场网格的棕色树木暗示着秋天。八层建筑的立面呈网格状，表面由黑色花岗岩或辉绿岩［产自瑞典南部的哈格霍特（Hägghult）矿的石板］组成，呼应了斯德哥尔摩周围裸露的岩床。在这张图中几乎看不到建筑不规则的表面，但它创造了一种阴影和光线的图案，赋予了死板的网格以生气。银行大厅及主要公共区域位于首层，粗糙岩石的活力在这张图中以不同的方式得到体现。

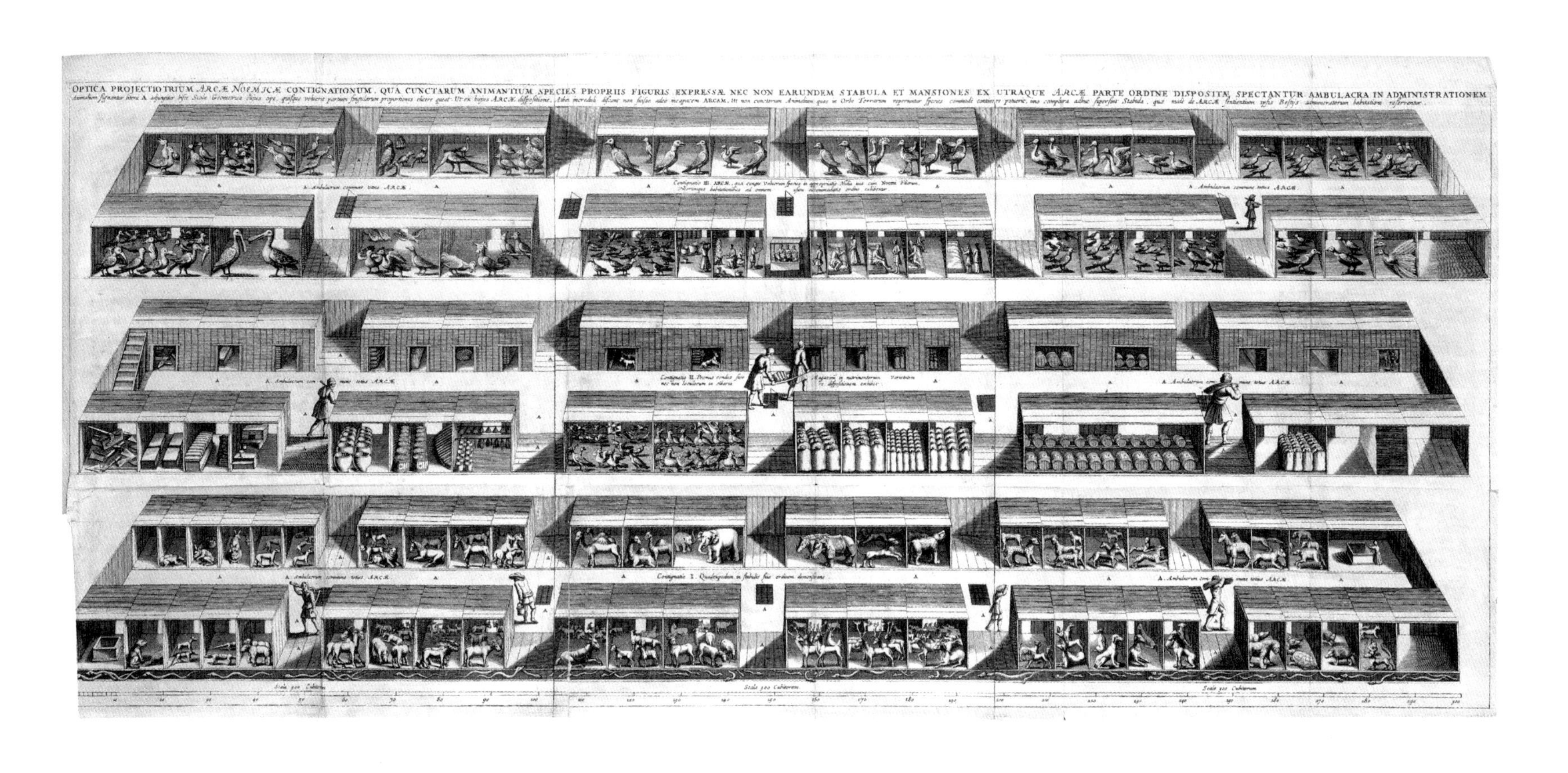

阿萨内修斯·科舍
(1602—1680)

挪亚方舟
(1675)

蚀刻版画

99厘米×44.5厘米

这张长画是由三张蚀刻版画拼合而成的。它表现了17世纪耶稣会学者阿萨内修斯·科舍（Athanasius Kircher）想象的挪亚方舟的内部布局。这张图收录于科舍1675年出版的《挪亚方舟》（*Arca Noë*）一书中，此书也收录了许多其他艺术家的插图和分析图。为了回应1517年开始的新教改革，天主教反改革派（1545—1648）在神学研究中引入了一种新的保守主义，将《圣经·旧约》作为真理的研究方法，取代了松散的寓言式诠释。与此相应，科舍基于《创世记》中的内容，以及根据当时的科学知识推断出的假设，对他所相信的客观现实进行估算。《圣经》中描写的制作挪亚方舟的材料是木头和芦苇，船体内外都涂了沥青。然而在科舍的版本中，整个方舟都是用木板建造的。船身长300腕尺（古罗马使用的测量单位）、宽50腕尺、高30腕尺，有三层。尽管这些尺寸看起来清晰，但事实上都是推测的结果，腕尺的定义也是值得商榷的。从图纸顶部可以看出，这幅图描述了方舟三层的分布，所有的动物以及它们的厩，都沿着方舟的两侧按顺序排列好了。科舍对他已知的物种进行了排列，并考虑到了水槽，以维持动物们的生命。通过中间甲板上的摊位可以推测，他还考虑到了需要以家畜喂养的食肉动物，以及粮食和饮用水的供应问题。

F. B. 拉斯特雷利
(1700—1771)

新冬宫对岸石堤
(1760)

纸上印度墨水、水彩
49.5厘米×37.2厘米

冬宫位于圣彼得堡的涅瓦河畔，是为彼得大帝之女伊丽莎白女皇设计的，设计师是意大利出生的建筑师F. B. 拉斯特雷利（Francesco Bartolomeo Rastrelli）。它纪念性的柱廊式北立面面向涅瓦河的石堤，两侧则是其他18世纪建成的河畔宫殿和别墅，加固并规范化建设涅瓦河堤坝是十分必要的。1715年前后，堤坝的木墙已经用沙子和石子支撑起来了，但是为了这座宫殿，拉斯特雷利不得不大大增加堤坝的强度。这张图纸展现了垂直于河堤的剖面，并提供了一个更为坚固的解决方案，即将橡木桩打入地下。在水下，河堤由层层的圆木墙结构加固，木墙之间填充着巨大的花岗岩石块。在水面以上，堤坝修筑的最后阶段由花岗岩砌块完成，砌块之间的缝隙由铁箍加固，组成了一道如画的斜坡。绘画的质感赋予这张技术图纸以生气，色彩斑斓的渲染和画中不规则的石块抵消了图纸的技术性。巨石与地上铺的薄薄的鹅卵石形成了鲜明的对比，巨石的重量也对木桩形成了压力。随着深度的增加，水变得更加苍白，将深色的堤岸衬托得更加明显。在圣彼得堡的城市规划中，冬宫扮演了近乎戏剧化的角色，同时也是俄国的行政和礼仪中心，如今它是艾尔米塔什博物馆的所在地。宫殿本身是宏伟的巴洛克风格，受到弗朗切斯科·博罗米尼和乔凡尼·洛伦佐·贝尼尼的影响。它的建造是一项巨大的工程，需要4000多人的劳动。

阿曼西奥·威廉姆斯
(1913—1989)

桥宅
(1943)

纸上墨水

58厘米×92厘米

桥宅（Bridge House），又名“阿罗约之家”（Casa del Arroyo），坐落在马德普拉塔（Mar del Plata）附近的一座美丽非凡的大花园中，马德普拉塔是位于阿根廷布宜诺斯艾利斯东南的一座沿海城市。这座现代主义住宅是阿曼西奥·威廉姆斯（Amancio Williams）为他的父亲、作曲家阿尔贝托·威廉姆斯（Alberto Williams）设计的。设计基于两个建筑层面的考量：第一是在浅谷上架一座能支撑一层房屋的桥，尽量减少建筑对环境的影响；第二是显示出它钢筋混凝土的结构。这幅图的视点很低，观者如同站在左边长满草的河岸上。河流蜿蜒流向画面的中心，并消失于远景的密林深处。河两岸树木的树干细长而无叶，无形中形成了柱廊，树木弯弯曲曲的枝杈形成了屏风的效果，遮蔽着房子，却并未将房子的立面全部挡住。房屋横跨水面的椭圆拱底是图中的重要元素，透视效果强调了这一点，这在普通的正立面投影中是不可能实现的。威廉姆斯还画了另一幅效果图，描绘了在洞穴般的屋顶下，于水中游泳的人。拱桥之上是支撑混凝土水平结构的竖向板材，而窗户的框架和平屋顶板并没有出现在画中，这使得屋顶像是一块飘浮在河岸6米之上的空气中的魔毯。两个入口位于两侧象征性的柱子之间。从河岸上露台两侧的走廊，到拱桥两侧的楼梯，再到这座有着温暖舒适的木质内饰的现代住宅，在画面中都有展现。

小安东尼奥·达·圣加罗
(1484—1546)

圣彼得大教堂
(1519)

纸上钢笔、墨水
30.4厘米×46.2厘米

绘制这幅画的时候，圣彼得大教堂已经如一份反复书写的羊皮卷一般，聚集了包括拉斐尔在内的多个建筑师的手笔，其中包括小安东尼奥·达·圣加罗（Antonio da Sangallo）的叔叔朱利亚诺，以及将布拉曼特的希腊十字方案改成了受万神庙启发的穹顶的巴尔达萨雷·佩鲁齐。这幅图纸的作者是圣加罗，他曾经做过布拉曼特的助手。图纸部分使用尺规作图，部分徒手绘制。圣加罗在绘制立面的同时，也加入了自己探索性的设计。画面主要由线条构成，用填充线条而非渲染的手法创造出阴影，以模拟立面与室内的效果。阴影表明建筑表面的三维特征与它的几何构成同等重要。占据图纸中心的是层层叠叠的教堂立面，立面上方是教堂穹顶的草图，以及对不同内部设计的尝试。整体看来，图纸展示了圣加罗对建筑元素如何在空间和形式上与其他部分相互联系的思考。方案展示了不断变化的大教堂立面：双排柱支撑的巨大的主入口被另一个不确定的方案替代；一个方案引入了新而高的形式秩序，覆盖在另一个较矮的柱廊之上。在穹顶草图中，圣加罗抛弃了布拉曼特和拉斐尔万神庙一般的穹顶设计，而是受佛罗伦萨大教堂启发，提出了类似的结构方案。讨论这一时期的绘画时，人们经常使用古老的测量方法，例如palmi（手掌测量）和braccio（相当于前臂）等术语。事实上，测量单位在罗马、佛罗伦萨和米兰是不同的，而且在各个行业中也不尽相同。

阿尔多·罗西
(1931—1997)

城市场景：剧院景观
(1978)

板上马克笔、颜料
73厘米×107.3厘米

阿尔多·罗西（Aldo Rossi）着迷于"剧院"这个词语，着迷于它所代表的那个私密、重复的虚构世界，无论这个世界是一处地点，还是一个想法。罗西在1980年的第一届威尼斯建筑双年展上展出了世界剧院（Theatre of the World），又名水上剧院（Teatro del Mondo）。它延续了上个作品科学剧院（Teatrino Scientifico）的风格，探索了剧院简单而临时的特性。teatrino一词是剧院的简称，一般指夏季临时演出场地和木偶剧院。这幅图上空白的城市景观是罗西从自己的建筑类型语言中提炼出来并组合而成的，例如背景中的烟囱、拉伸的山墙和由柱子支撑的三角形屋顶。这张图中描绘的场景是罗西为了剧院中的一个场景所做的方案。实际场景由一个简单的木架搭建，三面围合，一面向观众敞开，将舞台呈现出来。剧院顶端有时钟和旗帜。这个项目是罗西与两位合作者詹尼·布拉吉耶里（Gianni Braghieri）、罗伯特·弗罗（Roberto Freno）共同完成的。剧场中有许多舞台布景，很多时候它们就像这张图中表现的那样，由平面场景组成，以探索基本的建筑形式。这些场景前会有小的模型，而其他场景则直接由复杂的三维结构搭建。这种剧场的临时性在世界剧院中得以发展。世界剧院在1980年夏天，从亚得里亚海向北航行，整个旅程被拍摄成照片和电影短片。这幅画的远景处漂浮着的封闭塔楼，便是世界剧院的魅影。

哈桑·法西
(1900—1989)

伊斯梅尔·阿卜杜勒-拉齐克别墅
(1941)

纸上墨水、水彩
69.4厘米×45厘米

这张图将建筑立面和地面完全拉到了一个平面上。鱼塘，郁郁葱葱的花园，路边两排整齐的树木，通往住宅入口的长长小径，以及有着条纹的褐色土地，几乎与房子的赭色墙壁融为一体。唯一的纵深感源于门边座位的投影，一个孤独的人靠在座位上，人物上方别墅的配楼向后退去。建筑的墙壁与天空几乎融为一体，它们的颜色难分彼此，地面精心布置的景观更是将房子推向了更深处的天际线。这是哈桑·法西（Hassan Fathy）早期为伊斯梅尔·阿卜杜勒-拉齐克（Ismaïl Abdel-Razeq）在埃及阿布·吉尔杰（Abu Girg）的沙漠地带建造的别墅。这个设计标志着法西职业生涯的转折点。此后，他开始设计更大的项目，比如1946年的新古尔纳村、1962年的大众艺术学校，以及1980年的曼尼亚村。设计的灵感来源于埃及的乡土建筑。这些建筑的材料和空间组成都反映了严酷的沙漠气候、地理环境，以及经济状况。法西以善用泥砖和黏土出名，有意不用西方现代建筑中常用的材料，例如20世纪早期现代主义建筑在北非使用过的混凝土。在这栋住宅中，他还引入了一种不同于以往的空间设计手法来规划布局，用室外庭院来隔离紧邻的公共房间，以及靠近场地边缘的私密区域。法西也开始用穹顶控制室内的环境，但它们并没有在这张图中显示，或许在设计深入到这个阶段的时候，它们已经被藏到了女墙之后。

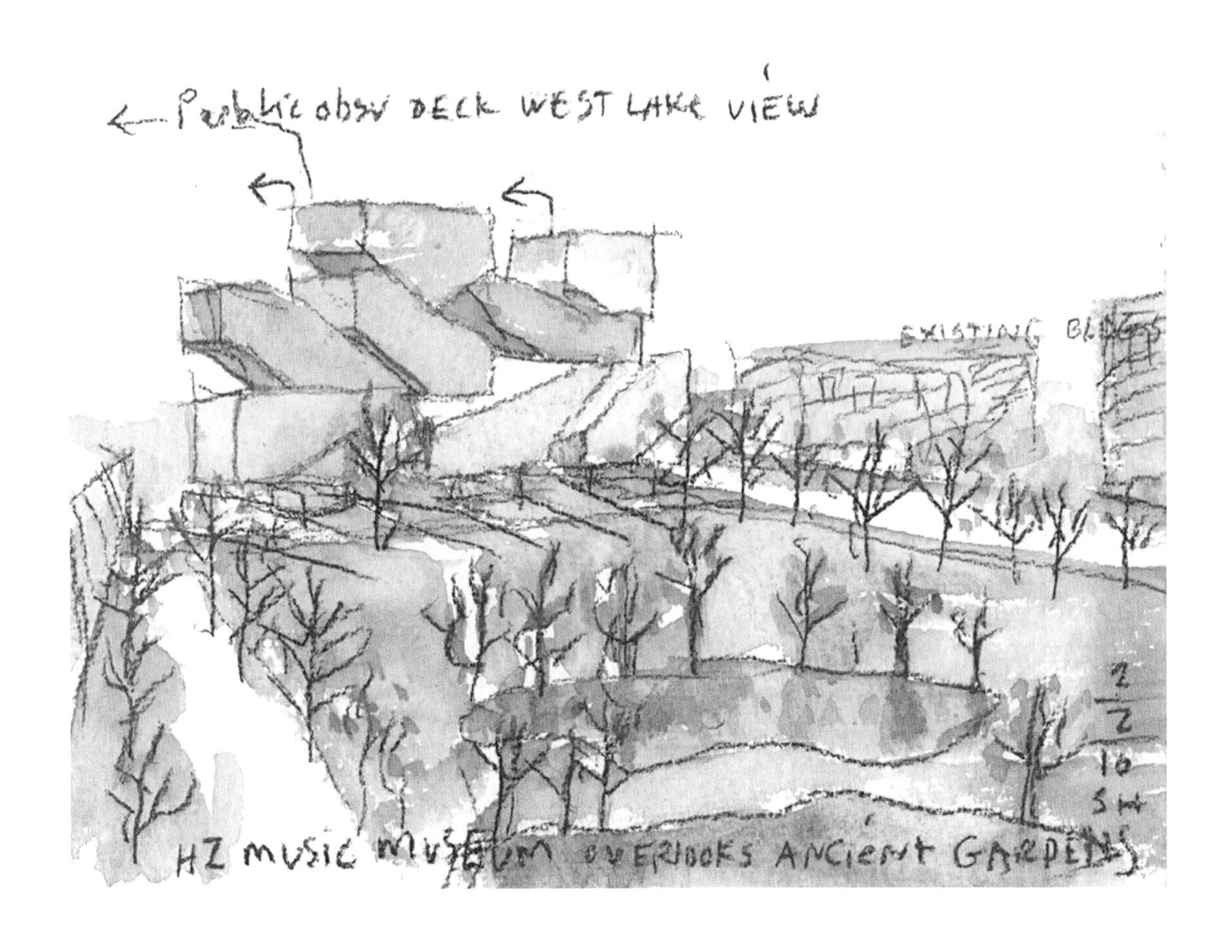

史蒂芬·霍尔
(1947年生)

杭州中国音乐博物馆
(2008)

纸上水彩
12.7厘米×17.8厘米

从简单抽象的草图到如这幅画一般复杂的场景，绘制水彩画和草图是史蒂芬·霍尔（Steven Holl）创作过程中重要的一部分。图中表现的是霍尔与李虎、克里斯·麦克沃（Chris McVoy）合作的杭州中国音乐博物馆方案，这个方案曾在2008年赢得了设计竞标。博物馆的主体建筑坐落在一个美丽的花园北端，画面下方的说明确认了这一点。水彩画中各种颜色相互重叠、渗透，使得树木、青草及水中的倒影形成了一块斑驳的场地。场地的边缘则由于描绘水岸和树枝的黑色线条而变得明晰。远处较浅的线条勾勒出了场地中现有建筑的轮廓。博物馆外部覆有木材，模仿但并不复制自然环境中混合的色彩。八个小演奏厅不规则地叠摞在了一起，它们之间用不同的色块区分。八个演奏厅分别对应中国古典音乐中的八音：金、石、土、革、丝、木、匏、竹。图纸上方的注释将人们的注意力从古典园林中引开，提示观者博物馆中将有一个向西眺望西湖的观景台，然而在这张图中却没有表现。对于霍尔来说，绘画是表现直觉的一种方式。这张探索性的草图，是设计过程中确定概念的重要环节，能够使设计师在解决问题的过程中推进设计。这张图是霍尔在他随身携带的小速写本中创作的。他经常利用速写本快速绘制一些草图，来探索并确立思路。除了这个速写本之外，霍尔还有书面记录概念目标的习惯，以厘清绘图中的感性因素，从而建立一个从文字到图画再到文字的工作循环。

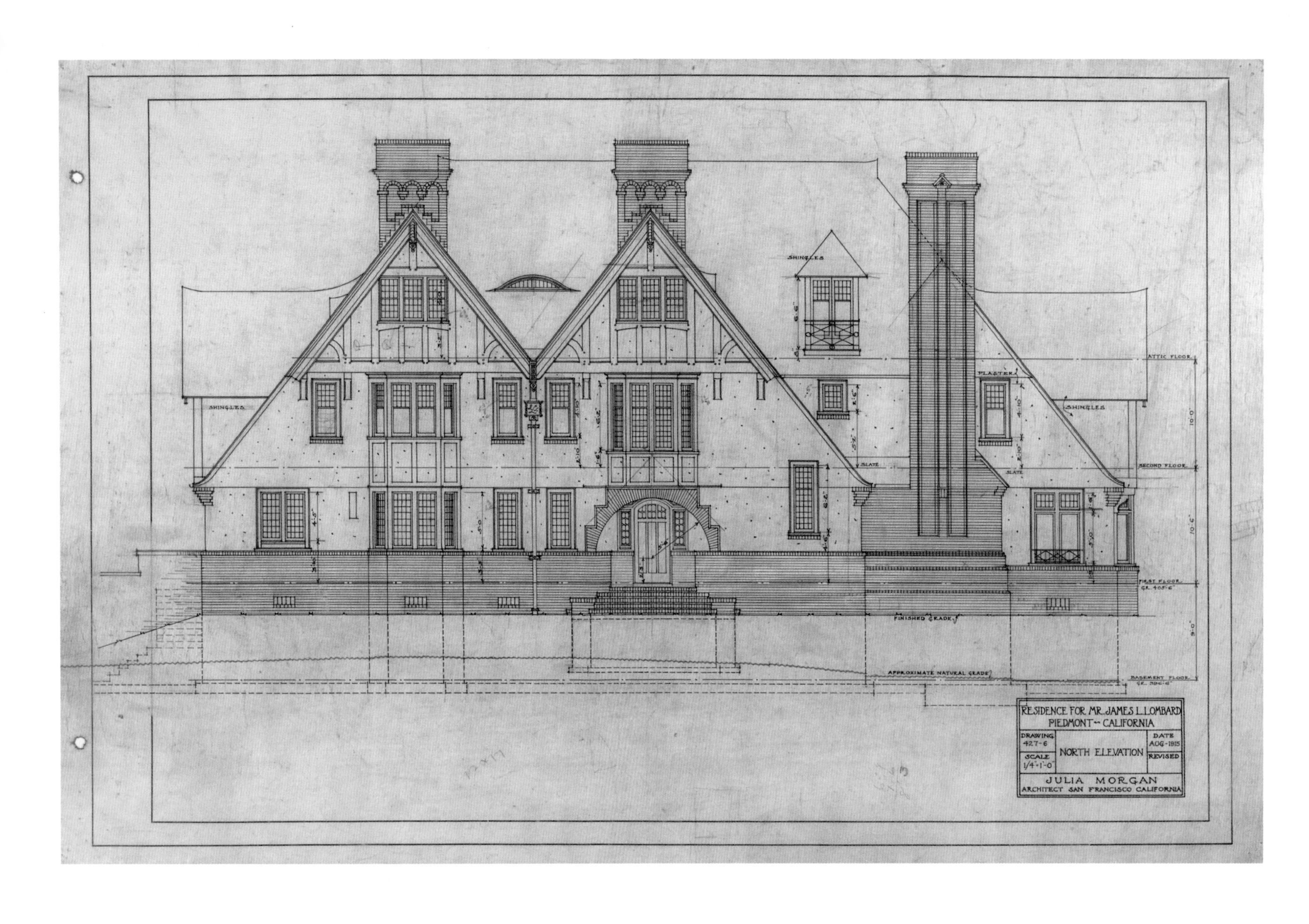

朱莉娅·摩根
(1872—1957)

隆巴德住宅
(1915)

尼龙画布上红、黑墨水

28厘米×43厘米

建筑工程师朱莉娅·摩根（Julia Morgan）生于旧金山，毕业于加州大学。1896年，摩根成为第一个被法国巴黎美术学院录取的女学生。她在1904年成立了自己的事务所，并在此后的46年里设计了近800栋建筑，其中包括艾斯洛马会议中心（Asilomar Conference Centre, 1913—1929）和赫氏古堡（Hearst Castle, 1919—1939）。她的作品不仅受到了学院派美术训练的影响，更受到了加利福尼亚州风景和历史的深刻影响。摩根的客户詹姆斯·隆巴德（James Lombard）曾经向她展示过描绘英国伦敦克罗伊登（Croydon）庄园的水彩画。她1914年为隆巴德设计，并于1915年建成的住宅，显然受到了这座庄园的启发。图纸描绘了隆巴德的四层都铎复兴式（Tutor Revival）庄园的北立面。按照客户的要求，并跟随着那幅水彩画的神秘指引，这个沿街立面占据了一个城市街区的长度。与学院派的美术训练不同，立面摆脱了古典对称模型和对形式的严格控制。此外，她还融入了许多浪漫的细节，包括高而陡的山墙、砖砌支柱、半木板装饰的三层悬挑结构、位于图中心的拱形砖砌门廊，以及小尺度的格窗。尽管如此，整个构图仍然保持着强烈的平衡感。三座烟囱划分出了建筑的三段式结构。建筑整体位于高地基上，由一条虚线标出“自然地平”，图纸的最低点是地下室的地板。建筑的主体被地面层的砖砌墙围进一步抬高，入口的大楼梯和为地下室开的小窗也得到抬升。

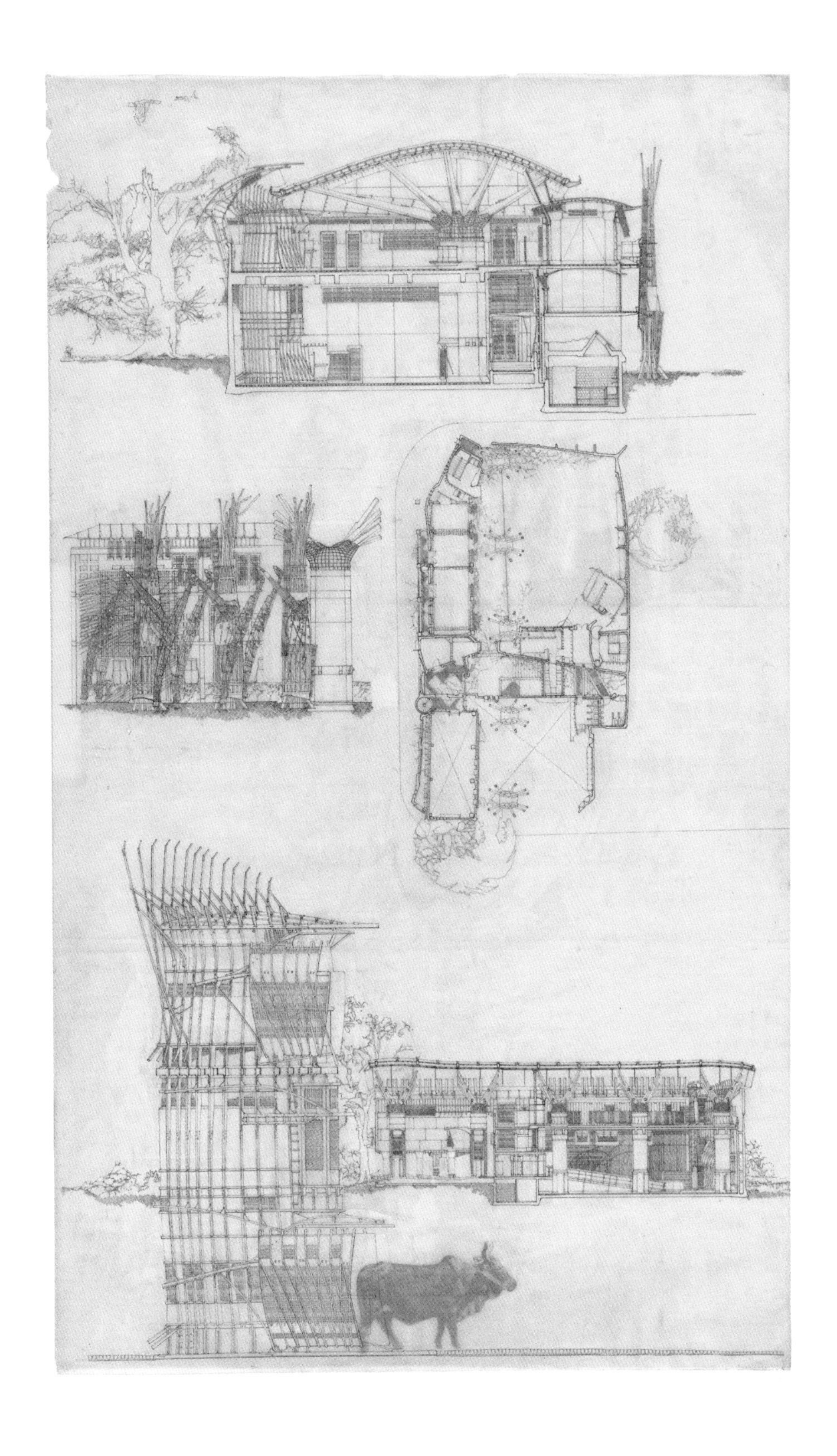

麦克唐纳+索尔特

皇家农业展览会的ICI贸易馆(1983)

纸上墨水

136.5厘米×92厘米

20世纪80年代，克里斯·麦克唐纳（Chris Macdonald）和彼得·索尔特（Peter Salter）成立了一个建筑师组合，名为“麦克唐纳+索尔特”。他们虽然一心想要建成作品，却从来没有成功过。在这幅图中，他们描绘的皇家农业展览会的ICI贸易馆（ICI，即英国帝国化学工业集团），展现了展览会当天人们的状态：通过扩音器播报公牛奖获奖者的名字，通常没有人回话；胃里塞满了肉馅饼和奶茶；到处是活力四射的人；许多特别的优惠；向上看，想着风暴一定很快就会来；难忘的一天。从他们设计的茶点娱乐亭的西立面图中，可以感受到人们在展览会上的紧张体验。很明显，图纸是精心绘制的：整洁、节制的直线通过三角板的平行移动绘制而成，并有意地抖动。这种方式不仅用于绘制自然景象、房屋边缘和树木，也用于绘制窗格和柱子上的图案。画错的地方用刀片刮去，并重新画过，微小的污点和痕迹都表明绘制这样一幅图纸需要高度专注和大量的劳动。这两位建筑师都曾在伦敦建筑联盟学院任教，他们的图纸也反映了协会强大的手工制图传统。麦克唐纳和索尔特的作品以现实为基础，描绘出了一种对构造与细部精益求精的态度，展现了他们对建造与栖居艺术浪漫的眷恋。他们的作品有意展现了用墨水在纸上绘画的艰难：画面构成复杂，线宽都经过了仔细的考量，并通过增添线条来刻画细节。

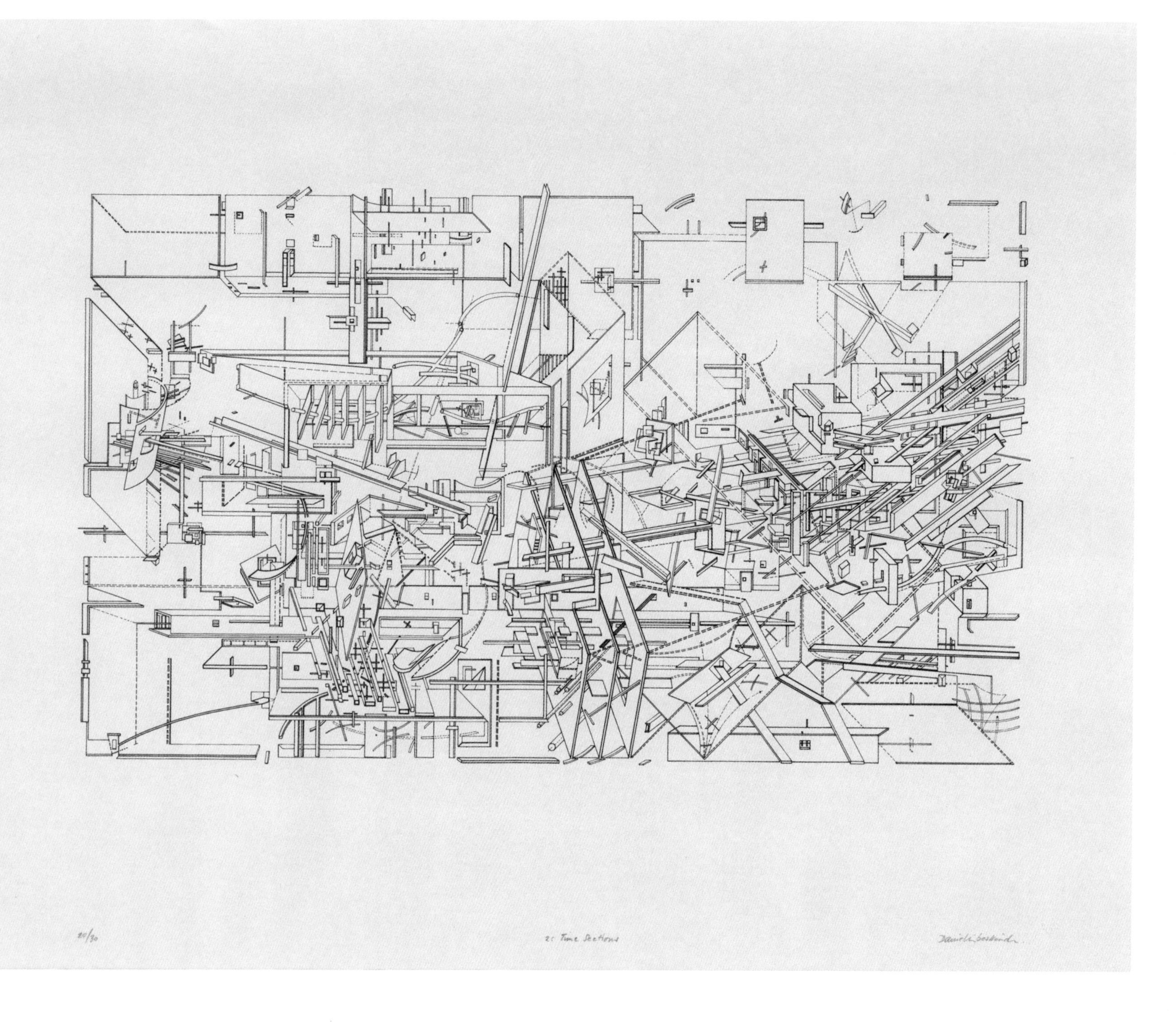

丹尼尔·里伯斯金
(1946年生)

时间剖面
(1979)

纸上丝网印刷

66厘米×91.8厘米

丹尼尔·里伯斯金的职业生涯可以分为截然不同的两部分。后半部分始于他的第一个建成项目——柏林犹太人博物馆（Berlin's Jewish Museum），自从2001年博物馆竣工后，他建成了许多作品；而前半部分却完全是理论性的。里伯斯金关注建筑空间的本质，以及主观栖居与感知造成的碎片化。在理论上，他挑战了启蒙时代之后的建筑理念。启蒙时代通过对知识进行分类，将一切都框入了一个看似客观的系统。这种理性的手法成为现代主义建筑的基础。现代主义建筑试图同化工业世界，将个人作为建筑的主体纳入集体之中，除非他们非常富有。这些探索是通过图纸完成的，大部分属于两个系列：1979年的“小大由之”（Micromegas）和1983年的“室内工作”（Chamber Works）。“小大由之”与伏尔泰的一部短篇小说同名，这个系列由11张铅笔画开始，最终呈现为12幅版画。《时间剖面》（*Time Sections*）就是这些版画中的一张，画名透露了里伯斯金对建筑绘画的本质与目的的关注。对他来说，建筑绘画不仅仅是绘图工具，更是一种窥探未来的视角，就如同将一段特定的历史复原一样。这张长方形的图纸几乎完全由轴测图中的建筑元素构成，然而在图框之中，它们的投影方向却并不一致——有些向左倾斜，有些向右，有些则暧昧而无倾向。投影的不一致暗示了时间在运动中流逝，这与立体主义绘画中同时呈现一个物体的各个角度的手法如出一辙。同样，这幅画并没有描绘一个特定的物理空间，或一个熟悉的建筑形式，而是试图定义建筑内部的概念。里伯斯金本人将此形容为“不只是物体的影子，不只是一堆线条，不只是对某个传统惯性的顺从”。

佚名

古地亚无头雕像
(约公元前2130)

闪长岩雕刻

93厘米×41厘米×61厘米

最早可辨认的建筑平面图被雕刻在一个无头雕像上，这个雕像被称作“带着平面图的建筑师”（Architect with a Plan）。闪长石的用料说明了这座雕塑的重要性，这种石材经久耐用，是一种名贵的材料。雕塑是19世纪80年代法国考古学家恩尼斯特·德·萨泽克（Ernest de Sarzec）在阿达德-纳丁-阿赫宫（Adad-nadin-ahhe Palace）发掘出来的。宫殿位于伊拉克城市特罗（Telloh），特罗是古代苏美尔城市吉尔苏（Girsu）在现代阿拉伯语中的称谓。南美索不达米亚国王古地亚（Gudea）曾下令制作大批雕像，其中就包括他自己的雕像。他自己的雕像或坐或站，被放在他的王国拉格什（Lagash）的众神之前。古地亚在这里以神庙（或称Eninnu）建筑师的身份呈现，神庙是为他自己的神宁格苏（Ningirsu）造的，是他在位20年间（公元前2145—前2125）兴建或修复的宗教纪念建筑之一。图纸被绘制在石碑上，它用正投影表现了宁格苏神殿无窗的实墙。神殿应该是以黏土或砖为材料建造的。平滑的内墙外有臂柱支撑，壁柱起到了扶壁的作用。六个狭窄的门洞沟通着室内室外，与实墙本身的防御性呼应。雕塑上刻满字，是已知的最长的苏美尔文字。它揭示了神殿的建造过程，以及建筑材料的来源，其中包括来自叙利亚北部的石头、来自阿曼山脉（Amanus）的雪松和在埃兰（Elam）没收的财宝，后两个地点位于现在的土耳其和伊朗境内。

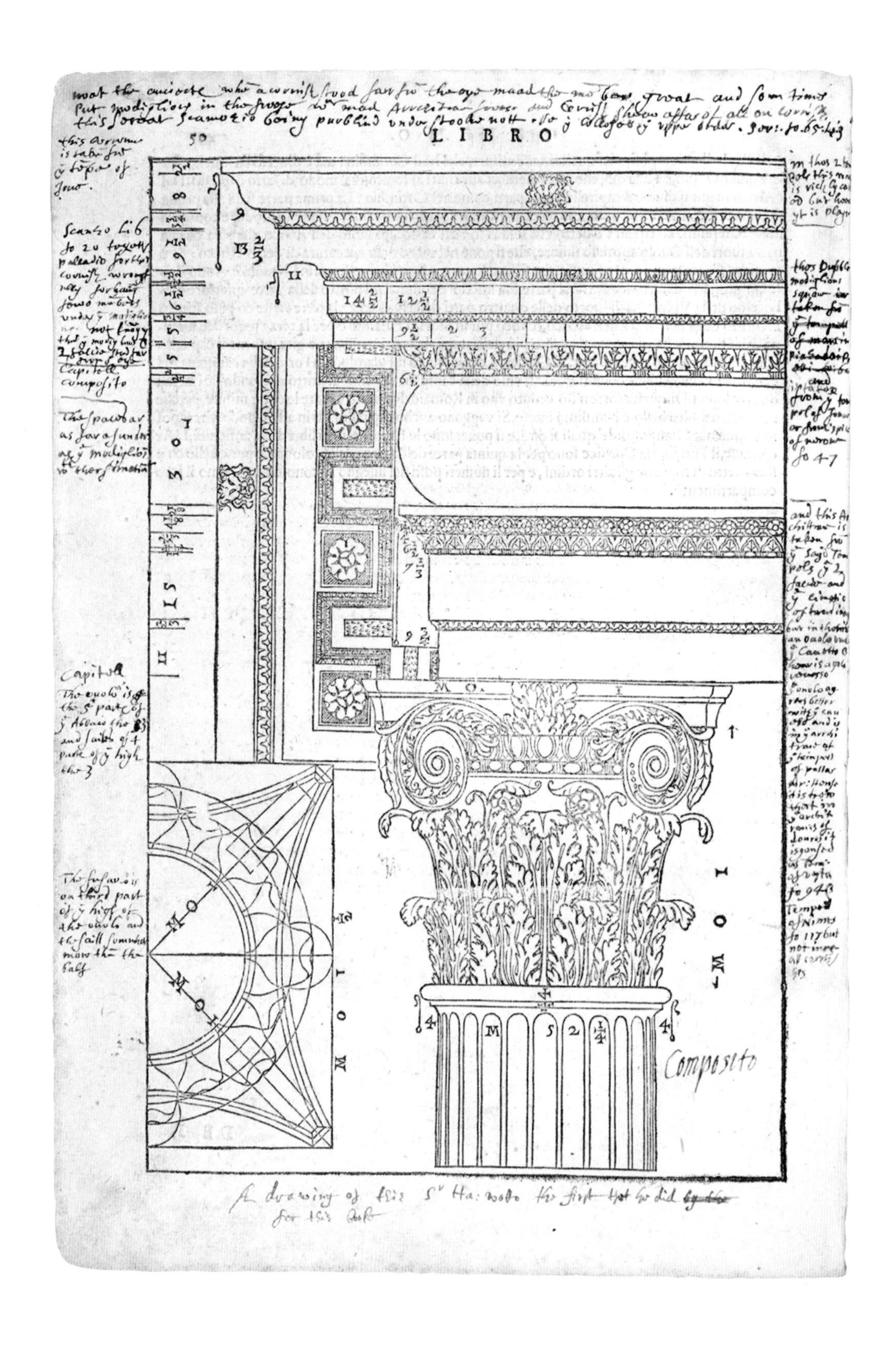

英尼格·琼斯(1573—1652)
安德烈亚·帕拉第奥(1508—1580)

带标注的科林斯柱式
(1601)

纸上墨水

32厘米×21厘米

英尼格·琼斯一直与帕拉第奥的那本《建筑四书》有密不可分的联系。这种联系，从他还在为宫廷设计假面舞会的时候便建立起来，并贯穿了他整个职业生涯。《建筑四书》出版于1570年，离琼斯出生还有三年的时间。由于当时这本书还没有翻译成英文（18世纪时才有英文版），琼斯拥有的是意大利文的版本——或许是他在1597年访问意大利的时候购买的。琼斯的版本中，书中内容用黑墨印刷在了很薄的牛皮纸上，建筑图纸是根据帕拉第奥的图纸制作的木刻版画。这张页面摘自“第一书”，帕拉第奥在其中探索了建筑的五种秩序。页面上表现的是科林斯柱式；在页面四周的空白处，琼斯书写了大量的笔记，扩充了帕拉第奥的文字。这里的笔记与页面的内容非常接近，但是整体来说，琼斯的笔记中还有涂鸦、翻译、医疗食谱、药物、旅行笔记和评论。“第二书”讨论了个人宅邸和乡村住宅，几乎全都由帕拉第奥设计，以平面、立面和剖面的方式呈现。“第三书”描绘了源于罗马的街道、桥梁、广场和天主教堂。“第四书”分析了包括万神庙在内的罗马神庙。帕拉第奥的专著在整个欧洲境内传播，并于18世纪末传到美国，在设计师和客户之中掀起了帕拉第奥主义的潮流，最终奠定了新古典主义艺术运动的基础。受帕拉第奥的启发，加上在意大利访问时的所观所感，琼斯成了第一个将罗马和意大利文艺复兴的古典主义建筑引入英国的建筑师。

托马斯·杰斐逊
(1743—1826)

蒙蒂塞洛
(1771)

纸上棕墨水

35.6厘米×48.9厘米

美国第三任总统托马斯·杰斐逊（Thomas Jefferson）花了40多年时间，在弗吉尼亚州夏洛茨维尔的家族庄园蒙蒂塞洛的小山上，通过反复修建他的新古典主义风格的住宅，来试验自己的建筑理念。这份规矩的图纸展现了这栋住宅第一个版本的最终立面。设计开始于1769年，当时杰斐逊26岁，还没有去过欧洲。他是一位自学成才的建筑师，设计受到了他阅读的新古典主义著作和帕拉第奥的影响。帕拉第奥的《建筑四书》经过英国新古典主义者詹姆斯·吉布斯（James Gibbs）的传播，成了蒙蒂塞洛的主要灵感来源。这张按精确比例绘制的立面图，表现了杰斐逊对细节的关注。两个奇怪的烟囱被放置在山墙两侧，虽然对称，却挑战了古典主义设计原则。上层的四根柱子为爱奥尼式，下层的为多立克式，将入口分成了三个开间。门和窗呼应了入口山墙的三角形主题，而门楣和一层的窗户则呼应着延续的柱顶盘。两侧凸窗的处理较为简单，图中并没有表现出平面上的半八边形凸窗，但表现了具有杰斐逊个性的主题。杰斐逊将新古典主义作为新美国的建筑风格。1785年至1789年间，他以美国驻法国公使的身份来到巴黎，并借机参观了他以前只在书本上见过的建筑。回国7年后，他开始对住宅进行激进的改造，并在之后的项目中实现自己的新想法，例如在弗吉尼亚大学夏洛茨维尔分校的图书馆中，就有一个受罗马万神庙影响的圆厅。

佚名

斯塔克·冯·罗肯霍夫家族联排别墅(约1530)

钢笔、墨水和水彩
55.8厘米×42.3厘米

这张不同寻常的立面图洋溢着鲜明的色彩。它精确地使用了复杂的单点透视法，展示了立面之外的另一个世界。位于地面上、面向街道的沉重木门，将立面之外的世界与立面之前的日常现实区分开来。画面展示了在德国南部和奥地利颇为常见的视幻壁画（Lüftlmalerei）中的奇幻效果。这幅壁画是1521年至1528年间贵族斯塔克·冯·罗肯霍夫（Stark von Röckenhof）家族的乌尔里希·斯塔克三世（Ulrich Stark III）委托创作的。家族的多层联排别墅位于温马克特（Weinmarkt），并靠近圣塞伯杜斯教堂（Church of Saint Sebaldus）。壁画的灵感来自丢勒于1521年在纽伦堡市政厅完成的画作。然而，区分真实与虚构并不容易。这里的立面被方形石柱分为四部分，门口两侧有两根红色科林斯柱。被神秘的小窗穿透的素面墙壁跨越了内外的空间。窗户上方的飞檐线上，狮子在徘徊，海神在屠杀海怪。窗户深处的空间是一片浓重的黑暗。上方精细描绘的玻璃瓶花窗隐藏了立面后可怕的现实与粉色扶手之上的明媚景观之间的联系。在扶手之内有成对的人，其中一位男青年是神圣罗马帝国皇帝马克西米利安一世，他正在与一个女人交谈。这一场景上方是带有小阳台的窗户，其狭窄长廊下面的木材封边暗示了走廊属于街道的世界。建筑将立面之后的魔幻场景框取出来，并嵌入现实场景中。复杂的建筑，半古典与怀旧的大型教堂家具，沐浴在清澈的地中海阳光之中。

保罗·克利
(1879—1940)

建筑
(1923)

粗麻布上油画

58厘米×39厘米

保罗·克利（Paul Klee）“神奇方块”（Magic Squares）系列的灵感来自他1914在突尼斯的旅行。在那里，他以陌生人的眼光，将看到的风景抽象成各种不同色彩的方块。当时他写道：“颜色占有了我。没有必要去理解它。它占有了我……颜色和我是一体。”如马赛克一般，绘画的细腻表面被归纳为正方形的色块，不同的色彩区域得到了同等的表现，而不是像传统绘画那样，根据现实将它们进行混合或等比例搭配。色彩理论成为克利1920年至1931年间在魏玛和德绍包豪斯学院教学的基础。在“神奇方块”系列中，他尝试了色彩轮盘中的动态转换。克利的“神奇方块”，可以和奥地利作曲家阿诺尔德·勋伯格（Arnold Schönberg）1923年发明的十二音技法相媲美。同年，克利用他定义色彩明度与饱和度的编号系统绘制了《建筑》。在《建筑》中，克利重新用断续的方式应用了明暗对比法，他利用方块带有节奏感的重复，逐渐将光引入灰暗的城市空间。在较低层的小方块中，光线反射到一面上，并在另一面形成投影，造就了一种强烈的垂直感。朝向顶部的结构逐渐平滑，形成了一片平坦的区域，如同一个平整的立面，顶点终止在明亮的三角形处，一黄一白，看起来都像在发光。其他行列的终止不那么明显，逐渐向地平线移动，以尺寸减小暗示距离正在变远。

汉斯·霍莱茵
(1934—2014)

景观中的航空母舰
(1964)

光面纸上墨水、拼贴
21.6厘米×100厘米

年轻的汉斯·霍莱茵提出了“一切都是建筑”的理念，并在1963年至1968年间完成了一系列名为《变形》(*Transformations*)的前卫拼贴作品。在这些作品中，他使用了人造物的图像，包括火花塞、航空母舰和汽车格栅等。这些20世纪技术的产物，在霍莱茵的图画中则成了一种纯粹的建筑象征。这张剖面图将墨线与同村庄大小的航空母舰照片结合在了一起——它的巨构尺寸与同时期的日本新陈代谢派不谋而合。在奥地利和日本，两国都有大片大片的城市被战时的轰炸摧毁。霍莱茵在此处将乡村景观当作设计的触发地，土地不再是可利用的农业资源，而成为贫瘠、空旷的荒原——一个在任何地方都可能存在的审美条件。航空母舰位于图的前部，嵌入地面，其甲板成为基准面。横贯地表的剖面用整齐的斜线表示，代指海洋。然而船的边缘位于宽阔的河岸上，河流在经过时，以猛烈的弧线转向。宽阔河谷的边缘在地平线处标记着低矮的丘陵。这座庞大的纪念性建筑，其暴露在外的内部空间被细分为小的单元，位于地面以下、低矮的公共空间则被作为乡村广场、教堂和市政厅的结合体。在此，霍莱茵对现代主义建筑和20世纪技术在各个层面的影响进行了批判。通过使用一艘航空母舰，他呼应了勒·柯布西耶眼中最卓越的建筑——越洋游轮：没有固定场地，自主，并处于漫游状态。

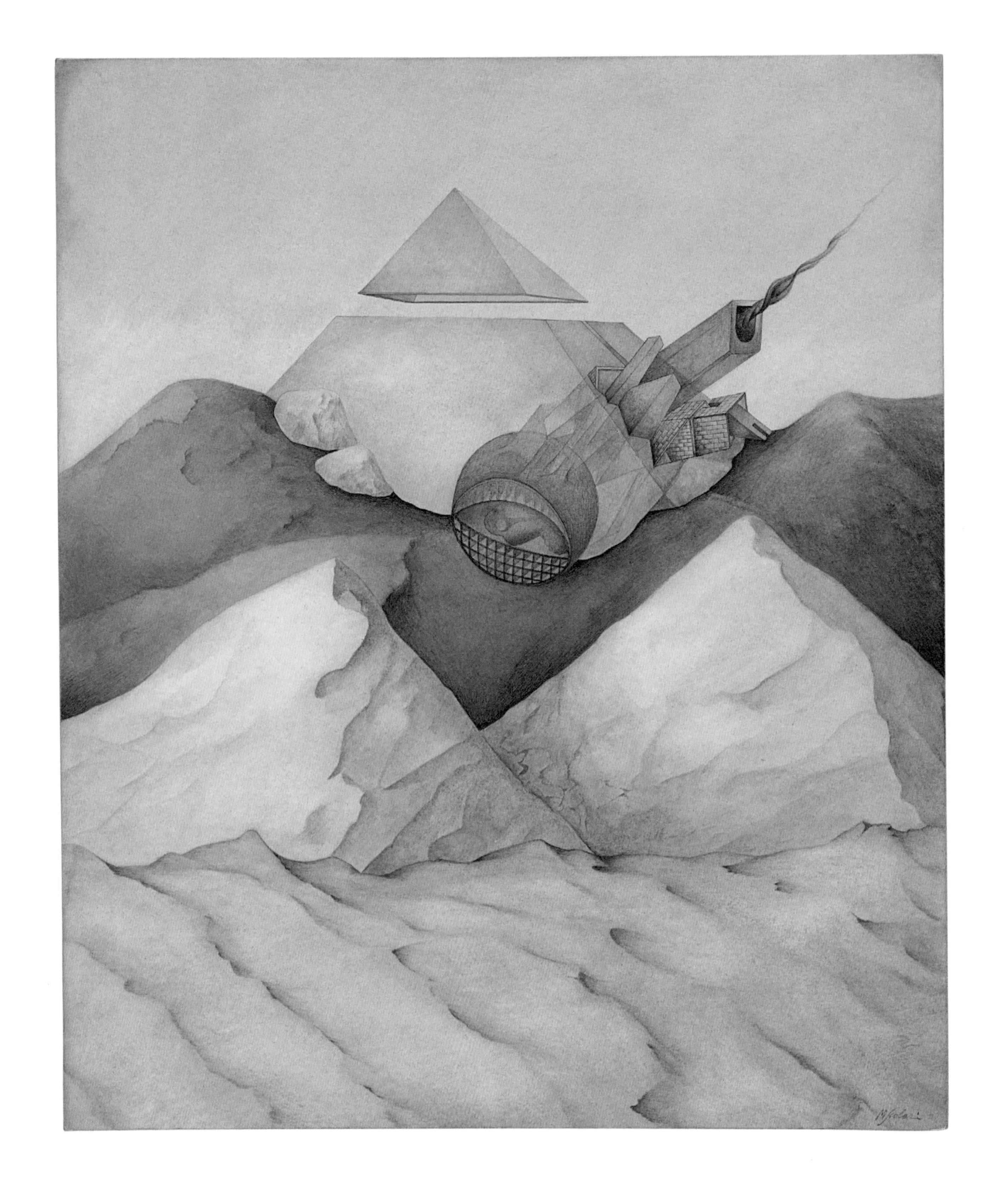

马西莫·斯科拉里
(1943年生)

再见，美拉姆波司
(1975)

板上彩色墨水、水彩、石墨
30.2厘米×25.4厘米

在这幅画中，一系列空想的建筑形式从一个透明的金字塔中浮现出来，但它们的性质却模糊不清——不是从不同的角度呈现，就是奇怪地排列在一起。有些较长的形体看似被透视所扭曲，其实却是它们的实际形状。这种神秘的特性可以用画的名字来解释——《再见，美拉姆波司》（*Addio Melampo*）——美拉姆波司可能是19世纪意大利诗歌中的一只狗，也可能是希腊神话中的一个人物。然而，当马西莫·斯科拉里（Massimo Scolari）赞美水彩能够应对快速思维和突然改变想法的情况时，他也掩饰了这种谨慎、富有想象力的先入之见。他说，颜色在纸上扩散开来，仿佛光线逐渐暗淡。这幅渲染完美的绘画呈现了一个想象的景观，自然与考古通过他惯用的墨水与水彩融为一体。他说，中间的金字塔上突出的白色为纸张原本的颜色，没能被保留的光线，在随后的渲染中会逐渐消失。在这件作品中，他利用这些层次来体现冬日苍白的光线。斯科拉里特意将水彩画的幅面变小，并利用这种材料控制图纸。作为书籍插图，这张原本很小的图纸，占据了书的一整页。斯科拉里对斜视图也很着迷。对于这种绘图，更常见的表现是轴测图，利用一个垂直面，将体块从平面拉起，通常用同样的比例，并设置一个角度，展现建筑或体块的三维效果。

马里恩·马霍尼·格里芬
(1871—1961)

水轴线北侧的剖面B-A
(1912)

亚麻布上墨水、水彩、水粉
和金色油画颜料
4张图纸之一，全景图6米长

建筑师马里恩·马霍尼·格里芬（Marion Mahony Griffin）从1895年开始，在赖特工作室工作了15年。1910年，赖特超过一半的作品在柏林的瓦斯穆斯（Wasmuth）出版的刊物中发表。这些作品使赖特在欧洲一举成名。在格里芬与丈夫兼搭档沃尔特·伯利·格里芬（Walter Burley Griffin）为澳大利亚首都堪培拉的国际设计竞赛准备的水彩透视图中，可以看到赖特绘画技巧的痕迹。受日本木版画的影响，他们用节制而复杂的线条描绘出植物和建筑物共存的景观；自然的轮廓是徒手勾勒出来的，而人造物的轮廓是由直线构成的。在赖特工作室中形成的对景观戏剧性又程式化的表现手法，强烈影响了她创作这些巨幅作品的方式。在这些画作中，自然占据主导地位。全景图的背景由一条金色的水平带体现，黑山（Black Mountain）的轮廓填充了构图的中心，金色条带笼罩着山脚下的聚居群落。这座山成为新城市建筑的背景，这些建筑从城市湖泊边缘生长出来。格里芬将它们纳入设计，以缓和其强烈的几何构成形式。建筑和植被用同样纤细的线条绘制。建筑用白色表现，同样的手法，也可以在赖特草原学派（Prairie School）的图纸上见到。这种手法赋予建筑幽灵般的外观，同时又凸显了它们的细节。融进水中的城市倒影，呼应着金色地平线淡淡的光辉，给构图带来了一种稳定的对称感。

莱伯斯·伍兹
(1940—2012)

地形
(1999)

砂纸上静电印刷、毡尖笔、墨水、彩色铅笔

49.2厘米×59.4厘米

这幅名为《地形》(*Terrain*)的图纸，与几个同名的复杂模型属于同一系列的作品。这幅作品是伍兹与德维·奥伊勒(Dwayne Oyler)在2003年合作完成的，他将二维探索转化为三维装置，一系列聚苯乙烯多边形结构，以密集的形式被限定在橱窗一般的框架中。在实践中，伍兹回避了建造建筑的实际任务，而是专注于通过建筑出版物和小册子传播他独特的绘画，传达他对现代世界及环境的再思考。他关心世界上的破坏性力量，并希望开发和创造性地运用这些力量的潜能。例如，他1993年创作的《战争与建筑》(*War and Architecture*)，描绘了萨拉热窝在战争中被毁的场景；1995年的《旧金山方案：地震中的居民》(*San Francisco: Inhabiting the Quake*)，也描绘了毁灭的力量。《地形》诞生于伍兹的速写本，是其中一张速写的复印版，又用毡尖笔、墨水和彩色铅笔增强了效果。画面分成两部分。上半部分是一个被框选出来的线稿，展现了被毁灭的飞机残骸挤在一起，像地质灾害，但有一个潜在的层次体系，如同树或是晶体。画面右侧有一个框，打破了上下两部分的分界线，框中描绘得更详细，似乎是不同于上半部分的另一张图画，柱与平台组成的结构从混乱中浮现出来。下半部分仔细地绘制了横线，其上写有规矩的短文，还有两个长方形框和周围杂乱的线条，以及网格状排列的数字。这种伍兹式的堆积，将变化中的形式用一种神秘的逻辑组织起来，创造了一种刺激性的想象景观。

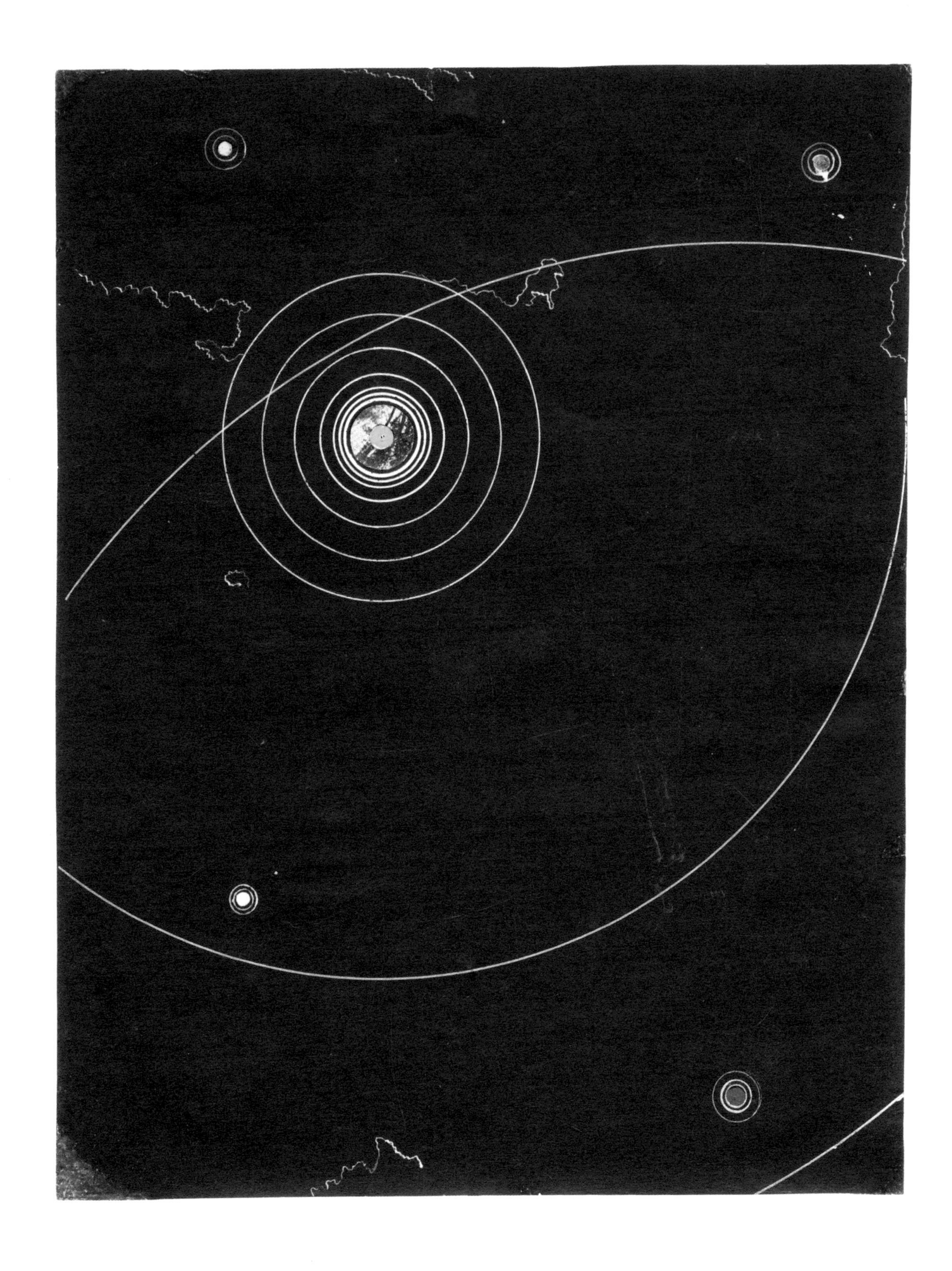

伊万·列奥尼多夫
(1902—1959)

空间文化组织图式
(1928)

纸上墨水

48.5厘米×38厘米

苏联建筑师伊万·列奥尼多夫用这幅神秘的画作来展示他的工人俱乐部设计，这幅图在1929年于莫斯科举行的第一届构成主义建筑师大会上引起轰动。形式上，它挑战了构成主义的建筑及美学原则，因为它缺乏确切的用处；功能上，这幅图对当时政治制度下的文化生活提出了尖锐的问题。它看起来一点儿也不像建筑。在列奥尼多夫职业生涯的早期阶段，他只有少量的建成作品，却推出了许多理论项目和竞赛作品。他的作品有两个特征：一是利用墨水在纸张上创造简洁的单色图形，二是将圆形作为母题。对列奥尼多夫来说，这种绘画手法既能维持画面上形态与概念的力量，又能产生他所关心的平面与立体的几何形体。他设计的“新社会模式俱乐部”，将一对抛物线穹顶、一个宽基座和一系列立方体如公园般排列。这些形体囊括了许多文化及教育设施，其中包括一个代替剧院的天文馆，将科学的地位抬高到戏剧之上。这张图很难用任何传统的方式来理解，它并没有展示建筑构成，而是展示了一个社会组织和它的基础媒体设施的提案。在一片空白的区域中穿过的弧线代表着电磁波，空间与距离的绝对理念被抽象的信号强度取代。建筑以点的形式出现在黑色平面上，每一个都被赋予了与其传播潜力同等重要的地位——然而其重点并非再现现实。这些点是一片广袤区域中的定位点，而非建筑。

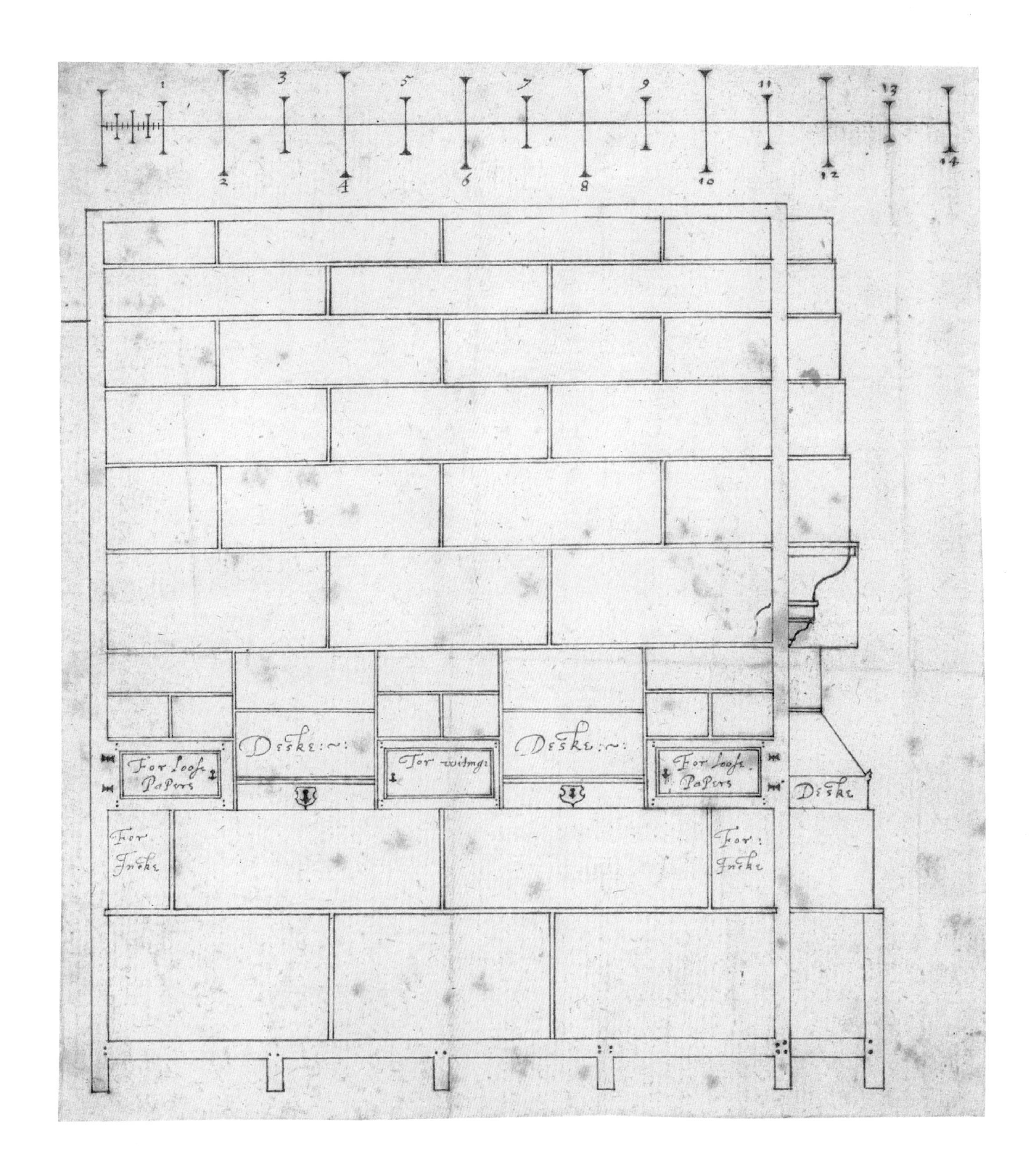

罗伯特·斯迈森
(约1535—1614)

壁橱设计
(1580)

纸上墨水

21厘米×29.7厘米

如此详细的图纸在英国伊丽莎白时代的遗存中非常难得。当时，宗教建筑和大型住宅的建设是由等级森严的流动工匠组成的团队承担的。这些由熟练的泥瓦匠和木匠制作而成的图纸绘制了很多细节，如栏杆或立面——他们称为“立构件”（upright）——用于建造石质或木质建筑。罗伯特·斯迈森（Robert Smythson）曾经作为石匠大师，带领着一个这样的团队。他在修建郎利特庄园（Longleat House，1568—1588）时学会了手艺，之后又在沃拉顿府邸（Wollaton Hall，1580—1588）和其他建筑项目中负责设计与施工。他通过自己的手艺，以及对秩序的天赋和节奏的把握，诠释了意大利文艺复兴风格建筑在英国的广泛影响。他绘制的壁橱——可能是供房地产商或研究用——在立构件图中协调不同的元素，以便木匠和石匠在复杂的工程中同时施工。这幅图是根据纸张顶部的比例尺精确绘制的，它的单位虽然可能是英尺，却并不十分明显。类似的，绘图遵循的规范也使得它传递的信息模棱两可。看起来立柜的框架是由木材制成的，并由地板上的托梁支撑。然而，图中并没有相应的剖切线证明这一点。在框架之外，图纸的右侧，有一个对应的侧面轮廓，也可能是剖面。立面上有两个内嵌的书桌，而剖面看上去切过了其中一个。抽屉拉手经过了细致的描绘，然而抽屉的横梁却没有体现。这些矛盾引起了对建造材料本身的疑问。石砖之间或许是砂浆勾缝；然而，它们与木质书桌的对等关系，则暗示着这或许是房间中的一个精致的橱柜系统。

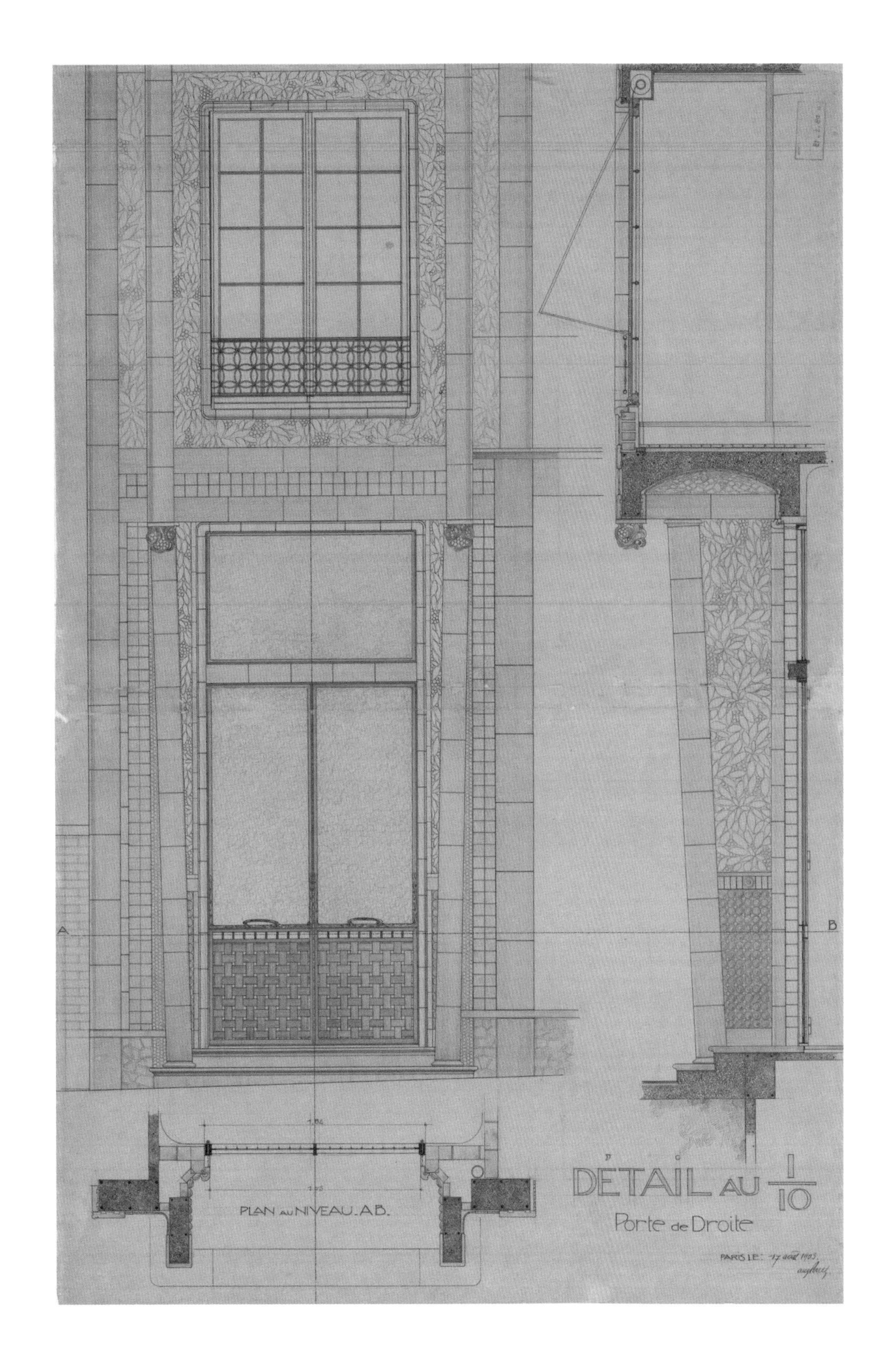

奥古斯特·佩雷特
(1874—1954)

富兰克林街25号
(1903)

纸上墨水、铅笔
50.5厘米×32.5厘米

这幅图展示了20世纪初，奥古斯特·佩雷特（Auguste Perret）这样才华横溢的建筑师是如何利用专利构造建筑系统的。富兰克林街的公寓楼是佩雷特的第一个充分应用混凝土框架的作品，在这幅表现开窗墙面细节的图纸中体现得尤为明显。在同样的比例下，这张图纸描绘了窗户的立面、剖面和下方的平面，三种图相互对应，展示了这个凸窗的完整结构。钢筋混凝土元素被涂成黑色，窗台周围凸出的柱子在平面上清晰可见。在剖面上，框架梁支撑着上层的地板，混凝土封边绘制为可见的看线。窗框的表现是再现性的：用于包裹窗框的素陶板、华丽的向日葵图案填充，与下部坚实的饰面之间有着明显的区分。图纸中对框架的处理显示出木结构的特点，而且被悬挑前端所加的附属物增强。这种处理手法在立面和剖面中均能见到，显示了佩雷特对混凝土与现有建筑传统之间关系的理解。1897年，法国工程师弗朗索瓦·埃内比克（François Hennebique）发明了一种钢筋混凝土结构系统并申请了专利，该系统大大提高了建筑物的高度、梁的跨度和结构系统的灵活性。同时，出现了一些新材料。佩雷特将亚历山大·比格特（Alexandre Bigot）专利瓷砖，用作富兰克林街25号的建筑外装材料，满足了当时严格的建造规范。佩雷特的这些创新技术应用，影响了他的学生勒·柯布西耶，并为许多现代主义混凝土建筑提供了榜样。

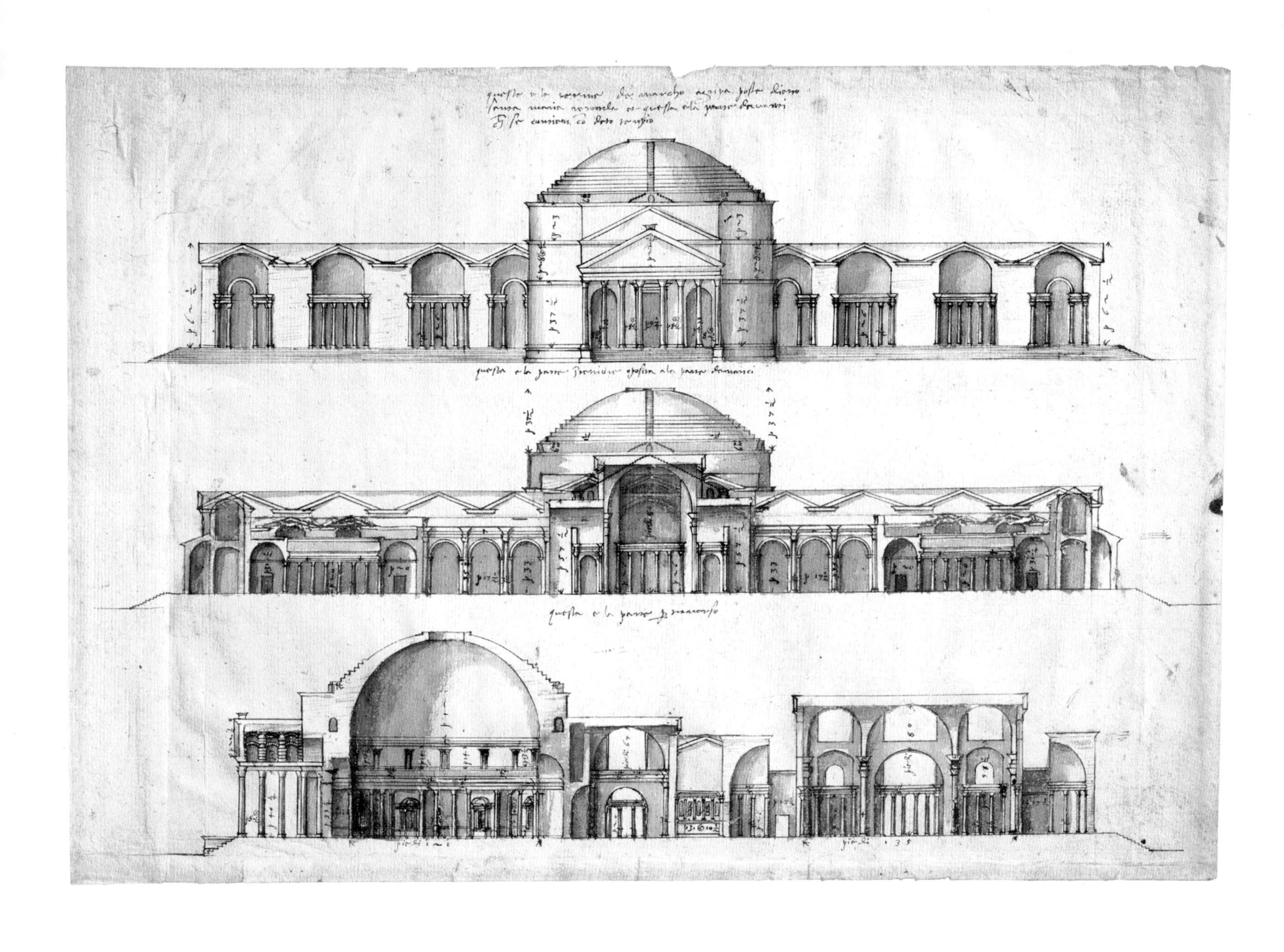

安德烈亚·帕拉第奥
(1508—1580)

阿格里帕浴场
(约1550)

纸上墨水、彩色铅笔
28.6厘米×41.8厘米

安德烈亚·帕拉第奥通过想象中的立面图和剖面图，重建了理想化的阿格里帕浴场（Baths of Agrippa）。在他巧妙的墨水渲染下，光影对比尤为强烈。这一手法，不仅增强了平面图的纵深感，也加强了北立面的门廊、壁龛、室内房间和柱廊的节奏感。阿格里帕浴场坐落于阿格里帕万神庙与尼普顿集会堂的南侧，建于公元前25—前12年，并在公元80年毁于大火。这座浴场曾经对古罗马帝国浴场体系的发展产生影响。帕拉第奥的这套图纸虽然是空想的结果，却与他在罗马考察时绘制浴场遗迹测量图纸并从中获得的深入的考古知识密不可分。位于画面上部的两张图纸在构图上是对称的；下部的剖面中，和谐的关系则通过两个体量均等但形式不同的结构呈现，右边的是对哈德良重建的万神庙的阐释，而左边的则是尼普顿集会堂。在立面上方，帕拉第奥写道："这是位于圣玛利亚圆厅（万神庙）后面的马库斯·阿格里帕（Marcus Agrippa）浴场。"在他的方案中，宽大的侧翼中布满更衣套间，与万神庙相连接。中间图纸中的南剖面，表现了位于建筑边缘的小加热间，以及两个庭院中的露天浴池。图纸底部的剖面显示了入口门廊与副开间和穹顶壁龛的关系。在立面图中可以看到，万神庙与集会堂由一个高厅连接；副开间和穹顶壁龛受到戴克里先浴场和卡拉卡拉浴场的影响。这些复杂的结构被统一在建筑的框架之内，立在高台之上。

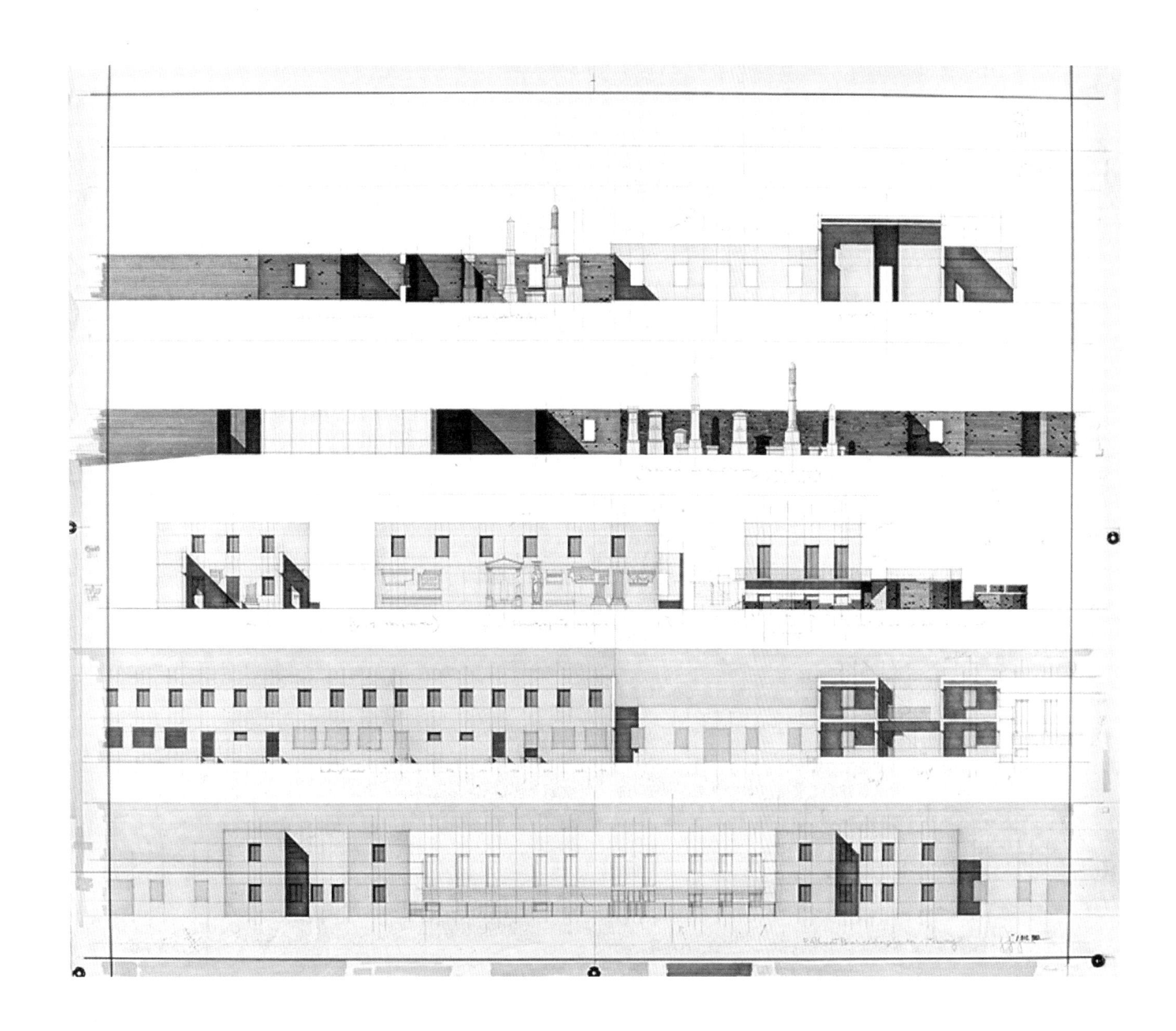

乔治奥·格拉西
(1935年生)

阿尔布雷希特王子宫殿
(1984)

纸上铅笔、颜料
16厘米×19厘米

这张图纸是乔治奥·格拉西(Giorgio Grassi)为1737年至1739年建成的阿尔布雷希特王子宫殿(Prinz Albrecht Palais)所作的立面草图中的一幅。阿尔布雷希特王子宫殿位于柏林的克罗伊茨贝格,是一个三层的综合体,它宽敞的中庭和丰饶的花园毁于1944年11月的空袭。既要重新建造这个综合体,又要重构街区内部的废墟,这个项目面临着战后德国建筑都要面临的挑战:如何重建。意大利建筑师格拉西是新理性主义运动的一员,他既是一个理论家,也是一个实践者。对他来说,这个项目是在远古与过去之间、既存与当下之间,检验理念的真实性和可操作性的机会。这些立面研究,不是徒手绘制的,而是一丝不苟的铅笔线条,在画框下画出比例尺,用生动的色彩渲染虚实之间的关系。深色阴影线暗示着立面的模数。只有现场遗迹——墙壁上摇摇欲坠的砖块,纪念碑和方尖碑的形状——在表现上与绘画中朴素的线条有所区分。精致的栏杆是方案中唯一用精细而重复的线条绘制的元素。新建部分降为两层,采用了新的建筑密度,以保持与周边公园的紧密联系。

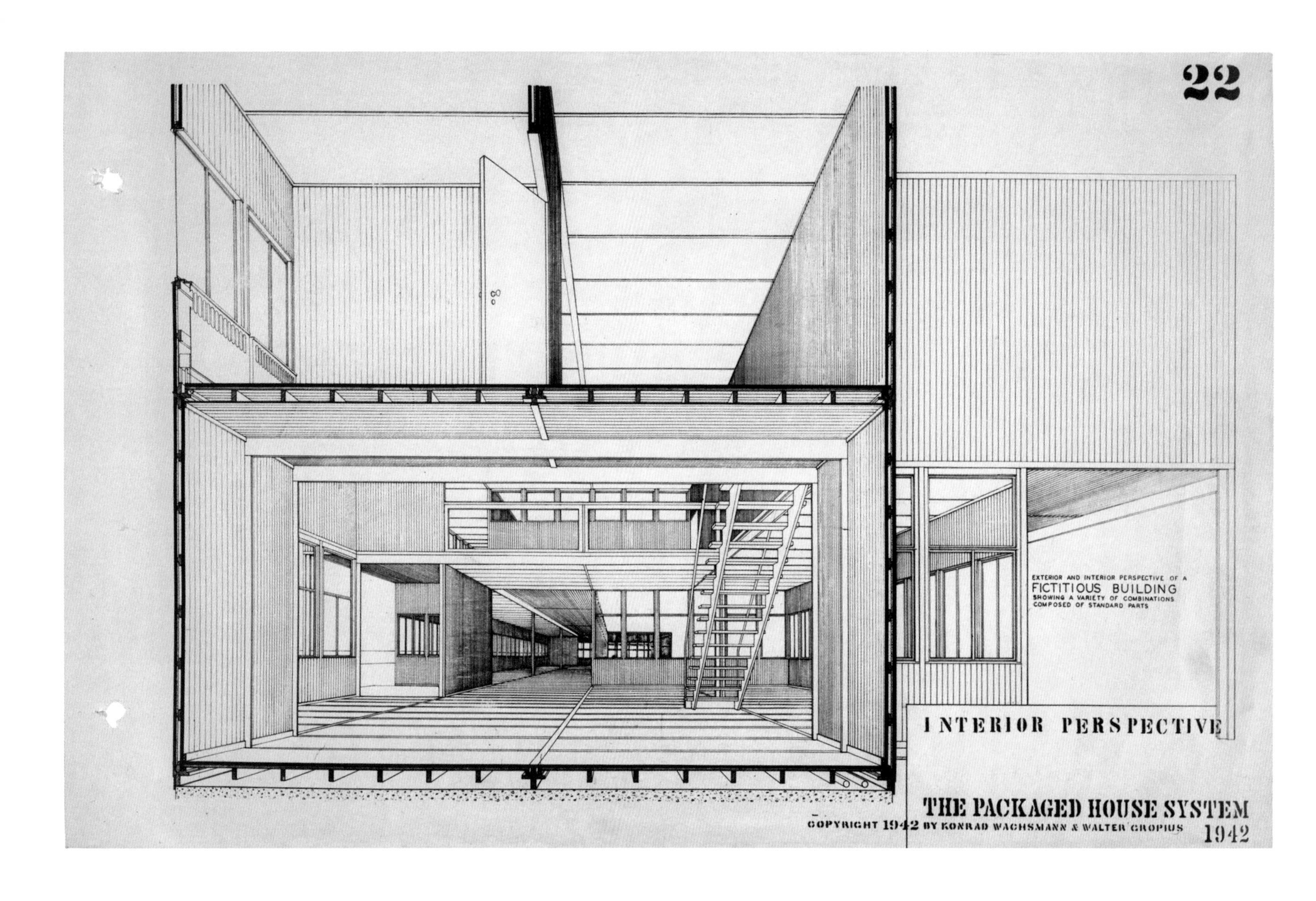

沃尔特·格罗皮乌斯
(1883—1969)

组装式住宅
(1942)

纸上墨水、铅笔
21厘米×29.7厘米

沃尔特·格罗皮乌斯（Walter Gropius）和康拉德·瓦赫斯曼（Konrad Wachsmann）1941年底从德国流亡到美国，并开始合作研发一种工业化的住宅系统，即后来广为人知的组装式住宅。他们的组装式住宅是一个由工厂建造模件的灵活系统，与当今在媒体间广为流传的建筑并无太多不同。然而这种形式由于没有得到资金支持，在建造了少量的住宅后，于20世纪50年代销声匿迹。这张单点剖透视图，展示了一个由预制系统构成的宽敞的独立住宅空间。居住空间纵深进入画面，并用精细的结构剖面框定。剖面的高度超过了右手边的侧翼。一行文字说明了这座虚构建筑的目的：展示用预制标准构件搭建出的丰富组合。图纸展现出建筑系统的模数化本质，可以在由木框组成的矩形边缘外增加空间。图纸强调了结构元素的纤细感，以及内外墙壁如屏风一般的属性。轻盈而精致的比例，结合梯子般的楼梯与分隔空间的屏风，有意地创造了一种透明感，让人联想起东方亭阁的优雅。虽然在其他组装式住宅的平面图上有展示地基，但这里的房子没有描绘任何基础，房屋在平坦的地面上由小型钢梁支撑，似乎在结构上无法实现。其他因素表明，这张图纸是为了诗意效果，而非结构效果创作的：这座建筑是没有保温功能的；地面层、墙面与屋顶结构的表达，都相对模糊；看起来平坦又半透明的表面，与美国内陆抵御严酷气候所需的条件相去甚远。

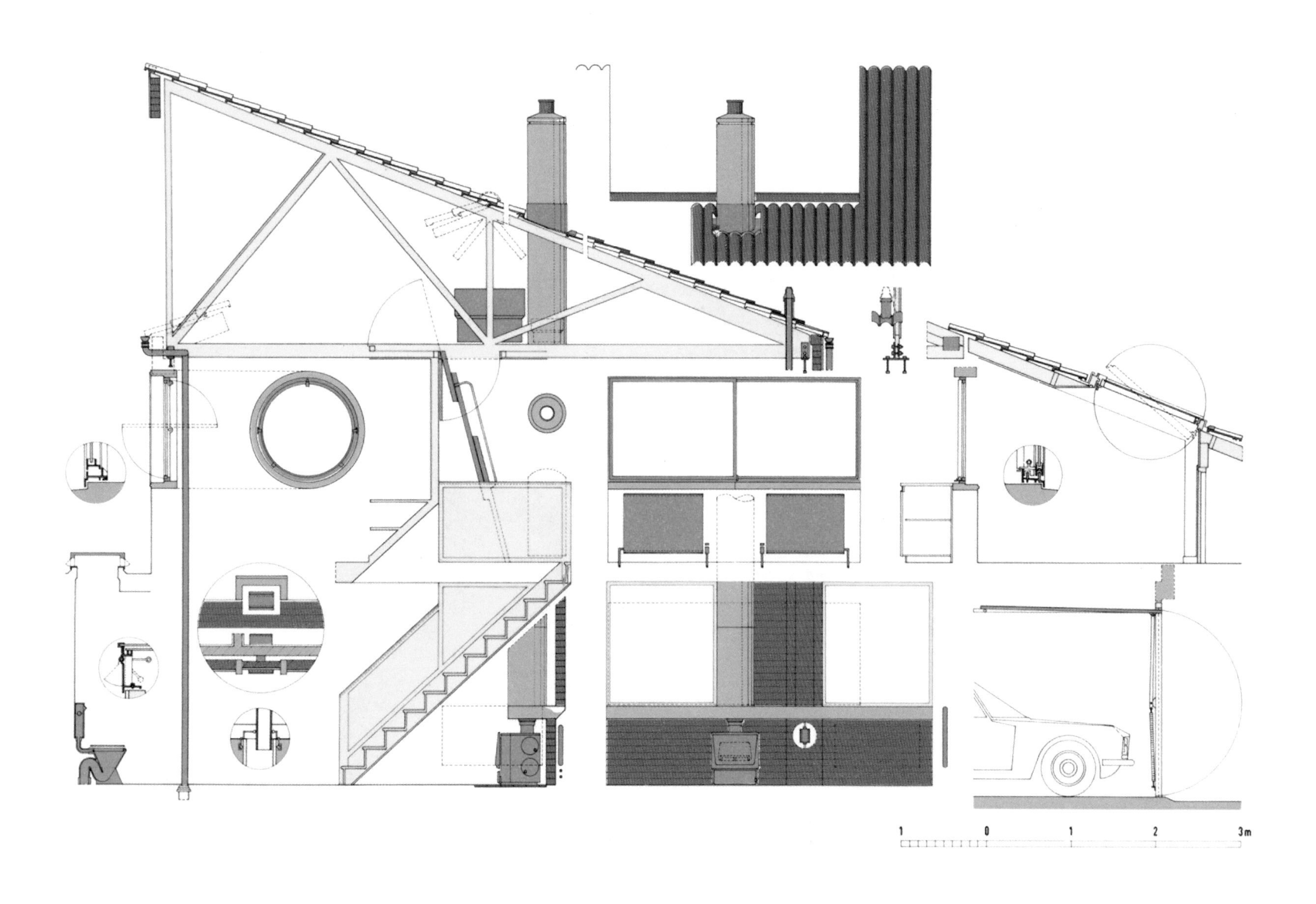

詹姆斯·高文
(1923—2015)

东汉宁菲尔德的住宅项目
(1975)

彩色打印
30.5厘米×38.2厘米

这幅由詹姆斯·高文（James Gowan）绘制的效果图，描绘的是他在1978年为东汉宁菲尔德村设计的98个联合住宅项目之一，象征性地传达出他对平淡的理解。这张图纸展示了其中一个采用当时最为普遍的形式建造的住宅的剖立面，用拆解的方式展示了高度标准化的建造过程中包含的各个元素。图纸突破常规，既没有用边线描绘一个连贯并连续的建筑外表，也没有显示空间的体量，只呈现了一些空间的碎片，且选择这些碎片的逻辑并不清晰——厕所似乎位于室外。室内空间围绕着一个炉子展开，它既能从楼梯剖面的后面显露出来，也能够从两个宽窗立面上看到。图中由明亮的红色、黄色、绿色和蓝色标出的元素，强调了不同的装配阶段，这些配件均由承包商生产而成。每种颜色代表了一种建筑材料：黄色是用来做屋顶桁架和楼梯的木材，红色是砖块和瓷砖，蓝色代表浇筑材料（如钢和陶瓷），绿色则代表混凝土。除了地面层的地板之外，所有这些元素都是预制的，因而它们的安装过程尤为重要。剖面也传递了关于这栋建筑的其他信息，例如，圆形的窗户是这栋建筑的一大特点，也是这张图纸中重要的构成元素——圆形框架细节，门的旋转弧度，屋顶及阁楼的开窗轨迹，都在呼应圆的母题。单坡屋顶提供了许多储藏空间，并挑战了作为现代主义正统的平屋顶。

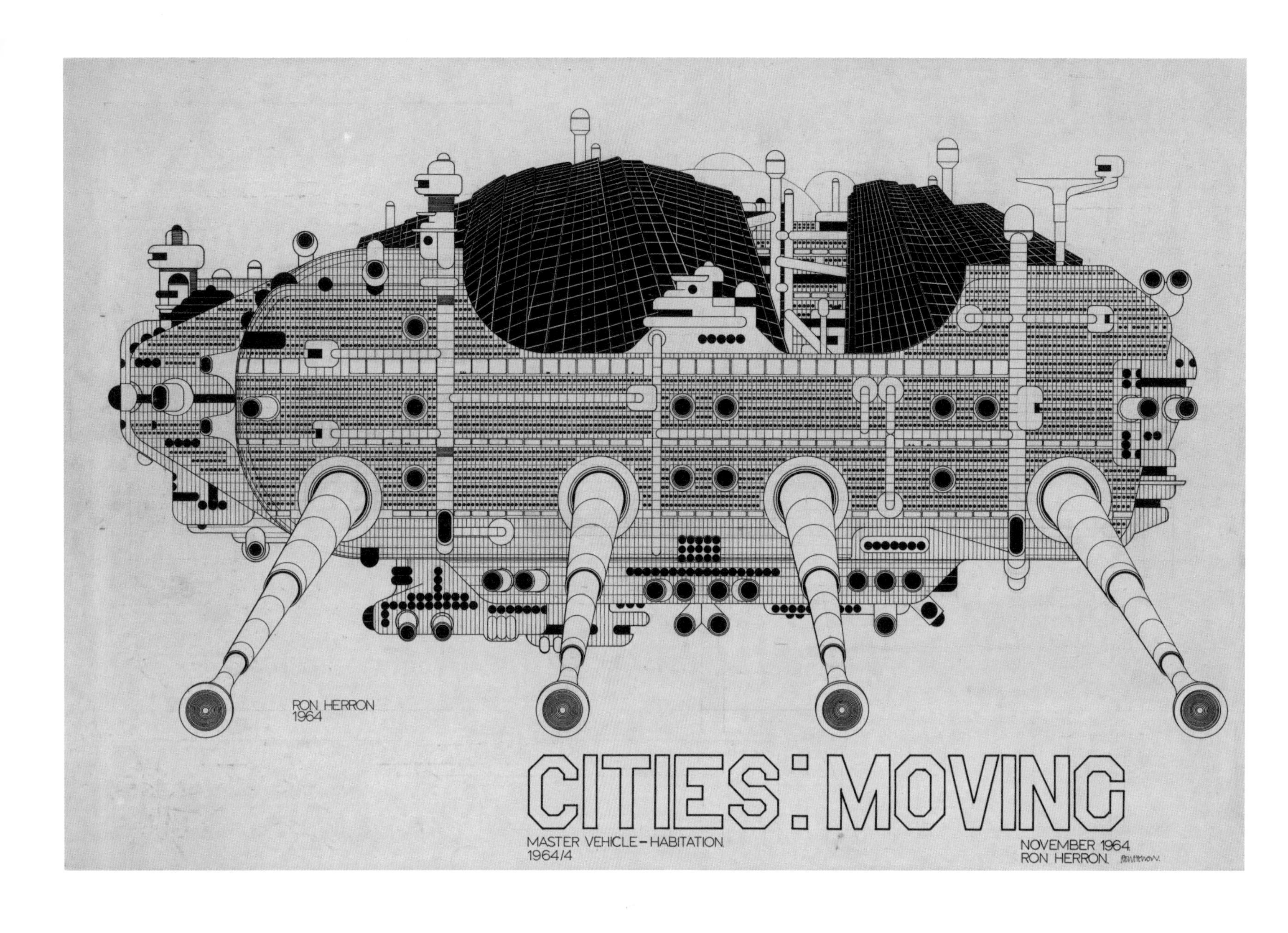

罗恩·赫伦
(1930—1994)

城市：移动的建筑
(1964)

描图纸上油墨、石墨
55.2厘米×83.2厘米

罗恩·赫伦（Ron Herron）这张描绘移动建筑的图纸，展现了彼时现实的肖像——如同技术图纸手册中存在着的一架运转完美的机器。这张精密图纸的标题清楚地表明，它属于一个名叫“城市：移动”（Cities: Moving）的构想，这一构想后来以“行走城市”的名字广为人知。图纸描绘了一个在原子弹爆炸的废墟之中漫游的城市，在彼时的世界，似乎真的随时可能发生。赫伦是英国建筑组织“建筑电讯派”（Archigram）的发起成员之一。建筑电讯派受到理查德·巴克敏斯特·富勒（Richard Buckminster Fuller）的技术至上理念的影响，建筑批评家雷纳·班纳姆（Reyner Banham）在他1960年的著作《第一机械时代的理论与设计》（*Theory and Design in the First Machine Age*）中做了诠释。建筑电讯派的思想通过1961年至1974年间出版的十期同名杂志《建筑电讯》得到传播。1964年赫伦的“行走城市”登上了第四期《建筑电讯》杂志，题为《疾驰》（*Zoom*）。这件作品从表现到内容都深受流行文化中的漫画和波普艺术的启发。它提出了替代现代主义规划与住宅设计中传统静态城市的方案。方案中有巨大的漫游舱，其中装有不同功能的城市和住宅。图纸中，建筑可伸缩的腿清晰可见，其端头装有圆形脚垫，以正投影的方式将平面展现在画面上。这些构件的功能，在于穿越高低不平的地形。图中方案的尺度是模糊的，乍看之下，机器舱体上的圆形开口像是船上的舷窗，而舱体上方昆虫眼般黑色屋顶膜之下的内部结构，又好像是多层住宅。每个舱体之间，由可伸缩的走廊连接，叠加成一个综合的大都市。这个方案，与其说是提出了一个可实现的社会模型，不如说是对当时社会的讽刺和批评。

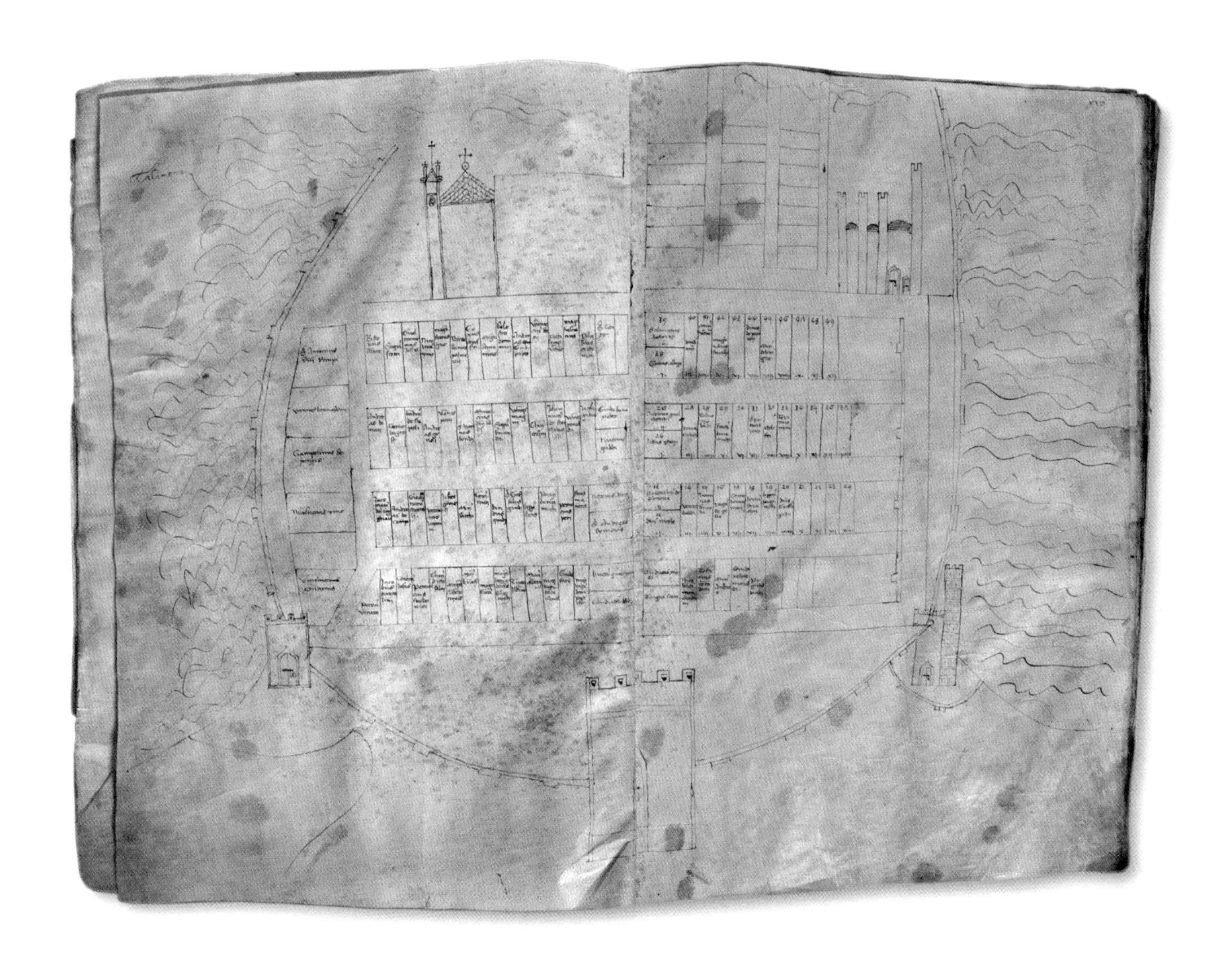

佚名

塔拉莫内小镇规划图（1306）

羊皮纸上棕色墨水
44.2厘米×59.6厘米

塔拉莫内小镇规划图（Plan Project for the Town of Talamone）被认为是现存最早的欧洲城镇规划图。1303年，蒙塔米亚塔山（Monte Amiata）上的圣救世主修道院（San Salvatore）院长，将托斯卡纳的渔镇塔拉莫内卖给锡耶纳政府，锡耶纳政府希望在其土地上建立一个海港。这幅图用粗糙而起伏的线条，描绘了三面环绕小镇的河流。绘图技巧并不熟练，但无论是围墙、塔、教堂、街道、底部的小镇大门，还是近陆地区域，都在剖面中用极其简单的棕色墨水线条描绘了出来。锡耶纳政府计划重建并振兴小镇，所以绘制这张图纸的目的并非精确地记录现有的土地和城市空间，而是为当下的问题提出建议和解决方案。平面图展示了由直线街道组成的城市肌理，这些成排的街道几乎填满了城墙内的整个空间。每个居民都会在城内分到一处住宅和厨房花园用地，并在墙外拥有葡萄园和耕地。在平面中，城市地块上已经标出了未来业主的名字。同时，立面上描绘了塔楼、大门和教堂等公共建筑，以表现其相对大小及重要性。城镇的土地功能分配，与城镇景观及其周边环境的描绘是有区别的。尽管锡耶纳政府进行了大量的投资，塔拉莫内小镇的重建计划却从未实现。然而，这片土地上生长出的中世纪小镇的形态，却显示了与这张规划图的关系：有南北向的轴线，以及城墙与塔楼。

弗兰克·劳埃德·赖特
(1867—1959)

罗比住宅
(1909)

纸上墨水

22厘米×35厘米

受美国中西部平坦而广袤的草原景观的启发，赖特建造了很多广为人知的“草原式住宅”，其中的典范便是位于芝加哥郊区一个广阔的富人区的弗雷德里克·C. 罗比一家的住宅。这张图纸对于从街道上看到的建筑外观，采用了不同寻常的单色渲染，画面中深沉的阴影和夸张的视角，强化了形体构成的水平感。它模仿了伊利诺伊大面积的平坦景观，并考虑到了当地的气候和地理状况。从外观上看，坡屋顶非常平缓，几乎呈水平，形成了缓缓上升的天际线。敦实的砖砌体量，被有节奏的成排立柱减弱。大悬挑暗示着露台得到遮阳和庇护，而整体的烟囱结构则营造了更为私密的内部景观。这一形体关系可以在图下部的平面中看到。这幅平面图展示了透视图中一层的状况。一层平面有一个巨大的接待区，这块区域由位于中心的楼梯和象征住宅中心的大壁炉分成两部分：起居和用餐。围绕这个核心布置了一系列室外空间，包括一个私人露台，一个将室内与街道分离开的长阳台，和一个大悬挑屋顶下的门廊。这些空间都在上面的透视图中有所体现。

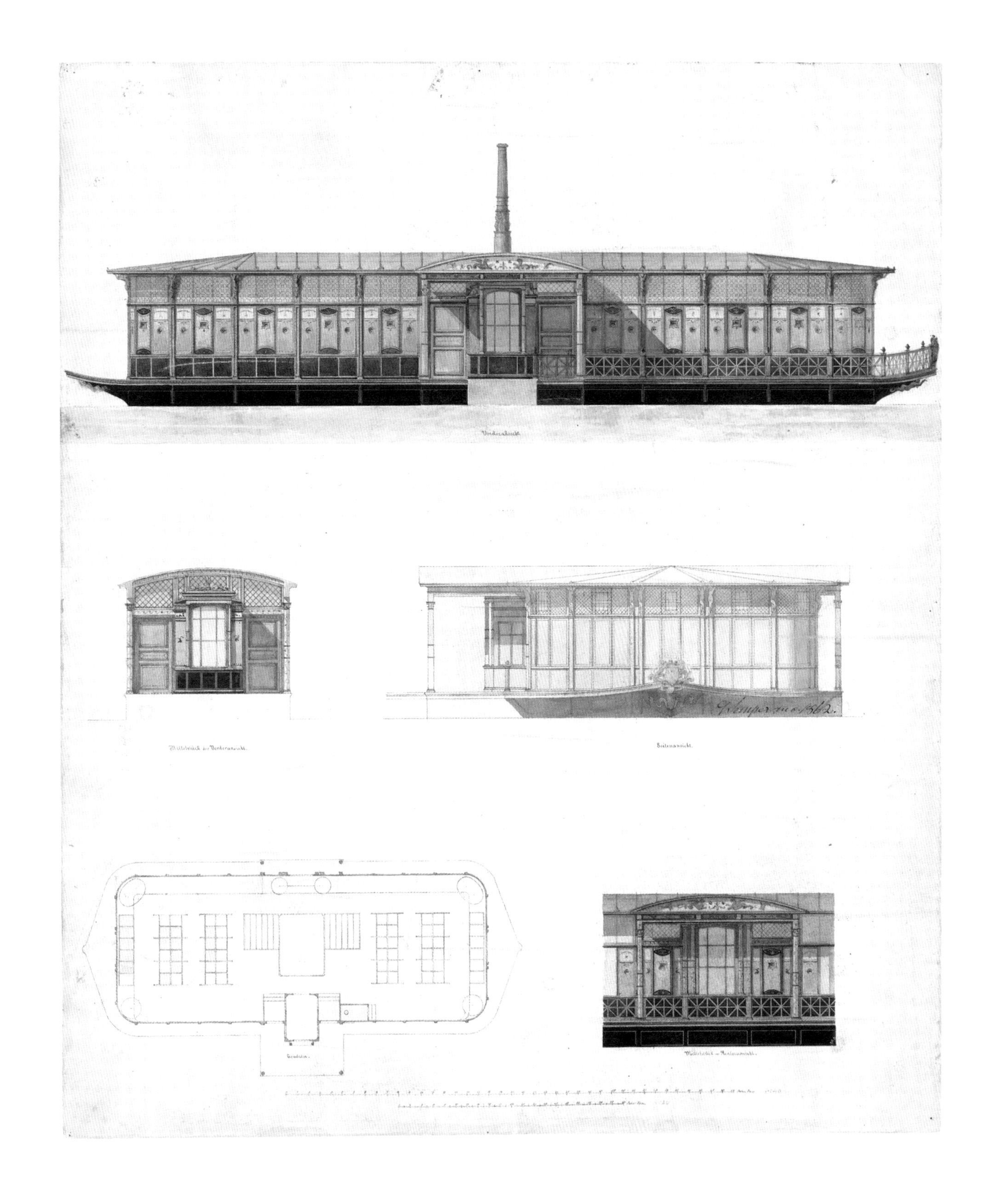

戈特弗里德·森佩尔
(1803—1879)

特赖希勒的洗衣船设计
(1862)

纸上墨水、水彩
69.3厘米×58.3厘米

从中世纪开始，公共洗衣船就沿着瑞士河沿岸城市做生意，德国建筑师戈特弗里德·森佩尔（Gottfried Semper）帮助瑞士企业家海因里希·特赖希勒（Heinrich Treichler）延续了这一传统商业模式。在许多方面，他的设计与传统的洗衣船不同，左下角的平面图中内化的洗衣过程尤其体现了这一点。船身“热闹”的立面由绘有庞贝古城室内景象的金属板组成，并由钢架支撑，高大的中心烟囱是体现内部活动的唯一线索。1830年至1833年，当庞贝古城的发掘工作缓慢展开的时候，森佩尔曾经到意大利和希腊学习古代的建筑。作为这段旅行的一个成果，森佩尔在1851年出版了《建筑四要素》（*The Four Elements of Architecture*）。在书中，他从人类学与考古学（而非类型学）的角度，揭示了探寻建筑起源的方法。这一方法的基础是四个与建造技术紧密相关的、具有象征性的家庭起居场所：火炉及相关材料技术，如冶金和陶瓷；屋顶，以及木工结构；墙体，以及织物；高台，以及土方工程。在为特赖希勒设计的洗衣船图纸中，外饰面和织物遮蔽了室内空间。将看似三维实则二维的庞贝古城室内场景绘制在室外立面上，营造出一种错觉。船只具有的家庭功能，使其也能成为民用的私人财产。森佩尔在这幅图中利用象征的手法说明了伴随技术进步，新材料和新功能为传统装饰形式的发展和延续带来的新的可能性。

米开朗琪罗·博那罗蒂
(1475—1564)

皮亚门
(1560)

牛皮纸上铅笔、钢笔、水彩

42厘米×28厘米

庇护四世在1559年升任教皇的时候，进行了一系列的城市改造，其中包括对罗马一些街道的矫正和平整。皮亚（Pia）大街代替了原本的诺蒙塔那（Nomentana）大街，穿过奥勒里安（Aurelian）墙周围豪华别墅组成的郊区景观，直通城外。1560年，庇护四世委托米开朗琪罗设计一个新的城门，即皮亚门，以代替原本的诺蒙塔那门。米开朗琪罗为这个大门准备了三个不同的方案草图，而据乔治·瓦萨里（Giorgio Vasari）的说法，教皇选择了最便宜的一个。庆幸的是，许多草图都被保留了下来，让我们得以追溯米开朗琪罗的设计手法。这张正立面图是一张展示图，或者说是一张过程图。大门的各个部分用铅笔打了底稿，比例由工作室助手测量出来，或许米开朗琪罗本人又重新修改过。虽然最终的设计被墨水渲染的强烈光影定型，但从定稿下面的图层，还是可以看到其他设计尝试的痕迹。顶部的墨迹下面，可以看到三角形山墙的草稿，有些幽灵般的白影从画面中走出来。被归于米开朗琪罗名下的这一系列作品中，包括米开朗琪罗本人直接用炭笔绘制的作品，并不如这幅图纸精确。这幅图纸，以杜勒斯（Dussler）《米开朗琪罗的画》（*Die Zeichnungen des Michelangelo*）的第134页右图广为人知。画中所显示的门洞上方断裂的山墙，开口处以贝壳状的构件封口，是米开朗琪罗后期作品中常见的手法。皮亚门于1561年6月开始施工，米开朗琪罗于1564年去世，然而没有证据表明这个大门完成于他去世之前。

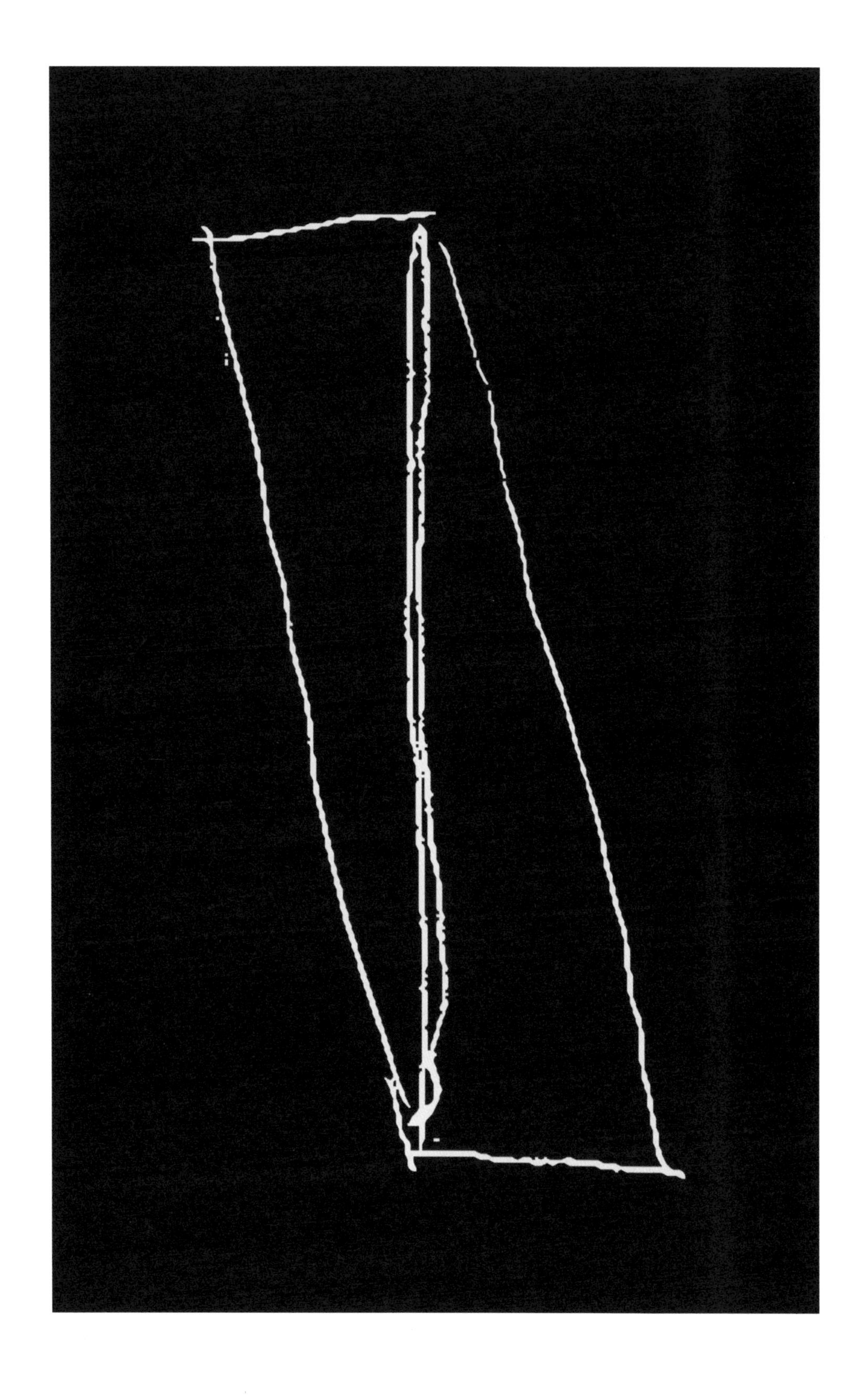

菲利普·约翰逊
(1906—2005)

欧洲之门
(1995)

纸上墨水
30厘米×25厘米

欧洲之门由两座各向对方倾斜的塔楼组成，雄踞在纵贯西班牙首都马德里的卡斯特拉纳大道两侧，两座塔楼像门，但并没有形成大门。这里，大道与卡斯蒂利亚圆形广场的北侧相连。欧洲之门是由约翰·伯吉（John Burgee）建筑事务所和菲利普·约翰逊（Philip Johnson）合作设计的。作为设计顾问的约翰逊为项目绘制了这张标志性的草图。这是约翰逊标志性的简洁手法，精简到了一定的境界，只将对称构图的一面画出来。草图由两个直角三角形组成，其中一个三角形的直角边稳定地坐落在水平面上，将建筑与地面相连。另一个三角形，从第一个三角形的直角边上悬挂而下，两条垂直于地面的竖线定义了它塔楼的属性。第二个三角形若隐若现地跨于街道上，仿佛从第一个三角形上悬挑而出，创造出一种紧张感，让人不由产生疑问：如何能够平衡悬挑产生的转动？为何要创造这种建筑形态？答案是：双塔分别位于地铁交叉口的两侧，不可能靠近街道。悬挑产生的力通过后张法控制建筑外墙受力，并通过深桩基础平衡。约翰逊在70余年漫长的建筑生涯中，创立了一些颇具影响力的艺术样式。这一切始于约翰逊与亨利-罗素·希区柯克（Henry-Russell Hitchcock）和小阿尔弗雷德·H. 巴尔（Alfred H Barr Jr.）创立的“国际风格”，并以此为理念在纽约现代艺术博物馆举办了同名展览。此后，约翰逊又建造了很多富有个人风格的标志性建筑。

安德烈亚·波佐
(1475—1564)

圣伊格亚齐奥教堂穹顶视幻建筑壁画(1685)

两张条纹纸拼接，钢笔、水墨
50.4厘米×91.2厘米

1685年，安德烈亚·波佐开始在罗马圣伊格亚齐奥教堂的穹顶上创作他最负盛名的视幻壁画。作为耶稣会修士，波佐绘制了耶稣会创始人圣伊纳爵在象征已知大陆的环抱中，由基督与圣母玛利亚迎入天堂的画面。这张灰棕色的图纸并未呈现出以上的画面，但是它体现了波佐对于正交透视法的大胆使用——通过几何手法操纵线性透视，以表达穹顶曲线空间。绘制在墙与天花板上的建筑图样与真实的建筑没有明确的界限，在视觉空间中融为一体。在这个魔幻的整体中，图纸中的一部分体现了建筑实体的延伸，另一部分则表现了画中虚构的建筑世界。图纸的边缘围有一圈深色空间，代表了教堂厚重的石砌墙体切面，显示出中殿在这一层的布局。但高处的楼厅未建，可以看到前面内部的立面。此外，还有虚实的融合。窗户，以及伸向中殿和侧廊上穹顶的宽拱，都是真实存在的。画中，窗户间弯曲的投影看起来如此坚实，其实已经由于触及两个世界间的弯面而处于扭曲状态。虚拟结构的上部，科林斯柱式支撑着另一个檐口，从这里升起的拱门通向虚拟的天空。在教堂中殿地板的中间，还专门设置了一块大理石板，标出了观赏穹顶壁画视幻效果的最佳位置。

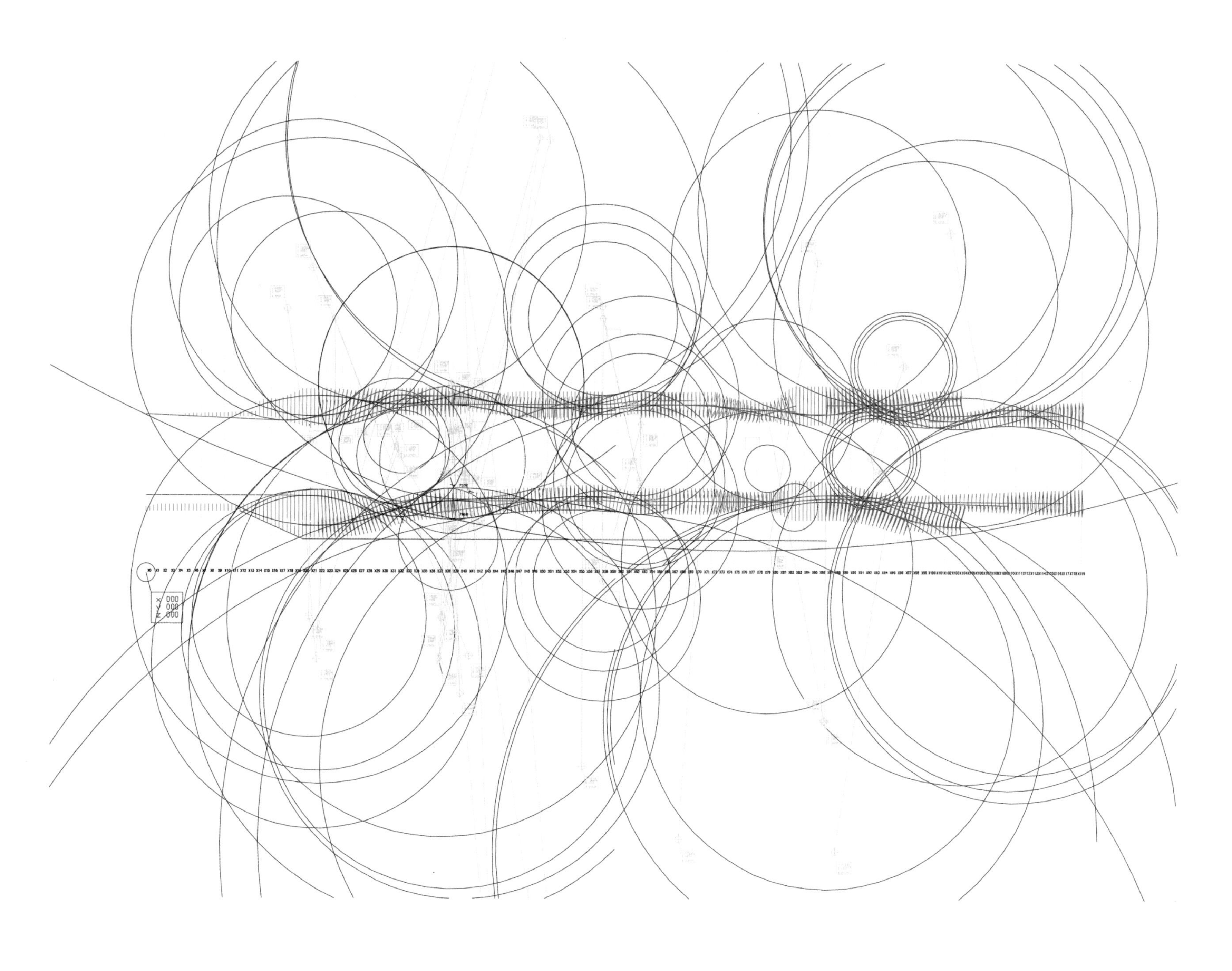

FOA建筑事务所

日本横滨国际客运码头（2002）

纸上墨水

18厘米×26厘米

日本横滨国际客运码头的建成，意味着一种新建筑的诞生。它不仅引入了一种新的形式生成手段，也重新定义了形式与城市形态之间的关系。建筑设计师是FOA建筑事务所（Foreign Office Architects）的法西德·莫萨维（Farshid Moussavi）与亚历杭德罗·泽拉-保罗（Alejandro Zaera-Polo）夫妇，他们将这一现象称作“系统发生”。这是一个通过电脑软件不断变形并丰富形体的过程，这种生成或演化，创造了起伏的平面或景观，而不是离散的体块结构。这种新的建筑不再按照功能类型分类，而是要通过建筑适应时空的形态分类。在赢得设计竞赛之前，莫萨维与泽拉-保罗已经在伦敦建筑联盟学院教书之余，用理论实验的方式研究了八年的时间。这一设计手法逐渐形成了一门新的学科，即参数化设计。这一分析图，展现了参数化形式生成的过程，以及客运码头的实际情况。建筑的结构呈现为红色线区域，这些线条的朝向是由水平线与布满画面的不同圆弧相交的方式决定的。这个图案与之后绘制的传统正交建筑图纸相呼应，展示了这栋三层建筑中层与层之间的关系。建筑有多个功能区，包括停车场、办公空间、海关关口、餐厅、商店，以及等候大厅。它连续的结构由一套复杂的钢梁系统支撑，表面铺以木板，形成了一个伸入水面430米的波浪形观景台。

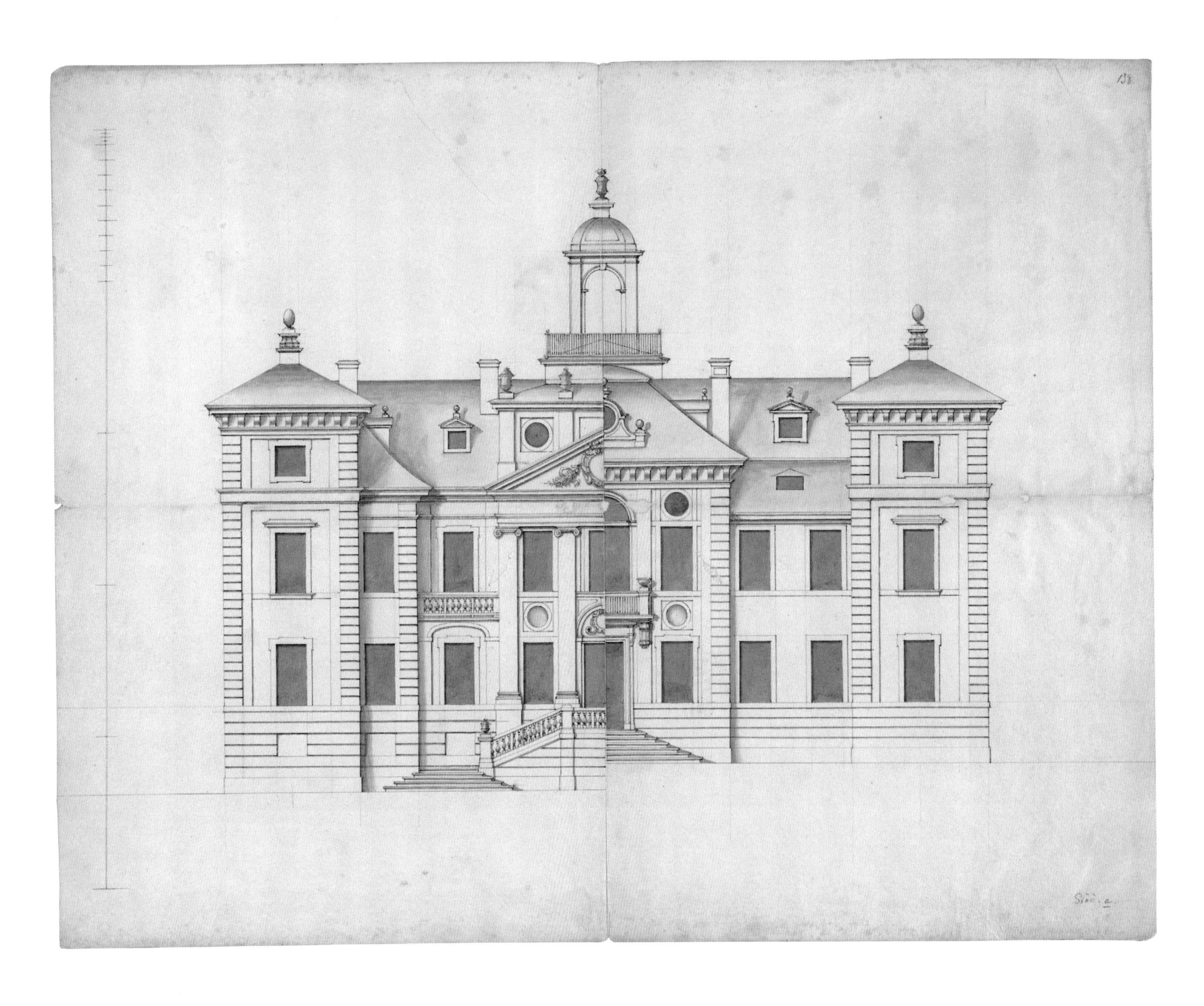

老尼科德姆斯·特辛
(1615—1681)

瑞典的别墅
(1670)

纸上墨水
45厘米×57厘米

这张图纸中呈现了一栋典型瑞典乡间别墅的两个立面，别墅有时会让人想到中世纪瑞典高地的斯雅城堡（Sjöö Castle）。别墅的设计师是老尼科德姆斯·特辛（Nicodemus Tessin the Elder）与马赛厄斯·斯皮勒（Mathias Spieler）。这座17世纪庄园别墅的正立面与图纸一致，中间长方形主体的两侧带有两个稍微凸出的翼楼，中心开间定义了入口并加强了对称感。或许特辛是在此尝试一种更通用的建筑语言。特辛经历过军事工程师的训练，曾经到德国、法国、荷兰和意大利游学，并于1651年至1655年在意大利逗留。他将新的想法带回了瑞典，并在设计的斯雅城堡，以及诸多贵族和皇家宅邸中，发展出了一种构成方式。图纸的构成显示了特辛在由中心延展出侧翼的基础上，尝试不同的设计搭配。图纸中心的折痕也是对称轴。塔楼元素，包括两个立面上固定的中心塔楼，围绕对称轴，形成构成上的平衡感。水平檐板和挑檐作为一个基准，将折痕两侧不同的元素连接起来，让正反两面形成延续的整体。左侧的地面层降低，形成了一个入口层，与下面的功能楼层通过一个大台阶连接。爱奥尼式壁柱与三角形山墙构成了左侧的中央门廊，与右侧立面更为本地化的处理形成了对比。

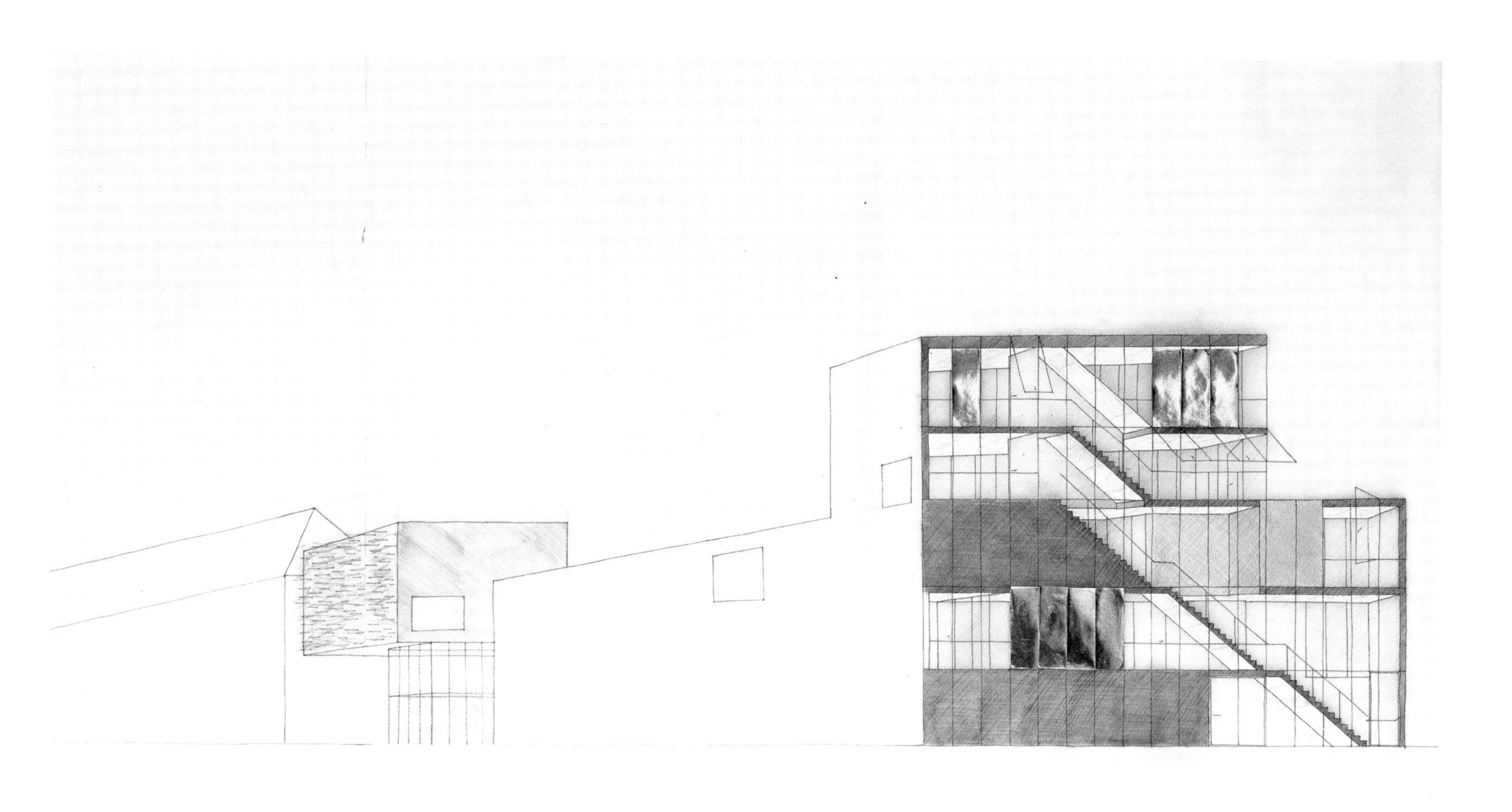

维勒-温克-泰利欧建筑事务所

比利时当代芭蕾舞团和LOD音乐剧场(2008)

描图纸上钢笔、铅笔、涂改液，铝箔

12.1厘米×26.7厘米

建筑师简·德·维勒（Jan de Vylder）将建筑图纸定义为对迎面而来的现实所做的准备，一旦想法和项目变成现实，图纸也就变得多余。这张与英格·温克（Inge Vinck）合作的图纸是利用多种媒介创作的，其中既有传统的钢笔和铅笔，也有铝箔和涂改液，它们给纸张添加了额外的纹理。这些特点将图纸变成了一件作品，使之从维勒的定义中解脱了出来：图纸仍能留存于建筑的建设阶段之外。这张图纸来自一部三卷本的作品集，而作品集中的两卷都是维勒-温克-泰利欧建筑事务所（Architecten de Vylder Vinck Taillieu）的建筑作品图。这张立面图表现的是为根特的两家表演艺术公司设计的作品。图绘制在描图纸上，有时徒手画，有时利用尺子。从手描绘精致的填充图案时留下的痕迹中，可以很明显地看到美国观念艺术家索尔·勒维特（Sol Lewitt）的影子。通常用于修改错误的涂改液，让天花板和楼梯的背面看起来像在发光。楼梯使得立面拥有了对角线般倾斜的韵律。窗框的纤细线条与表示室内分隔的线条混合。玻璃后空白的不透明面板也用线条勾勒出轮廓。建筑构造中的层叠手法，更强调了空间的模糊性。立面有意造成了冲突和并置的效果，例如玻璃表面和空白背板的关系，以及不同元素与投影之间的混乱感。无论是作为功能性的艺术场地，还是城市景观中更广义的角色，建筑既是舞台的表达，也是资本主义城市肌理不断变化的产物。

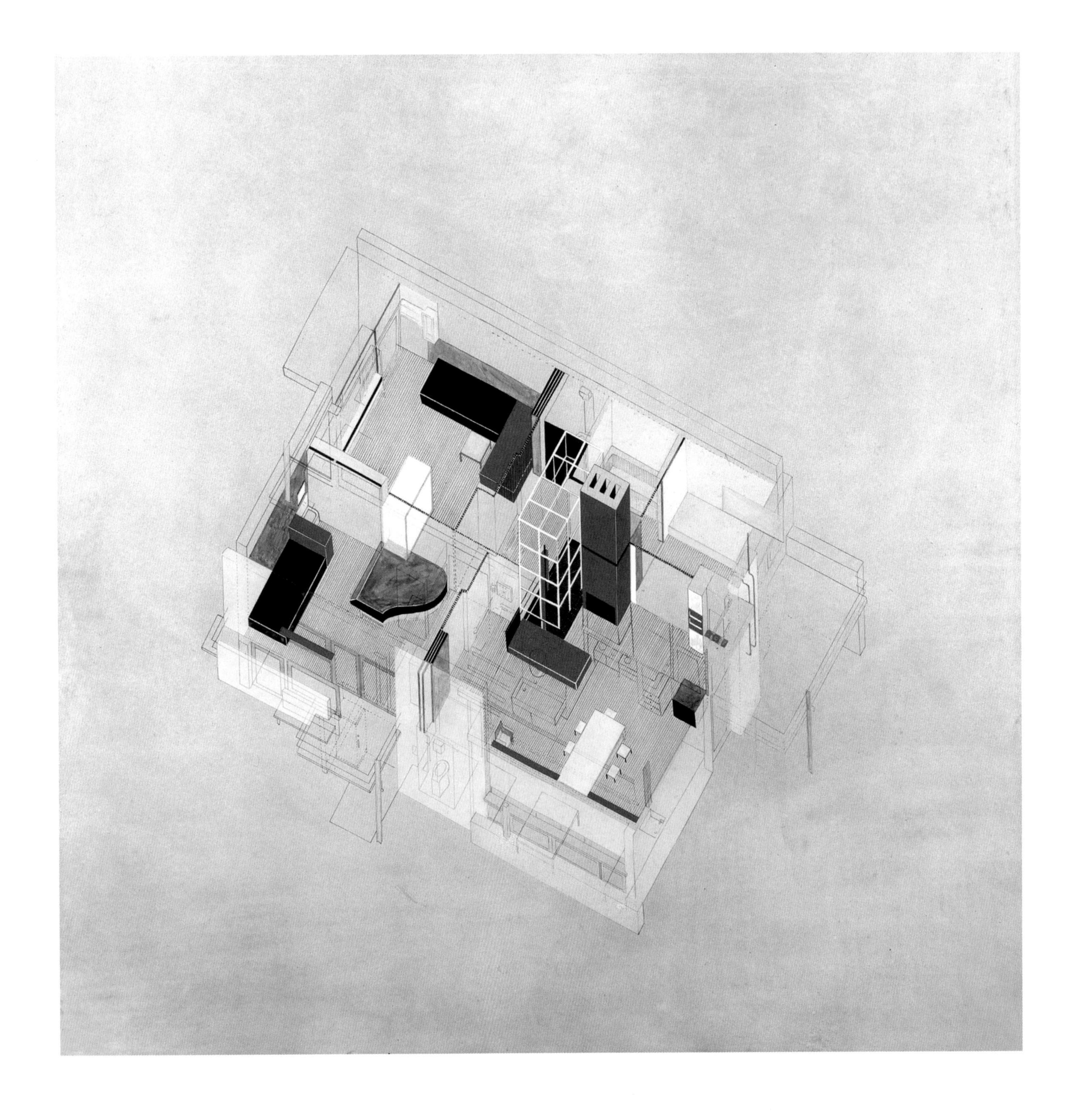

格里特·里特维尔德
(1888—1964)

施罗德住宅
(1924)

珂罗版，铅笔、墨水、水彩
83.5厘米×86.8厘米

格里特·里特维尔德（Gerrit Rietveld）为他不同寻常的客户施罗德设计的实验性住宅，是第一个真正的开放式住宅。它推翻了传统上对于公共与私密生活的区分，对单亲家庭中特别的日常生活做出回应。里特维尔德的设计是对荷兰风格派建筑最完整的诠释，即艺术的目的在于通过形式和色彩的简化，表达生活的纯粹。在这里，色彩减少为最基本的黑白和三原色。这张轴测图与透视图不同，施罗德一家居住的一层中的各个元素均得以呈现，而这种手法也最为清晰地呈现了设计中复杂的空间策略。图中表现了整个起居空间，既可以全部敞开，也可以通过一系列滑动和折叠屏风分成六个小房间。在一天之中，屋主可以根据实际需求，灵活调整室内空间。每个空间都有多种使用方式，与传统住宅中分割成固定功能的小房间有着本质的不同。它不再拘泥于某个预设的功能，既可以为一个大家庭提供共同居住的空间，也可以通过如钢琴、浴缸和长沙发等围合出独处的空间。过去的装饰传统被新的审美方式取代。受到荷兰风格派画家蒙德里安的影响，里特维尔德将居住空间中艺术的角色从装饰功能转化为空间和实用功能。明亮的色彩平面代表了建筑的结构元素，同时也定义了日常生活中的关键物品。

约翰·斯迈森
(? —1634)

侧翼带城垛的住宅设计图
(1600)

纸上墨水

26厘米×48厘米

仿佛舞台设计，这幅画集合了几个薄如蝉翼的立面，各自独立的部分组成了不同寻常的整体，其绘制目的是推敲各个部分的结合方式。四座独立的建筑体由严谨的棕色墨线勾勒出轮廓。按照通常的做法，四个部分都应处于统一的空间图式里，但在这里，传统的固定视角被一种特殊的散点透视取代。图中有两个灭点，其中一个恰好位于两栋建筑之间，却又偏离门廊中心，那里既不是壮观景色，亦非遥远的地平线，仅仅是一层房屋的低矮立面。画中地面与天空全部留白，俯瞰的视角在一个高度上变来变去，就像有一个飘浮的观察者——增加了画的梦幻和抽象色彩。约翰·斯迈森（John Smythson）是一名石匠，这幅画也体现了英国人对建筑风格的态度。斯迈森所受的建筑教育主要来自其盛名远播的父亲——罗伯特·斯迈森，他被称为英国第一位建筑师。在父亲主持修建位于诺丁汉郡的沃拉顿府邸的过程中，斯迈森学到了大量建筑知识。父子两人的作品以连贯、对称和轻盈著称，但这幅图却将哥特式、古典主义和乡土建筑三种不同的风格形式折中组合在了一起。作为一名石匠，斯迈森在设计时应该考虑过如何将建筑的整体构成与各部分细节概念化，这张图就显示了他用草图来梳理形式问题的思路。加重的墨线清晰地说明，新建的三层建筑与既存的两层庄园，尽管在物理空间上已相连，但形式上的联系与对话都尚未明确。后来，斯迈森主持了一些更大的项目，比如德比郡的博尔索弗城堡。他在这张图中对打破均衡、创建不整齐体块的兴趣，在这些项目中得以实现。

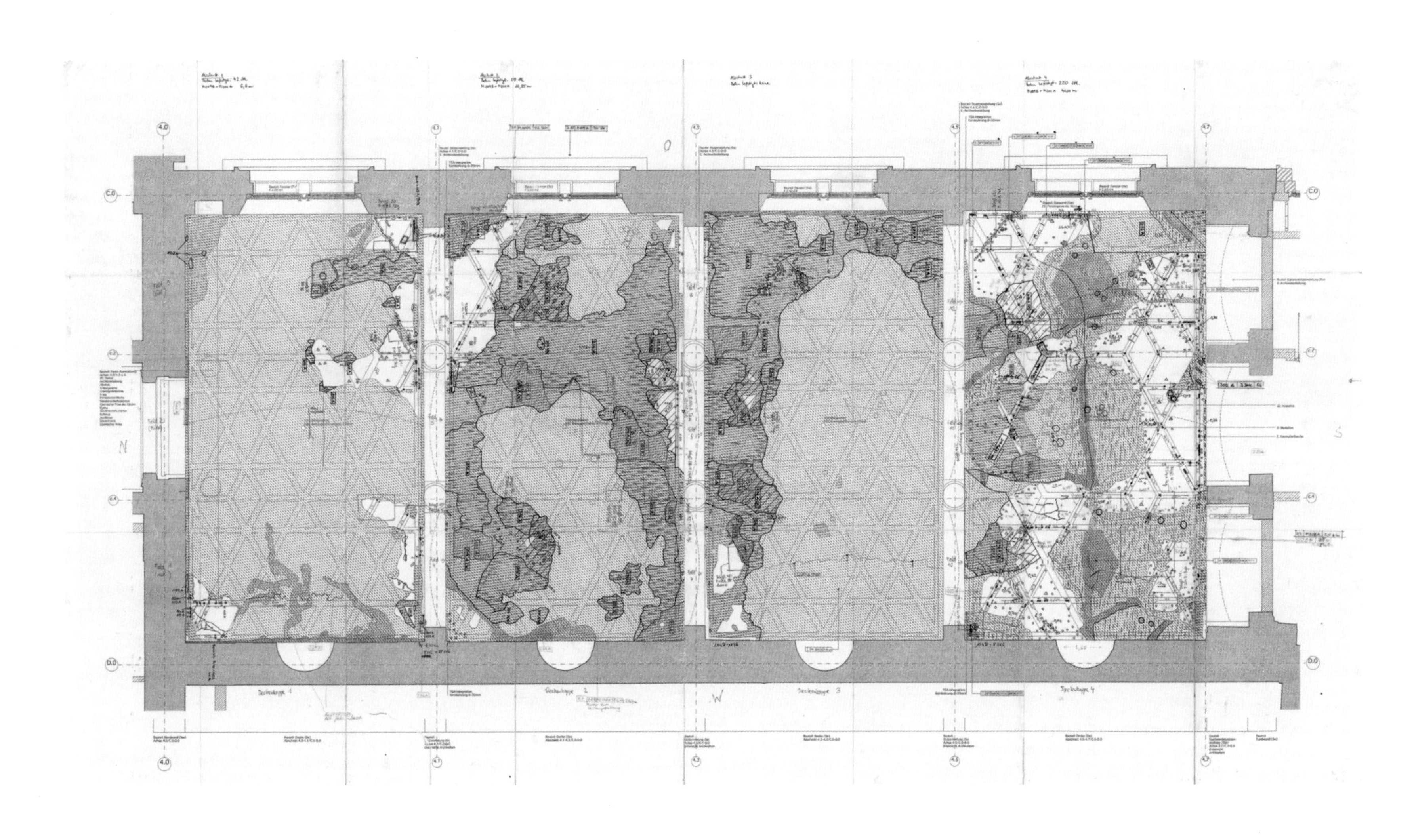

大卫·奇普菲尔德建筑事务所

柏林新博物馆罗马厅 (2009)

CAD绘图与铅笔手绘标注

在第二次世界大战的轰炸结束以后，这座19世纪建于柏林的新博物馆（Neues Museum）在废墟中静静伫立了50余年，直到委托大卫·奇普菲尔德建筑事务所（David Chipperfield Architects）予以修缮。对博物馆的改造需满足陈列与保管的功能要求，同时又不可失去材料特质与历史遗迹带来的创伤感。这张工作草图是为原博物馆一个文化特展的临时展厅天花板的修复工程所作，原展厅的装饰风格与展品的时代风格一致。这间称为“罗马厅”的展厅，原本墙面上覆盖着彩绘和马赛克装饰，在保留下来的纹样的下方，还可以见到几何网格结构框架。展厅的四周是厚重的砖墙，天花板对应的平面分成四个部分，两侧长墙上分别开有四扇窗户和相对的四个壁龛。罗马厅位于一组连续展厅的末端，又以入口正对着的一扇窗户作为收束。这幅图展示了尽可能保留和修复这层脆弱天花板的尝试。这一过程需要很多步骤，这张图则表达了三层独立的信息。首先是CAD图纸，它根据测绘成果绘制而成，记录了损坏、裂缝、结构缺陷和已消失的表面装饰的具体范围。其次是按照规定的图例，在图中标注与填充，以区分亟待处理的表面部分。标注中的一部分是纯粹技术性的指导，还有一部分是美观方面的注释。这些标注是工作人员在现场添加的，用不同颜色的铅笔标明不同的工作阶段，或备注结构状态。

约瑟夫·迈克尔·甘迪
(1771—1843)

英格兰银行鸟瞰效果图
(1830)

纸上水彩
84.5厘米×140厘米

艺术家兼建筑师约瑟夫·迈克尔·甘迪（Joseph Michael Gandy）在与约翰·索恩爵士（Sir John Soane）长期的合作过程中，创作了许多绘画作品来阐释索恩的重要项目及设计愿景，成果斐然。这幅水彩是为索恩的英格兰银行设计方案而作。甘迪喜欢使用两点透视，即两个相互垂直的立面方向各自拥有一个灭点，以使图面富有冲击力和戏剧性。而这幅被索恩选中参加1830年伦敦皇家艺术学会展览的表现图，却拥有着更为丰富的透视设计，在参展说明里，它被喻为一块切开的馅饼。虽然被戏称为“废墟里的银行”，但画作显然具有更为复杂的内涵，它更像是为项目而作的实体模型，同时体现着平面与立面。这幅图吸收了传统中的多种表现形式：文艺复兴时期的剖面图，空中俯瞰图，皮拉内西的考古画中浪漫、凌乱又壮观的景观。甘迪还运用灵活的光线技法创造大气层的魔幻效果，突出建筑不同寻常的设计及其周围的环境。云彩遮住画面的左右两边，像一层面纱，营造出深远的空间感；银行宛若城池，内部的宽敞空间与结构清晰可见，略远处稍微模糊；更远处是伦敦狭窄的街道与拥挤的商业区，正在时刻挤压着这座新建的银行。一小部分室内处于含混的阴影之中，前景却描绘得非常清楚：大厅和圆顶部分坐落在一个岩石基座上，似乎属于一片考古景观。这让人不禁遥想起甘迪和索恩都很热爱的古罗马废墟：昔日伦敦正从罗马人留下的废墟中建起，如今这座新的帝国纪念碑式建筑也是如此。沿着完整的立面，街道已经坍圮，在观者与地面之间，古老的遗迹碎片在阿卡迪亚式田园牧歌般的灌木丛中若隐若现。

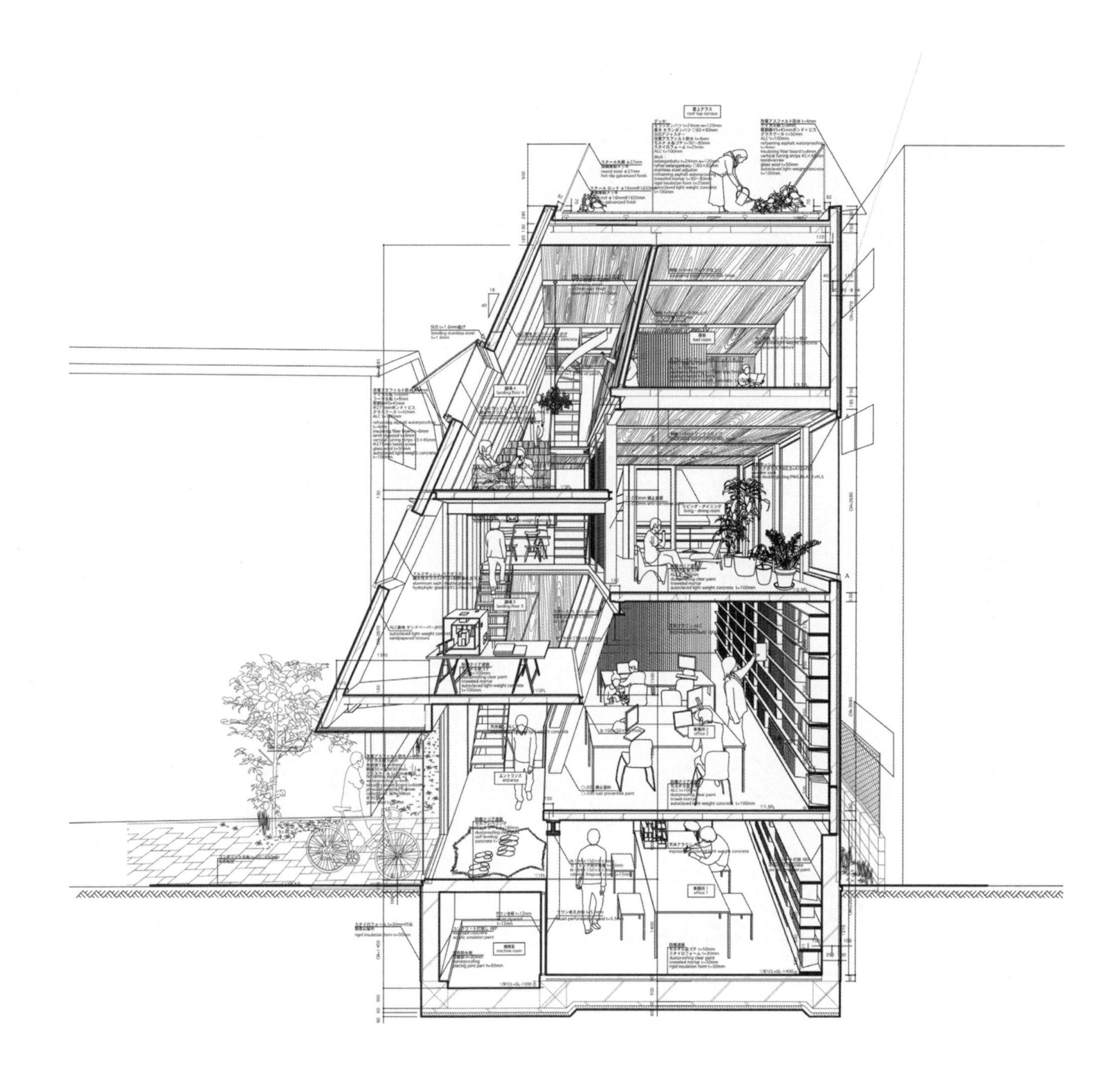

犬吠工作室

犬吠工作室兼住宅 (2005)

纸上墨水

52厘米×26厘米

犬吠工作室（Atelier Bow-Wow）的冢本由晴（Yoshiharu Tsukamoto）和贝岛桃代（Momoyo Kaijima）将建筑图纸喻为解剖学家制作的人体图、植物学家制作的植物科学图，这两类自然学科的绘画惯例是避免表达个人的信息，而只保留纯粹的物质真实。这是他们位于东京市中心的工作室兼住宅的剖透视图，是为一个展览和一本书准备的详细图像中的一张，因此是效果展示，而非建造图纸。这些图像遵循建筑师常用的正交与透视规则，以一种类似解剖图的手法描绘了建筑的实体，提供了丰富的信息，尽管技术含量很高，但外行人也可以看懂。这幅图的强烈叙事性是通过日常物品的杂乱堆放创造出来的，比如凳子、椅子、书架和自行车，以及随意摆放着建筑模型的用餐台。这些都暗示着有许多人在这栋房子里居住和出入，因他们的存在，窗户高度、楼梯位置、平屋顶防水构造这些问题才被赋予了尺度和感觉。与此同时，这些问题也都通过标注与准确描绘，在图中得到了细致的表达。该图将建筑看作一个系统，揭示了它各方面的运行，如此才可谓完善的诠释。比如地下室的厚混凝土板，是为了与潮湿地面隔开；长长的斜外立面，其墙体与窗户交替的剖面设计，既有排放雨水的作用，也构造了内部空间。图中还出现了多种材料——温暖的木材纹理、光滑的钢材、柔软的毛皮，都是这个建筑故事里的组成部分。

克洛林多·特斯塔
(1923—2013)

南美洲伦敦银行
(1995)

纸上墨水

43.8厘米×31.8厘米

黑色墨水笔触布满整张纸，迅速创造出一种充满动感和能量的氛围，仅用三类结构元素就勾勒出一栋大楼的建筑空间。克洛林多·特斯塔（Clorindo Testa）设计了位于布宜诺斯艾利斯的南美洲伦敦银行，在大楼完工多年后画下了这张草图。它处于一种很难捉摸的状态，在某种程度上是一种记录，表达了建筑概念；也是一种心灵上的纪念，强化了建筑在其物质存在之外的精神存在。银行大楼竣工于1966年，是一座未施饰面的混凝土结构建筑，以强大的姿态占据着城市的心脏位置。其街道立面由一排细而长的立柱构成，横向由混凝土构件连接，形式惹人注目。立面结构的后面是玻璃幕墙。转角处经由建筑后退与悬挑，形成一处开敞的城市空间，上方悬有一块混凝土板。这座建筑为城市创造了一个有顶的十字路口广场。草图描绘了建筑的内部中庭，它容纳了一层银行的主要空间，依照设想，这里会成为市民活动的室内广场。上面两层的公共空间悬挑在银行层之上，由独立的结构核心支撑，支撑物仿佛是生长在这个巨大房间里的矮树。在它们的上面，即草图中最上面的两层，在素描黑色背景中若隐若现。这是位于更高楼层的封闭办公空间立面，彩色玻璃后能看到正在工作的小人。画面左侧的斜线表现了混凝土立面的曲折设计，中间一道直线则是玻璃幕墙。在外面的街道上，几小团黑色的墨点代表行人。

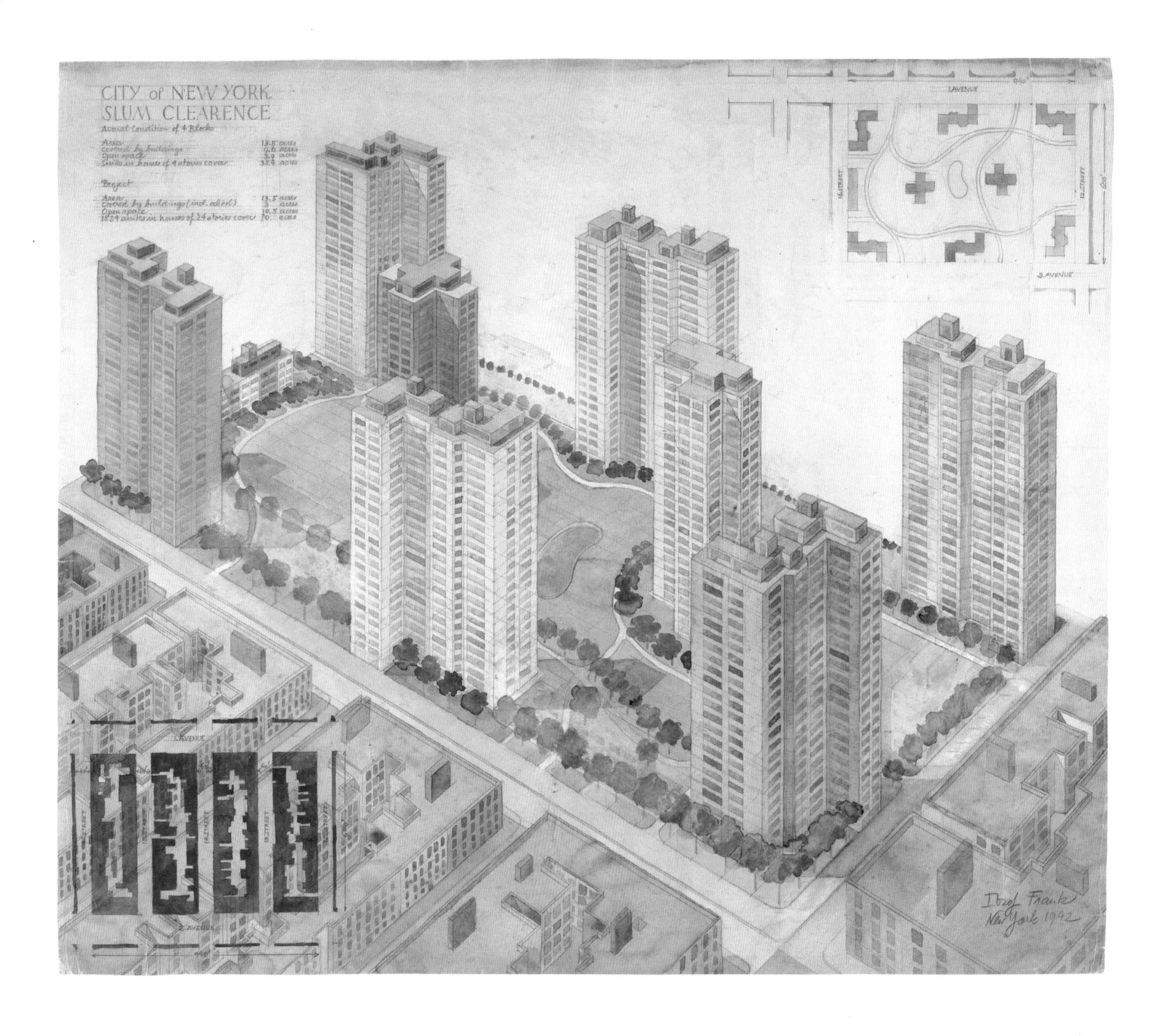

约瑟夫·弗兰克
(1885—1967)

纽约贫民窟清拆设计图
(1942)

铅笔、水彩
55厘米×65厘米

1941年至1946年，生于奥地利的约瑟夫·弗兰克（Josef Frank）在纽约生活和工作。在此期间，他的设计和建筑工作主要集中在两方面：在纽约社会研究新学院任教，撰写小说（未出版过）。其中有一本讽刺美国社会的作品《四大自由》（*The Four Freedoms*），根据当时富兰克林·罗斯福总统1941年的国情咨文演讲改编，罗斯福在此次演讲中提出了世界上每个人都应该享有的四项基本自由。这张设计图可视作弗兰克批评论调的延续，是为南曼哈顿的贫民窟清拆工程之一“史岱文森镇”（Stuyvesant Town）设计的。这张鸟瞰图将视点投向城市街区，其规划参照了现代主义的原则：高层、高密度的住宅，塔楼底部围有绿色的植被。街区就像一座浪漫的英式花园，抑或中央公园的一部分，有着绿树成荫的街道、蜿蜒的小径和池塘，没有围栏。弗兰克将四个老城区的场地平面排布于图纸的左下角，施以暗淡的褐色和灰色。这些平面图中的贫民窟由一圈连续而低矮的立面围合而成，仅在中心为黑暗的中庭留出仅有的一点空间。贫民窟的平面图与一旁矗立着的颜色鲜艳的黄、红、蓝色塔楼形成强烈对比。贫民窟清拆面积相当于四个城市街区，规划后的平面图在这幅图的右上角，其中塔楼的部分被涂成宝蓝色。它们奇特的形状在平面图的四角形成了富有创意的装饰元素，在花园中央还有两座较小的十字形塔楼。弗兰克对这座城市着迷不已，他还设计了曼哈顿的纺织品印花图案，图案上有曼哈顿岛上各个部分的剪影。

杜阿尔特·德·阿马斯
(1465—?)

奥利文萨和远处的巴达霍斯
(1510)

纸上铅笔

36.5厘米×52厘米

在这幅16世纪早期的图绘中，山顶小镇奥利文萨（Olivença）被杜阿尔特·德·阿马斯（Duarte de Armas）描绘了出来。阿马斯是一名皇家书记员，同时也是一位绘图员，受葡萄牙国王曼努埃尔一世委派，去绘制、记录该国与卡斯蒂利亚王国交界线上的56座防御工事。曼努埃尔一世在位期间，是葡萄牙历史上文化和政治特色鲜明的时期，此时产生了一种晚期哥特式建筑风格，亦称为曼努埃尔风格，这得益于此时的航海大发现。阿马斯的100多幅勘测图纸汇编在两卷本《堡垒之书》（*The Book of Fortresses*）中，包括平面图、尺寸标注、制图标注和文字注释。我们今天看到的这幅图与一般的透视图不同，各区域的建筑物、层层叠叠的山丘和起伏的山路交织，营造出一种距离感。时至今日，奥利文萨仍在西班牙与葡萄牙交界处具有争议的土地上，而这幅图中出现的瞭望塔也表明了此地在16世纪时就具备了战略意义——在远处，还可望见西班牙巴达霍斯（Bodajoz）的灯塔。这幅图并没有体现曼努埃尔建筑的复杂之处，而是展现了一个建筑风格混搭而坚不可摧的山城，它既有欧洲中世纪的典型风格，又有本土的风貌。阿马斯描绘的城堡是在基督教徒重新征服伊比利亚半岛后由圣殿骑士团（Templars）建造的。在曼努埃尔统治初期，他下令修建更多的防御工事和一座横跨小镇远处山谷中的瓜迪亚纳河的桥梁。这幅图中还出现了用旧石头建造的新围墙，坚固的城墙包围着小镇，房屋鳞次栉比，简单的斜屋顶顺着倾斜的山坡曼延。

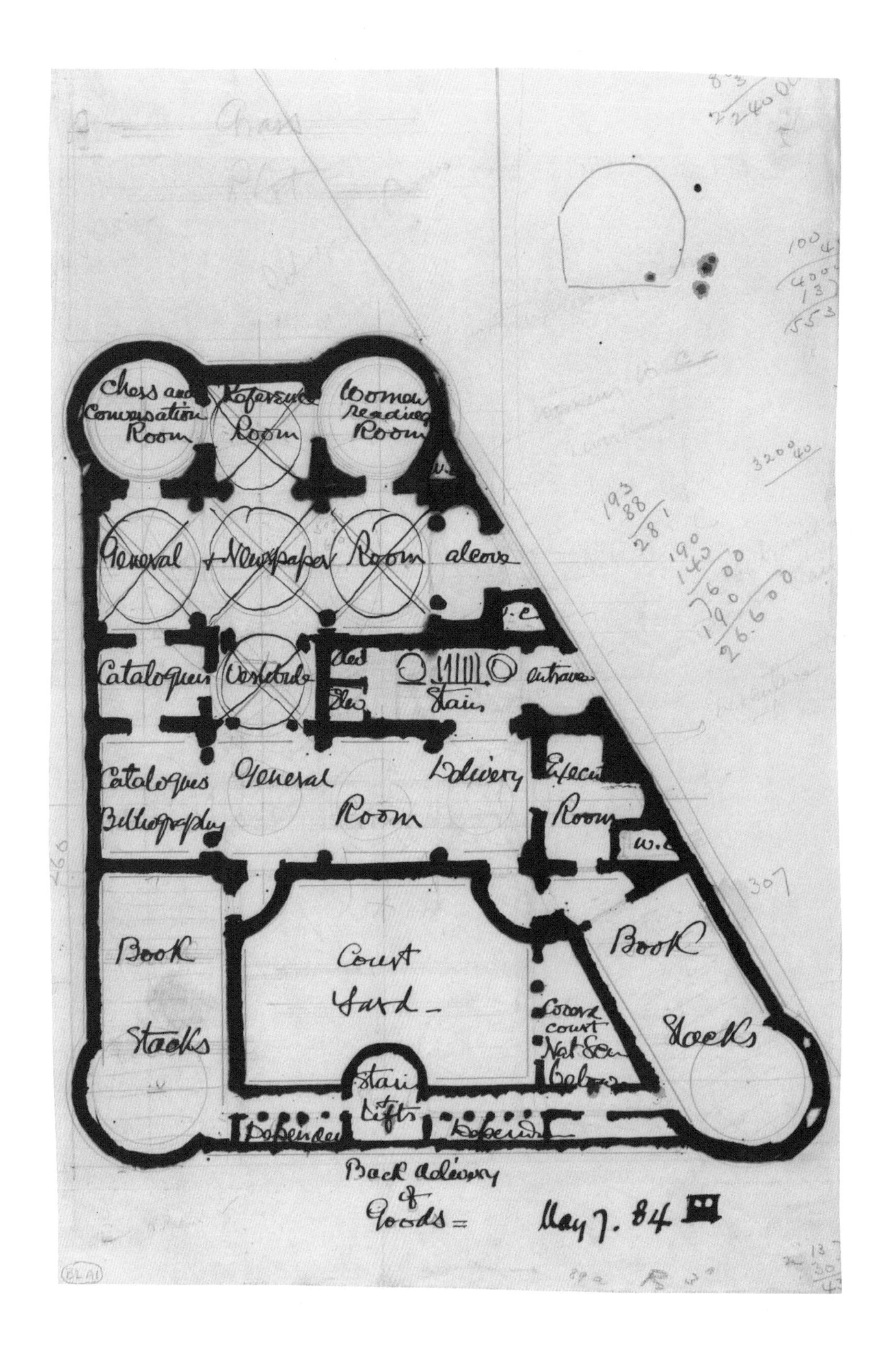

亨利·霍布森·理查森
(1838—1886)

青年协会图书馆规划图
(1884)

硬白卡纸上墨汁、铅笔

41.5厘米×29.9厘米

亨利·霍布森·理查森（Henry Hobson Richardson）是最早为新式建筑设计大型结构的美国建筑师之一，这种新式建筑诞生于19世纪的工业化和城市化运动背景之下。不过，这些没有先例的建筑式样也有过去的影子，创造性地演绎了欧洲传统。然而，他的根基是巴黎学院派的建筑传统，其设计过程建立在概念草图（esquisse）的基础上，这圈定了设计方案所有的主要元素和语汇。理查森亲手绘制的建筑图纸几乎每一幅都能够抓住方案的精髓，但他在生命的最后时日，为参加在布法罗举办的图书馆规划设计竞赛而作的图绘并未成功。理查森的成熟设计集中于两种新的建筑类型——公共图书馆和火车站。这幅图所用的绘制方法在他的图书馆类设计作品中非常典型，简而言之，可以称之为诺曼式风格或罗马式风格。作为一种形式的表达，理查森用强大而独特的绘制方法加以调和，使其摆脱了欧洲传统的束缚。理查森在这张用浓重的黑色墨汁绘制的平面图上添加了注释，并用更精细的铅笔线条标出了拱顶和楼梯的位置。它的主要目的是展示房间的布置，乍看起来十分复杂：主阅览室位于平面图上部，呈十字形分布；书库和办公室围绕着一个庭院，两者之间有一个大的普通房间。这些都延续了巴黎学院派传统的逻辑。外墙没有开口，只有入口附近的凹室空间，展现了一个由大而质朴的角楼连接起来的巨大而完整的石砌或砖砌围墙。

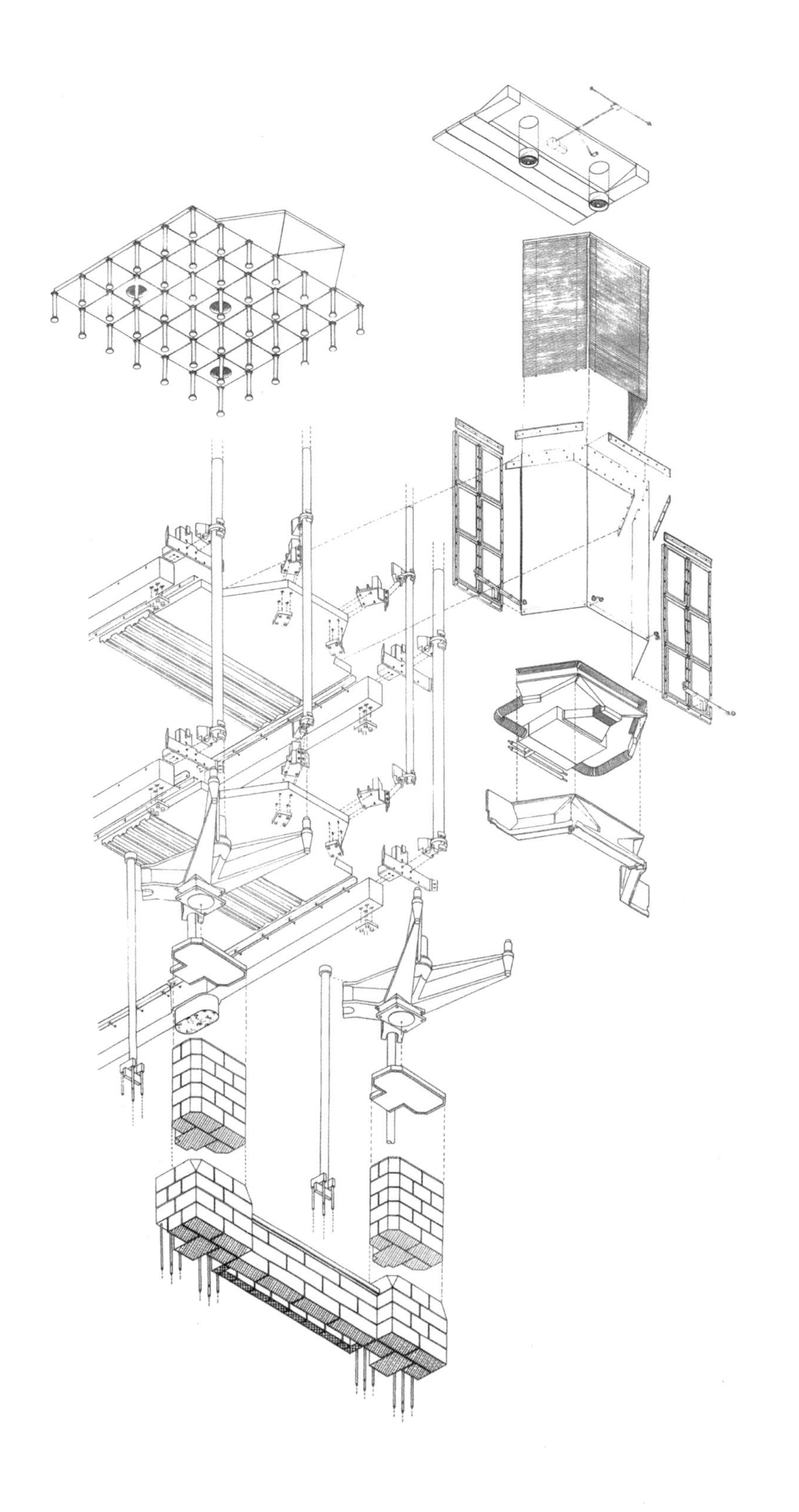

霍普金斯建筑事务所

布拉肯住宅
(1992)

描图纸上墨水
64.5厘米×34厘米

轴测图对于显示多层信息以及各个元素如何在空间上相互关联非常有用。本图便是一幅手绘轴测图，它展现了位于伦敦的布拉肯住宅（Bracken House）外立面的不同部分是如何结合在一起的。这幅图以铅笔线条为基础，各部分有清晰的空间间隔，从下向上看这幅图最容易理解。两个石墩位于砖石基座之上，底部可以看到石墩的平面排布。它们从较低层的建筑结构中分离出来，其上方有垂直的虚线连接。更上一层有三部分，外侧是支撑立面结构的两组铜铸零件，里侧是相对独立的地板梁。这是本图中最复杂的部分，它的多个固定件都是以三维形式绘制的，螺钉通过虚线与螺帽相对应。水平方向向外抽出的空调位置也被细致地描绘出来，而实际上，它们隐藏在经特殊设计的立面之内。凸窗的铜结构是相互咬接的，窗户玻璃并无边框。顶部是悬空地板，它的多重支撑与地砖的角点相对应，地板下的空间恰好显示了这座新式建筑如何适配那时新产生的计算机服务需求。创作分解轴测图的最常见方法是运用分层平面图，它可以在不同的平面中展现各种堆叠起来的剖面。这些平面能很好地演示建筑整体如何向两个方向延伸——元素既可垂直分离，又能水平分离。

路易斯·康
(1901—1974)

孟加拉虎之城
(1963)

描图纸上炭笔、蜡笔

45.7厘米×50.8厘米

“孟加拉虎之城”（Sher-e-Bangla Nagar）位于孟加拉国首都达卡，这里矗立着路易斯·康设计的孟加拉国议会大厦。议会大厦和三座住宿建筑聚在一起，被称为“议会寨”（Citadel of the Assembly）。这张透视图展示了从住宿建筑的餐厅和休息室庭院的封闭花园望出去，穿过巨大的拱门所能看到的风景。他对消失在远处的长外立面的描绘，是为了推敲三层住宿建筑立面的构成。路易斯·康注意到这一地区阳光强烈，他在图纸的底部写道：“住宿建筑墙壁开口的备选设计。当光线穿过墙壁时，眩光会发生很大改变。”在这些注释的旁边，是将具体图案按不同方式排列的更小的草图，其中有代表花园围墙的连续半圆形，以及由圆形和三角形组成的丰富图案。在一张小草图中，有个三角形开口中含有一个人形剪影，路易斯·康借此研究了在控制眩光的情况下，将光线反射到开口后面的墙上的效果。在图纸右下角的剖面图中，强光猛烈地照射在一个金字塔式的立面上。在这个立面中，开口创造了内部空间和外部之间的中间区域，这一点最终运用到了议会大厦的锥形剖面之中。我们可以在这幅透视图的远景中看到，议会大厦最终形成了一个复杂的结构，中央圆形议会厅被包裹在层层的壳体中，外壳由教堂式的体块构成，囊括了办公室和各种会议场所。路易斯·康在这幅图纸中展现的设计，最终缔造了孟加拉国议会大厦建筑的不朽。

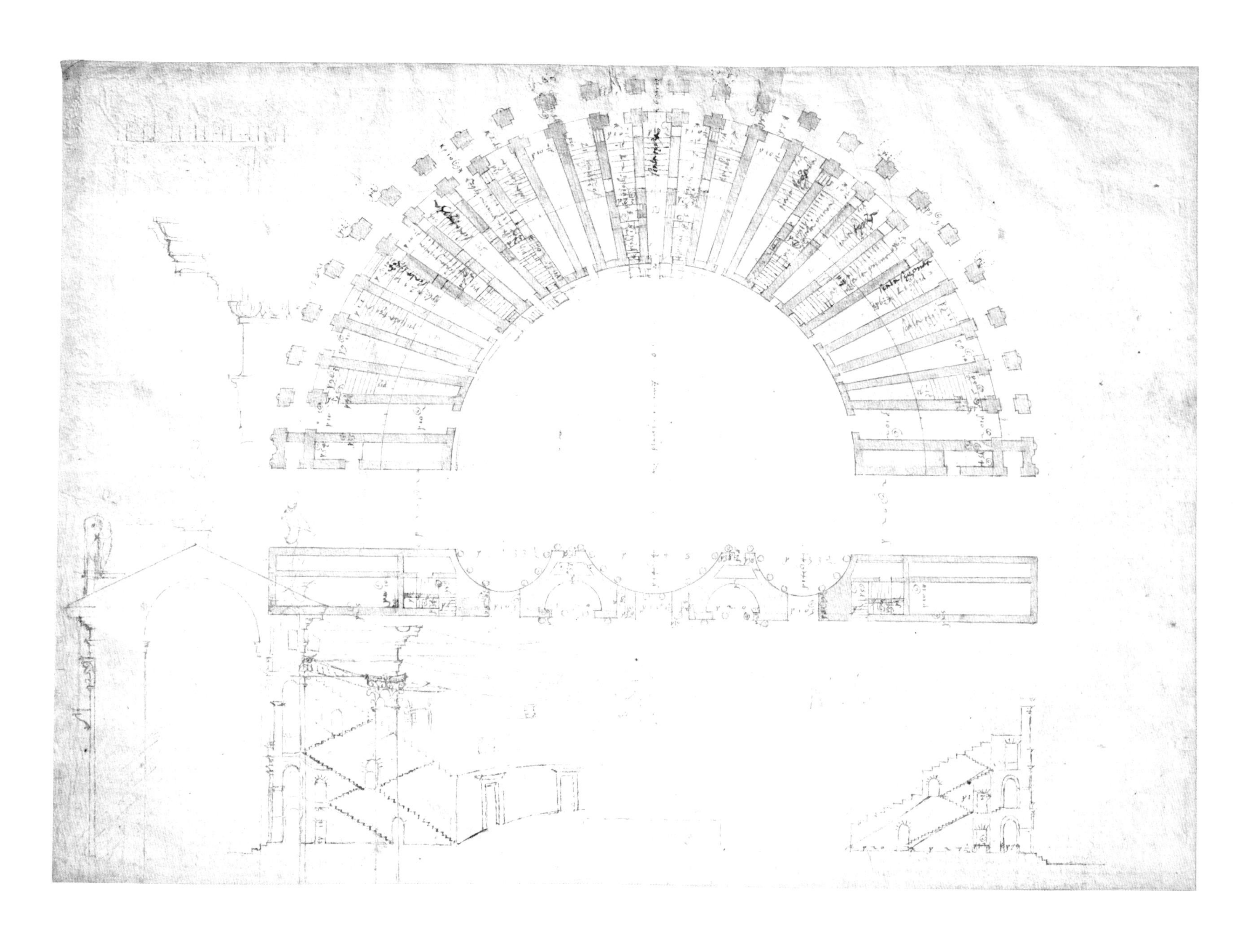

安德烈亚·帕拉第奥
(1508—1580)

贝尔加剧院
(1536)

纸上墨水

28.7厘米×41.1厘米

这幅安德烈亚·帕拉第奥早期的图纸，表现了意大利城市维琴察（Vicenza）郊外古老的贝尔加剧院（Berga Theatre）遗址，帕拉第奥和他的伙伴达尼埃莱·巴尔巴罗（Daniele Barbaro，既是建筑师又是赞助人）都认为此图几乎就是剧院的原貌。对于维琴察贵族而言，剧院是其地位的象征，也是权力的象征。鉴于此，帕拉第奥发明了一种背离常规的新形式——复兴古典剧院。实际上，这幅剧院平面图对遗址的还原并不完全准确。图纸下方还有三幅小型草图，其中一幅以透视法将视野延伸向远方，左侧还有一幅檐口轮廓图。这些小型草图的内容和形式在帕拉第奥的素描本乃至其他绘画作品中反复出现，且描绘得愈加精细。这幅理想化的平面图与剧场结构的区别在于，帕拉第奥用维特鲁威图式重建了它的几何结构。这张图以一个大圆为基础，圆形来自古罗马剧场阶梯式观众席（或座位区）的外围周长，而不是较小的内面。而且古罗马剧场本身是半圆的，整体是倾斜的，可以通过在剖面中可见的笔直阶梯进入。舞台面对观众席，后面是三个同样朝向观众席的壁龛（中间的壁龛比两边的稍大），壁龛后面还有换幕的门径。这幅图因为描绘了呈曲线排列的宏伟柱廊，对建筑史产生了深远影响，革新了晚期文艺复兴、巴洛克和新古典主义的设计。在多洛（Dolo）别墅的一幅草图中，这种设计几乎立刻就得到了应用，并且帕拉第奥第一次将它演绎成通向主入口庭院的框架结构。这个设计还可以看作是帕拉第奥的奥林匹克剧场（Teatro Olimpico）的前身，剧场1580年始建，位于维琴察，至今仍在使用。

威廉·哈维
(1883—1962)

岩石圆顶清真寺
(1909)

钢笔、水彩、印度墨水、金粉
90.8厘米×121.3厘米

测量图是按照一定比例对实体建筑进行正交投影的精确图示——通常作为基础图纸，供后来的设计师更改，也可以作为古建筑的图示。耶路撒冷岩石圆顶清真寺的这幅剖面图，其不同寻常之处在于色彩铺陈华丽、细节错综复杂，与一般的实测图大异其趣。这幅图是清真寺南面的剖面图，线条宽度在0.6厘米至30.5厘米间。醒目的黑色背景上还有一系列用金粉描绘的图，包括地下石室平面图与剖面图。整幅图由7页纸拼接而成，并且是现场测量绘制的。1833年之前还没有任何针对这座建筑的描绘，直到弗雷德里克·卡瑟伍德（Frederick Catherwood）花了六周的时间对其进行勘察和绘制，为工程师威廉·哈维（William Harvey）绘制这幅建筑图打下了基础。这张剖面图从上至下可分为三个部分：穹顶、支撑穹顶的鼓座、支撑鼓座并向外延伸到外围墙壁的拱廊。其平面呈八边形。穹顶的双层结构在剖面图中清晰可见，里面装饰着彩色纹饰，还有各种字体的《古兰经》经文。鼓座上装饰着镶嵌画，开有16扇窗户，在图中我们可以看到8扇。拱廊的描绘非常细致，用不同的颜色来表现建筑中所用的各种大理石。岩石圆顶清真寺由倭马亚王朝的哈里发阿布杜·马立克（Abd al-Malik）主持建造，公元691年建成。

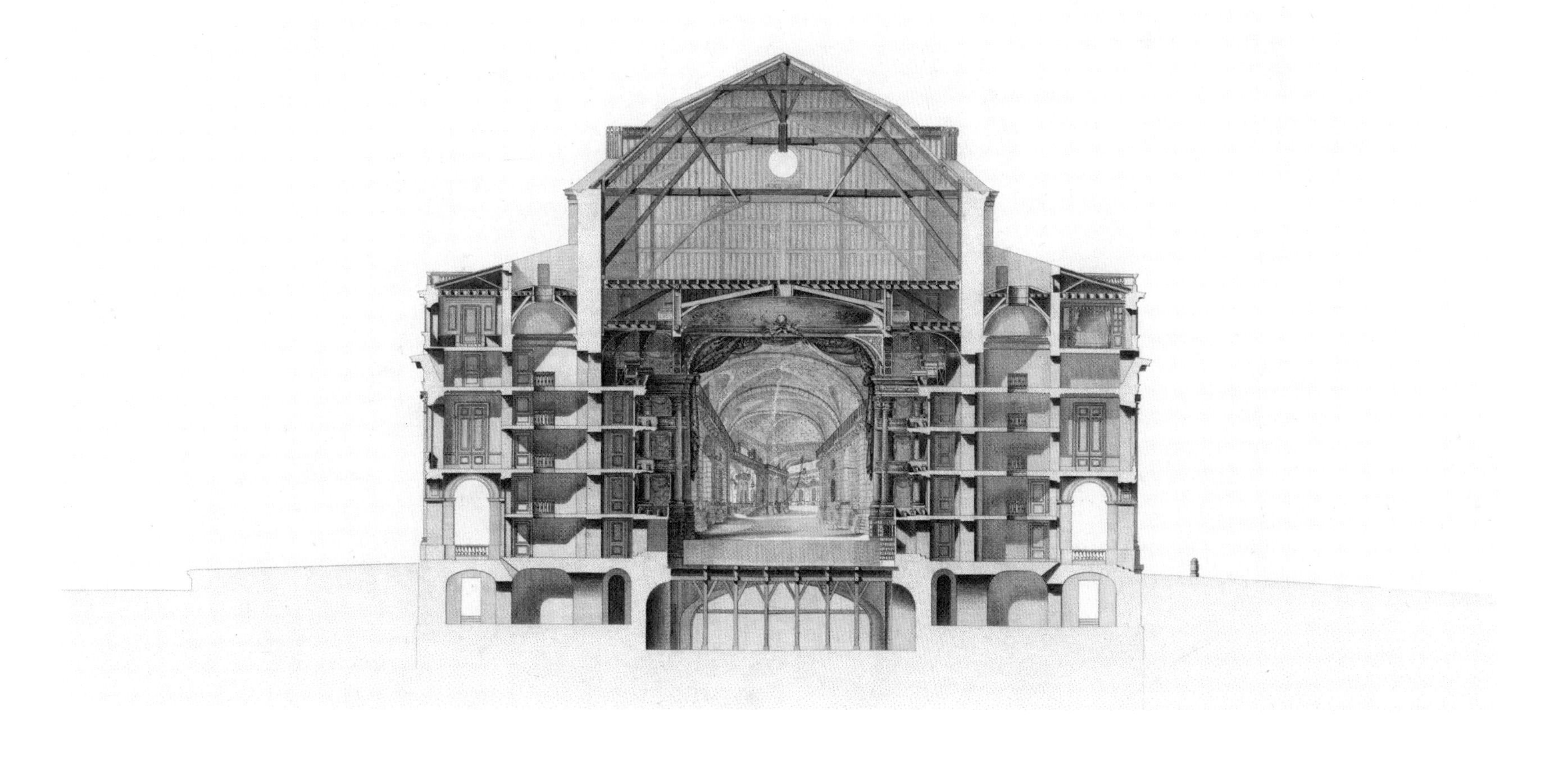

维克多·路易斯
(1731—1800)

波尔多大剧院
(1773)

纸上墨水、铅笔
34.7厘米×48厘米

波尔多大剧院在大革命前的法国，即便放在众多剧院中，也是最壮丽宏大的，它是后来建筑的典范。维克多·路易斯（Victoire Louis）是18世纪后期法国改良古典主义风格的首批代表人物之一，他的设计中始终贯彻了改良古典主义风格。在波尔多大剧院内部，新古典主义的前厅有一座宏伟但朴素的楼梯，从质朴的地面层直通上方的柱廊楼厅，阳台被透过玻璃穹顶的光照亮。在图绘中，建筑整体呈长条形，由12根巨大的科林斯式柱组成的门廊形成了宏伟的立面，面朝位于波尔多市中心的喜剧广场。然而，这幅剖面图并没有充分展示出大剧院的空间之宏伟，也没有展示出它的都市感。它从建筑中央剖切，朝向东，展示了剧院的结构是如何支撑起内部的想象世界的。这个空间通过透视和舞台布景，沿着拱廊伸向远方，通向一条灯火通明的街道，一幢小楼延伸向左，与画面其余部分的庄严肃穆感形成对比。这幅图展现了由两种材料搭建的结构：整片墙体，将舞台和街道分隔成两块空间；朴素的木柱和桁架，支撑着舞台周围的平面。两侧的沿街立面并没有建筑前面的巨大拱廊，但它们共同构成了对称的构图，在一层延续到街道，其上是公共房间。这些通往大剧院内部门厅的通道，同时通向剧院上层的楼厅，是都市里创造性地设计的室内空间与外面街道之间的缓冲带。

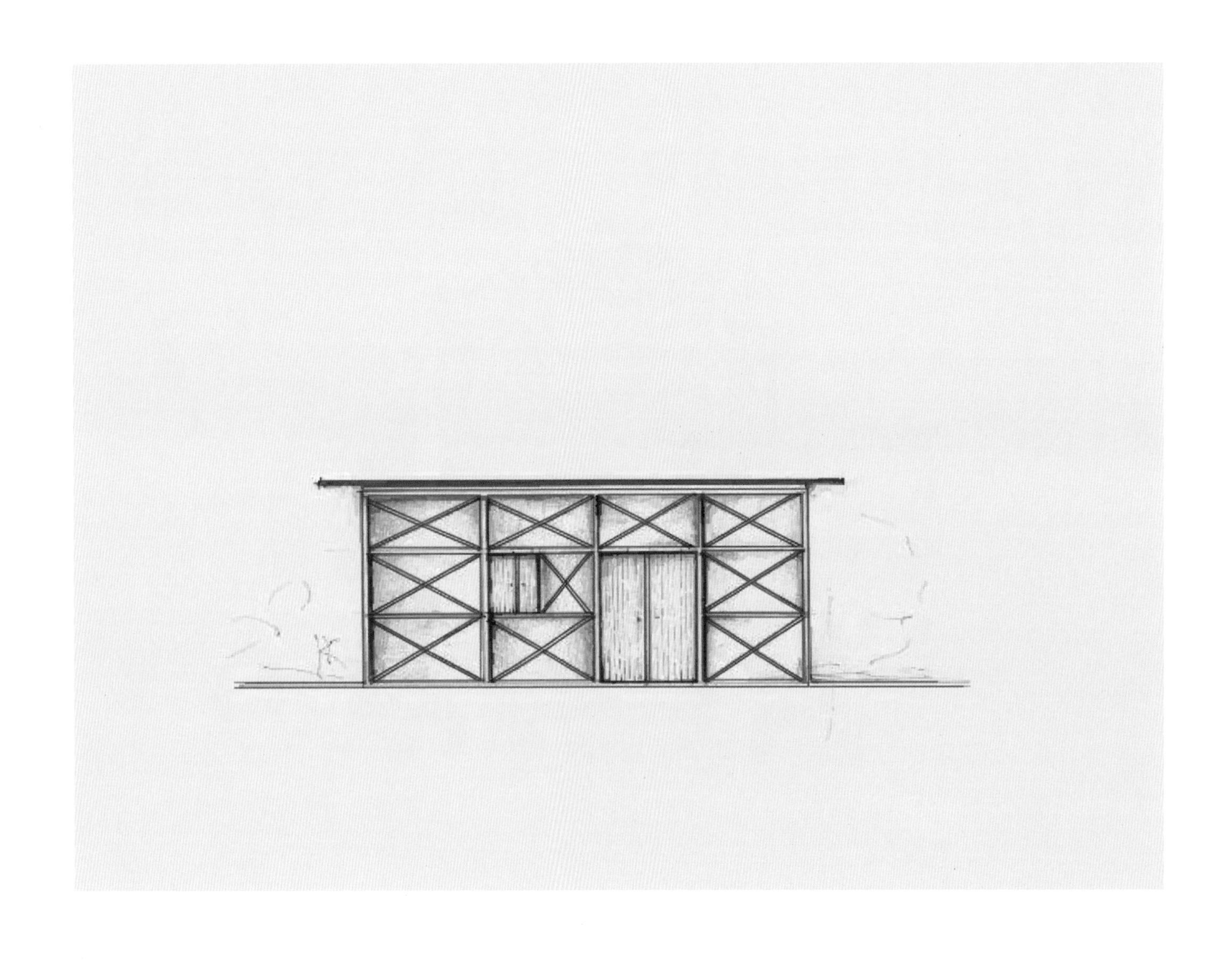

雅斯敏盖瑞·拉里
(1941年生)

应急住宅
(2010)

纸上彩色铅笔
23.5厘米×38厘米

这所应急住宅的经济性从简约的图纸中可窥见一斑。住宅是为巴基斯坦北部斯瓦特山谷地区遭受洪水袭击的灾民而建，从立面图来看，建造这种简单的、带有四个凸窗的平顶房屋有很大的实操性。住宅框架由竹子搭建，固定在石头和夯土上。石灰泥由交叉框架加固构成墙体，平屋顶也是由相同的材料覆盖在一个简单的编织框架上。建成后不久，屋顶上就会长出青草。这些被称为“绿色大篷车”（Green Karavan Ghar）的应急住宅提供了基本的居住空间，包括一个大卧室，以及走廊、厨房、厕所和盥洗室。虽然是由建筑师设计的，但它们最后都由居民自行建造，建材便宜，又容易从周围环境中获取。作为临时居所，它们的寿命被设计为6个月，直到找到更持久的居住方案。负责设计这些住宅的建筑师是雅斯敏盖瑞·拉里（Yasmeen Lari），她与格拉斯哥大学合作，并受到苏格兰农场联合会（Scottish Crofting Federation）的启发。拉里是巴基斯坦最早的建筑师之一，于1980年至1983年担任巴基斯坦建筑师协会主席，也是巴基斯坦建筑师和城市规划师委员会的第一位主席。她漫长而复杂的职业生涯涉及建筑实践的方方面面——从为国家便利设施和企业客户设计钢筋混凝土的野兽派建筑，到保护巴基斯坦建筑遗产。自2005年以来，拉里的工作重点一直是在巴基斯坦建立应急住宅项目。她已通过自己建立的机构——遗产基金会、大篷车巴基斯坦，以及大篷车项目本地化技术（KAPIT）——建造了3.6万所救灾型住房。

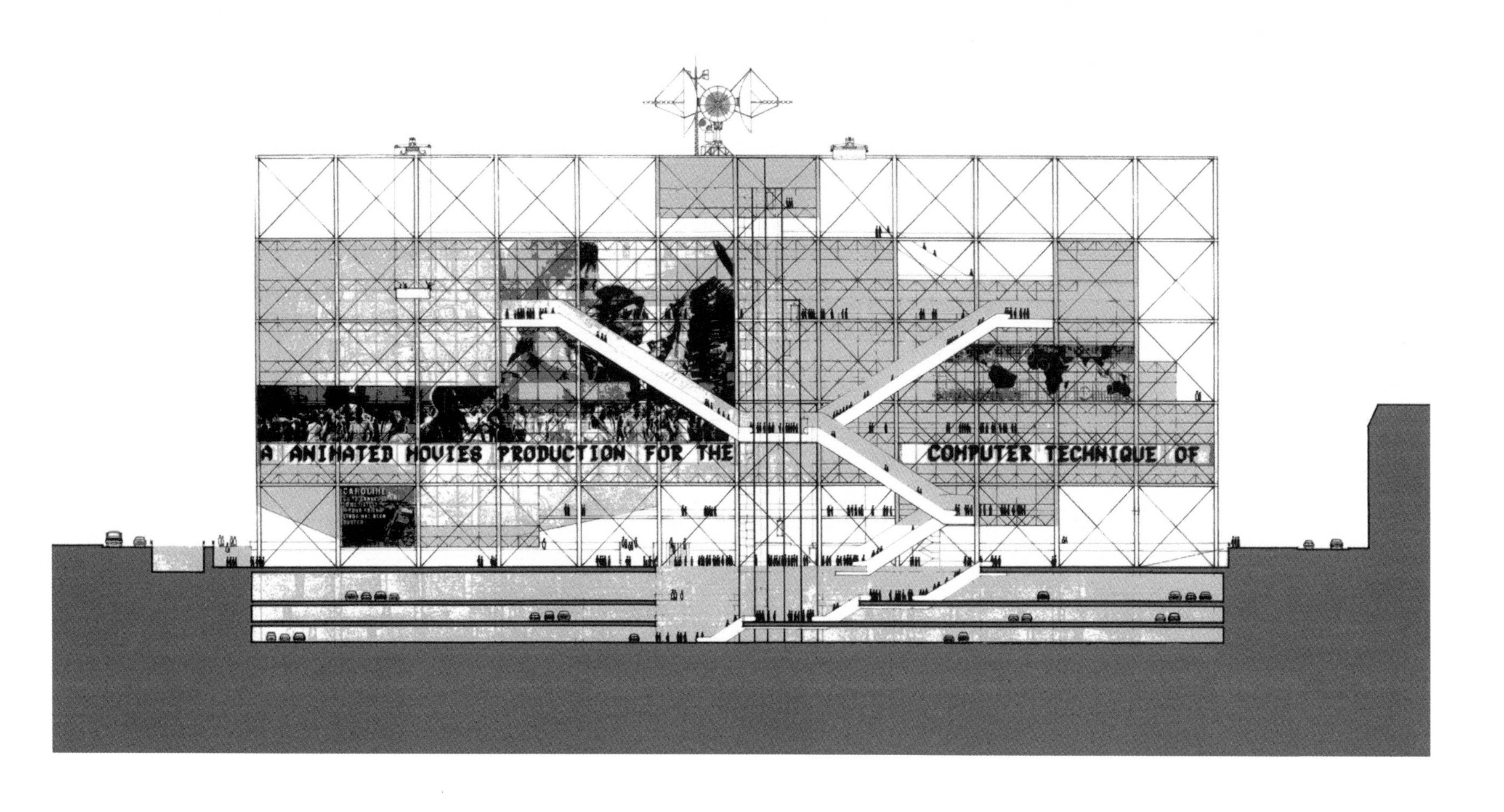

伦佐·皮亚诺(1937年生)
理查德·罗杰斯(1933年生)

蓬皮杜中心
(1970)

纸上铅笔

60厘米×90厘米

这幅剖面图的核心是一个生动的交互式表面，看起来像一个巨大的棚子。这是1970年伦佐·皮亚诺（Renzo Piano）和理查德·罗杰斯（Richard Rogers）参加国际竞赛时的作品，表现的是作品中最为核心的部分。这场竞赛旨在设计出一座新的综合文化中心，吸引了来自49个国家的681名参赛者。这一外观象征着技术进步与社会民主之间的明确关系，通过传递当代文化信息的巨大屏幕的动态演示得以强化。虽然图绘中所设想的雄心勃勃的屏幕当时并没有完全实现，但是建筑外部基础设施的表现形式创造出一个不断变幻的背景，尤其是透明的电梯，让人能够欣赏周围城市美景。类似的例子包括塞德里克·普莱斯和琼·利特伍德的游乐宫，也是提倡一种不确定的灵活性。从理论上说，这种灵活性可以应对任何可想象的文化表现形式的空间和服务需求。项目选址位于巴黎市中心，在改建过的中央市场和老旧破败的马莱区之间。皮亚诺和罗杰斯设计的巨大的矩形体量只占据了规划用地的一半，另外一半作为广场仍然对公众开放，这使得人们有足够的距离欣赏建筑的立面。这是一个在密集的城市体系中能够聚集大众的象征性空间。该建筑以时任法国总统乔治·蓬皮杜的名字命名。1968年5月法国各地爆发反对资本主义的“五月风暴”，并引发了一场社会变革，蓬皮杜于1969年决定修建一座现代艺术中心。1977年建筑甫一建成，立即成了轰动一时的纪念碑式建筑。

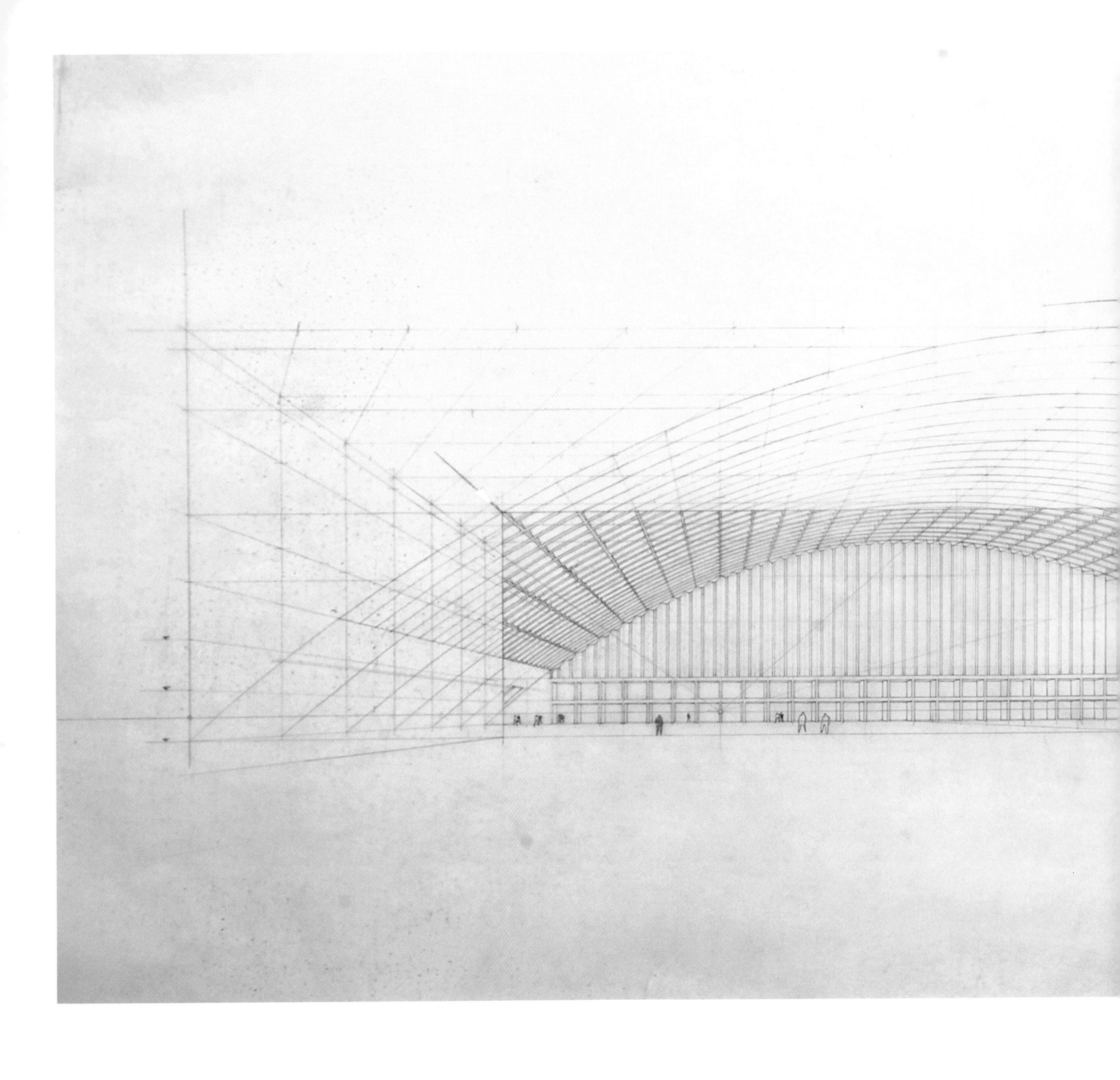

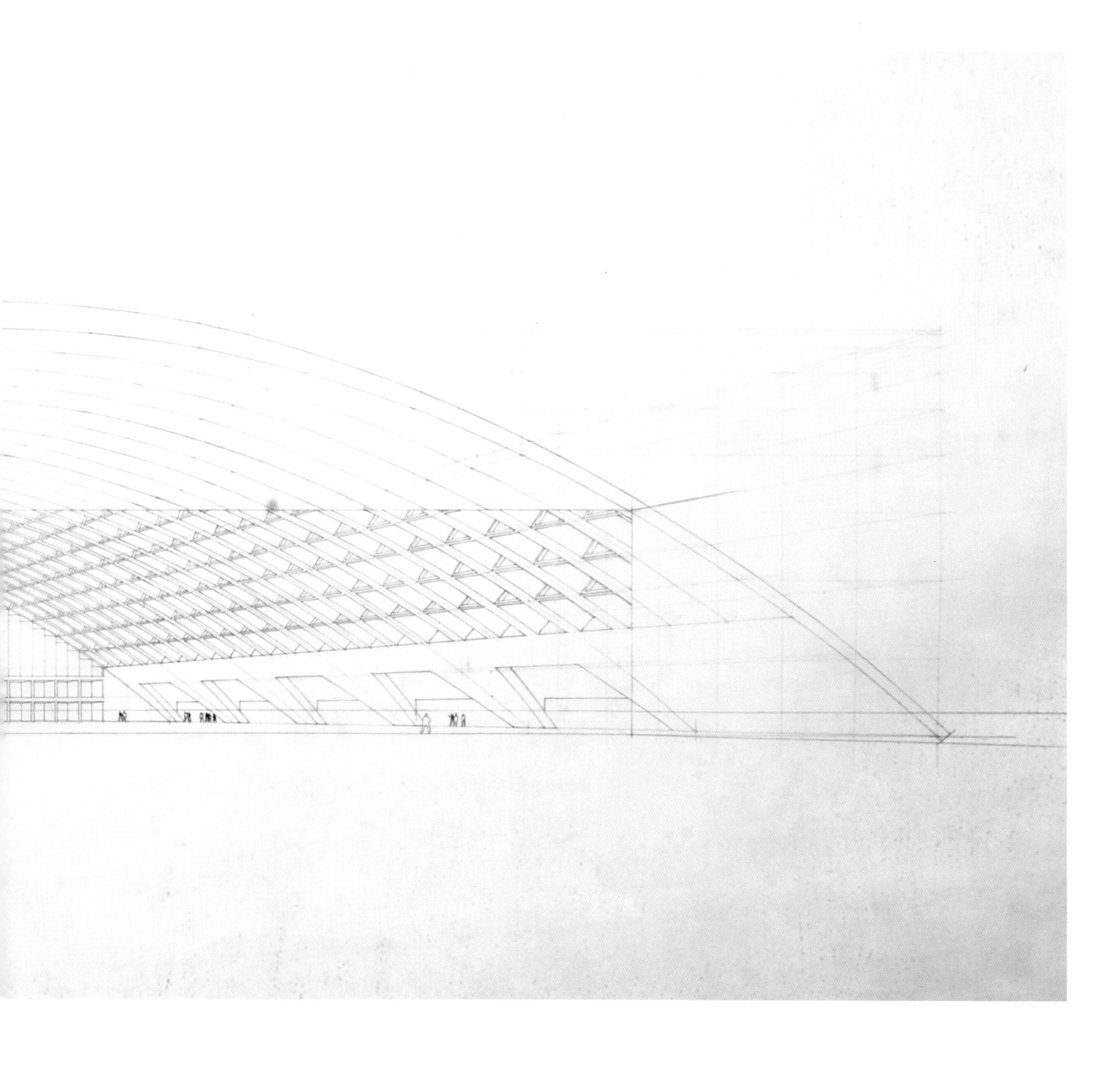

皮埃尔·路易吉·奈尔维
(1891—1979)

飞机库项目
(1949)

纸上墨水

27厘米×84厘米

这张结构透视图精致优美，是工程师皮埃尔·路易吉·奈尔维（Pier Luigi Nervi）为布宜诺斯艾利斯的一个未建成的飞机库项目所做的设计。这个巨大的拱形空间跨度达180米，高近40米，天花板采用花格镶板式样，由V字形钢筋混凝土预制构件建成。设计图中突出了这些屋顶元素的重复节奏和深度的美——不仅是因为透视效果下密集的构件看起来逐层递进，从而加强了画面纵深，还因为图中添加了第二个图框，在其中详细描绘了细节。飞机库后墙的顶部是折叠的预制单元，为屋顶提供刚性支撑。它们架在一个水平的混凝土网格上，其纵深方向以后墙垂直面为基准，再向外凸出两个单元，形成更传统的柱结构。在飞机库的前部（未绘出），一块厚混凝土板支撑着上面的折叠板，并形成推拉大门的框架。地面上的混凝土支柱延续了拱形构件的椭圆线条，完美地承受住其重力和外推力，并最终传入地面。图中的配景人物很小，显示出这个精致的空间具有的非凡尺度。设计师没有画出飞机，也许是因为它们会打断设计图中设定的节奏。在内画框以外，结构线排列得云淡风轻，形成紧密之内部结构与空白之外部的过渡地带，表明空间无限延伸的可能性。建筑的正面没有显示，而在建筑两侧用于辅助透视线的垂直面，实际并不存在。

欧仁·伊曼纽尔·维欧勒-勒-杜克
(1814—1879)

跨度20米的大厅
(1863)

版画

33.3厘米×24.9厘米

欧仁·伊曼纽尔·维欧勒-勒-杜克（Eugèue Emmanuel Viollet-le-Duc）是一位多产又才华横溢的制图师，创作了许多类型各异的作品。作为历史建筑修复与保护行动的发起人，他根据自己的经历创作了这幅图，表达了他基于哥特主义而非古典主义原则的思考。1863年，《论建筑》（*Entretiens sur l'Architecture*）一书出版，在第一卷的“砌体”部分，收录了这张版画［图版21，由克劳德·索瓦戈特（Claude Sauvageot）制成版画］。这本书的中心思想挑战了法国学院派所推崇的主流方法论，提出了对建筑结构问题的根本解决方案。这幅图展示了一个精妙的混合结构：大厅侧墙是传统石材结构，应用的技术已流传数个世纪；圆形砖穹顶圈梁下方是铁制的坚固斜撑，沿对角方向支持着屋面的重量。它展示了倘若中世纪的工匠能够获得铁制构件，他们将如何建造那些穹顶。这样一个支撑体系注定是备受争议的，它容许两种不同的材料——古代与现代的——分别展示各自的特性，而不是融合成一种混乱和浅薄的设计。两种材料都按力学要求予以设计，同时也都有装饰意味。铁制节点与托架上铸造着繁复的花饰，砌拱顶的砖则组织成不同的纹理，同时提示出结构的砌筑方式。光滑的圆穹顶与几何多面穹顶被赋予了不同的质感；石墙的窗支柱以关节式的连接延续到地面层。

莱昂·克里尔（1946年生）
詹姆斯·斯特林（1926—1992）

奥利维蒂公司英国总部餐厅（1970）

纸上墨水、彩色铅笔和石墨
41.6厘米×55.1厘米

手绘在詹姆斯·斯特林的建筑实践中发挥着重要作用，但他并不总是作者。在项目的早期阶段，与他合作的工作人员就会画出多张草图，大家一起讨论和点评。莱昂·克里尔（Léon Krier）在1968年至1971年间曾在斯特林事务所工作，1970年为配合项目的发布绘制了这幅单点透视图，斯特林则为这幅图手工上色。这是为奥利维蒂公司在米尔顿凯恩斯建设的英国总部所作的餐厅设计图，虽然未能实施，但这幅手稿在审美上具有很高的自主性，从中可以一窥英国的设计品味和建筑式样。画面下部靠左摆着一把19世纪早期的托马斯·霍普椅，斯特林本人坐在那里。在中心的位置，是一张新古典主义风格的霍普桌，上面放有一本打开的书。斯特林手指的方向穿过画面中心，落在靠着同样一把霍普椅的另一位年轻员工布莱恩·里奇（Brian Riches）身上，二人似乎正在热切地讨论。克里尔在画面的右下角，化为一尊古典半身雕像看向里奇。这幅画的写实手法效仿了勒·柯布西耶的风格，家具式样则参考了霍普于1807年出版的《家庭家具》（*Household Furniture*）一书中线条简明的图样。在前景上方，深色天花板与分割室内外的玻璃幕墙相接，形成一条优美的曲线，外面隐约可见起伏的山峦。这些又都使人联想到阿尔瓦·阿尔托的作品。黄色的蘑菇形圆柱垂挂于天花板上，扩大的顶端轮廓源自19世纪的一项工业设计，表明了它的古典传统。离里奇最近的圆柱被特意打断，形成一处考古遗迹。圆柱代表了传统的视角，又与其他元素——螺旋楼梯、夹层、弧形玻璃墙，甚至还有盆栽植物——共同展示了一个未受严格几何限制的自由空间。

菲力波·约瓦拉
(1678—1736)

克莱门蒂诺竞赛作品
(1705)

纸本钢笔水彩

130厘米×100厘米

1705年，在罗马的圣卢卡学院（Accademia di San Luca），一个精英艺术家协会举办了一场比赛，要求采用他们最新提出的“三面会徽”的设计风格——象征着绘画、雕塑和建筑三种艺术的平等。年轻的建筑师和舞台布景设计师菲力波·约瓦拉（Filippo Juvarra）报名参加了比赛，并获得了第一名和次年加入圣卢卡学院的资格。这件作品引起轰动，不仅因其精彩的设计与优美的绘图，也因其四张纸构成的大型体量远远超出同类比赛作品。选图是其中一张，它展示了约瓦拉在花园中央设计的三座别墅的第一层平面。这组别墅被一片人工湖泊包围，通过桥与陆地相连。其内院为正六边形，外部的花园亦为别墅提供了理想环境。建筑师有意把它画在一张想象中的纸上：纸边微微卷曲，十分有趣，上边和四角用几根丝带固定，以防收起。平面上方，一张立面展示了三座别墅的主立面，以及外部带有大楼梯的侧翼。大楼梯的平面为半圆形，凸出于侧翼外部，在门厅顶上覆有穹顶与采光尖塔。整座别墅宛若小型城堡，形体上有许多相互重叠和凸出凹进。立面则层级分明，底层是一个粗糙的基座，由两层高的壁柱围合。剖面图沿别墅的中心剖开，中间是三座别墅的公共庭院，左边是一座别墅的主要房间。这里可以看到一个私密庭院，通过柱廊与公共庭院连接。柱廊高两层，其设计韵律已显示在图中立面部分。最右边是城堡的侧翼，带有宏伟穹顶的大门厅装饰着每一幢别墅主体。

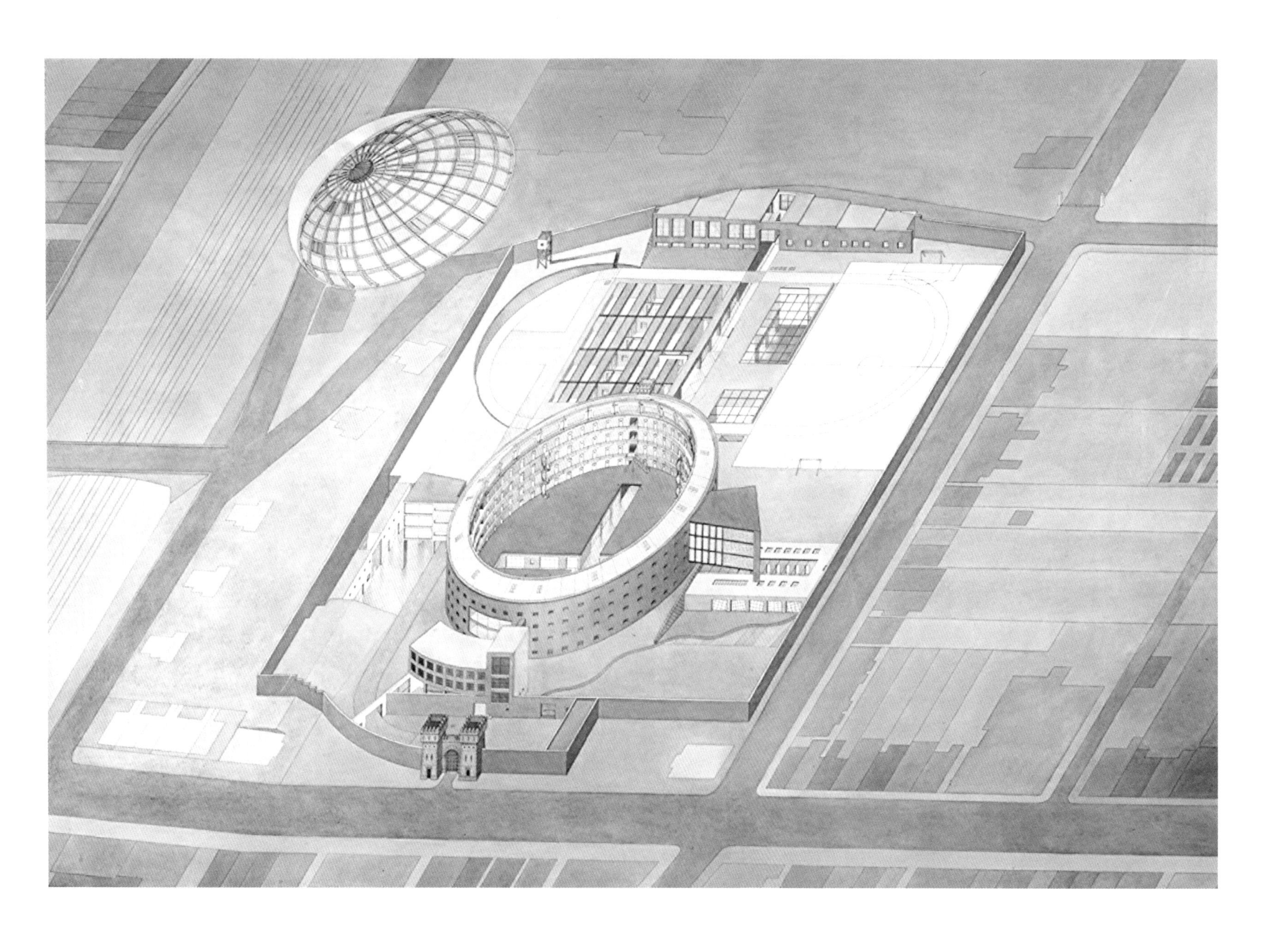

大都会建筑事务所(OMA)

环形监狱改造
(1978)

纸上彩铅和水彩
68.6厘米×113厘米

作为大都会建筑事务所（简称OMA）的领袖，雷姆·库哈斯（Rem Koolhass）很少画画，据他自己说，自1975年事务所成立以来的所有图绘，都是由OMA制作的。这张为荷兰阿纳姆环形监狱改造项目所画的早期展示图也不例外，收录于介绍OMA的建筑多媒介实践的*S, M, L, XL*（1995）一书的“M”（medium，媒介）部分。展示图采用鸟瞰视角，按轴测而非透视绘制，准确显示了各部分的比例；周围城市的肌理则以平面形式呈现。与喜爱表现大气效果的传统鸟瞰图不同，这张图自始至终采用了一种柔和的色彩体系：多种灰色和棕色构成了画面基调，蓝色与两种稍有不同的红色（大红和橙红）表现了图中的重要部分。这间与世隔绝的监狱被围墙包裹，有一个怪模怪样的城门式入口。中央空间是一座直径56米的筒形建筑，原本用于单独监禁，中心有一个名为“眼”的瞭望塔。多年来，设想中的空间关系被颠覆，权力中心也遭到抛弃。曾经的监视中心成为狱警食堂，未关禁闭的囚犯散布在四周——囚犯中有狱警来回巡视，确保有效的控制。项目建议增加两条从筒环形监狱可清楚看到的道路，向外延伸，一直连接到墙体边缘，形成新的出口。道路的交会处取代了“监狱之眼”。所有新设施都自成体系地分布在这些道路上——有些在内部，但大部分在外部。这个项目是对监禁观念的批判，是对这一新诞生的空间形式的颂扬——警犯共同居住的监狱应当有良好的环境，也是对社会组织的隐喻。

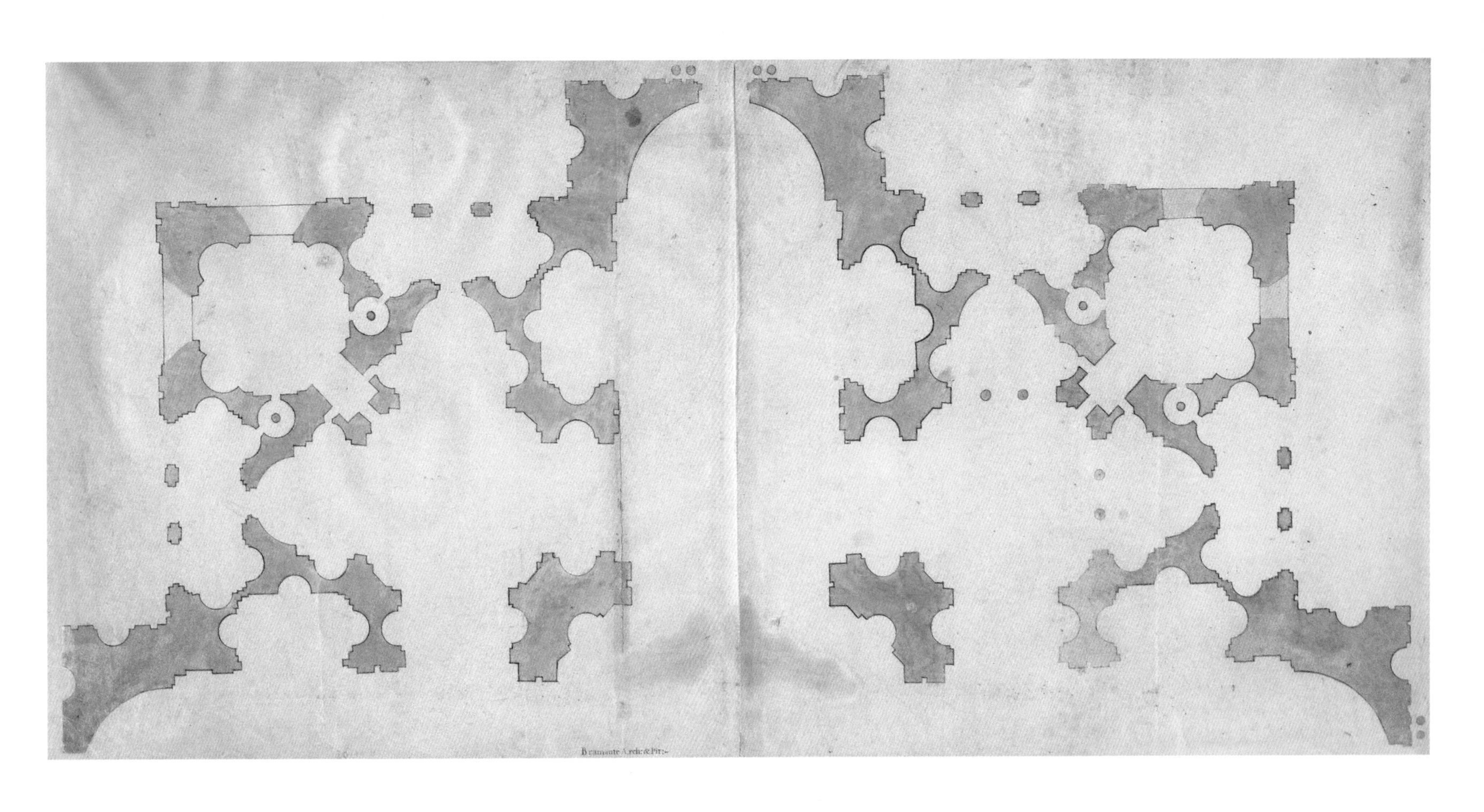

多纳托·布拉曼特
(1444—1514)

圣彼得大教堂
(1505)

羊皮纸上墨水和水彩

55.8厘米×110.5厘米

由多纳托·布拉曼特设计的新圣彼得大教堂于16世纪初开始建造，大量精美的建筑图纸因此诞生，其中大部分保存至今。它代表了建筑实践的一个转变：在文艺复兴之前，建筑师通常是一位直接负责设计与施工的建筑工匠，而新圣彼得大教堂的建造过程则实现了建筑师通过绘图将设计传达给工匠的步骤，这也表明了理论和构造之间出现了新的分离。这座教堂属于在方案设计阶段就被精心存档的早期建筑之一，分析这些图纸可以明了曾有过的大量推敲。这张著名的图是布拉曼特最早绘制的羊皮纸平面图，但是后来没有实现。它展现了布拉曼特第一个方案的西侧部分，图中没有比例尺，这使它更像一张展示图，而非施工图。由于只展示了教堂西侧，我们无从判断设计采用的平面形式是拉丁十字还是集中式，但他为了扩大空间而构造的精确数学体系，图中却已做出非凡的表达。承载着整座建筑的石柱、基座、墙身都被墨水填充，致密有力，从内部传递出石砌结构的分量，并排除了一切无关线条或细节的干扰。这种清晰和简单是如此令人信服，几乎掩盖了在不影响方尖碑、不破坏西斯廷礼拜堂独立性的条件下，设计一座复杂的模块化教堂，并为之争取尽可能宽阔的内部空间有多么大的困难。平面展示了布拉曼特如何扩大壁龛，使它们看起来像是侵蚀了包含它们的墙体——这一手法暗含希腊十字的形式象征，也有效扩大了次级穹顶和角塔。

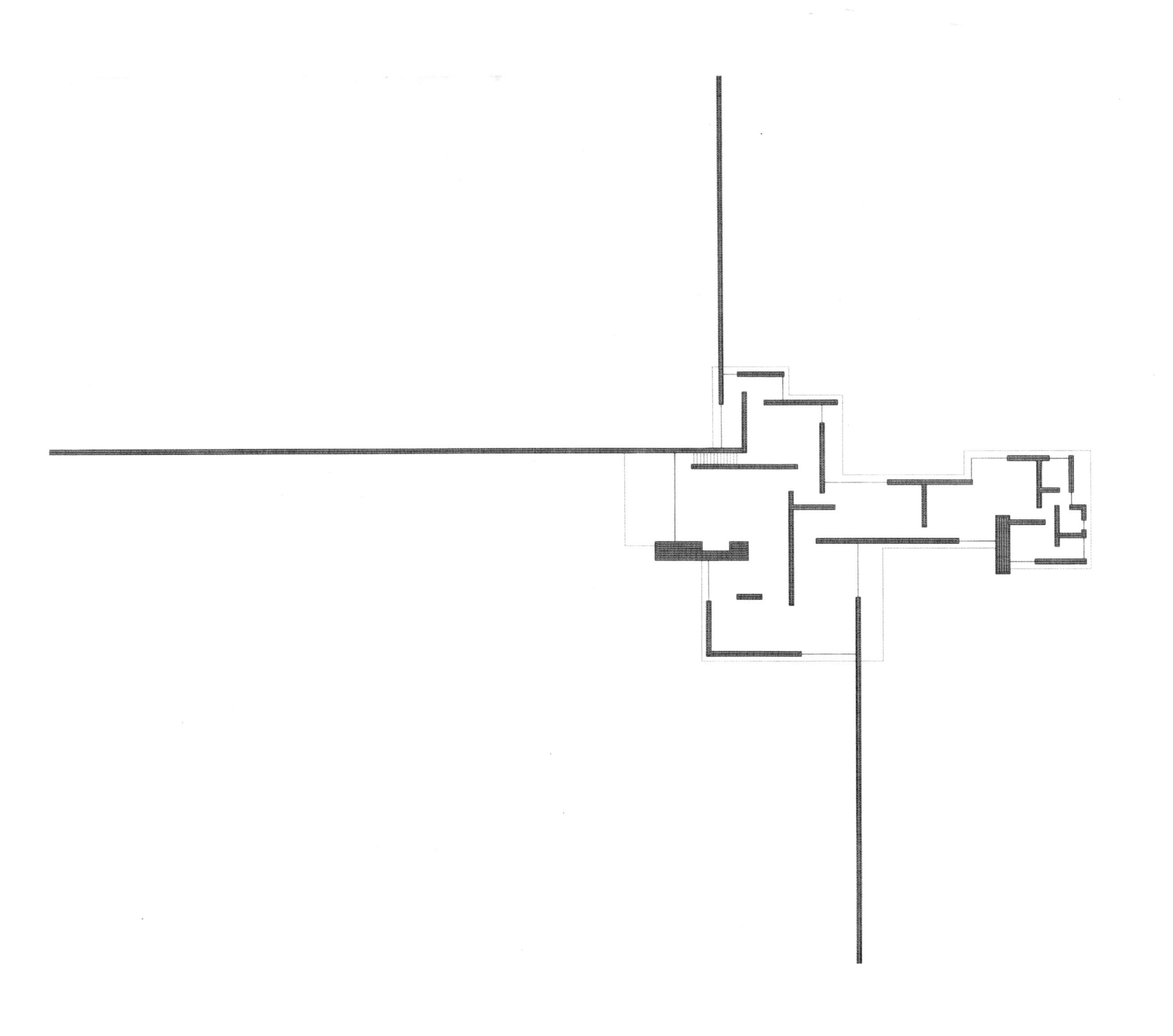

密斯·凡·德·罗
(1886—1969)

砖砌乡村住宅平面图
(1923)

画板上墨水

76.2厘米×101.6厘米

这张平面图是一座砖砌住宅的设计，可能是密斯·凡·德·罗为自己而作，也是他一系列材料和建筑类型实验的最后一个。该系列图纸在他移民到美国时丢失了，这张图则因参加1925年在曼海姆举办的新客观主义展览而被保存下来。新客观主义的展览是对表现主义的一种反叛，它对艺术与建筑作品持有新的态度，认同技术世界的功能化、实用性、专业性。平面图有一个不太匹配的视角，展示了一栋低矮的平顶建筑。建筑坐落在一段平缓的坡地上，数道长长的花园围墙从房屋中心开始，向外延伸并分隔了空间，最终超出了图纸的边界。这幅画曾与特奥·凡·杜斯伯格的抽象画相提并论，后者探索了空间的边界与等级，或家居环境中的房间，但对密斯而言，建造的逻辑体系与空间的定义同等重要。围墙的墙体是砖砌的线性垂直面，采用荷兰式砌法，都为承重墙，由挑出的屋顶板统一。除了包含壁炉和烟道的部分，墙体的厚度一致，这使得室内和室外、结构和隔断之间的区别比普通建筑更为模糊。该设计方案还对传统住宅空间进行了根本性改造：门窗简化为墙体之间的留空。不再采用传统的、轴线的序列式会客室，更大的空间在墙体片段的矩阵中相互连锁、融合，环绕着一个空的核心。一个服务性的侧翼可以从它更小和更明确的房间组成辨认出来。

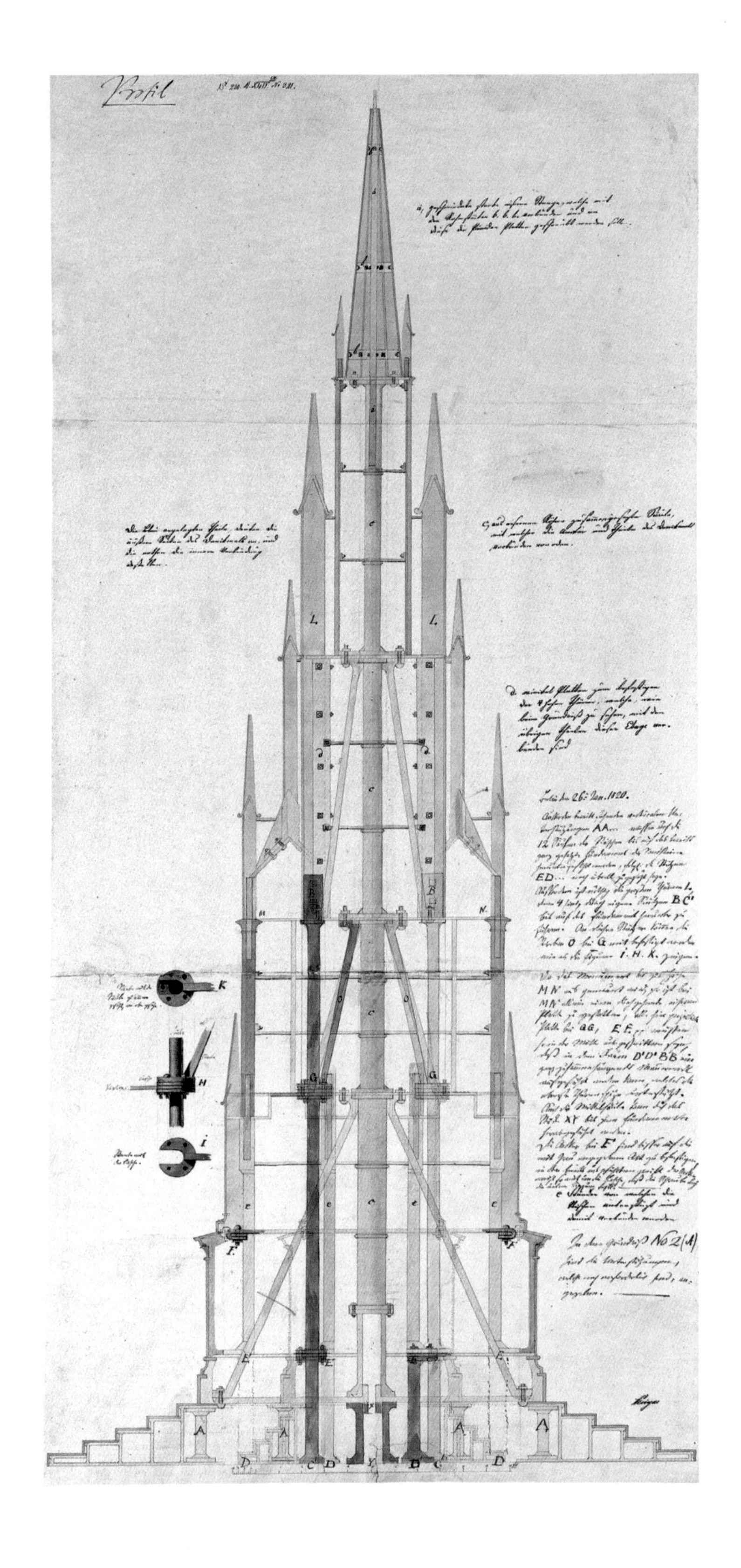

卡尔·弗里德里希·申克尔（1781—1841）

克罗伊茨贝格纪念碑（约1820）

纸上石墨、钢笔、水彩

105厘米×50.4厘米

铸铁是19世纪初普鲁士重要的象征性材料。它与弗里德里希·威廉三世的现代化运动有关，代表着在经历法国入侵后，德国新兴的一种民族意识。1796年，普鲁士国王在西里西亚矿区建立了一个皇家炼铁厂。卡尔·弗里德里希·申克尔（Karl Friedrich Schinkel）在推广这一新型建筑材料方面发挥了主导作用，他在自己的柏林克罗伊茨贝格纪念碑项目中就应用了铸铁。纪念碑是为了纪念那些在1813年反法战争中阵亡的人，高20米，有着哥特式尖顶和面板。纪念碑完全由铸铁结构制造，所有部件都由皇家炼铁厂负责生产。外层的装饰性构件涂成浅灰色，仅承载自身重量。在图中，它们看起来很光滑，尖尖的，表面的装饰被省略了。隐藏的铸铁结构显示在剖面中，支撑着这些铸铁面板和尖顶，涂成红色。塔中心最主要的结构通过四段逐渐缩小的筒形构件，组成一个在顶端收束至最细的圆柱。下方三段都增加有斜向的铸铁支撑，也被涂成红色。此外还有漆成黑色的二级结构，用来支撑下层与部分主要支柱。这是申克尔最后一个浪漫的新哥特式设计，这种风格与中世纪精神相关联，形成了一种新的国家文化，而他之后的作品，则被认为是希腊古典主义风格。

莱昂内尔·法宁格
(1871—1956)

未来大教堂
(1919)

木刻版画
41.0厘米×30.5厘米

这幅由莱昂内尔·法宁格（Lyonel Feininger）创作的黑白木刻版画是包豪斯第一份宣言《魏玛国家建筑学校计划》（*Programm des Staatlichen Bauhauses in Weimar*）的封面图，宣言旨在明确由沃尔特·格罗皮乌斯创办的这所具有革命性的艺术与设计院校的目的。同样在1919年成立的艺术劳工委员会（Arbeitsrat für Kunst，格罗皮乌斯和法宁格都在该协会中）也发表了一份宣言。和包豪斯一致，宣言中说："艺术和大众必须形成一个整体。艺术不再是少数人的奢侈品，而应该为广大群众所享受和体验。我们的目标是所有的艺术都将在伟大建筑的庇护下组成联盟。"图中天主教堂的形象——旧势力与等级秩序的象征——初看似乎与这一雄心不符；但这座未来大教堂，是一座空想社会主义大教堂。早期包豪斯受中世纪行会的组织结构与社区性的启发，渴望由一种新的工艺与艺术的结合方式，建立以工艺作为基础的工作室体系。1919年至1925年，法宁格就经营着这样一间印刷工作室，直到包豪斯搬到了德绍，成为这种工作室的一部分。1919年，正是艺术劳工委员会的宣言，启发了格罗皮乌斯和他的团队，也成为他们艺术工作的全部，即渴望创造一种大众积极参与、体现时尚和装饰传统的艺术。在这幅木刻版画中，法宁格刻意使用哥特式大教堂来比拟艺术家和工匠的共同努力和共同愿景。在塔尖周围的天空中，棱镜折射一般光芒四射，让人想起布鲁诺·陶特对玻璃建筑的乌托邦式梦想，而木刻版画的原初品质展现了制作过程中独有的手工质感。

弗兰克·劳埃德·赖特(1867—1959)
约翰·H. 豪(1913—1997)

流水别墅
(1937)

描图纸上铅笔和彩铅
39厘米×69.2厘米

景观作为一种切实的体验，是弗兰克·劳埃德·赖特建筑理念不可或缺的一部分。流水别墅（Fallingwater）是赖特在熊跑溪自然保护区中心地带为富商埃德加·J. 考夫曼（Edgar J Kaufmann）设计的度假别墅。从画面的角度看，景观似乎是由这幢房子创造出来的，建筑的颜色与岩石的颜色毫无二致。从下方仰视的角度，建筑占据了画面的上半部分，这种画法在赖特工作室并不常见——他们通常是从传统的平视或俯视角度绘图的，强烈影响了观者对场景的感受。首先，它使画面的景深变得较浅：只有建筑的凹处有纵深感和阴影。岩石和树木都处于别墅周围的同一平面上，赖特钟爱的彩铅和纹理的巧妙渲染使画面充满生机。这种扁平化的处理增强了悬于9米高瀑布上方的露台的强大存在感，垂落的瀑布由隐现在上面的水平悬臂架构。与别墅的代表性照片相比，这幅图绘中水的边缘似乎有所调整，强化了奔腾的水流、陡峭的河岸和野生植被的蓬勃感。当时，约翰·H. 豪（John H. Howe）是塔里埃森设计团体的首席制图师，他在赖特的监督下绘制了设计方案的最终展示图。在赖特的设计过程中，透视图十分重要，它是借助机械投影精确地描绘出来的，比后来的照片更能真实地反映比例和尺寸。在这张图中，为了控制水面的汇合，观者的视点被抬高，这在草稿中很明显；同时，水帘的下落由此也显得更长一些。

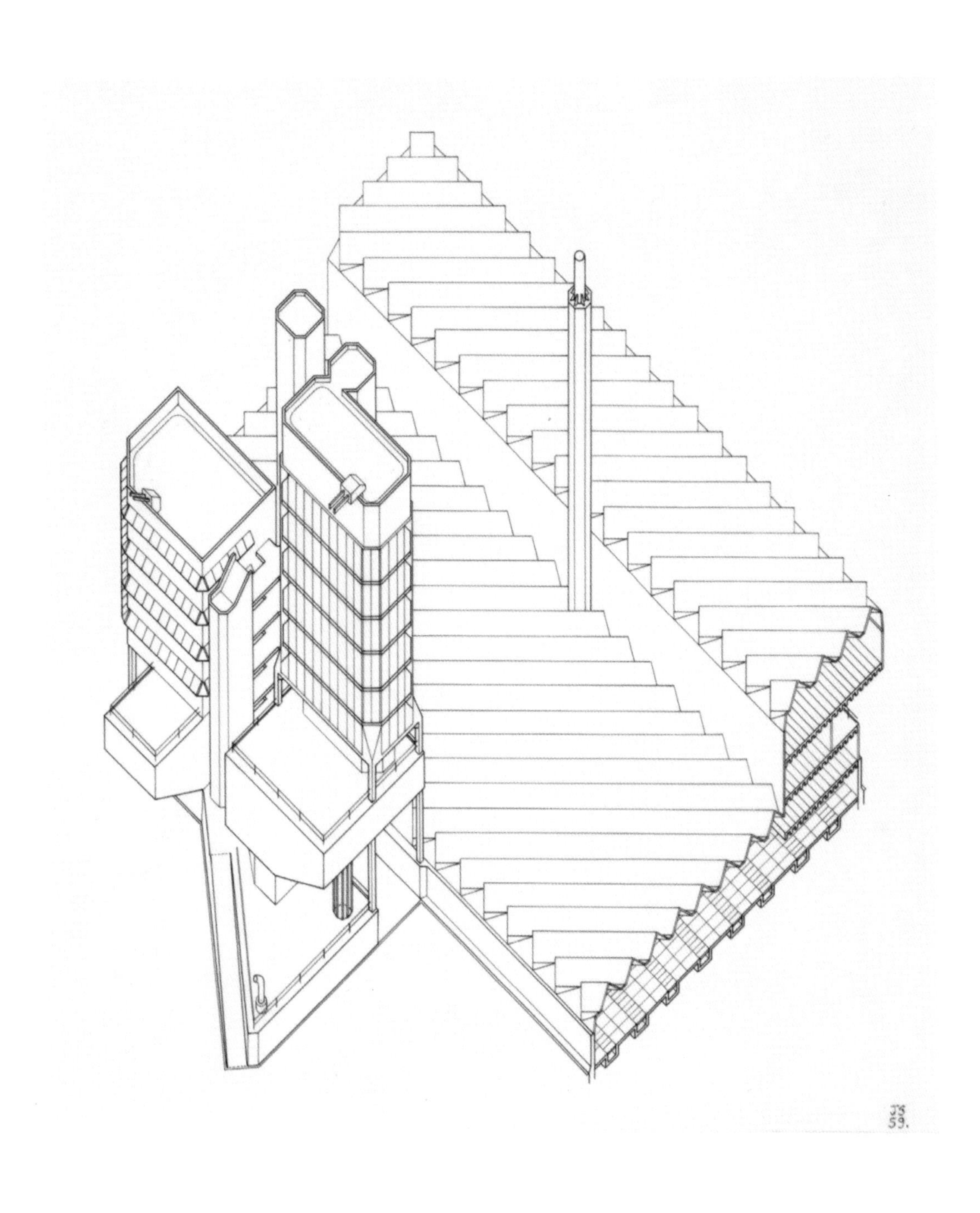

詹姆斯·斯特林
(1926—1992)

莱斯特大学工程系大楼
(1963)

纸上水墨与石墨
43.7厘米×34.2厘米

莱昂·克里尔曾说，莱斯特大学工程系大楼就像一张被建出来的图表，它被一个神秘的体系连接在一起，更像三维的图表，而不是一个建筑结构。这幅轴测图描绘了大楼的整个建筑群——工作室、实验室、阶梯教室、员工室和办公室。詹姆斯·斯特林作了这张草图，并在右下角签上了姓氏首字母和日期。与克里尔的观点相呼应的是，这座建筑呈现为一个形式体块的集合体：一个复杂而矛盾的、无关其物理环境语境的物体。它对各色各样的体量进行拼贴，从建筑史中收集的参考资料延伸到了有限的现代主义正统之外，并获得了一致性。除了有俄国构成主义——具体地说，是康斯坦丁·梅尔尼科夫（Konstantin Melnikov）的鲁萨科夫工人俱乐部——评论家还辨别出了水晶宫，安东尼奥·圣埃里亚的“新城市”，赖特和英国本土工业建筑的身影，但是对此斯特林并未表态。大楼所坐落的平坦地面，像一张便于描画的白板，实验室的厚实外墙定义出一个类似基座的元素，支撑着行政大楼的入口层，演讲厅嵌入其中，通过一个在这幅图中看不见的斜坡到达。斯特林在这幅图中使用了统一的线宽，不强调内部剖面或建筑结构，所有的部分都是匀质的，但对一些组件添加了细节性的描绘。例如塔楼窗户的竖框、楼层的预制混凝土构件、用于清洁的机器、烟囱和通风口，这些都被展示了出来。瓦楞形的玻璃构成了屋面，覆盖着工作间和巨大墙板，以及实验室部分架高的四层侧楼。相对来说，这部分的屋面较少阐释性的描绘，呈现为一个简单的折叠平面，当然在现实中远非如此——它是一个非凡的水晶结构，据说，它之所以能被构思出来，就是源自设计被投射到了像这样的一张轴测图上。

约翰·海杜克
(1929—2000)

空虚中心和死亡之屋
(1980)

纸上石墨，灰色、绿色和棕色彩铅
86.4厘米×110.2厘米

约翰·海杜克在1980年到1982年间为兰卡斯特、汉诺威“假面舞会”（根据特定城市进行建筑创作并展示）的展览和出版制作了一组图，共计49幅，这张立面图是其中的一幅。这是最终的9幅大型图绘中的第四幅，共展示了68个结构，它们定义了一个戏剧化的、充满想象的农场社区。这一幅展示了一系列图纸核心元素中的两个：空虚中心和死亡之屋。在海杜克的幻想世界里，这些结构的排布与死亡的主题有关，而这幅图的神秘性，又被结构和地面的构成关系增强。一条水平基线沿着图纸底部展开，在其之上坐落着一系列小隔间，旁边是死亡之屋的三角形体块。细铅笔线条绘制的扁平形状的组合表示体块，有一些体块紧贴着水平基线，另一些则仿佛是漂浮在某种透视前的空间里。尽管有些元素是惯常的建筑语言——窗格、金属面板和高高的烟囱——但它们的尺度并不显眼，整个组合看上去像是存在于虚空之中。1964年至2000年，海杜克担任纽约库珀联盟学院的建筑系主任，他的建筑实践在很大程度上是对传统建筑进行的理论性挑战。他的工作横跨建筑、舞美、雕塑和诗歌，并在20世纪70年代和80年代的建筑教育中，对理论界产生越来越大的影响。兰卡斯特、汉诺威“假面舞会”参考了其他农场社区，如罗阿诺克殖民地（今美国罗阿诺克市）和克劳德-尼古拉斯·勒杜（Claude-Nicolas Ledoux）的理想农庄。与海杜克对仪式性表演的一贯兴趣相一致，这个项目被描述为一场假面舞会——一种17世纪的戏剧类型，其结构不由线性叙事决定，根植于中世纪的哑剧，其内在逻辑通过重复的方式表达出来。

休·费里斯
(1889—1962)

模型中的建筑
(1924)

木板上孔泰蜡笔
31.8厘米×81.3厘米

1929年，休·费里斯（Hugh Ferriss）出版了一本很有影响力的书，叫《明日都市》（*The Metropolis of Tomorrow*）。这幅俯瞰视角的两点透视图，凝视着城市上层领域的峡谷，是书中"模型中的建筑"（Buildings In The Modeling）系列作品中的一幅。它描绘了高层建筑是如何被塑造（或模式化），才能将建筑的可出租面积最大化，同时符合纽约新近出台的分区法规。费里斯用柔和的孔泰（Conté）蜡笔描绘了这组多面塔楼，以及人工照明才能产生的明暗对比。它们表面的光影体现出一种看上去呈半透明状的实体体量。对于费里斯和他的客户来说，充满高密度建筑的大都市是人类的未来生存空间。他运用自己的技能，展望了这座城市新的巨构秩序所蕴含的力量、美丽及带给人的心理震撼。1916年，一系列开创性的法规在纽约市生效，称为分区条例，它们规定了新建筑的功能、面积和高度——建筑的最大高度和退让，并定义了不同城区的性质，如居住区和工业区。1922年，费里斯受摩天大楼设计师哈维·威利·科贝特（Harvey Wiley Corbett）的委托，创作了一系列图纸，探索这些法规是如何影响高层建筑的形式体量的。这些图就是为人熟知的"退让式建筑的四个阶段或演变"，成了新型摩天大楼的形式原则。在来到纽约为卡斯·吉尔伯特（Cass Gilbert）做制图师之前，费里斯曾接受过建筑师培训，后来开始了独立的实践。到1920年，他的图绘已经形成了一种描绘城市夜景的大气层风格，吸引了众多建筑师，之后他的作品也开始出现在报纸和杂志上。

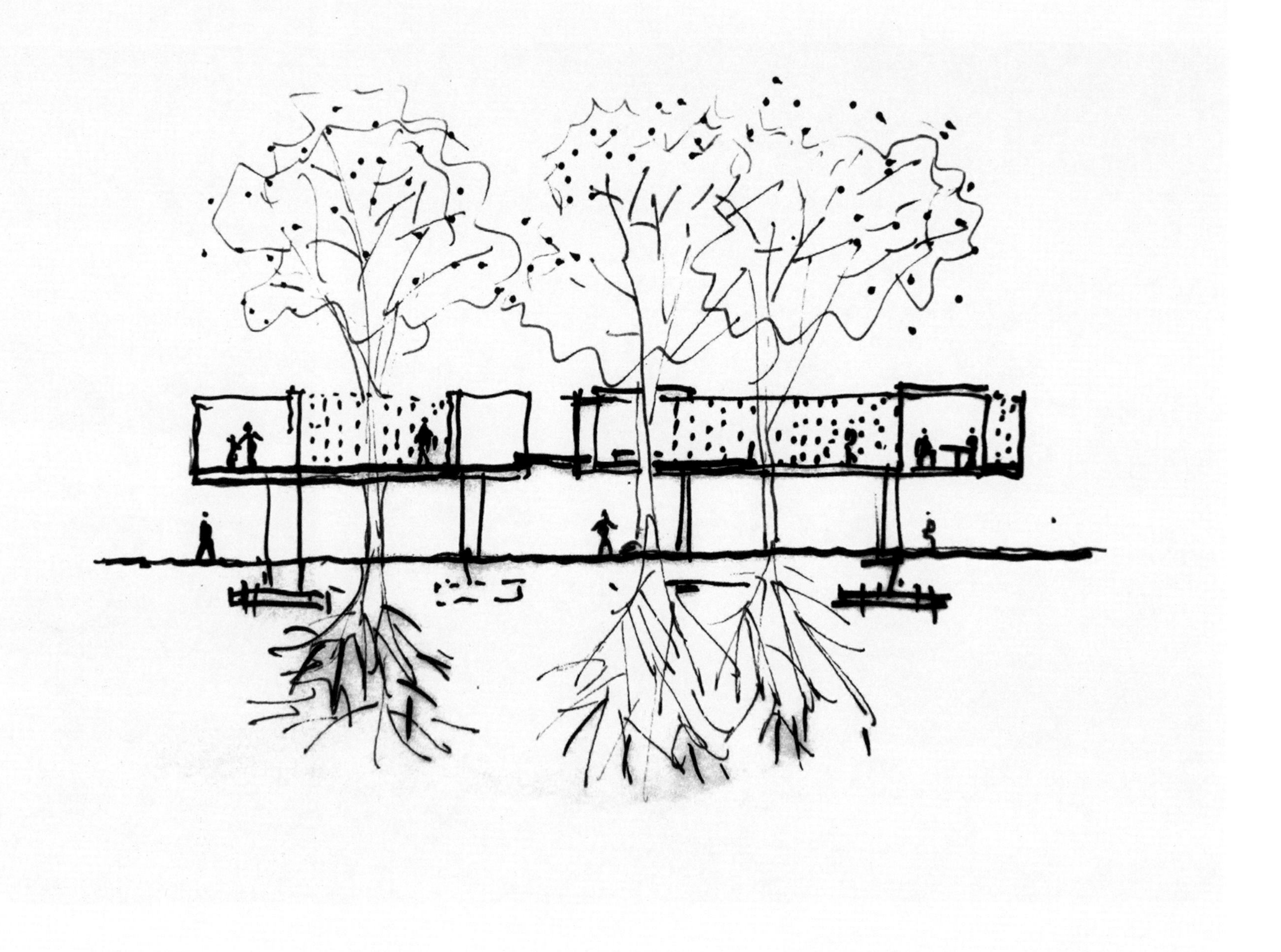

山水秀建筑事务所

华鑫商务中心
(2012)

纸上墨水
25厘米×18厘米

自然世界与人造世界有何差异？这幅剖面图直接给出了答案。它描绘的是上海华鑫商务中心的“漂浮世界”，该项目的野心也体现在其建筑事务所的名字当中——山水秀建筑事务所，2004年由祝晓峰创立。项目方案仔细探讨了虽历史短暂但坚固非凡的人造建筑，与看似永恒但不断变化的自然环境之间的关系。绿地上有六棵高大的樟树，其树根深深地扎入地下，图中可以看到三棵。这几棵树让建筑所处的平坦场地变得别具一格，而实际上，场地表面覆盖着一层灰色的沥青。深色的手指状印记强化了它们在地下的存在，但在架空的单层建筑屋顶上方，樟树树冠以相同质地的小点描绘出它们随风飘散的叶子。画面以一条更粗、更黑的线勾勒出了商业中心的剖面，展现了架空建筑所依托的细长的柱子，以及柱子的基座。这些基座比树根略粗，但远不及树根延伸得广，它们应该是比树根寿命更短的。画面展现出两个独立的商业中心结构（共有四个），在平面上形成了一个相互咬合的矩形空间，这些矩形空间彼此成角度，时而靠近，时而分开。它们由扭曲的预应力铝条组成的幕墙围合起来，空间的完成面是半透明的，而非实体墙，这些面以一种不可预知的方式反射着光线，形成一种类似光滤过周围树枝和树叶而散落的效果。这种效果通过图中的小点反衬出来，在剖面中穿越了整个建筑空间，从站立着小人的围合空间（还有一个人坐在桌子边），到需要隐私的空间，比如会议室或行政办公室。

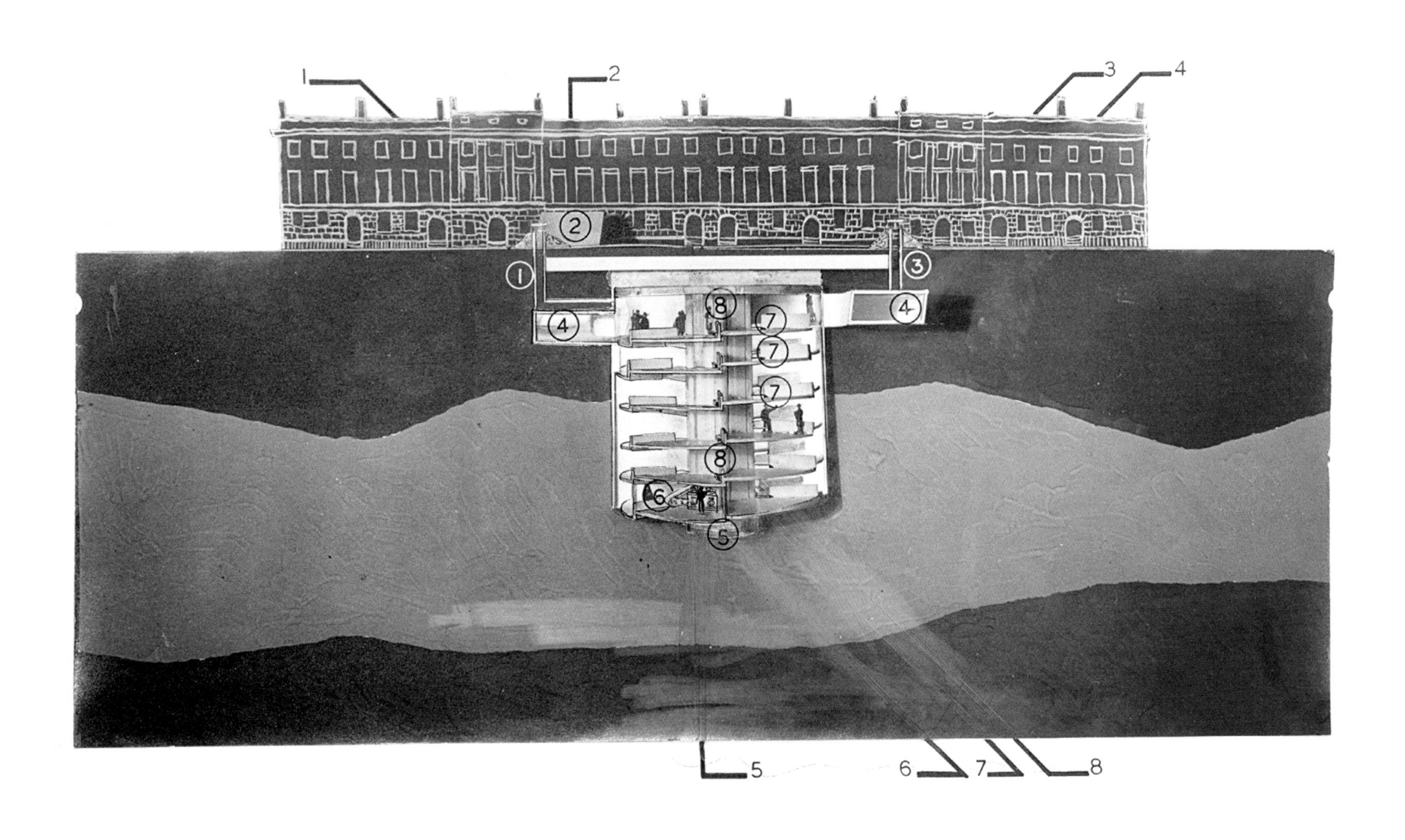

忒克同建筑事务所

防空洞
(1939)

纸上墨水

18厘米×30.5厘米

在第二次世界大战期间，许多有影响力的建筑师从德国来到英国。其中一位就是伯托尔德·卢贝金（Berthold Lubetkin），他于1931年从格鲁吉亚经由德国和法国巴黎，抵达伦敦。1933年，他遇到了英国工程师奥沃·阿勒普（Ove Arup），当时阿勒普正在为伦敦动物园设计大猩猩馆，并在为这一项目寻求结构建议。阿勒普是芬斯伯里区议会的空袭预防委员会成员，在战争期间，这些建筑师在各种公共防空掩体项目中进行合作，比如这幅图所展示的项目。乔治王时代的联排房屋都是坐落在水平地面，这是伦敦北部地区典型的房屋。这个避难所需要为多达7600人（芬斯伯里的全部人口）提供庇护，以抵御半吨炸弹的直接袭击。由于禁止在乔治王时代的广场上直接修建建筑，所以唯一的解决办法就是向地下挖掘。此图的核心部分描绘了伦敦的地下王国，它的黏土层和白垩层由不同颜色表示出来。避难所被极厚的、用粗钢筋加强的混凝土板保护着，在剖面中标为①，横跨在标着①和③的入口之间。在地下，有一个六层的结构，以巨大的螺旋坡道的形式钻入地面，可以在不需要庇护的时候用作停车场。尽管政府反对建造大型避难所，芬斯伯里议会还是为这一项目寻求资金支持，但最终没有建成。卢贝金和阿勒普都是现代建筑研究会（Modern Architecture Research）的成员，它是国际现代建筑协会（CIAM）的左翼组织。他们还合作建造了其他实验性的钢筋混凝土建筑，包括伦敦动物园的企鹅池、高点公寓（Highpoint）大楼、海格特和芬斯伯里健康中心。

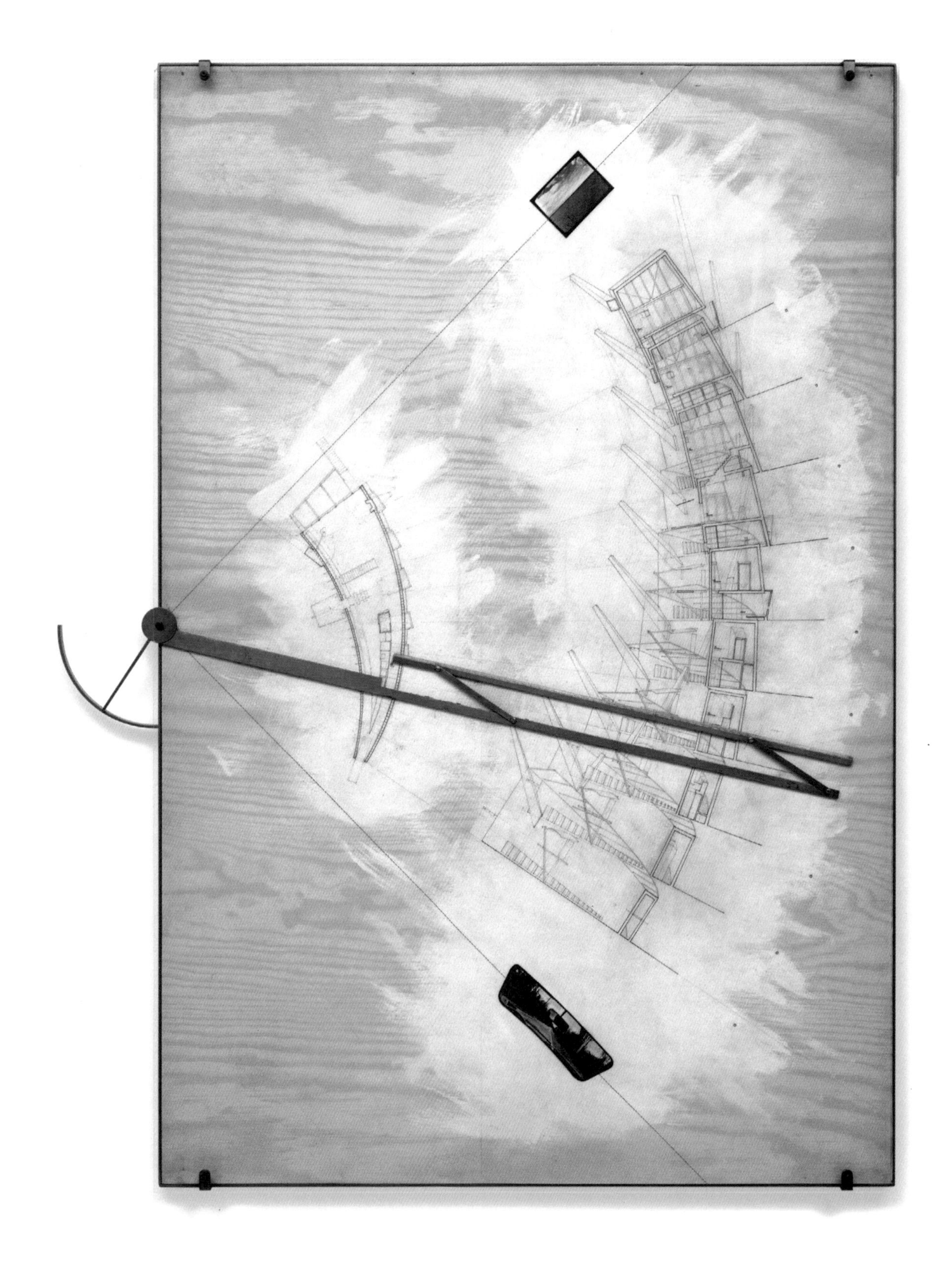

迪勒·斯科菲迪奥–伦弗罗建筑事务所

慢屋项目
(1989)

电脑生成，石墨和彩墨打印在磨砂聚合物板上，用金属固定在涂漆的木板上

121厘米×92.7厘米×3.8厘米

这张图挑战了建筑表现的惯例，甚至质疑了建筑的修建过程及绘图者在其中扮演的角色。图以木板为衬底，木板上有两块粗略涂刷的白色区域，每个区域对应展示了一幢两层高建筑的不同楼层。电脑生成的图绘打印在透明的磨砂聚合物板上，与附着在木板上的设备密切关联，体现出了传统正投影渲染的手绘质感——一种被线条的特征所掩盖的虚构。两条垂直的线构成一个象限，标志着图绘的界限。线上躺着两个摄影的碎片，其中一个以后视镜的形式出现，象征着远离城市。这座未建成的慢屋是为艺术收藏家和企业家设计的，探索了度假屋与长岛海滨环境之间的物理距离和概念距离，以及城市生活的强度。这幅画以曲线展现了房屋结构的一系列剖面，以及清晰可见的平面。这个系列表现了透过汽车后视镜看到的轨迹，象征着从城市到海滨的旅程。它是在房屋内部模拟出来的，从入口的立面弧线开始，仅仅比前门多一点儿，到两层通高的景窗的视点构成了第二张图片的主题。伊丽莎白·迪勒（Elizabeth Diller）和里卡多·斯科菲迪奥（Ricardo Scofidio）把这栋房子描述成一条通道，一扇通往窗户的门。作品内部的旅程被故意放慢，使用了各种建筑装置——例如扩大了的曲线平面，结合房屋内屏幕上观看海景电影这一媒介，在它成为现实之前传播这一场景。

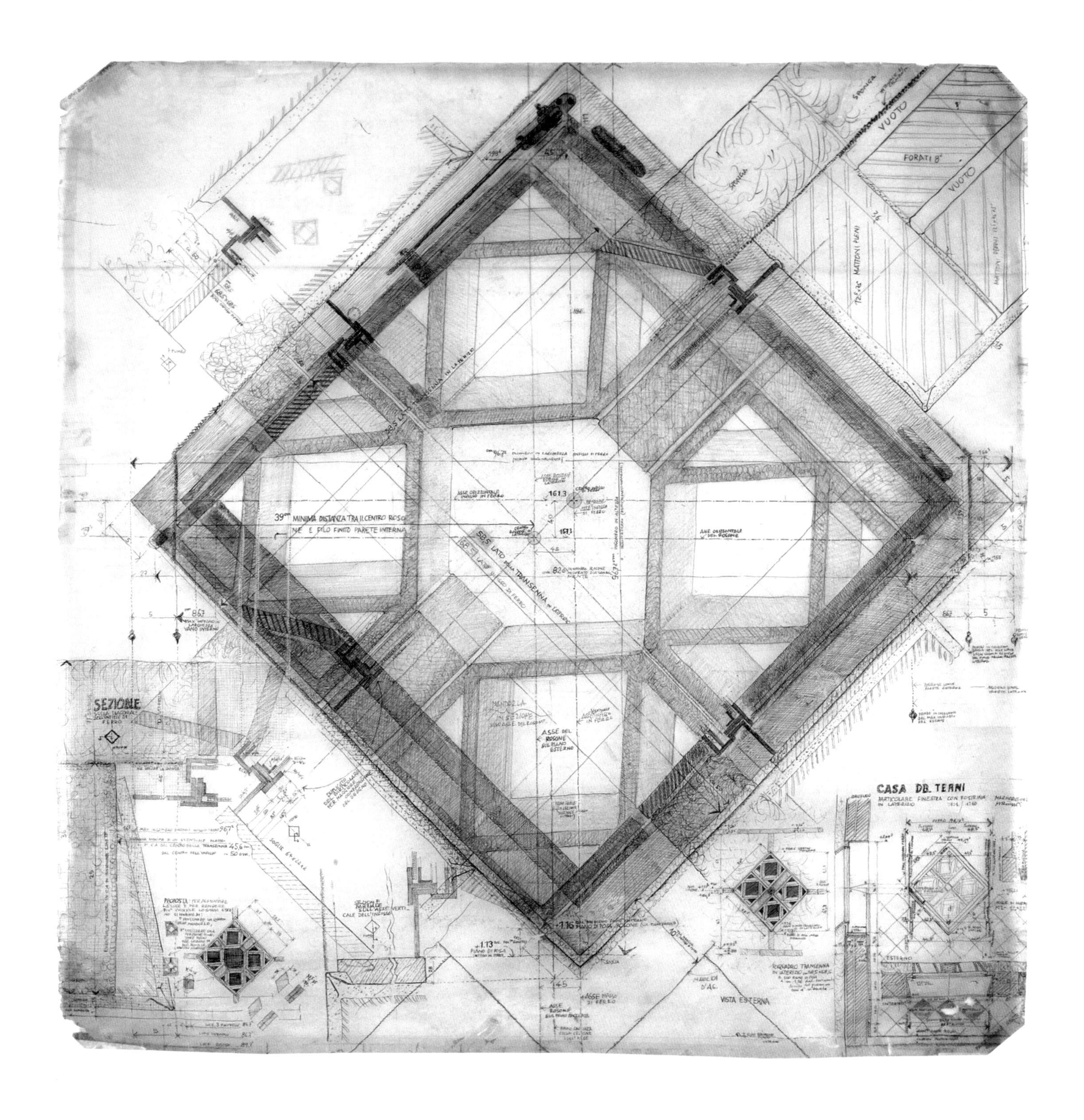

马里奥·里多尔菲
(1904—1984)

博尼斯别墅
(1972)

铅笔、彩铅

106厘米×107厘米

这幅细部图所描绘的建筑，是马里奥·里多尔菲（Mario Ridolfi）在特尔尼为彼得罗·德·博尼斯设计的别墅。这个设计属于建筑师“马摩时期”（Marmore period）的作品，马摩是他居住的村庄的名字。这座别墅表明了里多尔菲对当地建造方式的兴趣。他凭借对几何的迷恋，改良了这种建造方式，并使之成为建筑中的明确原则。日光在这座别墅中起着重要作用，穿过楼梯和庭院向下渗透。图中的细节和建筑的实际施工有着密切联系，这幅图描绘了一个以旋转45°角方式设置在外墙上的方窗，由深深的挑檐保护，里多尔菲在这一时期设计的几座建筑中都使用了这一母题。这幅用铅笔绘制并上色的图在多个层面上传达了许多信息——材料质感及它们产生的氛围，房屋构造细节的背景，以及各种建筑元素间的几何结构。围绕画面中心的是描绘木材细木工和细节详图及草图，比例为1:10。这些图描绘了窗户如何在立面的覆板中安装，以及阴影对结构框架观感的影响。这所别墅是在里多尔菲背离他于罗马开始的意大利理性主义时建造的，当时他正在探索一种对建筑的新现实主义阐释——首先是在罗马，然后是在翁布里山的特尔尼，在一次严重事故后，他住在那里休养。细节和构造是里多尔菲建筑实践的重要方向。1945年至1946年，他写成了《建筑师手册》（*Manuale dell' Architetto*），阐释了他对建筑科学的理解，而不是他后来在博尼斯别墅等项目中探索的建造工艺。

维克多·雨果
(1802—1885)

埃迪斯通灯塔
(1866)

牛皮纸上钢笔、棕色墨水
89.5厘米×47.7厘米

谁能想到，身为诗人、小说家的维克多·雨果（Victor Hugo），其实还是一位多产的绘图师，一生创作了4000多幅图绘。据他儿子查尔斯的描述，雨果经常从一个很小的细节开始绘图："他绘制森林，从一根树枝开始，他的城镇以一座山墙开始……渐渐地，整幅图就会浮现出来。"这幅画是雨果在格恩西海峡岛政治流亡时创作的，他在读到《英格兰的快乐》中的一段话时产生了绘制它的灵感。这段话描写了一座非凡的灯塔，宏伟而奢华，上面有阳台、栏杆、角楼、小包厢、凉亭、风向标、雕像和刻有铭文的装饰物。当时，他为自己正在创作的小说《笑面人》研究17世纪的英国，这幅图可能是这本小说的插图。雨果的画通常尺寸很小，但这张画是相当大的——纸上几乎被灯塔美丽的外形占满，精心绘制的梦幻般的细节包围了塔身。他用了一种独特的棕色墨水，层层叠叠地描绘出暴风雨般的天空，与画面下方波涛汹涌的水面难分彼此。埃迪斯通灯塔是一处今天仍然存在的真实地标，它在普利茅斯湾的入口处警示人们注意危险的、时常淹没在水下的埃迪斯通岩石。第一座灯塔由亨利·温斯坦利（Henry Winstanley）设计，于1698年完工，但在五年后的一场大风暴中被冲走了。1761年出版的一幅版画展现了温斯坦利设计的效果图，它的特征和形式都与雨果的水墨素描很相似。

阿列克谢·施丘塞夫
(1873—1949)

克里斯托弗·哥伦布纪念碑设计竞赛参赛方案(1929)

纸上墨水、水粉和蛋彩画
142.7厘米×79.3厘米

1929年，为了庆祝哥伦布日（Columbus Day），多米尼加共和国的首都圣多明各举办了一场关于克里斯托弗·哥伦布纪念碑（也可以称之为哥伦布纪念灯塔）的国际设计竞赛。它从一开始就吸引了许多来自美国的参赛作品，经过大力宣传之后，它还收到了来自拉丁美洲国家的196份参赛作品，以及来自苏联各种先锋派的26份参赛作品，包括雅科夫·切尔尼霍夫、伊万·列奥尼多夫、康斯坦丁·梅尔尼科夫及阿列克谢·施丘塞夫等建筑师。这幅震撼人心的图绘是由施丘塞夫和两位不那么有名的同事——I. A. 弗朗茨与G. K. 雅科夫列夫共同完成的。他们的灯塔设计是以一个景深极小的透视图呈现出来的，因此几乎就是一个立面图。画面中有大块的黑色天空，灯塔的高大身影和放射出的光线在天空的衬托下显得格外醒目。天空中还有一艘飞艇和五架飞机。地面只占用了画面下方一块极小的区域，被描绘成一个水平的黄色条带。蓝色的波浪线代表大海，地平线处的一道白线穿过了纪念碑的基座，基座上是一个穹顶结构。这种混杂的设计证明了施丘塞夫有落实任何建筑风格的能力，无论是新艺术主义还是洛可可。有趣的是，他是在不受任何约束的情况下做出这样的选择。前面提到的那群忙碌、多产的苏联建筑师们认为，竞赛是发展概念和形式构想的一个重要舞台。1847年恩格斯发表演讲之后，哥伦布日在苏联人的意识中也具有了重要意义。恩格斯在演讲中讲道，哥伦布的发现为各国人民的解放奠定了基础。尽管并非所有人都认同这一观点，但它引起了后革命时代苏联人的共鸣。

理查德·巴克敏斯特·富勒
(1895—1983)

测地线穹顶研究
(1975)

纸上钢笔、铅笔
61厘米×48厘米

理查德·巴克敏斯特·富勒绘制的精巧球体飘浮在纸张空间中，没有任何背景。细细的红线网不仅体现出球体自身的形式，也表达了它所包含的内部空间。透视点位于画面的中心，随着球体表面的弯曲，三角形模块逐渐被压缩，这导致球体边缘处的线条密度更大，特别是红墨线和浅灰色的铅笔线。中心似乎在另一边的轻微压力下向前推进。这幅画创作于1975年，让人直接联想到富勒在他的书《4D时间锁》(*4D Time Lock*)中所描述的地球潜望镜，它最初是一个巨大的天文台。从这个球体内部，可以观察到月亮和星星，基本上也可以看到它们与地球本身的关系。后来，在1965年到1975年之间，地球潜望镜作为世界游戏的一部分被开发出来，这一游戏最初是为1967年蒙特利尔世博会设计的。这个交互式设备是一个巨大的球体，上面笼罩着彩色的光，并与计算机相连，这样它就可以显示大量相关数据，例如全球人口、自然资源或通信手段等。图中网格的聚集和收紧，以及线条的重复或交错，都表明了这些数据的情感的阴影在球体表面流动。富勒的推动力是乌托邦式的，画面中相互关联的部分像是他理想社会的模型——在这样一个自私无情的社会中，他提倡以一种共同行动维护共同利益——呼应了杰里米·边沁的功利主义，并通过技术和生态的渗透进行阐释。

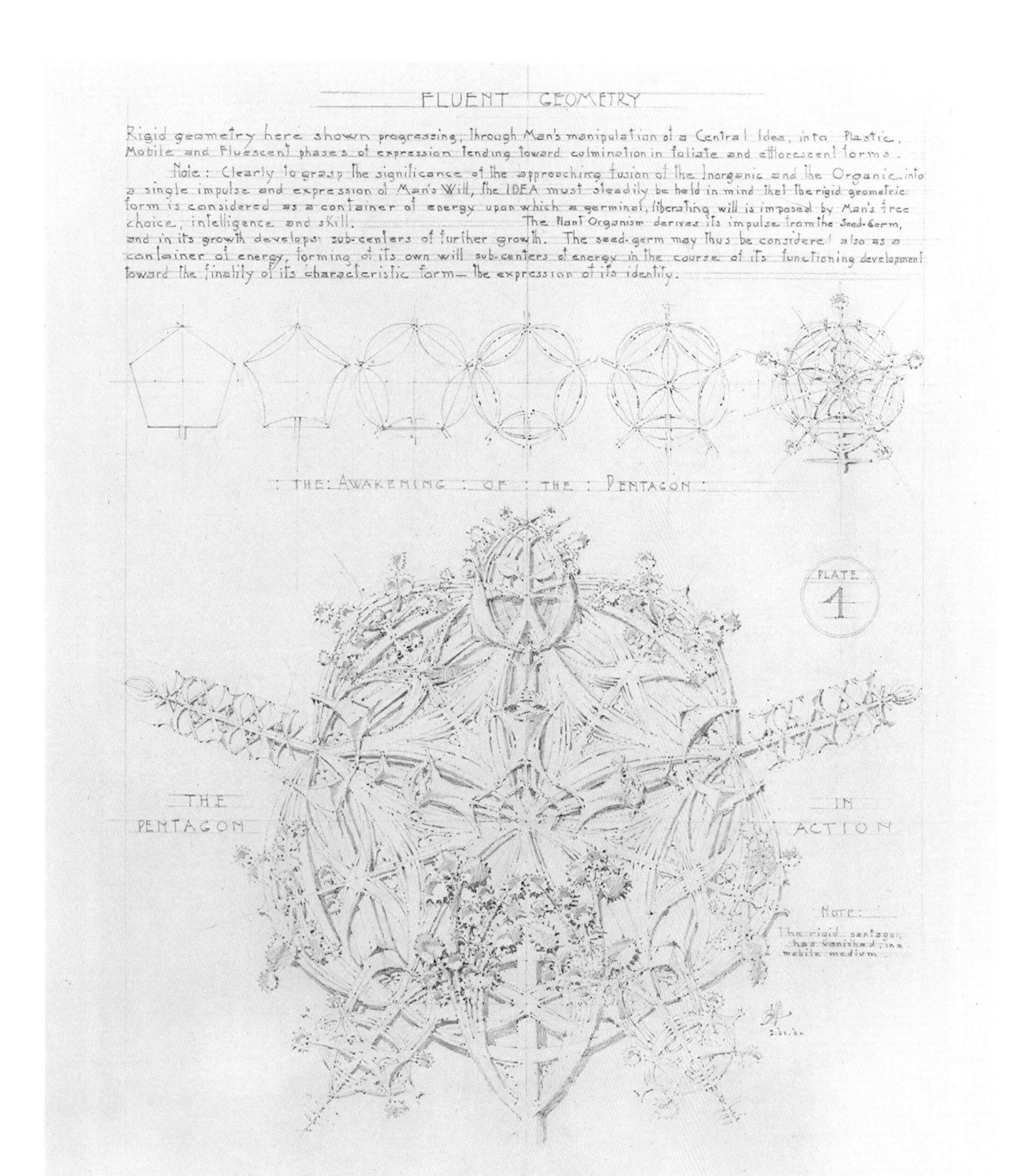

路易斯·沙利文
(1856—1924)

《建筑装饰体系》图版4：流畅几何(1922)

纸上石墨

57.7厘米×73.5厘米

路易斯·沙利文（Louis Sullivan）的建筑以表面密集的装饰而闻名，这些装饰是用陶土铸造而成的。这幅画出自沙利文的最后一本书《建筑装饰体系》（*System of Architectural Ornament*），出版于1922年，是他受芝加哥伯纳姆建筑图书馆的委托所写的。书中共有20幅图版，详细介绍了他的装饰设计，标题如《幻想：关于三维曲线的研究》。这些设计展现了他对装饰原则的理解，以及它们与建筑和自然世界的关系。受拉尔夫·瓦尔多·爱默生等先验论者的影响，沙利文把主观与有机、客观与无机联系起来——这是对早期现代主义的批判，对他的学生赖特的思想有重要的影响。他还提出了一系列实用而理性的建筑设计方案，这些方案受到美国自然环境的启发，展现了科学的简单几何图形和自然的曲线形式之间潜在的相似性。沙利文的陶土装饰诞生于19世纪晚期，正值事业的高产时期，是和搭档丹克玛·阿德勒（Dankmar Adler）共同创作的。无论是预制的，还是通过新的易于复制的大规模技术生产，它们都反映出早期手工艺那复杂精细的特质。陶土是一种防火材料，用于保护高层建筑脆弱的铁结构——这是自1871年的大火之后，沙利文的家乡芝加哥的建筑的一个重要特点。陶土模块的使用意味着一个整体方案可以运用重复的元素。个别图案有时会被一组面砖分隔开来，有时则是通过重复图像的节奏组成。在生命的最后几年里，沙利文致力于将他这些关于装饰元素的想法形式化，使之成为一种特定的美国建筑语言，而非欧洲语言，并回应他之前致力于解决的关于建筑形式和工业城市所需要的新型建筑的问题。

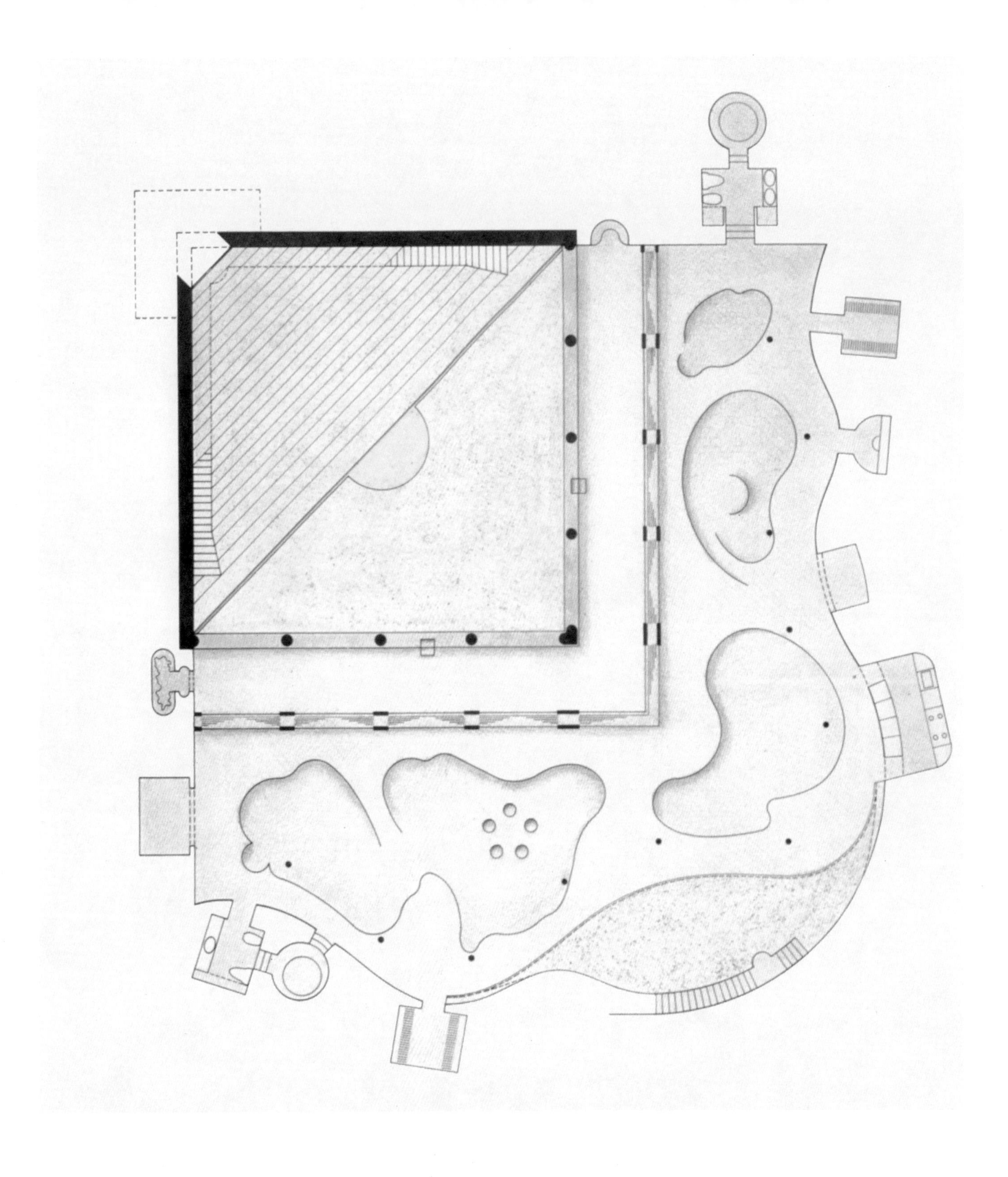

埃米利奥·安柏兹
(1943年生)

安宁之宅平面
(1975)

彩纸上墨水

40厘米×32.4厘米

1980年，埃米利奥·安柏兹（Emilio Ambasz）的概念作品——科尔多瓦（Cordoba）附近的安宁之宅获得进步建筑方案奖（Progressive Architecture Project Award）。两面白墙从绿草中升起的画面，由此在美国广为流传。这张图纸从平面角度解释了这个方案，两面白墙在图面中由两根在交会处断开的蓝黑色线条表示，断开的位置表示了立面高处敞开的入口。这个空间可以通过藏在墙里的两段长长的楼梯到达。平面蜿蜒而破碎的边缘，强调了进入场地的仪式感，并展示了藏在草坪下面的一系列神秘的房间，只有眼睛形状的入口平台和向下的楼梯可以从地表进入。建筑的白墙连绵起伏，从草坪中冒出。地面上的圆形窗户与入口平台呼应，像是在互相眨眼。平面图预示了安柏兹30年后的抽象设计风格。住宅的大部分房间位于地下，一系列卧室和卫生间由“眨眼”的中心庭院提供照明。位于场地边缘的曲面大厅是住宅的起居室，由一排柱子支撑，而形状像变形虫的是一个室内泳池。穿过大厅，会到达一个柱廊，客人可以通过柱廊进入主庭院。水从通往高处露台的楼梯扶手中的水槽中流下，让人想起摩尔式园林（西班牙伊斯兰风格的园林）——在安达卢西亚平原炎热的夏季中，水是不可或缺的。

佚名

庞贝城的两座海滨别墅
(约40)

壁画

22厘米×53厘米

这幅画原为庞贝的两幅壁画，后来被组合成了一幅画。左手边的画面展示了前景中有一棵树的花园，左右两座二层建筑使花园呈现出轴对称的画面效果。地平线上，一个宏伟的中央大厅抢占了视觉的中心，大厅前是六柱的门廊，两侧各有一个柱廊。右手边的画面通过透视法展示了一个三臂结构建筑中的两个翼楼。中心的建筑与左侧画面中的中央大厅类似。背景中的建筑清晰可见，其中包括一座圆形建筑，可能是坟墓。壁画属于庞贝艺术中的第三种风格样式，也称为华丽风格，其特点是遵循严格的对称。一幅壁画的构图往往横向分为三段，或纵向分为三到五段。这种风格的另一个特点是通过彩色的块面描绘错综复杂的建筑细节。在这里，细节体现在装饰屋瓦和柱头上，装饰屋瓦用来隐藏瓦片边缘，能够从屋檐的边缘看到。尽管有大量的风景画从维苏威地区留存下来，然而这两张作品却是独特的，既是因为主题稀有，又是因为它们拥有完整的建筑细节，并采用透视来描绘空间。壁画描绘的两座富丽的海滨别墅，属于有钱有势的罗马人，是主人身份的象征。与庞贝城内街道两侧墙体封闭的宅院不同，这两栋建筑沿着海岸排列，拥有长长的柱廊，可以看到开阔的海景。有些别墅中，甚至还有私人剧院、运动场和大浴池。

克劳德·佩罗(1613—1688)
查尔斯·佩罗(1628—1703)

圣热纳维耶夫教堂
(约1680)

纸上墨水

19厘米×17.5厘米

巴黎圣热纳维耶夫教堂的巨大工程是由克劳德·佩罗(Claude Perrault)和查尔斯·佩罗(Charles Perrault)两兄弟合作完成的。克劳德·佩罗是一位建筑师,同时也是一位内科医生和解剖学家。他的兄弟查尔斯则是一位诗人、说书人,也是当时法国古典派和现代派激烈论战中的一个挑衅者。克劳德·佩罗当时已经因翻译维特鲁威的《建筑十书》而闻名于世,这本书也影响了他对于卢浮宫东翼的设计,其建设从1665年开始,于1680年完成。这张圣热纳维耶夫教堂的图纸,显示了经过克劳德改良的法国新古典主义设计风格,代表着进步的现代派。其形式概念可以从拉斐尔和罗马法尔内塞宫入口的设计,追溯到维特鲁威1511年的版本,尽管当时并没有这样的教堂。带有科林斯柱头的独立柱子排列在长长的中殿内,它们顶上是长而深的横楣,与曲面拱顶相接。剖切面显示出设计的结构部件。支撑坡屋顶的木桁架远远高于厚拱顶,屋顶的重量由横楣承担(它们在结构系统里相当于梁),又被下面的柱子支撑。两堵厚石墙限定了靠扶壁支撑的两侧走道和教堂的边界。中心透视显示了中殿的空间设计,进一步阐释了结构体系。柱子之间拉长的半圆形天窗照亮了拱顶。前景中,地面以平面图的形式延伸。图面中只有一个人影,在用黑色描绘的厚重结构的衬托下,显得十分渺小。

弗兰克·弗内斯
(1839—1912)

生活信托公司
(1885)

纸上彩色墨水

41.6厘米×55.1厘米

弗兰克·弗内斯（Frank Furness）为生活信托公司（Provident Life and Trust Company）设计的第一栋建筑位于费城的中心，建筑的立面透视图发表在带有插图的城市地图册上。地图册出版于建筑完工后的第二年，里面带有透视的地图给观者提供了一个观察这座工业化城市的鸟瞰视角，城市里最重要的商业建筑都被画了出来。弗内斯的建筑占据了这张地图的右上角，它强劲而独特的风格迥异于周围的传统建筑，而在现实中也确实如此。这栋L形的建筑有两个正式立面，其中的一个是位于第四街的保险公司入口，而另一个正是图中所描绘的——在正面。它折中组合了一系列透视元素。在底层，中心入口前有进深较浅的柱廊。柱廊有四个支墩，都设有粗壮的柱子，柱子被压在沉重的石砌体块之间。虽然这栋建筑的高度相当于六层楼，但是从立面看来，它仿佛只有三层，它的体量介于两侧的建筑之间。在入口的拱门之上，还有一个凸起的拱券，拱券下装饰着粗糙的石质条带，与两侧的尖拱窗相接。框架元素形成了层次分明的中心，就如传统建筑上的帕拉第奥式山墙。在这个突变的构成中，中世纪元素生成了一种新的物理意象，从各个层面上与古典传统的延续性决裂。全景图是19世纪十分流行的制图形式，它强调技术发展中形成的新型建筑与城市，宣传迅速扩张中的城市形象。这些地图往往都是由本地的商会和房产机构委托制作的。

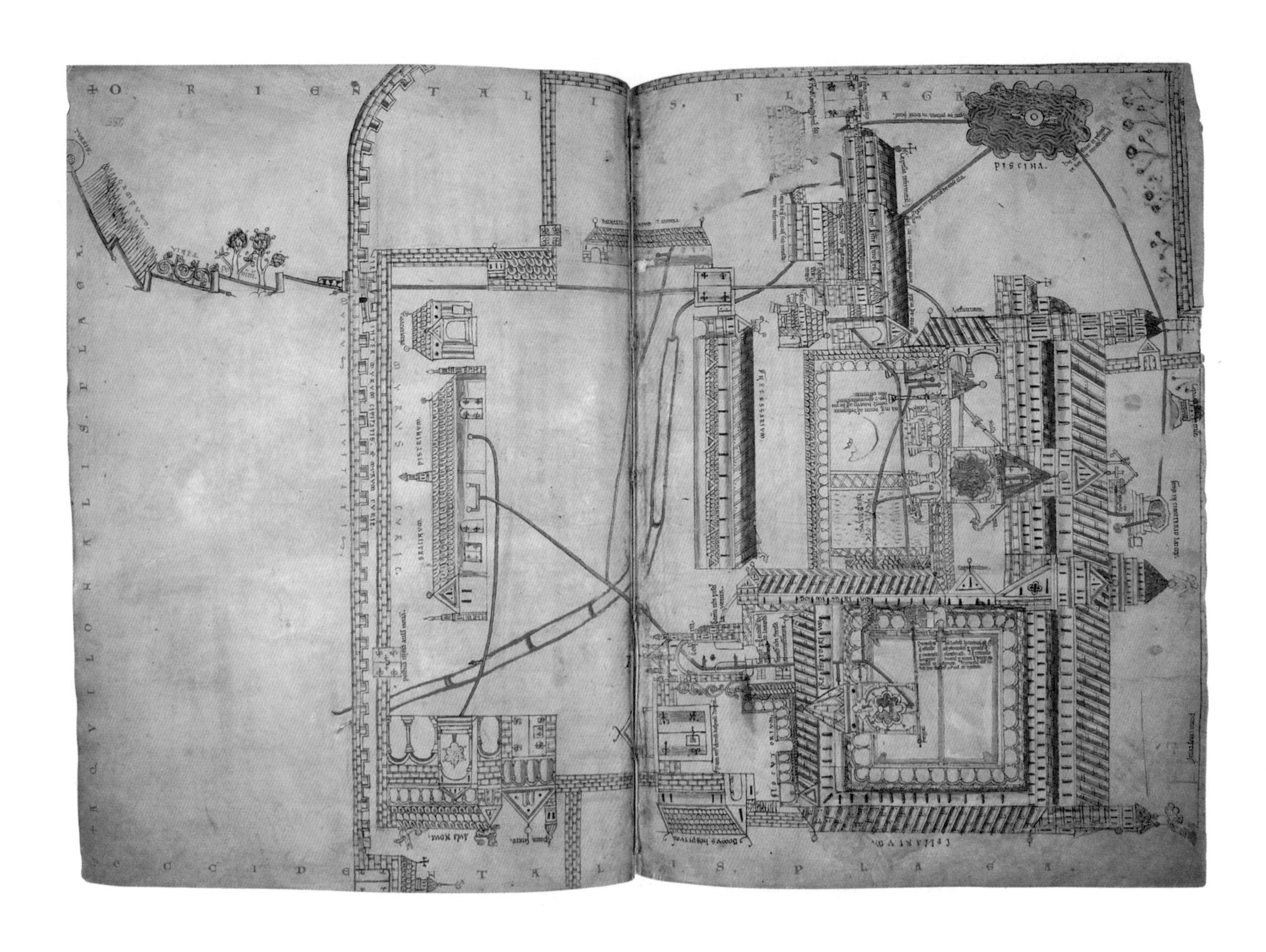

依德维恩
(生卒不详)

坎特伯雷大教堂供水管道
(1155)

纸上墨水、色彩渲染

33厘米×46厘米

这是一张上下水和卫生设施的图纸，用于中世纪本笃会修道院的基督教堂，位于坎特伯雷。这张图纸平凡且实用，包含了许多关于这座教堂的信息。教堂所处的城市地段有明显的卫生问题。图纸需要针对建筑所在的地点解决相应的上下水问题，而不是通过艺术性或象征性的手法来解读场地。不同于传统的程式化绘图，这张图纸精确地描绘出建筑的性质和它周围的环境。尽管受到页面的限制，绘图人还是坚持主要建筑之间的比例关系。建筑图纸出自手抄本的《依德维恩诗篇》（*Eadwine Psalter*），绘制在贴合的两页纸上。抄本以监制的抄写员和修士的名字“依德维恩”命名。这幅彩色渲染图展现了诺曼式修道院的细节——周围环绕着农田和果园，水在日常生活中非常重要。图纸提供了一个鸟瞰的视角，清楚地标识了场地的东西向，建筑立面在图中以平面的方式展示了出来，并以正确的朝向定位在地面，如此一来，水流的方向和目的就更加直观。图纸使用了四种颜色表示供水情况：绿色表示距离场地1000米的两个水井中的水；橘红色表示管道房通过压力泵送来的水，输送至医务室、盥洗室、厨房和办公室；棕色表示雨水；红色表示废水，被用在庭院中的鱼塘里，在流到城市沟渠之前，还会顺着红色管道流淌，用来冲洗垃圾废物。

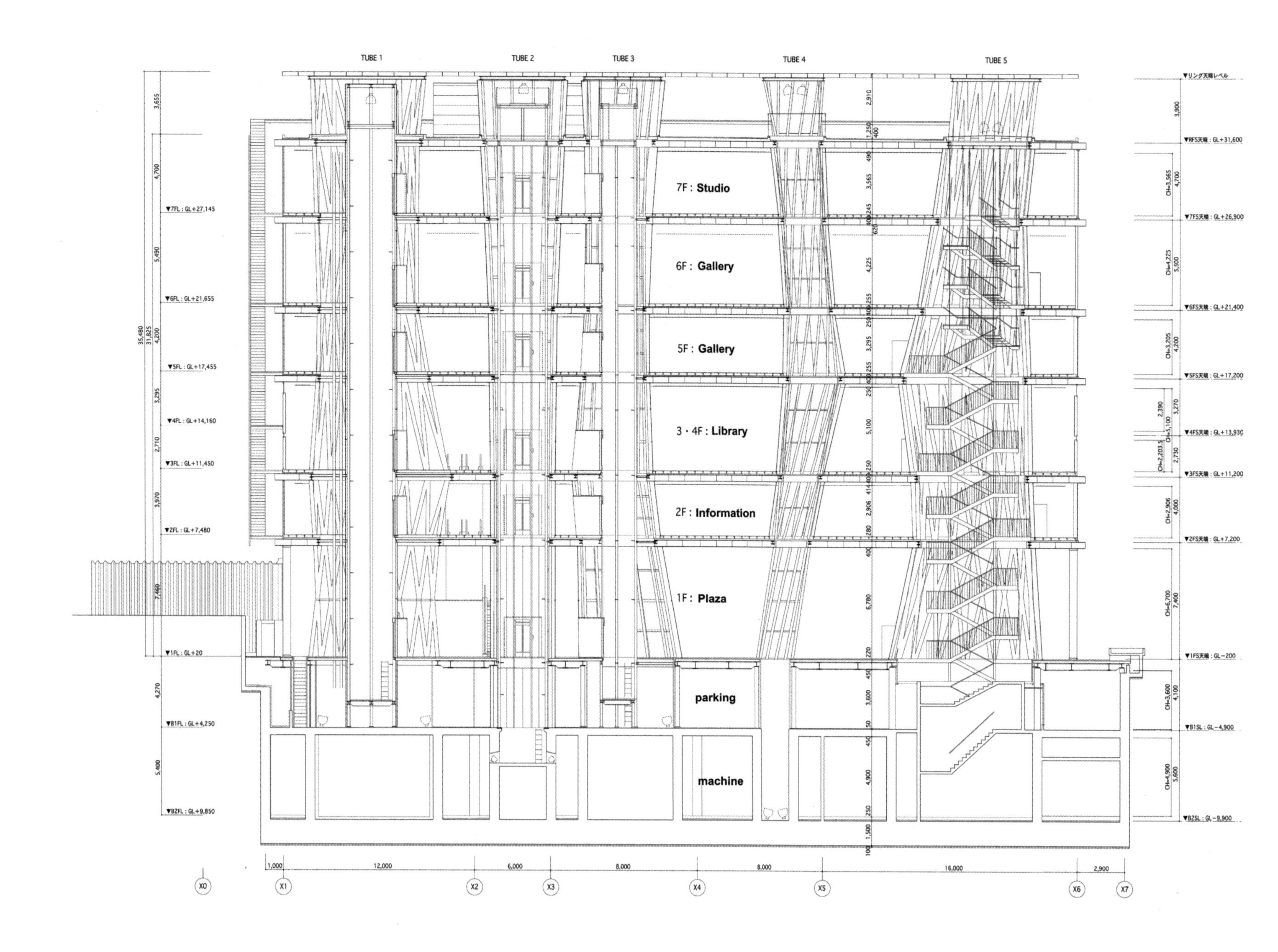

伊东丰雄事务所

仙台媒体中心 (2001)

纸上墨水

30厘米×38厘米

这个项目旨在创造一种新的建筑——一个可以满足任何需求的灵活的系统。剖面展示了媒体中心的三个垂直管状元素，以及它们各不相同的特性。右边的大管道中有一个楼梯，这个楼梯占据了管道的大部分。而另两个较小的管道，则被用作能源核心的连接器，里面藏有通风管、电缆、空气供应管道和排烟管道；它们也充当导光井，将自然光引入较低的楼层。夜晚，建筑半透明的表皮将剖面变成立面，管道和室内的活动，透过街上的行道树枝叶而清晰可见。在1995年，伊东丰雄事务所赢得了仙台媒体中心的设计竞赛。此后，仙台媒体中心就经常被媒体报道，许多书籍和电影都记录了这座媒体中心的设计和建造。网状管道系统纵贯建筑，作为结构的支撑体系，围绕着这一系统的开放空间则成了人们关注的焦点。根据建筑师的描述，作为建筑结构的管道和板材被半透明的表皮包裹，以21世纪的手段重现了柯布西耶的多米诺住宅。柯布西耶的楼板材料是混凝土，而媒体中心的楼板则选用了蜂窝板，由中间加肋的双层钢板构成。柱子是圆形中空的钢管簇，每根钢管都有自己的形状，直径从2米到9米不等。

欧内斯特·布鲁诺·拉·帕杜拉
(1902—1968)

意大利文明宫
(1939)

木板蛋彩

90厘米×89.9厘米

这幅画中的意大利文明宫笼罩在孤独的忧郁之中，让人联想到乔治·德·基里科（Giorgio de Chirico）那些超现实的新古典绘画。墨汁渲染，天空浓郁黑暗，只在地平线处微微变亮，这使得建筑表面的拱门发出诡异的光芒。建筑的四个立面上是无用的、没有装饰的拱门网格，画面唯一的活力来自中心20个拱门中20个凝固在象征性的动作里的人物雕像。在建筑黑暗而高耸的基座两侧，巨大的马匹雕塑凝固在运动的姿态中。建筑前面强调了表现拱门进深的透视效果，建筑的倒影呈现在平静的水池中。其纪念意义既可以追溯到罗马帝国时期的建筑，又与1936年在米兰举办的意大利乡村建筑展中的本土建筑传统密切相关。无论是新古典主义还是现代派，都将这座宫殿描述为近古时代现代（Late antique modern）建筑。这幅图还表现了钢筋混凝土结构表面包裹的石灰华饰面，象征着古代文明在现代意大利的延续。这座建筑是由理性主义建筑师组成的团队设计的，响应了1942年在罗马郊外举办世界博览会的建筑竞赛。世博会上的永久建筑，如博物馆、纪念馆和宫殿，是由墨索里尼亲自设计的。在计划中，它们将成为第三罗马的中心，即罗马博览会新城。尽管罗马世界博览会最终被取消了，但是有几栋建筑已经建成，其中就包括这座现在叫作“劳动宫”的意大利文明宫。

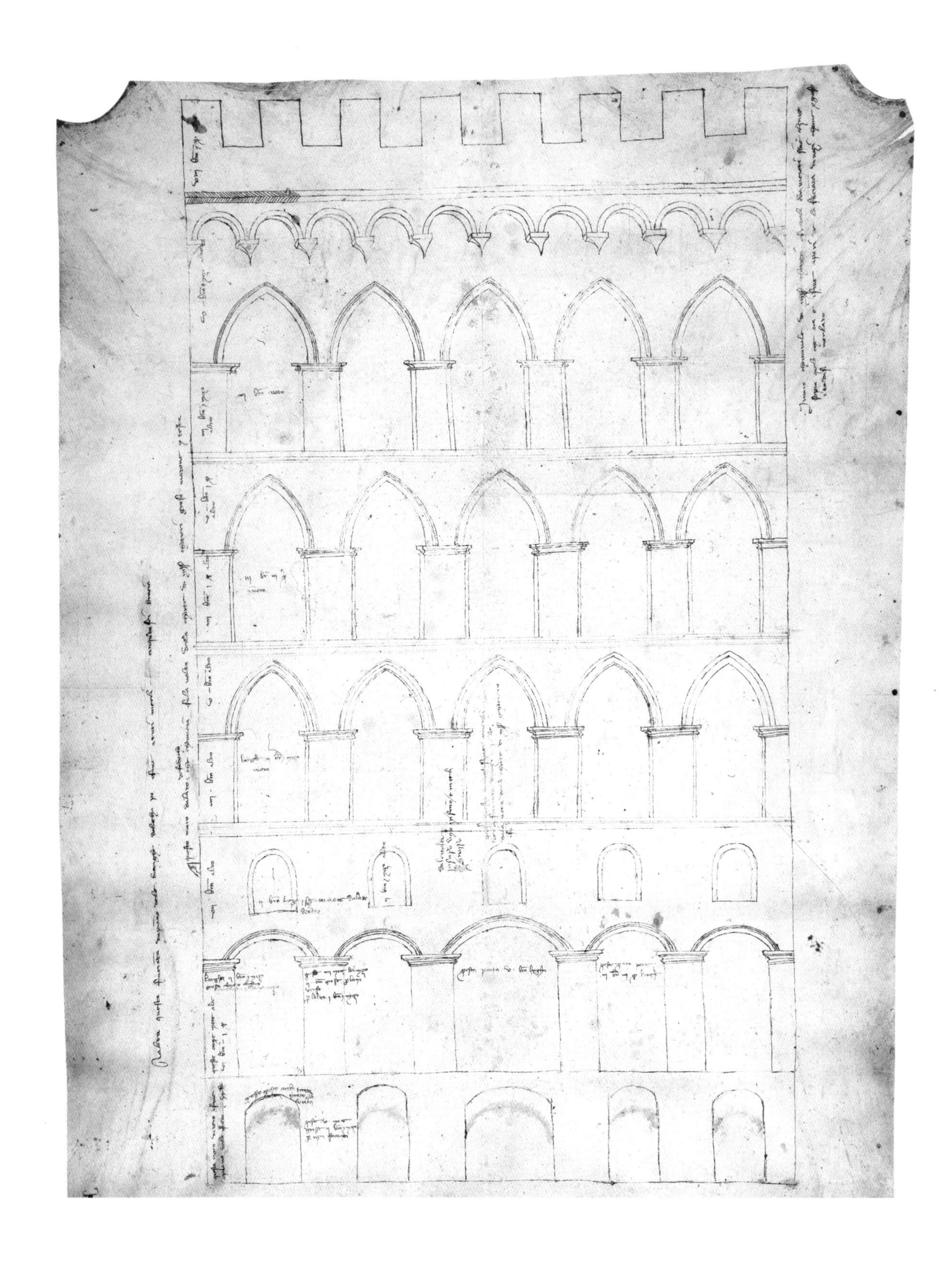

阿格斯蒂诺·迪·乔瓦尼
（约1310—1370）

锡耶纳桑塞多尼宫殿立面
（1340）

纸上棕色墨水

122厘米×58厘米

贡蒂罗·多·戈罗·桑塞多尼、阿格斯蒂诺·迪·乔瓦尼及其子乔瓦尼、阿格斯蒂诺·迪·罗索、赛克·迪·卡西诺合作建造了桑塞多尼（Sansedoni）宫殿。桑塞多尼是一座哥特式的城市宫殿，带有一座图中没有显示的塔，供五个贵族家庭居住。图纸多半是照着一张原始建筑师设计图徒手复制的，原稿已经不见了；上半部分窗户的笔触充满自信，而下半部分窗户的笔触则较为笨拙，表明它还处于初步阶段。这幅早期测绘图使用了一个古老的测量系统，长度用托斯卡纳方言的braccia（相当于前臂长度）表示。有人认为立面尺寸是根据中世纪石匠的一种名为ad quadratum（四直角形）的标准设计方法制定的，这种设计方法依赖正方形的四边与对角线的关系。图中的文字标注出自阿格斯蒂诺·迪·乔瓦尼之手，文字明确指出建筑符合1297年的法令。该法令规定锡耶纳中央广场（Piazza del Campo）附近的所有宫殿都必须使用带柱子的窗户，以与锡耶纳的公共宫殿（Plazzo Publico）保持一致。桑塞多尼宫殿长而内凹的正面，沿着中央广场的北面边界延伸，并正对着公共宫殿。当宫殿建成之后，它关闭了一个入口。建筑的正立面已经在整修中变得面目全非，然而这张立面图中的片断，在建筑位于班吉·迪·索托（Banchi di Sotto）街一侧的立面上还能辨认出来，包括入口——只有中央的入口保留了下来，上面有个小窗户——以及成排的凹窗。

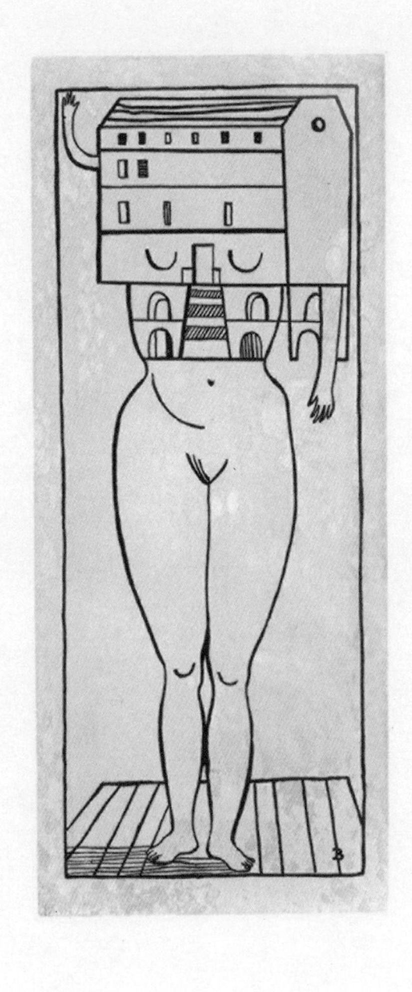

路易丝·布尔乔亚
(1911—2010)

女性之家
(1947)

线条凸版
23.3厘米×9.3厘米

20世纪40年代，法裔美国艺术家路易丝·布尔乔亚（Louise Bourgeois）在抚养三个儿子期间，创作了这一系列名为《女性之家》（*Femme Maison*）的作品。抚养孩子足以将一个女人禁锢在家里，除非她有办法找到帮手，因此房子令此处的女性形象显得窒息。女人正站立在一个小木平台上，又或许被框在一个极小的房间墙壁中。画面由简单的线条构成，没有阴影或空间模型的指引，利用人物脚下的地板创造了一个基本的透视效果。房子本身显示了两个立面，但是却被压在一个平面上。标题是个双关语，Femme Maison可以翻译成“家庭主妇”也可以按字面译作“女性之家”。建筑取代了女人的头，仿佛女人彻底变成了一座房子，就连她的胸部看起来也像下垂的眼睑（或紧闭的窗户），一本正经地朝下看着。她细小的胳膊从房子中伸了出来，一只手臂充满希望地挥舞，而另一只则顺从地低垂着。布尔乔亚将此处的人物描绘成一个不知道自己半身赤裸、暴露在家庭监牢中的形象，她没有意识到自己正试图躲藏。在绘制这幅画的时候，布尔乔亚自己应该也正在母亲与艺术家这两个从时空上相互排斥的角色中挣扎，而这两个角色又必须以某种方式调和。而在家庭环境中，互斥的时空以某种方式被挤压在了一起。布尔乔亚以建筑作为主题，象征性地表达了自己的感受，图中的建筑成了维系这些情感与环境的记忆纽带。建筑结构与记忆结构一样，是一个避难所，但同时也可能变为陷阱。

罗伯特·文丘里(1925—2018)
丹妮丝·史考特·布朗(1931年生)

我是纪念碑
(1972)

纸上墨水

15.2厘米×22.9厘米

1968年秋天，建筑师罗伯特·文丘里（Robert Venturi）和丹妮丝·史考特·布朗（Denise Scott Brown）带着一组学生，从耶鲁来到内华达州，用十天的时间来研究城市蔓延。拉斯维加斯大道是他们主要的研究对象。这次沙漠之旅的成果是极具影响力，同时极具争议的《向拉斯维加斯学习》（*Learning from Las Vegas*，1972年出版）。这张引发争议的草图描绘了一个通过标牌宣告自己是纪念碑的小屋。标牌周围放射出的线条象征着闪烁的霓虹灯。这幅草图通过简洁的笔触和令人难忘的线条表达了一个复杂的概念。书中描述这个概念的术语是"装饰棚子"（Decorative Shed），它的意思是用外界符号来定义自己的简单结构。草图引发了许多争议，例如图中盒子一般的房子和它普通甚至丑陋的特征，似乎与建筑设计中原创性的原则相矛盾。另外，它假设了外部可以表达内部，然而这两者之间的冲突显然是不可避免的。当时波普艺术的影响已经渗透到了美国人的想象力中，《向拉斯维加斯学习》一书的言论将艺术界对高雅文化的讽刺性批判转化为通过吸收流行和大众文化，对高雅建筑原则的批判。在这幅草图中，拉斯维加斯大道上随处可见的平凡建筑通过路旁的标牌来宣告其存在和目的，与巴洛克大教堂上面的浮雕和雕塑并无本质区别。这本书通过详细的技术分析，批判了高雅建筑压倒性的精英主义，特别是具有英雄主义优越感的现代主义，根据功能主义原则，完全抛弃了装饰的角色。

保罗·鲁道夫
(1918—1997)

为大急流城住宅展设计的房屋模型(1955)

铅笔底稿上黑色和棕色墨水
64.5厘米×106厘米

这幅立面透视图描绘的是保罗·鲁道夫(Paul Rudolph)设计的房屋模型，这一设计代表了美国东南部住宅的特点。它是“家庭研究基金会”(Home Research Foundation)项目的早期提案，该项目虽然持续时间很短，但在建筑类出版物中得到了大范围推广。这片32公顷的林地是用来展现美国顶尖设计师的创意的，包括巴克敏斯特·富勒、鲁道夫和艾略特·诺伊斯(Eliot Noyes)。鲁道夫的设计与密歇根州大急流城(Grand Rapids)外的湖滨景观紧密结合，形成了它纯净质朴的品质。这座住宅像一个日式的亭子，呈现在一个简单的平台上，平台下是一片完美的草坪，其间有一条铺好的小路穿过，在地块的两侧都可以看到相邻房屋的基座。画面下方，一条铺砌好的道路旁随意种着几棵树，这条路限定了地块的范围。画面上方，这些树的精致树冠仿佛画面的一道花边。房子打破了由湖面勾勒的地平线，湖对面遥远的林地清晰可见。虽然这幅图景深很大，但其线条的质感始终如一——用粗线来描绘建筑结构的边缘，用两种较细的线来描绘自然物体、家具、铺装和砖块。这是两幅画中的一幅，它们共同强调了鲁道夫对临时居住问题的解决方案，尤其是这种周末别墅。由于美国东南部气候温暖，所以房子没有窗户，空间简单，白天可以将四周的墙板拉开。在另一幅住宅完全敞开的图绘中，可以看到树枝部分有模糊的铅笔痕迹，这说明它的位置被调整过，最终版本的作品是以它作为底图定位完成的。

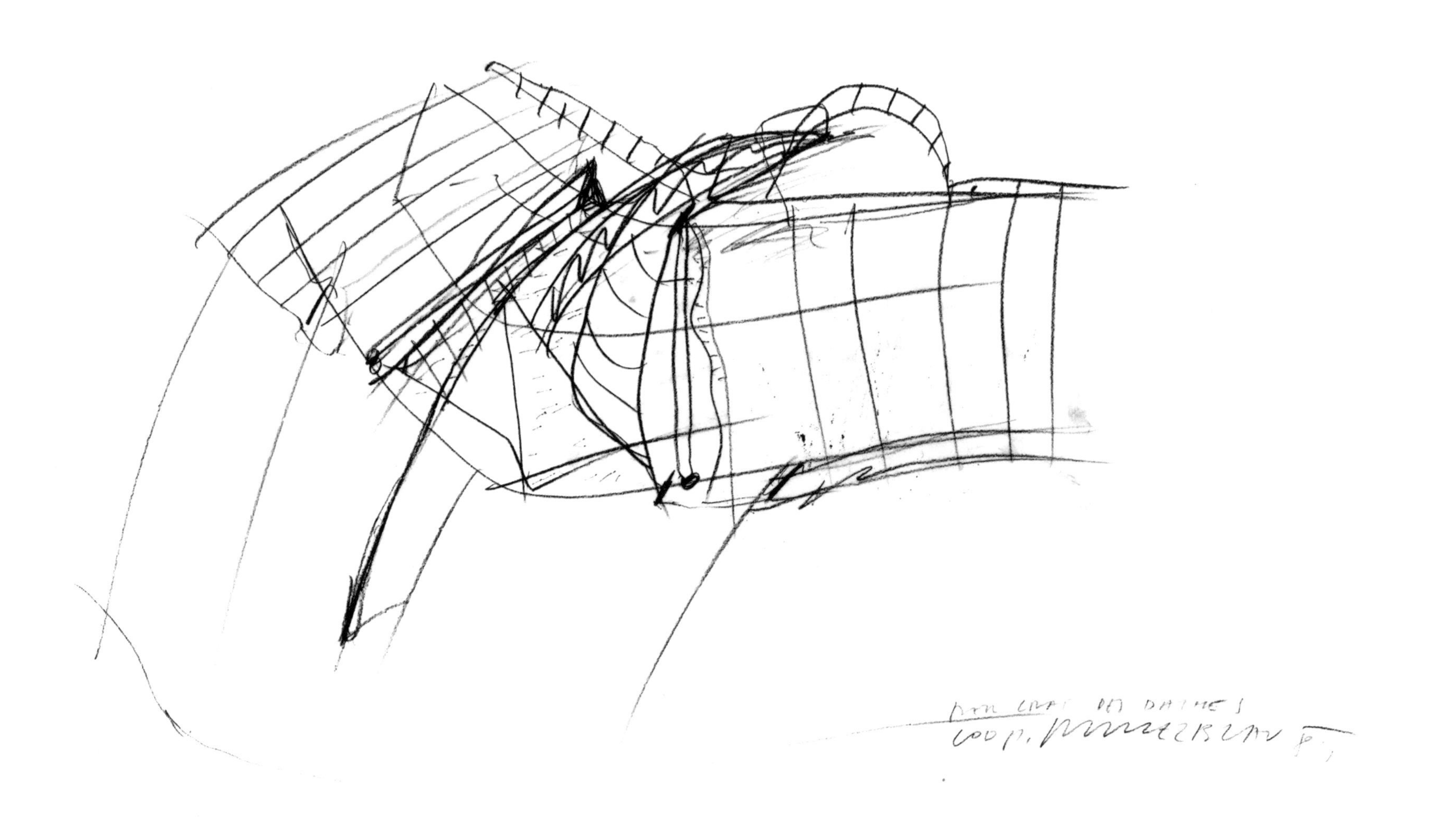

蓝天组

福克斯特拉屋顶改造（1983）

描图纸上铅笔

41.6厘米×55.1厘米

蓝天组（Coop Himmelblau）这样描述他们的模型生成过程：从一幅爆炸性的草图开始，双目紧闭，全神贯注。这让人联想到20世纪20年代达达艺术家们的无意识绘画实验。虽然这一项目最初的草图和设计是在1983年完成的，但这一扩建工程直到1988年才竣工，扩建的是一家维也纳法律公司的办公空间。蓝天组的图绘也是在这一年出现在纽约当代艺术博物馆的解构主义建筑展览上的。这幅图充满了能量，线条是被迅速画成的。不像蓝天组的其他草图，这幅作品有一个可识别的具象形式，尽管它的结构不完全与矮墙上昆虫般的结构匹配。他们说，在设计的时候，他们预先设想了一道倒置的闪电和一条绷紧的弧线。建造桥梁和生产飞机的不同体系的结合，将这种空间能量转化为建筑现实。这幅草图由两道相反的弧线构成——它们甚至可以是桁架，其中一道弧线的轴线外推至一个平面，这个平面向下延伸，就像一片流向楼下街道的水。蓝天组的创始合伙人——沃尔夫·普瑞克斯、海默特·斯维兹斯基和迈克尔·霍尔泽，在之前就创作了用于临时表演和装置的作品，如《带有飞翔屋顶的房子》（*House with a flying Roof*，1971年创作）和《燃烧的翅膀》（*Blazing Wing*，1980年创作），这些作品将情感的潜意识释放出来，转化为对城市现实的批判。他们阐释了自己的名字Blue Sky Cooperative，翻译过来就是“蓝天组”，意思是唤起他们想要实现的建筑：像云一样飘浮不定，通过意想不到的角度和复杂的、不合逻辑的空间方案，消除传统建筑的沉重感。

欧文·琼斯
(1809—1874)

柱头
(1856)

纸上墨水
30厘米×20.7厘米

这幅图属于欧文·琼斯（Owen Jones）的著作《装饰法则》中埃及系列的前四幅之一。这本书最初于1856年出版，此后多次再版，描绘了像图中所示的柱头一样的分离出来的装饰图样。后面的五幅与书的其余部分更为一致，展现了装饰的样品。这幅图名为《柱头》，其中八个色彩强烈的图绘展现了经过仔细筛选的埃及柱头装饰。在页面的构图中，琼斯使用水平和垂直的线条，并将颜色小心翼翼地组合在一起，使图片的视觉效果和谐、对称。在书中，位于这幅画之前的两幅尝试了莲花图案和纸莎草图案的不同样式组合。莲花和纸莎草在埃及艺术中是重要的形式和色彩来源，在此幅图和后面的图中，还有具体的案例分析。这些柱头被编号，标明了出处，并配有长长的注释说明，例如纸莎草植物的三个生长阶段。琼斯为准备这几页内容进行了广泛的类型学研究，但省略了许多分类和发现，特别是动物，如鹰和蛇，乃至其他象征性元素，以呈现埃及装饰的几何性和非象征性的审美特征。琼斯另一个更具争议的做法，即挑战普遍的博物馆展览方式，直接展现未上色的大理石和石头作品，几乎不解释它们的原始背景和语境，让它们看起来似乎最初就是这样出现的。1851年，他在为伦敦世博会撰写美术展览手册时，第一次关注了考古彩绘装饰。他与埃及考古学家约瑟夫·博诺米（Joseph Bonomi）共同策划了埃及部分的展览，展览奠定了《装饰法则》的基础。在他为这本书选择的图绘中，琼斯通过博诺米的色彩研究，拓展了想象力，提升了对古代艺术中彩绘装饰的认知。

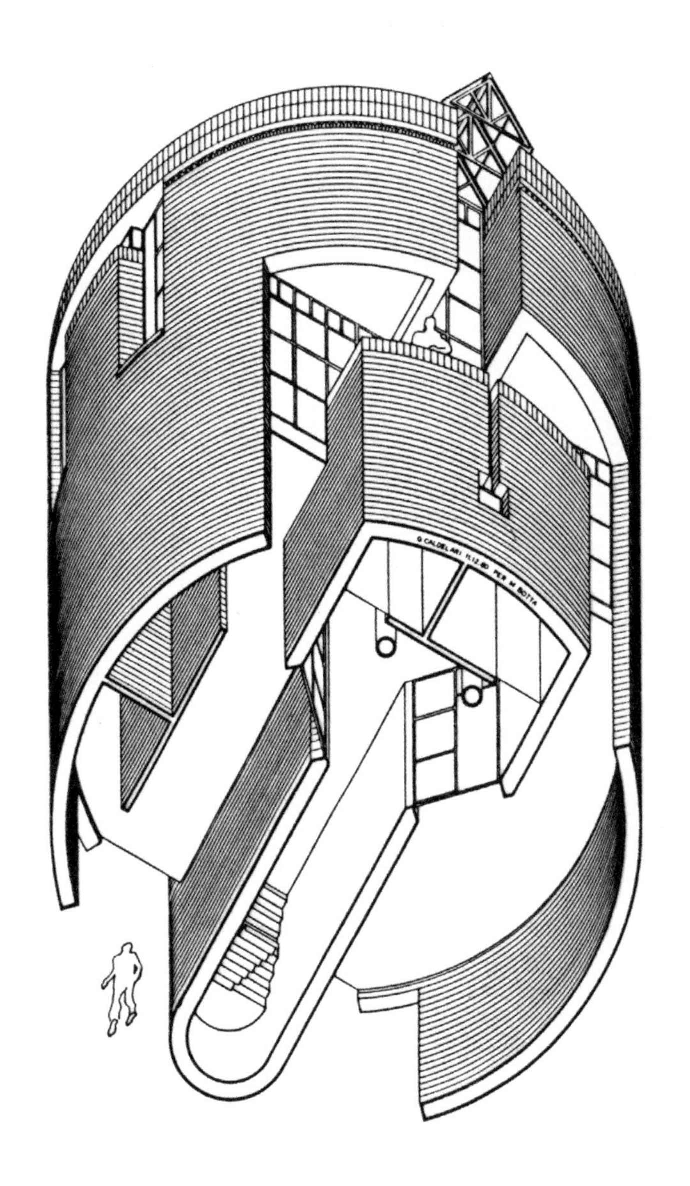

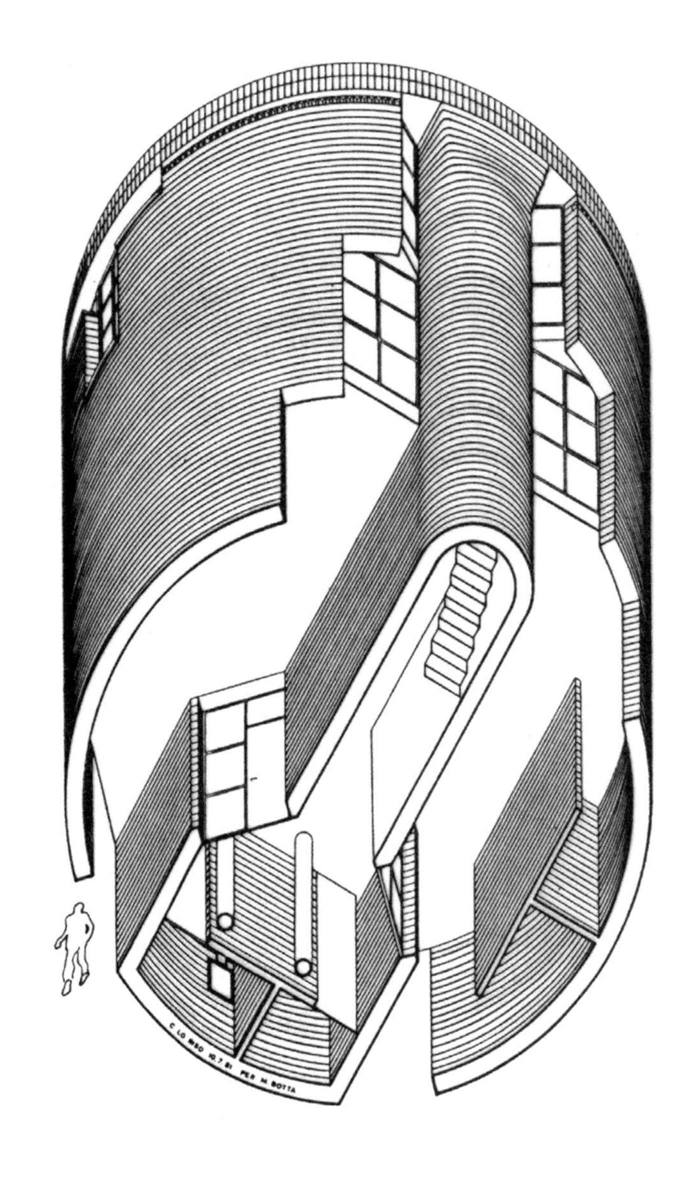

马里奥·博塔
(1943年生)

罗通达别墅
(1980)

纸上墨水

59.4厘米×84.1厘米

1982年，马里奥·博塔（Mario Botta）出版了一本书《罗通达别墅》（*Casa Rotonda*），介绍了他从1980年至1982年在瑞士提契诺（Ticino）设计和建造的同名住宅。轴测图在书中发挥了重要作用，出现在“房子是如何建造的”一章中。与用于实际建造的参数不同，轴测图抽象、自主的特质很好地阐释了博塔所关注的形式和概念。住宅包含在一个纯粹的几何形体内——一个圆向上延伸到超过三层的高度，形成一座矮塔。这使得立面图无法准确描绘建筑，因此轴测图就成了表达建筑连续立面的最佳方式。博塔对这一形式做了不同的切口，以应对场地的特定条件，他在方案中也使用了简单的矩阵形式，这与他从20世纪60年代早期就开始的广泛的矩阵纯形式研究相关。这里的两张轴测图以“虫眼”视角描绘了圆柱的体量，是从下向上看的。这一效果通过从建筑中走出来的一个配景人而增强，他就像走在一块玻璃上一样。轴测图的最底部展现了地面层的平面。最主要的特征是楼梯被包裹在曲线的石墙中，收束于一个紧致的半圆形。它从室外看起来像一个巨大的塔司干式柱，如右图所示，被一段阶梯式的墙体包围，墙体在地面上创造出一个深深的门廊。左边的图强调了沿南北向轴线切入立面的裂缝，让光线可以从上方的三角形天窗射到矮墙层。从这个顶点开始，立面的切口变宽，形成一个平面，在中间层界定出一个阳台。窗户的空隙与另一侧巨柱一般的楼梯间相呼应。

查尔斯·伦尼·麦金托什
(1868—1928)

希尔住宅
(1903)

纸上钢笔
33.6厘米×57.2厘米

在查尔斯伦尼麦金托什(Charles Rennie Mackintosh)享誉世界的格拉斯哥艺术学院一期工程竣工开放的5年之后,1904年,其住宅代表作“希尔住宅”(Hill House)也竣工了。格拉斯哥出版商沃尔特·布莱克就是在看到竣工的艺术学院之后,委托麦金托什设计一套距离市区不远的家庭住宅。这幅两点透视图应该是为客户制作的表现图,它描绘的房子几乎和今天的一模一样。它坐落在海伦斯堡高处的山丘上,向南眺望着迦勒湖和克莱德河,视野开阔,与周围神秘的自然环境形成了对比。这幅图完全由线条构成,天空是一个深色的、有条纹的区域,与房子北翼及角楼的屋顶融合在一起;屋顶由于材料的不同质感及遮阳的不同方向而清晰可辨,深色的屋顶与明亮的墙体形成了鲜明对比;错落分布的窗户构成了画面焦点。建筑的特征被描绘成简单的轮廓,没有阴影和材料纹理,而前景的路边行道树却被极为细致地描绘出来,立面美丽如画的构图揭示了室内与室外的微妙关系。外立面上富于变化的窗洞、凸窗、门廊、烟囱、挑檐和矮墙等,仿佛正上演着一场生动的戏剧。建筑既使用了朴素的苏格兰传统材料,又与当时欧洲的建筑发展相呼应,充满了形式的张力。

保罗·罗伯莱希特
(1950年生)

波尔多市档案馆
(2013)

纸上彩墨

84厘米×119厘米

这张草图上红墨水的精致笔迹仿佛织成了一道面纱，尽管它的进深感很强，但画面仍然停留在纸的表面。有两个因素影响了这种感知。首先，与线条的笔法形成对比的黑点和标记——有时是偶然出现的，有时是精心营造的，它们在画面中创造了另一种秩序。其次，描绘对象的大小，尤其是侧立面的开口，打破了画面的尺度感。画面有一个明确的透视结构，从前景的剖切面一直延伸至遥远的灭点。这幅图与罗伯莱希特的大部分草图都不同，那些草图的空间感更类似乔托在文艺复兴早期描绘的空间关系，即源于物体之间的张力，而这些物体的尺寸是由其地位而非位置决定的。在这幅图中隐含的图形空间里，每个部分都被透视网格连接，形成一个整体，但其外观使用的却是轴测法。一种矛盾感出现了，也许地面是向上倾斜的，由下往上"吞噬"立面；也许屋顶并不是它看起来的样子。剖面部分清楚地展现了现有的废墟和新屋顶结构之间的关系。废墟是一座在2008年毁于一场大火的仓库，新的屋顶结构依循着老山墙的轮廓线，并落在一片半透明的玻璃幕墙上。在室内，数千件属于这个档案馆的物品以微小的黑点表现出来。这些黑点聚集在一层的公共咨询大厅中，被置于一排排书架上。在上面的楼层也可以看到一些书架。

鲍里斯·伊凡
(1891—1976)

苏维埃宫设计竞赛方案
(1933)

纸上铅笔、水彩
129厘米×193.5厘米

1931年至1933年间，一场关于莫斯科新苏维埃宫的国际设计竞赛成为传统俄国建筑风格的转折点，也标志着构成主义时期的结束。最终的获胜方案是一个新古典主义设计，出自苏联建筑师鲍里斯·伊凡（Boris Iofan）之手。之后，他与弗拉基米尔·什丘库和弗拉基米尔·格尔弗里克合作，将设计方案修改为一座415米高的摩天大楼，其中包含一座100米高的列宁像——这在当时是全世界最高的建筑。修订版方案展现在这幅宏伟的透视图中，建筑的基址位于一个巨大的空旷广场上，这座广场上原来坐落着基督救世主大教堂，是革命前俄国的象征，1931年被下令拆除。莫斯科河沿着画面左侧流向广场的南部，广场周围环绕着新古典主义风格的优雅街区和重新构想的花园广场。宽阔的林荫大道让人无法看到城市周边的景色，也无法看到远处的滨河公园。建筑于1937年破土动工，在第二次世界大战爆发时，它的基础已经完工，塔楼的钢结构也已经开始建造。由于战争造成建筑材料和劳动力缺乏，它的施工停滞了，钢结构被拆除下来并重新分配给普通但更实用的项目。战后，废弃的建筑基础被改造成巨大的莫斯科室外游泳池，最终极具象征性地在1995年被重建的教堂取代。这个容纳行政中心和会议大楼的参赛项目吸引了众多设计师，包括奥古斯特和古斯塔夫·佩雷特、汉斯·帕尔齐格、诺姆·加博和勒·柯布西耶，还有众多的苏联建筑师。

丹尼尔·伯纳姆
(1846—1912)

芝加哥城市中心广场
(1909)

纸上墨水、水彩

38厘米×55厘米

这幅鸟瞰透视图穿过城市中心广场向西，构想了芝加哥这座迅速扩张的大都市的未来面貌。在丹尼尔·伯纳姆（Daniel Burnham）1909年出版的《芝加哥规划》中，这幅编号132的插图展现了经过规划的芝加哥的“城市美”。画面捕捉到了这座大型城市在大气影响下的强烈氛围，芝加哥的市民应该对这一场景非常熟悉，即便他们从未在这一视点俯瞰过这座城市。一场暴风雨过后，乌云向西卷去，广阔的城市广场上留下了波光粼粼的水面。水面上，路灯的反光像插入地面的火柱，人群的倒影被放大，市政厅穹顶的倒影朝向观者。规整的城市街区被描绘成深蓝色，预示着夜晚的到来。建筑的轮廓与人行道融合在一起，相比之下，其竖直的开窗严格而规则地分布，一直延伸到远处。宽阔的大道从广场向外辐射，伸向远处的地平线——在那里，夕阳在城市周围广阔的草原上落下。这种林荫道系统是受到了豪斯曼为拿破仑三世所做的巴黎新规划的启发。这片区域是大都市的心脏，而穹顶则是放射状城市“动脉”的中心，这些“动脉”穿过城市，深入乡村。1893年，在芝加哥举办的世界哥伦布纪念博览会上，伯纳姆提出了改造滨水区域的想法。这使他获得了本地商业领袖的委托，为芝加哥规划做准备，他们希望芝加哥成为一个商业中心，而非政治中心。虽然他的构想几乎未被执行，但这个规划影响了芝加哥城市中心的发展，于是有了这些至关重要的城市大道、宽广的滨水公园，以及城市周围的森林保护区。

卡洛斯·迪尼茨
(1926—2001)

纽约世贸中心
(1963)

纸上铅笔、墨水笔
23.7厘米×32厘米

1957年，日裔美国建筑师山崎实聘请卡洛斯·迪尼茨（Carlos Diniz）工作室，为其绘制建筑效果图。1962年，山崎实受托设计纽约世贸中心。于是，迪尼茨工作室连续六年为这一项目制作各种方案的效果图，向公众展示这座大厦的力量感与标志性意义。迪尼茨第一次接触该项目，是在山崎实的办公室看到一个冲破天花板的高模型，每次回忆起这个场景他都激动不已。在建筑效果图中，这种线条简单的画并不常见，但它展示了整个综合体最有力和最壮观的地方。双子塔以优雅简约的线条在客观环境中展现出完全不同的体量感，周围都是比它们矮得多的建筑。双子塔那光滑、没有装饰的墙体，与用混乱的横竖线条描绘出的复杂城市环境形成了鲜明对比。这幅画可以分为两部分，从渡船上看到的广阔的哈得孙河将画面分开。画家借用每个纽约人和许多游客都有过的坐船体验，将这些看似另类的建筑引入日常生活，这很容易想象：站在前景中的甲板上，倚着栏杆，凝视着水对面的曼哈顿天际线。多年来，迪尼茨工作室制作出了各种各样的双子塔图绘，他们关注的重点是如何使建筑与周围环境相协调。其通常的画法是将视线集中在街道和广场上，展现塔楼的局部。

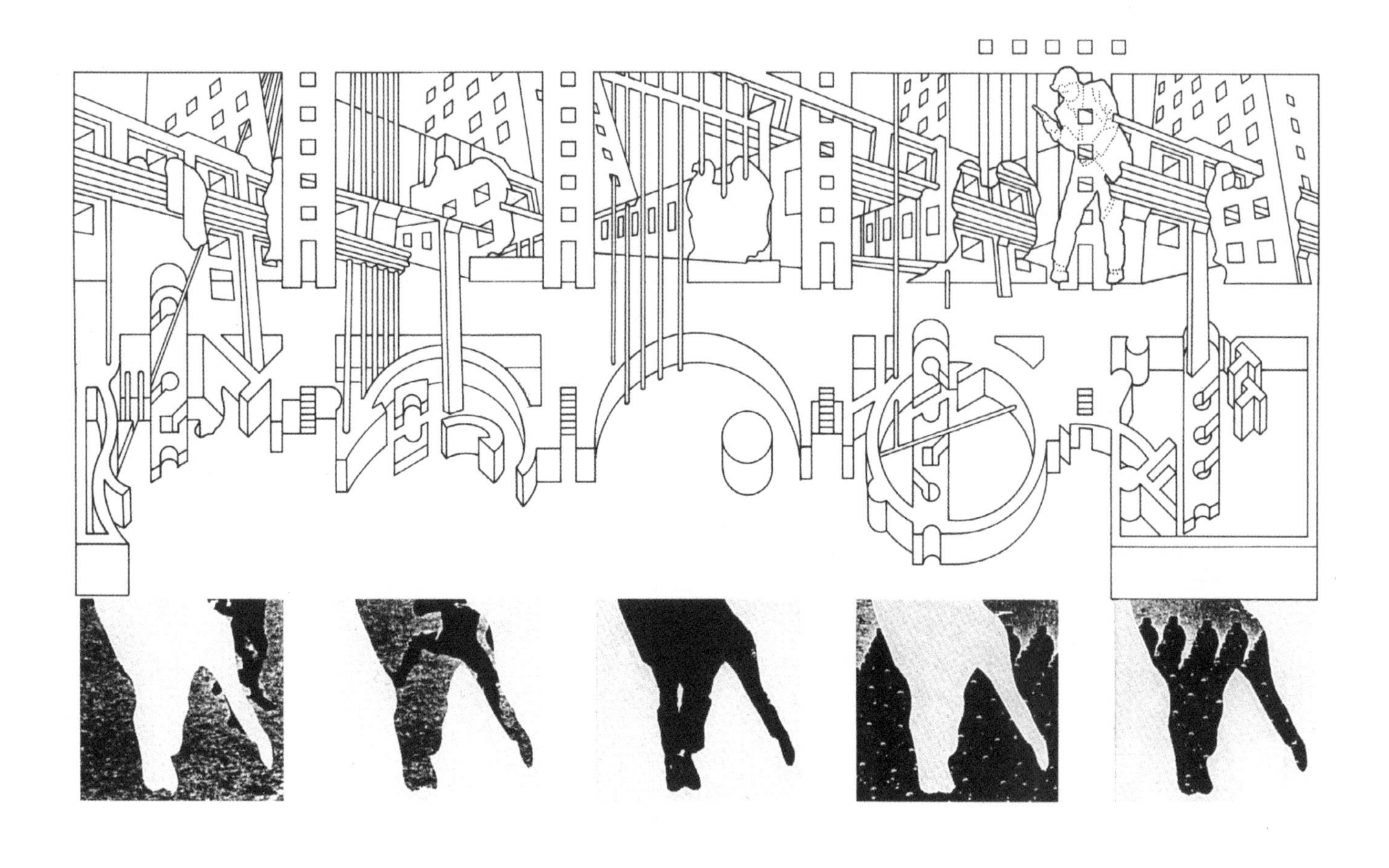

伯纳德·屈米
(1944年生)

街区场景
(1981)

纸上墨水笔

45.7厘米×76.2厘米

瑞士建筑师伯纳德·屈米(Bernard Tschumi)的《曼哈顿手稿》(*Manhattan Transcripts*)创作于1977年至1981年,1981年出版。书中的手稿不同于大多数建筑图纸,描绘的不是写实的或想象的建筑,而是城市居民与曼哈顿建筑景观之间的关系。手稿像电影的分镜头(蒙太奇)那样描绘了一系列场景,并将移动的人形融入其中。《曼哈顿手稿》包括四章——公园、街道、塔和街区,本图展现了“街区”这一章中的一页。画面包括上下两部分。画面下方,五个正方形的图片重复展示了两个人的轮廓,裁剪后只露出他们的腿。他们的姿势仿佛预示着不好的事情——他们可能正身处一场暴乱,也可能在跳舞。人物的轮廓与背景的关系在每一帧中都发生着变化,有时是反转的。画面上方,用线描的形式表现了城市的一个片段,就像根据一张照片描出来的,画中的高楼都变了形。它重复出现了五次,与照片的频率相同。画中的一些元素证实了它反复表现的是同一个地方——高架的轨道、毫无特色的立面,但每次展现的内容都有所不同,或许是因为观者的相对位置发生了变化,也可能是感知场景的方式发生了变化。线描图的下半部分是一个假想的城市空间的轴测投影,它们像电影配乐的旋律一样变化,强调了在抽离于现实的生活中,时间流逝的感觉。

张伯伦、鲍威尔与本恩公司

伦敦巴比肯艺术中心
(1970)

纸上铅笔、墨水笔
50厘米×42厘米

这幅剖透视图详尽地描绘了巴比肯艺术中心及其周围包含200套公寓的住宅区，以及连接它们的公共空间复杂到难以置信的连锁建筑体块。这幅图的目的并非阐释建筑的建造逻辑或结构组织，而是单纯地表达剧院与其支撑空间之间的共生关系，正是这些支撑空间使得剧院中的表演成为可能。剧院位于画面中心，透视灭点位于观众席和舞台脚灯之间的某处，灯光在隔音板和天花板之间的阴影区域盘旋。舞台上方高耸的空间内有一排排的布景，台塔两侧各有一个温室，其羽毛般轻盈的桁架、奇异的植物与厚重的混凝土剖面形成对比。在画面右侧，可以看到一辆汽车正在沿坡道开往停车场的深处。很明显，在这个自给自足的乌托邦世界里，已经没有裸露的地面了。在观众席下部的空间里，有一个叫作The Pit（无座位的空地）的小实验剧场。在拥挤的前厅和悬空的过道下面，有一个电影院。“张伯伦、鲍威尔与本恩公司”在巴比肯项目上工作了近30年，从20世纪50年代中期到1982年建筑竣工开放。艺术中心所在地原来是伦敦城的古城门之一，在第二次世界大战中遭到轰炸，几乎成为一片废墟。艺术中心施工时共挖出19万立方米的土，最多时雇用了近1万名工人。

乔凡尼·巴蒂斯塔·皮拉内西
(1720—1778)

井
(约1750)

蚀刻版画
15.3厘米×21.8厘米

乔凡尼·巴蒂斯塔·皮拉内西（Giovanni Battista Piranesi）创作了一系列关于想象中监狱的手绘和蚀刻版画，名为《监狱构想》（*Carceri d'Invenzioni*）。这些画一直是人们公认的皮拉内西最具感染力的作品。作品的内容非常神秘，因为它们描绘的不是监狱内的常见场景，而是壮观的内部空间，像是军事要塞或巨大的仓库。这幅被称为《井》的作品呈现了一个复杂的场景：在一个巨型大厅里，人们随意走动着。大厅的空间被倾斜的楼梯打断，但高处的拱桥和巨大的木结构网格暗示了其空间范围之大。通过一系列绘画技巧，皮拉内西表现出了画面空间强烈的进深感和氛围感。首先是体块形式的草稿，“井”和整体的框架结构，楼梯，奇怪的天窗，以及头顶的悬臂梁。然后用概括的阴影线填充，中间穿插着曲线的笔触。画面中最深的阴影，是直接在蚀刻版上涂抹酸液产生的，经过打磨，形成一种雾蒙蒙的光束的错觉。切割和抛光的过程选择性地重复，因为当时凹铜版腐蚀制版法还未发明。因此，最终的作品不是一种无意识激情的迸发，而是一系列细致工作的叠加。《井》是皮拉内西最初为《监狱构想》创作的14幅作品之一。皮拉内西在1761年出版这些作品时又全部重新制版，所有的铜版经过重新制作，产生了更阴暗、更细致的图像，并扩大了描绘的空间。《井》中的广阔空间营造了一种宽敞明亮的画面氛围，使得在后来制作的第二个版本中，画面内容常被解读为一个室外空间而非室内场所。

矶崎新
(1931年生)

孵化过程
(1962年绘制，1990年丝网印刷)

104.1厘米×87.3厘米

这幅拼贴画是矶崎新为广岛废墟创作的系列作品之一，他在创作时，写了一首诗作为注解："孵化城市注定走向自我毁灭/废墟是未来城市之风格/未来城市就是废墟本身/因此，今天的城市/注定只是短暂的一瞬/它们将摒弃能量，回到惰性的本源/我们所有的想象与努力将被埋葬/随之而来的是再一次的孵化/重组/这就是未来。"矶崎新的作品也是日本"新陈代谢"运动的一部分，这一运动提倡一种超级建筑——无论是纯粹的想象，还是在一定程度上可以实现——大到能够容纳所有的城市人口，它们巨大的、不断重复的元素具备大都市的一切功能。他们认为，城市的发展是一个有机进化的过程，正如矶崎新所说，它们是被孕育的，而非瞬间完成的。拼贴画和诗歌看似无关，却共同揭示了这种方法论的本源，这里呈现的世界并不是由连续的文化和物质发展生成的。相反，每一个时代的体系都是分层的，就像可重复书写的羊皮卷（文字可刮去重写）一样，当下的文明建立在过去文明的废墟之上。这幅拼贴画中的废墟并非来自日本，而是来自欧洲。正常的希腊式圆柱本来只是支撑建筑的基柱，但在这里被夸大了，成了巨塔的基础。这些巨塔由连续的、水平的巨型结构连接在一起，属于矶崎新构想的"空中城市原型"。其中一根残断的希腊式圆柱已成了一处地标，像是一座平地上的小山。画面上面有一条多车道的高速公路，公路上遍布疾驰而过的汽车。极小的人影挤在人行道上，细细品味着废墟，乃至作为废墟的这座巨型城市本身。

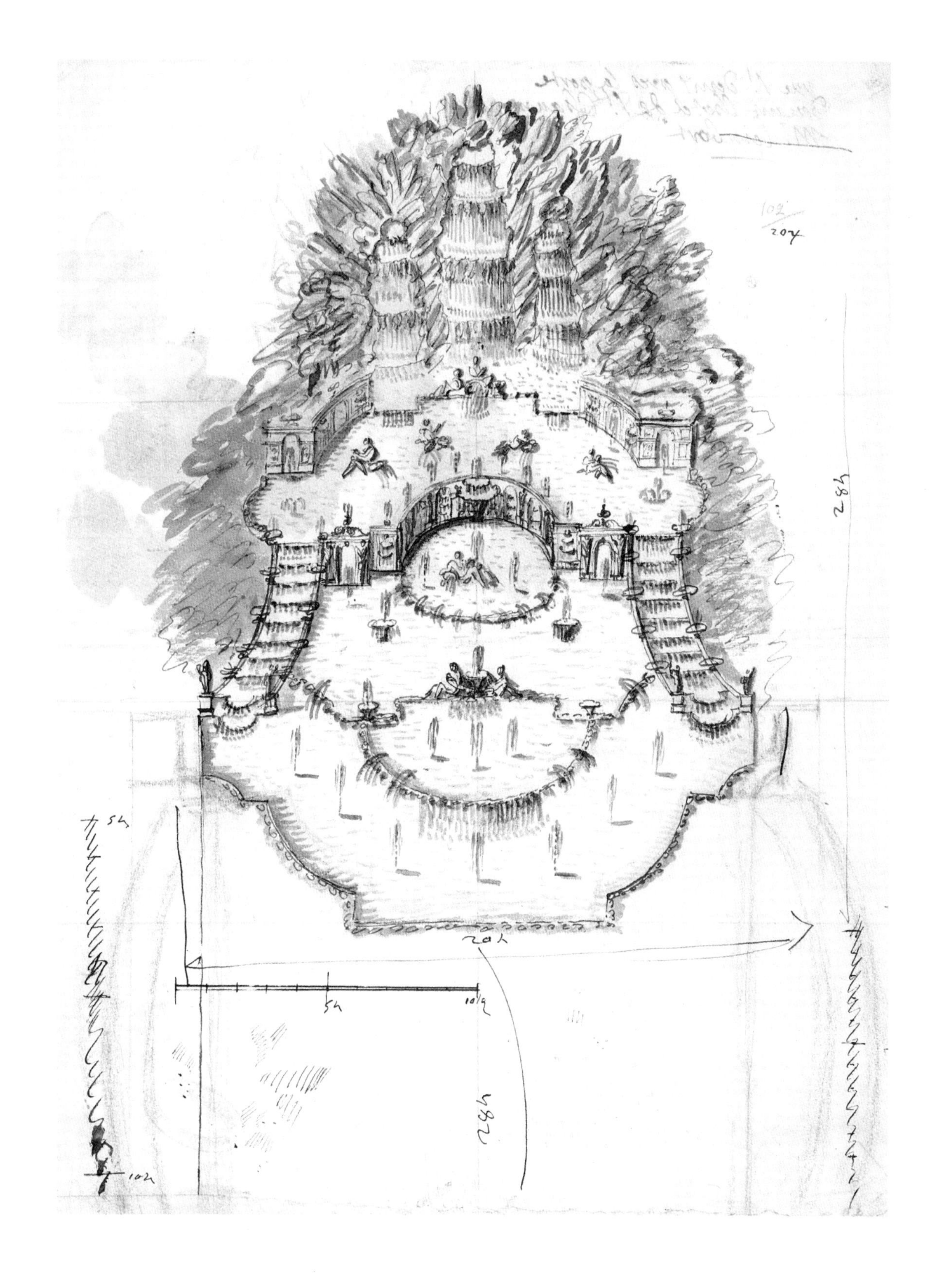

安德烈·勒·诺特尔（1613—1700）

凡尔赛宫带有瀑布和石雕的喷泉工程（1685）

纸上石墨、钢笔、墨水笔和水彩

41.8厘米×32厘米

从1661年开始，安德烈·勒·诺特尔（André Le Nôtre）便投身于凡尔赛宫宫苑的设计，持续了30多年。为了向重要的客户展现自己的设计，他带领工作室的学徒制作了很多精美的表现图，把设计过程和图形表现分离开来，并用一些编码的元素来表现建筑细部、树木、几何图形和水景等。勒·诺特尔是一位技术娴熟的制图师，在巴黎杜伊勒宫花园附近的一所房子里长大，他的父亲是这座花园的首席园艺师。完成绘画学业之后，他也开始从事园艺工作。现存的一些有他署名的画作，虽然是设计前期的粗糙图绘，却展现了他的绘画风格。比如这张图，是他为凡尔赛宫的项目绘制的，但并未实现。这幅图以鸟瞰的角度描绘了巨大而结构复杂的水面，画面没有透视变形，但也不是立面图。三座瀑布注入喷泉池，水源隐藏在假山的悬崖上，周围粗糙的驳岸地形支撑着假山。在画中，勒·诺特尔运用了轻松的水彩笔触，用棕色线条让画面生动起来。水池的边缘有柱廊，在对称构图的两侧逐渐变成浅浅的阶梯式水道，为雕塑和各种各样的喷泉提供了发挥空间。他的客户是路易十四，人称“太阳王”，特别喜欢喷泉。在当时，设计建造喷泉极具挑战性。勒·诺特尔负责监督数千名兵工的工作。他们改造了凡尔赛的沼泽，清走大量的泥土，分流并控制了自然水系，以实现勒·诺特尔错综复杂的几何规划。在一块平坦的场地上，勒·诺特尔设计建造了生动的景观，通过对远景的精心设计，以及对透视的控制，营造了一种场地内部的亲密感；而从其他角度观赏时，它又能让人感到无限深远。

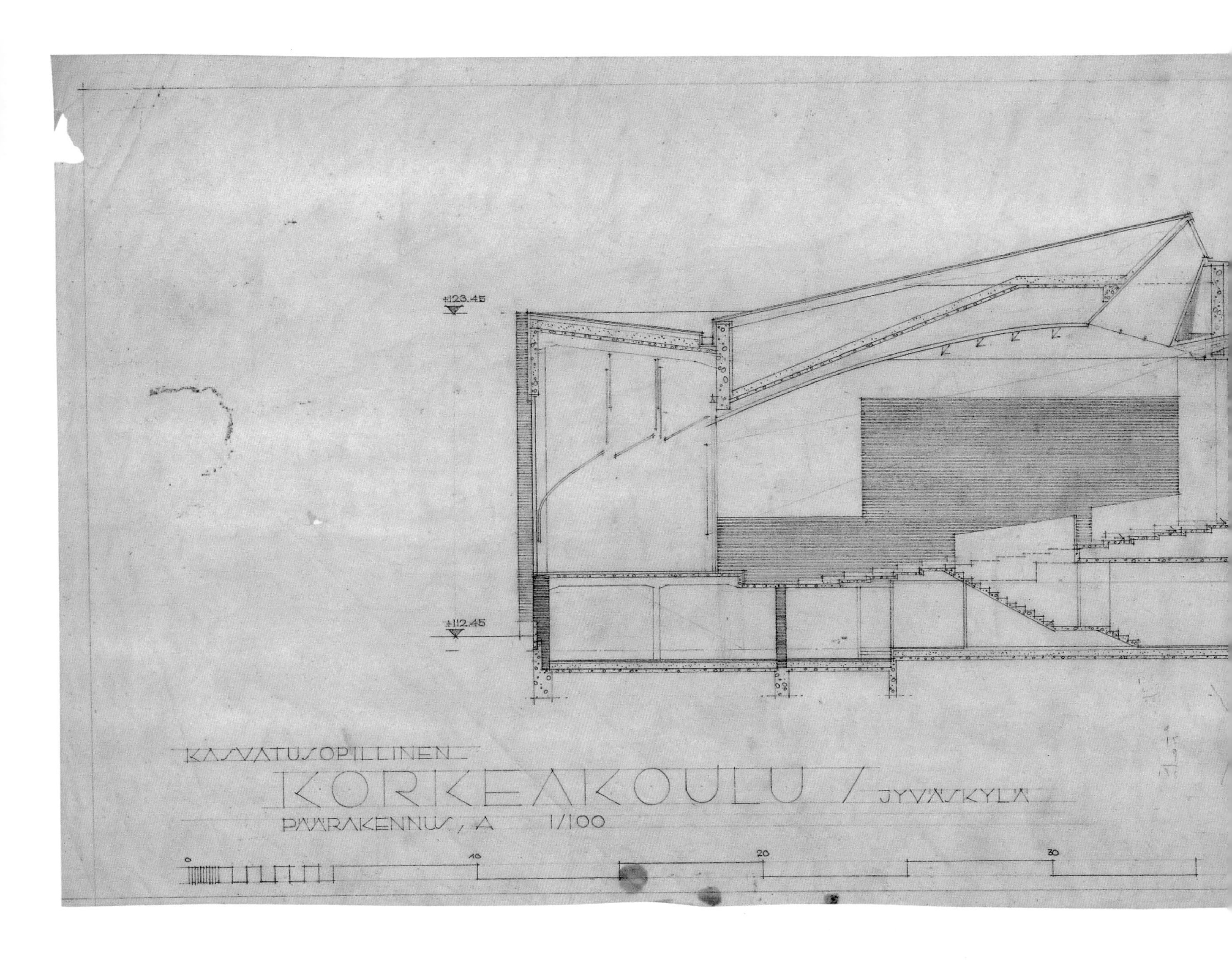

+123.45
+112.45
KASVATUSOPILLINEN
KORKEAKOULU / JYVÄSKYLÄ
PÄÄRAKENNUS, A 1/100
0
10
20
30

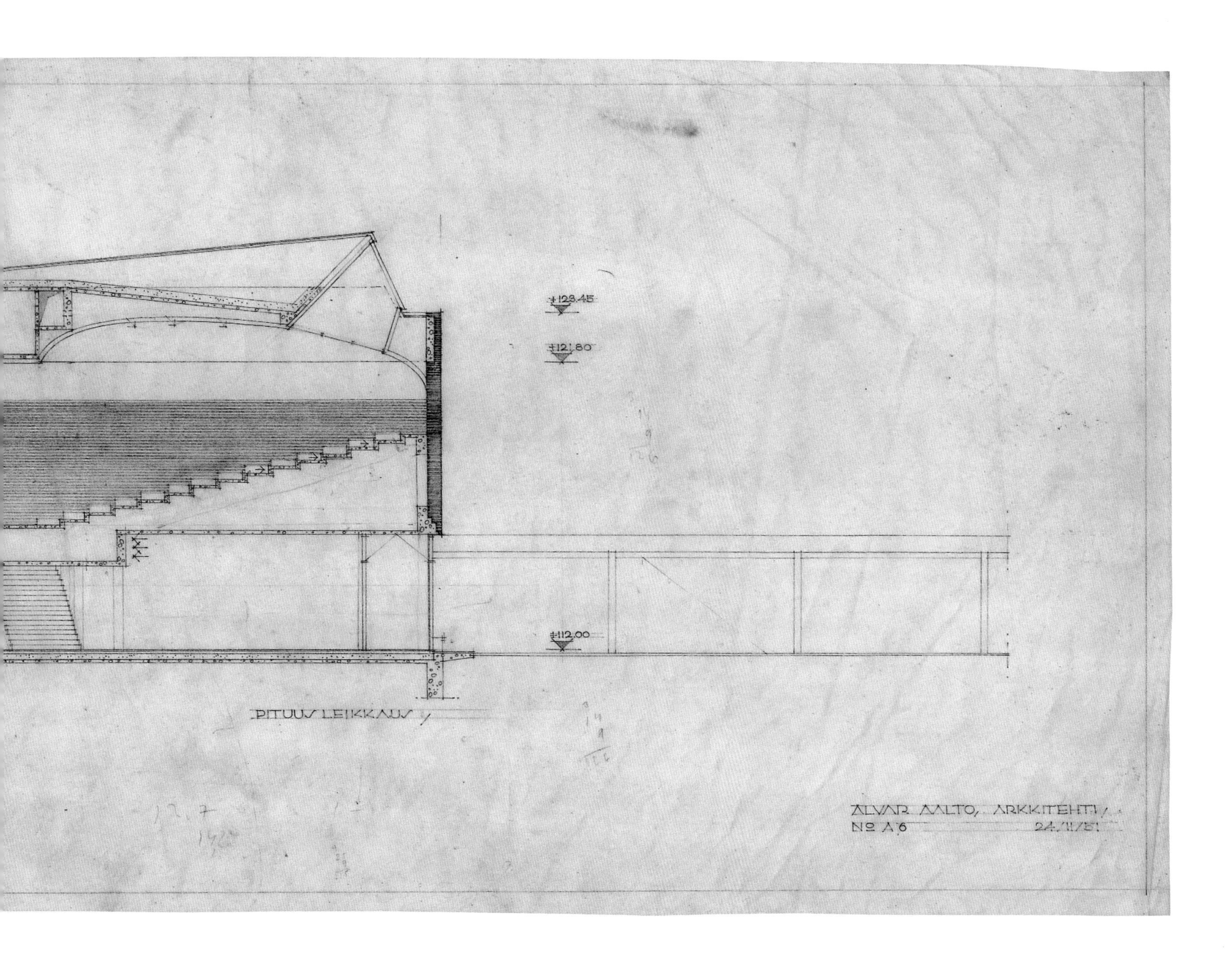

阿尔瓦·阿尔托
(1898—1976)

捷瓦斯基拉大学节日大厅
(1951)

描图纸上墨水笔

30厘米×86厘米

最初委托设计时，芬兰捷瓦斯基拉大学位于这座省会城市的边缘，周围是茂密的森林。这幅剖面图展示了芬兰建筑师阿尔瓦·阿尔托为学校设计的节日大厅。建筑被他设计为一个公共的空间，协调并服务于城市与学术中心，城市居民也可以使用。这座大厅是主建筑的一个侧翼，主建筑是一个用红砖砌成的更大的综合体，里面有图书馆、各种教室和行政办公室。这幅剖面图展现了阿尔托设计的屋面特征——一系列复杂的倾斜表面以一面墙收束，面对着大厅前的入口广场。屋面逐步上升至大厅的中央，并形成两个透光孔，一个将芬兰变换的四季引入室内，另一个将日光引向大厅后方的座席上。座席上方是镂空的天花板，天花板上镶有反光的白色板条。手绘的建筑剖面还描绘了被坚实平滑的墙体分隔开的空间，这使得它既可以分隔成两个独立的、互不干扰的大厅，也可以全部打开，变成一个可容纳700多人的大厅。剖切面的混凝土结构清晰可见，它们以常见的图例填充表示；隔音天花板精致的曲线形表面，则使用了简单的铅笔线来描绘。在平面上，对称的大厅由一系列风扇形的结构组成。最外层是一些短小构件的投影，它们位于更深层体块的侧面，其铰接形式呼应了引人注目的屋顶轮廓。节日大厅所在的侧翼与行政办公室所在的侧翼不同，后者采用了理性的直线形式。

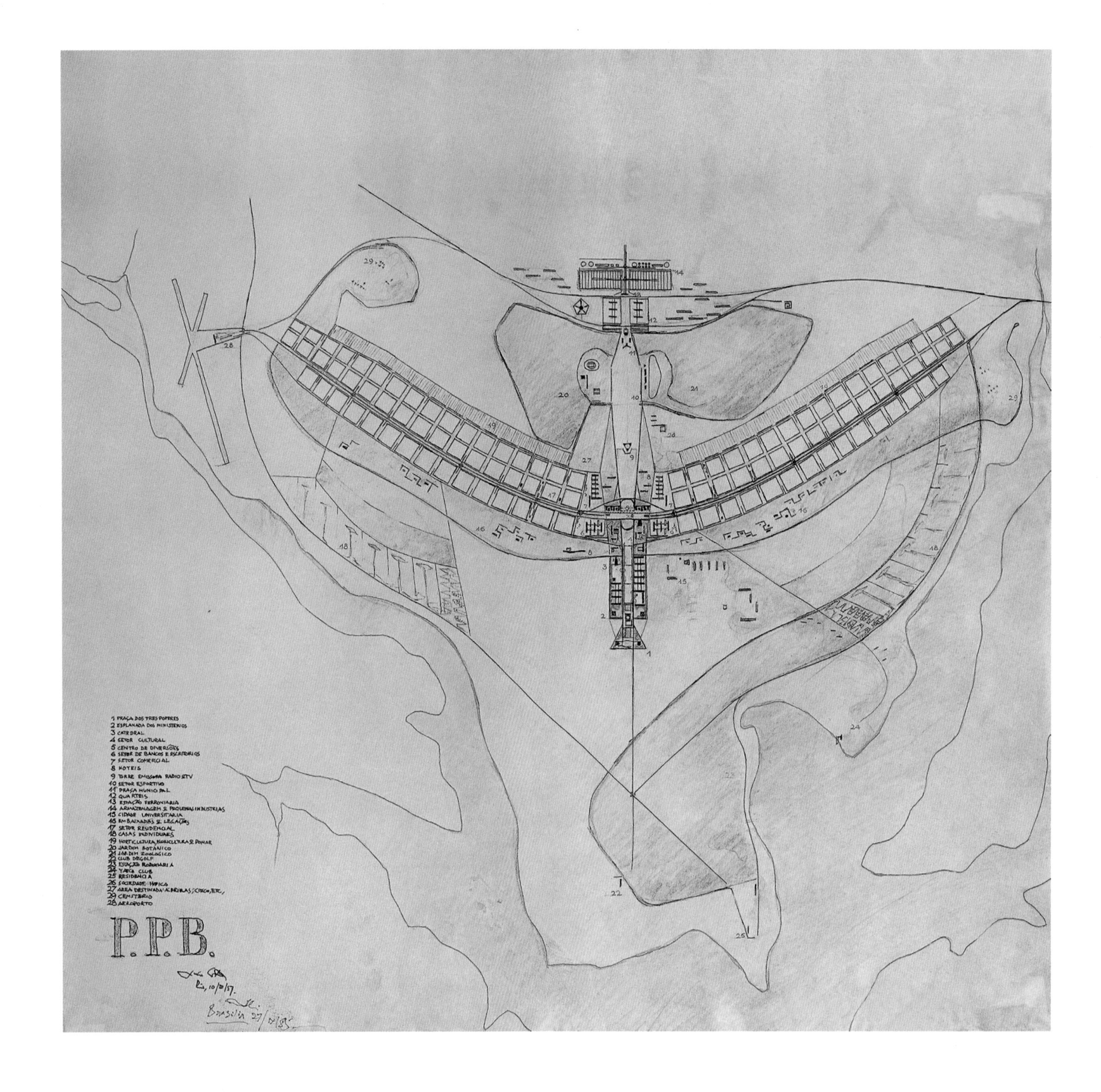

卢西奥·科斯塔
(1902—1998)

巴西利亚规划提案
(1956)

绘图纸上墨水笔、彩铅

57厘米×67厘米

1955年，巴西将新首都的位置定在了深入巴西内陆的两条河流的交汇地带。1956年，新当选的巴西总统儒塞利诺·库比契克看到了为这个现代化工业国家树立象征的机会，这种雄心为首都的规划竞赛定下了基调。1956年，26个巴西设计团队参与了这一竞赛。那时，建筑师奥斯卡·尼迈耶已经开始设计总统府。用库比契克的话说，尼迈耶的设计确立了巴西利亚建筑轻盈、宏伟、抒情和有力的特征，而卢西奥·科斯塔震撼人心的规划，将这座城市概括成一种典型的现代城市的形象。整个规划被包含在一个概念上的等边三角形中，两条边交叉指向了正南方，寓意为巴西的心脏。曲线的两翼改变了巴西殖民地时期方格式的刻板规划，一条东西轴线穿过了分布着政府机关的广场。等比例缩小的平面图，其绘制方式有一种有趣的模糊性：虽然这是一幅清晰的、引人注目的图示，但依然保留了随性的手绘特质，与平面图旁边常见的松散的草图相呼应，这些草图孤立并夸大了其象征性和概念性。画面一侧的注释是23条详细的规划指导方针，从娱乐、商业、行政和交通路线这些功能区域的划分，到沿南北轴线分布的超级居住区的建设，再到中心纪念碑的特征，均有涉及。有了这些注释的帮助，这幅平面图本身就能充分表达提案中具有的象征性。俯瞰整座城市，它像一架正在飞行的飞机；而站在地面上看，它就是一个新国家的核心地带，其规划和组织极为高效、有序。对科斯塔来说，这不是城市（urbs），而是一个城邦（civitas）；不是一个有机、灵活的实体，而是一个预设的公民、行政和纪念性系统。

佚名

迦太基建筑
(约公元前350)

红色赭石壁画

39厘米×69.2厘米

1952年，科克瓦尼（Kerkouane）的迦太基古城遗址发现于突尼斯的邦角边缘。它是被大规模发掘的迦太基人生活遗址之一，也是腓尼基人城镇规划的一个相对完整的案例。自公元前146年毁于战争，再未有城市重建其上，所以这座古老的城市遗址得以幸存，它的港口、城墙、住宅区和城市空间仍然保持着公元前4世纪的样子。这幅壁画位于城市遗址附近的大片墓地中的一座地下墓室，画的可能是迦太基城本身（迦太基遗址位于突尼斯湾以西100千米处）。红色赭石的线条极为简单，展现了一段锯齿状的城墙，城墙包围着方形的建筑。城墙旁边是一个塔尼特女神的壁龛和一只象征灵魂的公鸡。塔尼特是迦太基人和腓尼基人的女神，也是迦太基人心目中重要的神之一。画面下方，一条由红色三角形组成的饰带延伸到整座墓室的每一面墙壁上。画面是以鸟瞰的视角绘制的，从南面或西面望向大海。画面并没有具体描绘城镇的规划，而是主要表现了城镇周围用于防御的稳固城墙。城墙内的建筑不是以平面方式绘制的，而是粗糙的立面，这表明房屋本身也是加固过的，并紧密地聚集在一起。在那个时候，这些住宅都有平坦的屋顶，相互之间有楼梯和梯子连接；住宅通常带有室内庭院，并通过狭窄的走廊与街道连接。

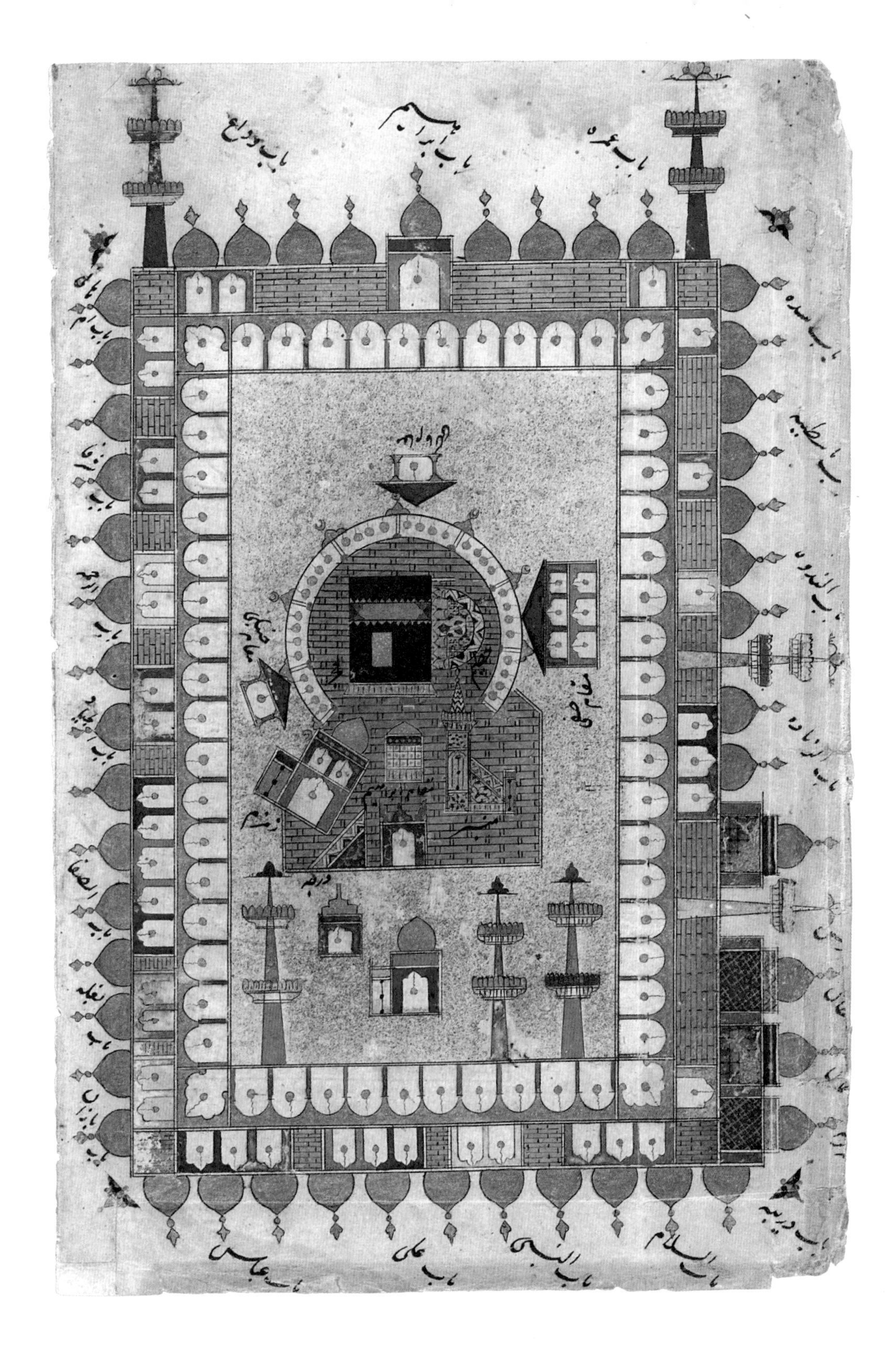

佚名

克尔白
（约1550）

纸上墨水笔、不透明水彩和金粉
22.2厘米×14.3厘米

在这幅画中，克尔白——一座高大的方形石殿，以立面的方式展现出来，其上罩着黑色的锦缎帷幔，帷幔上独特的纹饰清晰可见。克尔白位于沙特阿拉伯麦加“禁寺”（麦加圣寺）中心偏南。画面中，克尔白的周围是一片蓝色的瓷砖，围在半圆形矮墙中。这道矮墙紧挨着克尔白西北墙角，曾经是克尔白的一部分。在蓝色的地面上，还分布着很多建筑物，包括一个装饰繁复的讲坛（minbar）等，以立面的方式展现出来。以立面形式绘制的半圆形拱门，有规律地分布，将四周完全围合。上面第二层则显示了墙上不规律的拱门节奏，其中点缀着蓝色瓷砖，与克尔白周围使用的蓝色砖相似。这幅用奢华材料绘制而成的彩绘，选自一本16世纪的插图手抄本。该书中的其他图绘都带有文字注释，这幅也不例外。

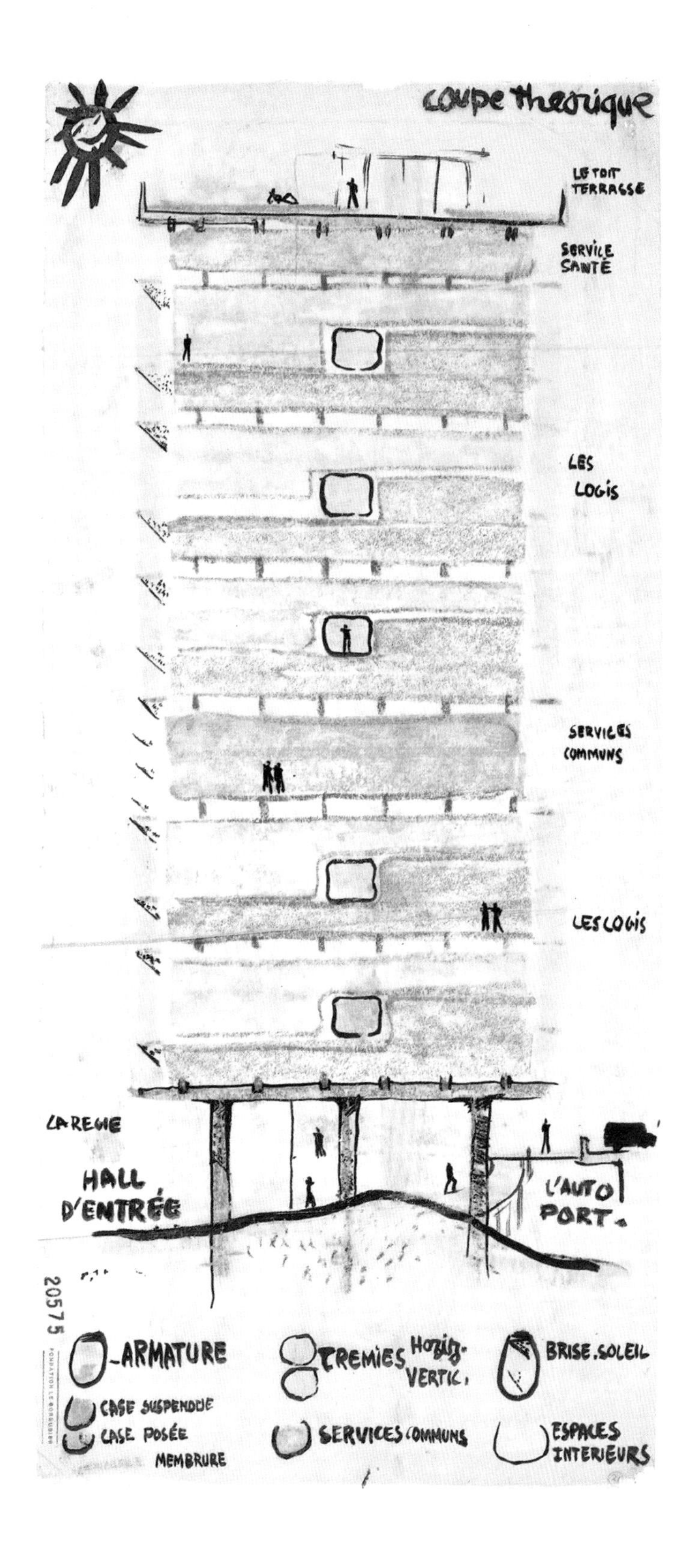

勒·柯布西耶
(1887—1965)

马赛公寓
(1946)

纸上墨水笔、彩铅
48厘米×22.5厘米

在这幅由勒·柯布西耶绘制的草图中，阳光也成为一种建筑元素，就像结构和覆层一样。这幅草图描绘了他设计的位于法国马赛的一栋十八层公寓，被称为“集合住宅”。它展现了长长的居住体块的一个剖面。这座建筑是南北向的，所以它的主立面（剖面图中显示的）是面向东方或西方的。公寓跨越了建筑的总宽度，实现了对流通风，理想状态下朝东的是卧室，朝西的是起居室。然而在这幅剖面图中，只有一半的公寓空间有这种布局。画面中极少用深色墨水勾勒。最粗的线条描绘的是地面，自然状态下的地面起伏不平，而支撑底层楼板的三根架空柱解决了这一问题。柱子是棕色的，深埋入土中，给人一种原始树干的感觉。在一根架空柱的旁边，有一堵小而弯曲的墙，是以透视的角度绘制的，暗示了一个地下停车场的存在。在新的楼板基准面之上，建筑像一片深浅不一的蓝色和绿色的云一样，缓缓升起。大部分住房采用“跃层式”布局，两户公寓共用三个楼层，户内两层高的起居室环抱着位于建筑中心的通道。这些通道以墨线勾边，并施以黄色，很显眼。绿色表示公共空间，并没有做遮阳处理。西立面阳光明媚，公寓窗户外的阳台进深很大，并由图例中注释为“brise-soleil”的遮阳板遮阳。在屋顶上，有小小的人物享受着阳光。还有一些人物形象位于楼层之间，为画面增添了空间感和生动感。

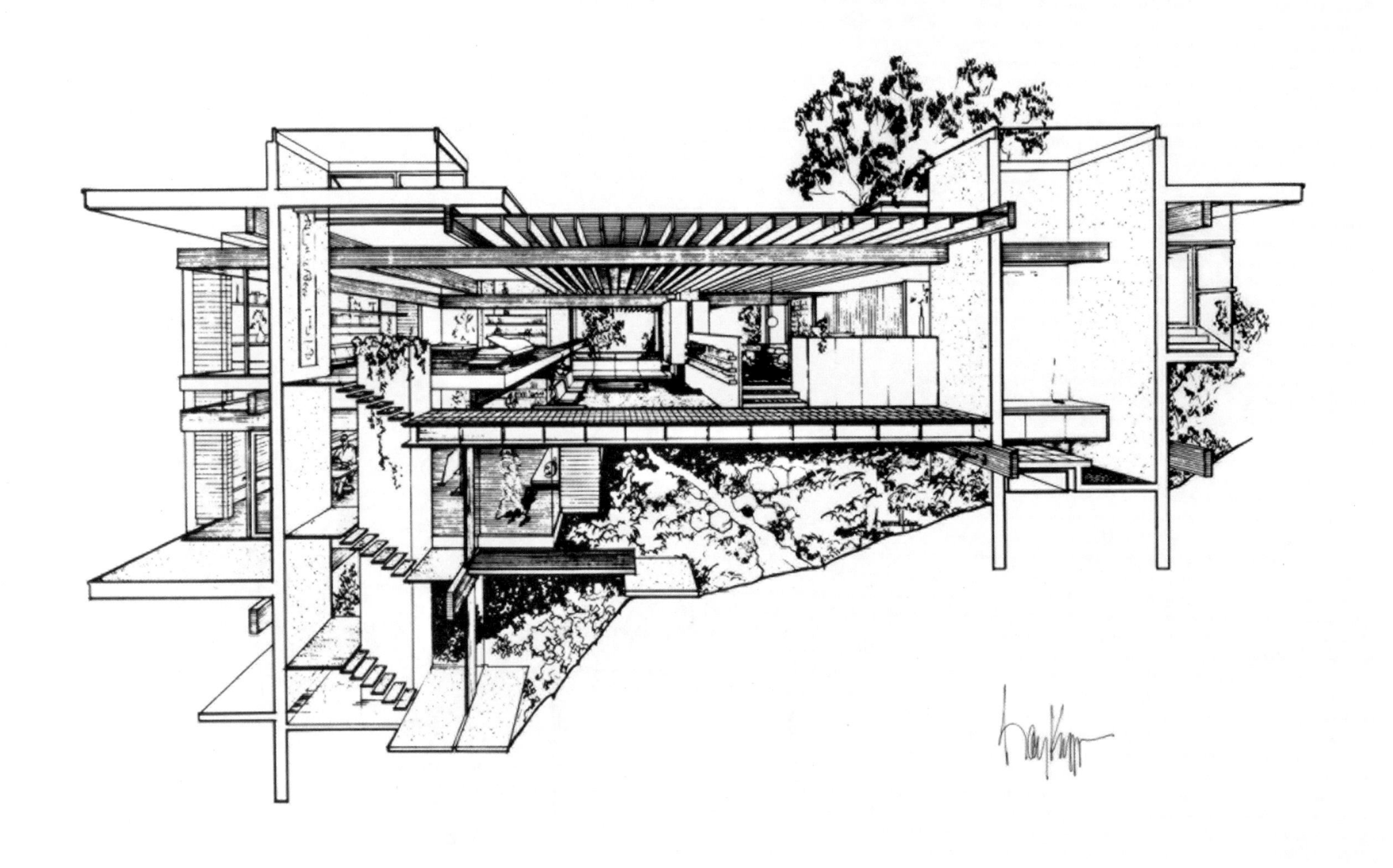

雷蒙德·卡普
(1927年生)

卡普住宅
(1967)

纸上墨水

21厘米×25厘米

雷蒙德·卡普（Raymond Kappe）在美国加利福尼亚州帕利塞德陡崖中设计了一座自住宅，因为他试图寻找一种建造方法，在这片施工困难重重的地形上建造房子，尽管地震活跃加大了建造难度。这幅剖透视图展现了他在山地建造的设计模型，并呈现出了解决这些问题的方式，同时通过生动的室内描绘展现出一种家的感觉——在图中可以看到，卡普自己正在书桌前工作。建筑共有六座混凝土结构的塔楼，图中只展现了两座，它们将共同承受地震的冲击。一座塔楼位于南侧，内部建有楼梯；另一座位于北部边缘的陡坡顶部，内有储物空间。裸露的层压板木梁与自然景观的轮廓相连。这座开放式住宅的七个层级顺山势而下，各自有着不同的空间和高度，每个空间都构成独立的房间。这种空间的多样性与景观的多样性呼应——一些房间可以俯瞰广阔的山谷，另一些房间则在内部与其他空间相连。最不寻常的是，你可以瞥见地板下流淌着的隐蔽溪流，在剖面中它就像一颗神奇的心脏。日光透过塔楼上部的天窗和高侧窗，照亮了房子的每一部分；周围的树木也使得空间变得柔和而有生气。平坦的屋面通过精致的花旗松木梁形成了强烈的透视感，这些木梁贯穿了整个起居空间。地板层与房屋的顶部相呼应，顶部是一个露台，可以沿着树木环绕的层压板木桥到达。

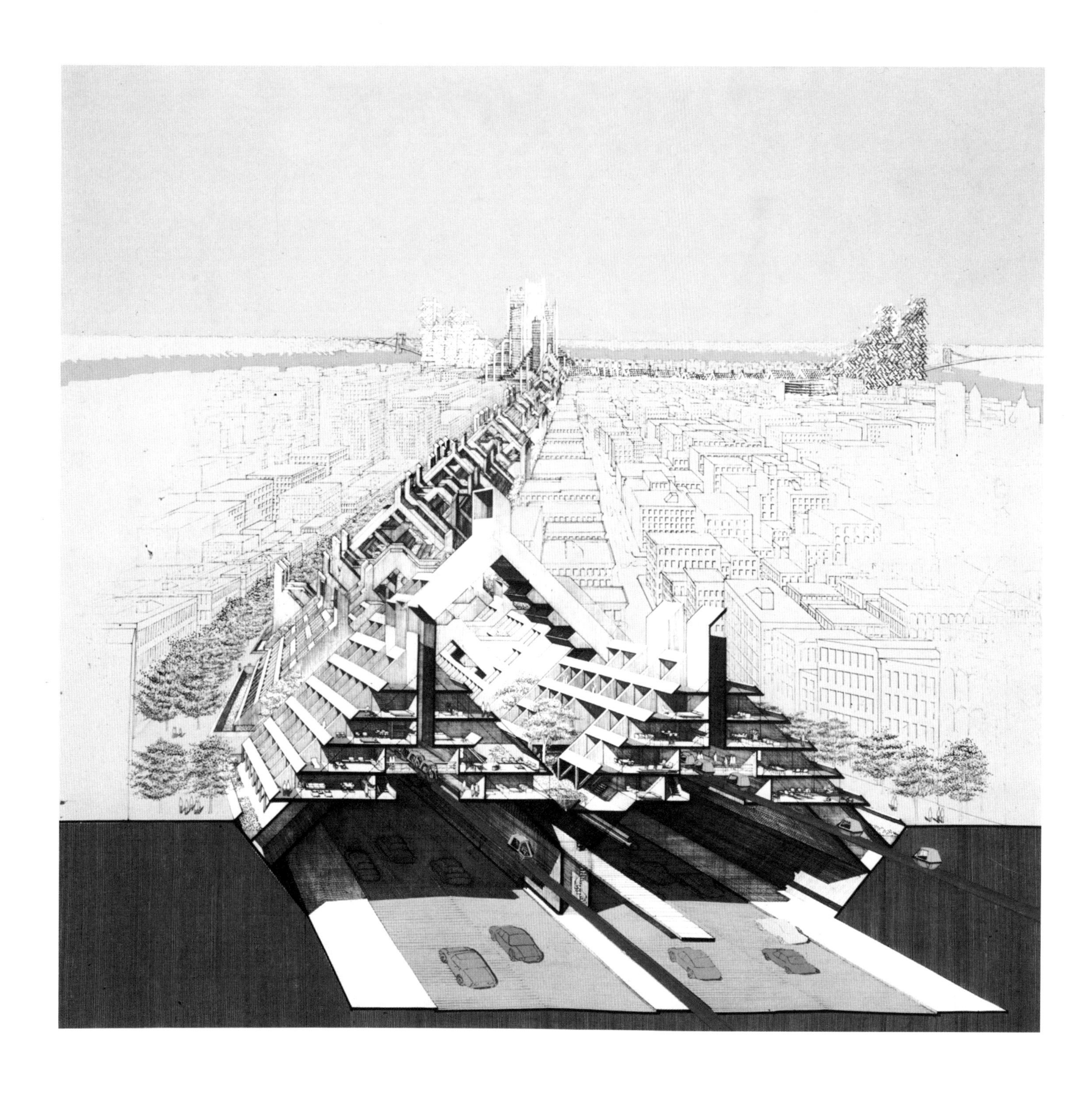

保罗·鲁道夫
(1918—1997)

曼哈顿下城的高速公路
(1970)

迈拉喷绘
97厘米×122厘米

1941年，美国官员罗伯特·摩西（Robert Moses）倡议的一项未来计划——将曼哈顿和威廉斯堡大桥与哈得孙河的荷兰隧道连接起来，获得了城市规划部的批准。这条大型高速公路将穿过曼哈顿下城，将新泽西和布鲁克林、皇后区和长岛连接起来。这一计划将使得公路所经的大片城市区域被拆除。在接下来的20年里，他的提案不断改进，但最终在1962年因活动家简·雅各布斯（Jane Jacobs）领导的公众抗议而失败。1967年，福特基金会委托保罗·鲁道夫对该项目进行研究。他在接下来的五年里断断续续地研究了这一计划，并于1974年以《演变中的城市：乌尔里克·弗兰岑和保罗·鲁道夫城市设计方案》为题发表了自己的研究成果。在研究期间，鲁道夫绘制了大量图纸，对高速公路项目进行了全方位的分析。这幅彩图的不同寻常之处在于，它展现了高速公路基础设施与周围城市的关系。画面中，城市街区由简单的线条描绘出来，包括一些附带的细节——水塔、天线和屋顶花园，使城市的天际线显得生机勃勃。画面前景是曼哈顿岛岩石地面的剖面，展现了通向地下的胶囊式火车轨道和多车道高速公路两边的陡峭路堤。从透视图中可以清晰地看到，高速公路穿越的A形超级建筑将传统的城市街区切割开，并在它们之上“升起”，在两条路的交会处达到最高点。虽然新结构的规模和几何形状在现有城市中显得陌生、格格不入，但当地的街道得到了保护，两边变成了绿树成荫的公园。

扎哈·哈迪德
(1950—2016)

速写本中的一页
(2001)

描图纸上墨水
41.8厘米×21厘米

这幅图是扎哈·哈迪德的速写之一，没有她为展示和吸引人而创作的画作中常见的抛光处理。在速写本中，哈迪德探索了作品的多个不同方面——从几何的关系到形式；从这种关系可能被切分和扭曲的方式，到不同技巧和机制对绘画的影响。这张方格纸的蓝色方格已模糊不清，几乎可以忽略，一系列的手绘墨线如水流般变幻流动着。有时，她使用笔尖较粗的部分描绘，但绝大多数情况下平稳地控制笔尖，绘制出坚硬、精确的线条。哈迪德曾讲过，在伊拉克长大的她经常被鼓励把玩数学问题，就像玩铅笔和钢笔一样自然——二者之间没有界限。在这幅图中，一个复合的模块重复出现，并且重叠、移位，最终形成一个复杂的图形。她用水晕染了部分笔触，呈现出重叠线条抽象的、形式上的潜力；墨色向内渗透，填充线条之间的空隙，形成某些形状。大多数情况下，晕染甚至是色调都是可控的。在某些地方，它们可以变淡变薄，给人一种反光的感觉。还有些形状被浓烈的黑色墨水填充，仿佛是深深的阴影或空洞。深色的墨水让人想起哈迪德20世纪70年代在伦敦建筑联盟学院学习时，她的绘画老师马德隆·弗里森多普讲的一个故事，即哈迪德习惯将她图绘的边缘烧一烧，使得图绘看起来就像出土的未来主义宝藏。

米歇尔·马尔凯蒂
(生卒不详)

马拉帕特别墅
(2013)

纸上墨水

57厘米×45厘米

从2010年至2017年，意大利建筑杂志《圣罗科》(*San Rocco*)每一期的封面都是米歇尔·马尔凯蒂(Michele Marchetti)的图绘作品——将有光泽的黑色油墨印在没有标题和说明的亚光白纸上，再用白色线条勾出图案。这些图绘无主题、无分类，为来自各个历史时期和地区的废弃或是独立的建筑赋予了一种神秘感。这些图绘是用轴测法绘制的，也就是用与底平面相同的尺度绘制其垂直面(不按透视法呈现近大远小的效果，同时表现立体关系和尺寸)。图中的底平面并不像一般轴测图那样按一定角度设置，而是与水平面平行。由此产生了一种关于抽象建筑图像的图像学，用以描绘那些行家熟知的建筑。在这幅图中，意大利现代主义建筑师阿达尔贝托·利贝拉(Adalberto Libera)设计的马拉帕特别墅是主角。它出现在《圣罗科》第七期的封面上，那一期的主题是“合作”。这一著名的房子在画面中不是孤立的，而是处于自然环境中，嵌入从卡碧岛伸向大海的岩石上，茂密的树木与建筑的光滑表面形成鲜明对比。画面的墨黑色块中流淌着两种线条：一种线条笔直，精准描绘了建筑本身；另一种则不那么精确，勾勒出风中摇曳的树木、岩石上荡漾的水波，还有一只飞走的鸟。随着时间的推移，马尔凯蒂的手法逐渐成熟起来。他最初是在平面图和剖面图的基础上，搭建一个简单的三维数字模型，然后生成投影图。随着马尔凯蒂的绘制过程越来越直观，他能够直接生成一个二维图像。墨黑色块遮盖了构筑线条，画面中凌乱的内部由此被隐藏起来。

迈斯特·阿诺德
(? —1308)

科隆大教堂
(1280)

羊皮纸上铁胆墨水
406.5厘米×166.5厘米

13世纪下半叶，莱茵兰（今德国莱茵河中游地带）成了哥特建筑文化最具活力的中心之一，这得益于斯特拉斯堡、科隆和弗莱堡的教堂作坊的建设。这幅巨大的图绘由20张大小不同的羊皮纸拼接在纸上，由科隆大教堂的第二位建造大师迈斯特·阿诺德（Meister Arnold）绘制，描绘了整座大教堂西立面复杂的窗格花饰和精确的细节。这幅图是藏于科隆的七幅中世纪图绘中的一幅，名为《设计图F》，同时绘制的还有教堂首层的《设计图A》。实际上，《设计图F》在德国哥特建筑脱离法国哥特风格影响的过程中起到了重要作用，特别是法式调和西立面的理念，使塔楼和正立面或多或少地受到了同等重视，如1163年始建的巴黎圣母院，以及1211年始建的兰斯大教堂。在《设计图F》中，建筑扎实的结构被一种崇高的垂直感取代，而这种垂直感就来自巨大的尖塔，这在当时的哥特式建筑中是前所未有的。如果没有这样的图绘，创新是不可能实现的。这些图绘不仅促进了相邻的工坊之间观念的迅速转变，而且凭借其精度和细节，让人们得以理解立面中装饰石材之间的关系，这在当时的建筑规划中是一项创举。图纸本身的特性揭示了它的意图，立面基本的几何框架——由八角形构件组成的五层尖塔，与底座相匹配——与羊皮纸修剪的边缘相呼应。

休森·霍利
(1850—1936)

伍尔沃斯大楼
(1911)

木板上水粉、石墨
180.9厘米×81.3厘米

当休森·霍利（Hughson Hawley）受建筑师卡斯·吉尔伯特委托，为吉尔伯特设计的伍尔沃斯大楼——当时世界上最高的摩天大楼——做一块展板时，他正处于自己艺术生涯的巅峰期。霍利为吉尔伯特的塔楼绘制的水彩表现图，成了该项目在公关宣传过程中的关键形象，将世界的眼光吸引到了建筑上。1911年5月，伍尔沃斯公司购买了图片的版权，并通过石版套色印刷将其制成商业名片，广泛传播。吉尔伯特的新哥特式设计在画面中呈现为金色调，由哈得孙河反射而来的日光，在摩天大楼的玻璃立面上闪耀着。塔楼立面由中央至边缘逐渐变暗，但在明亮天空的映衬下，建筑复杂的轮廓依然清晰可见，并与四周低矮的建筑共同构成了天际线。斑驳的蓝天为这座塔楼提供了戏剧化的背景，云层分散开，在塔楼的表面投下影子，从而让建筑变得崇高而庄严，与画面下部拥挤在街道上的人形成了体量悬殊的对比。高耸的塔尖直插云霄，建筑的基础部分也有整整三层高，体量显得无比宏伟。作为一名舞台布景画家，霍利在吉尔伯特等纽约顶尖建筑师中颇受欢迎。拿着他绘制的透视表现图，建筑师们就能吸引客户去建造一栋栋高楼大厦。建造技术的革新和电梯的发明使建筑的规模越来越大，但他并没有被这种超大体量困扰——他在剧院的工作经历为这些图中的建筑赋予了一种迷人的光环。

路德维希·卡尔·希伯赛默
(1885—1967)

高层城市
(1924)

纸上墨水、水彩
97.3厘米×140厘米

只有在现场观看这幅宏大而有力的图绘，你才能充分地欣赏它，因为印刷品将它缩小的同时，也损耗了原作中宏大而悲怆的氛围。然而，即使这是一幅复制品，它仍然是对虚构世界的宏伟描绘。1927年，这一构想收录于包豪斯建筑师兼教师路德维希·卡尔·希伯赛默（Ludwig Karl Hilberseimer）的著作《大城市的建筑》中，阐述了他对城市规划和建筑的思考。这些思考加入了一场辩论，其主题是如何控制西方城市正在发展的工业化进程，尤其是在社会层面上，通过形式和美学的途径。希伯赛默提出了一个“高层城市”的方案，将城市生活的主要活动——休憩、工作和交通——整合在一个垂直系统中。这一方案在今天高楼林立的大都市中看起来极为普通。画面前景的地基剖面，展现了地下基础设施和包裹在整齐的管道中的火车轨道。横穿画面的一条铁轨仿佛在隆隆作响，在某一点与上层的人行道相交，显示了地下世界和空中世界在尺度上的差异：要么是火车过小，要么是地上的人太大。图中的透视灭点在人眼的高度，也可能是一个低空飞行的飞行员视角，突出强调了宽阔的南北向街道。街道旁是地上世界的低楼层区域。这一区域的建筑被有序地划分成五层区块，内部是商店和办公室；上部是行人活动的区域，位于抬升的人行道上，室外空间中没有一点多余的东西。这些建筑排列成直线，肮脏的灰色表面残留着污染物。建筑上整齐划一的窗格强化了画面朝向远处灭点的趋势，给人以城市可以永远延续的感觉。

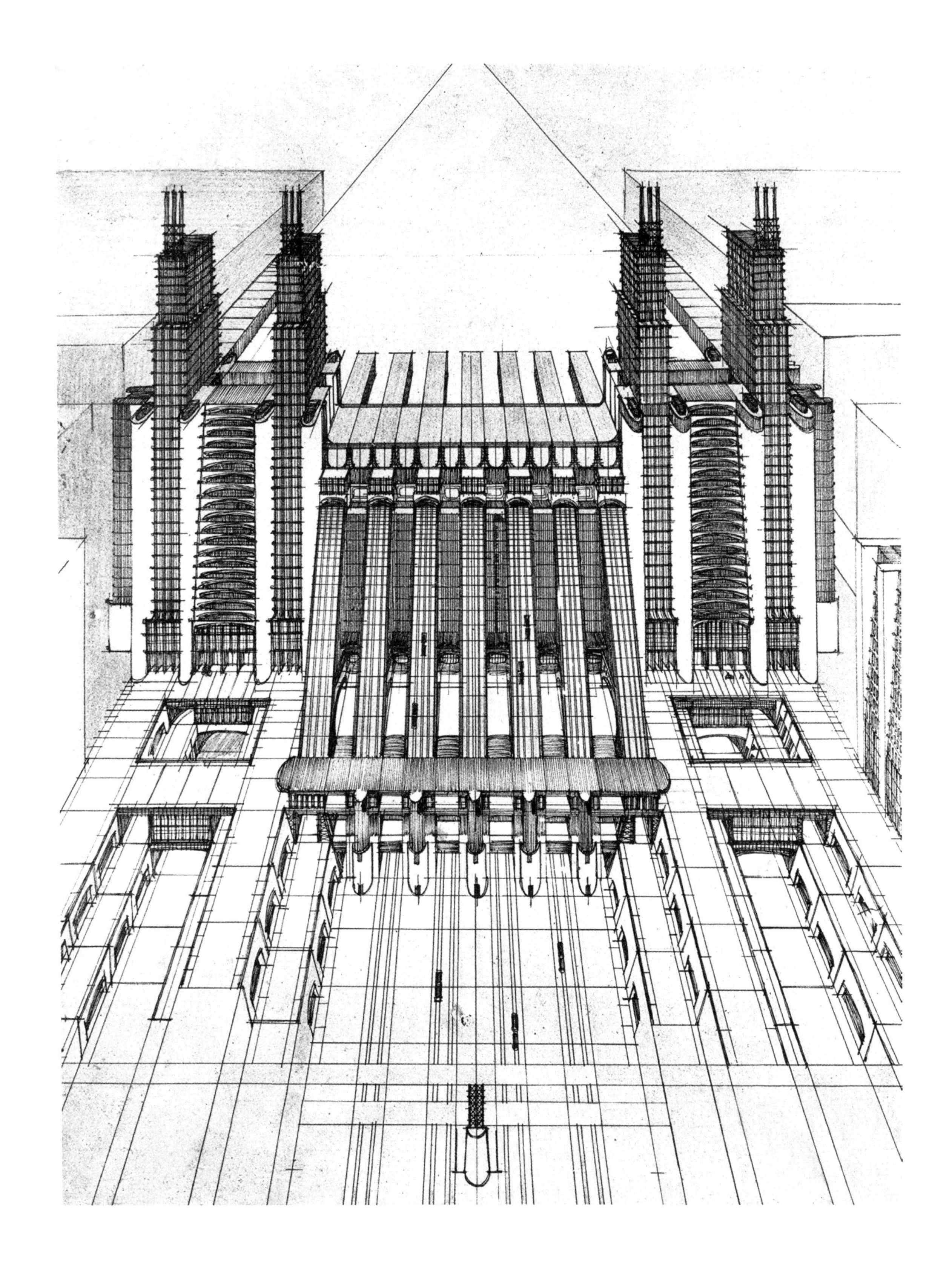

安东尼奥·圣埃里亚
(1888—1916)

火车站与机场
(1914)

纸上黑色墨水、灰色蜡笔
50.7厘米×40.8厘米

这座为赞颂快速运输的潜力而设计的纪念碑建筑，出自意大利未来主义建筑师安东尼奥·圣埃里亚之手，是他"新城市"（Città Nuova）计划的核心部分，这一计划的目的是为当时的新社会创造一种新城市。这幅单点透视图体现了当时技术至上的建筑师对变革中的世界的整体把控。视点在上方，画面完全对称，这个交通枢纽将火车站和一个连接着三个不同地面层的索道结合在一起，一条长长的机场跑道几乎延伸到了画面的中心灭点。这座建筑由工业世界的材料——混凝土、钢铁和玻璃建造而成，摒弃了古典的形式和装饰，前所未有地展现了关于大型流动性社会的愿景。建筑的形式，甚至图像的表现——长而垂直的线条，有些是手绘的——以及曲线造型，不同于圣埃里亚早期作品中意大利新艺术运动花卉风格的装饰性形式。在1912年前后，圣埃里亚加入了未来主义的行列，他们将自然在艺术和建筑中的角色变成了一个类似的人造世界。未来主义创始人菲利波·马里内蒂（Filippo Marinetti）表示，没有什么比一个巨大的、嗡嗡作响的发电站更美了，它能抑制整个山区的水压，并将其转化为装有操纵杆和闪闪发光的转向装置的控制面板。圣埃里亚紧随其后，发表了《未来主义建筑宣言》。在这篇极具革命性的宣言中，他明确了活力建筑主义（dinamismo architettonico）的理念。对他来说，未来的建筑要汲取科学和技术的每一项优势，在现代生活的特定条件下找到新的存在形式和存在理由。他说："我们不再是大教堂和古典会堂的主人，而是那些大酒店、火车站、大道和闪闪发光的拱廊的主人。"

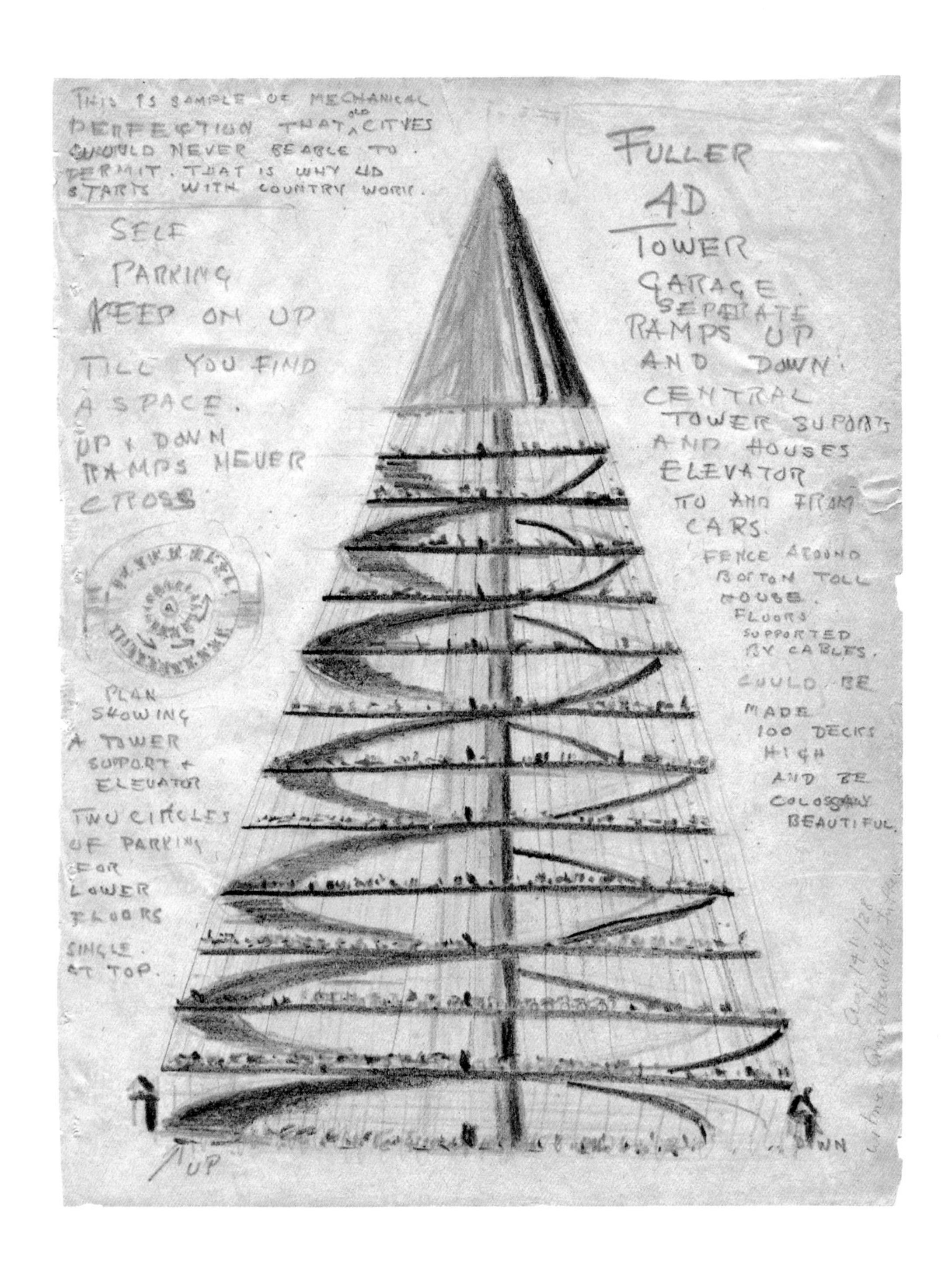
THIS IS SAMPLE OF MECHANICAL PERFECTION THAT OLD CITIES COULD NEVER BE ABLE TO PERMIT. THAT IS WHY 4D STARTS WITH COUNTRY WORK.
FULLER
4D
TOWER
GARAGE
SEPARATE RAMPS UP AND DOWN
CENTRAL TOWER SUPORTS AND HOUSES ELEVATOR TO AND FROM CARS.
FENCE AROUND BOTTOM TOLL HOUSE.
FLOORS SUPPORTED BY CABLES.
COULD BE MADE 100 DECKS HIGH AND BE
BEAUTIFUL.
SELF PARKING
KEEP ON UP
TILL YOU FIND A SPACE.
UP & DOWN RAMPS NEVER CROSS
PLAN SHOWING A TOWER SUPPORT & ELEVATOR
TWO CIRCLES OF PARKING FOR LOWER FLOORS
SINGLE AT TOP.
UP
DOWN

理查德·巴克敏斯特·富勒
(1895—1983)

四维塔形停车场
(1928)

纸上炭笔、彩铅

32厘米×24厘米

这个锥形的结构疯狂又有趣，就像欧洲传统节日五朔节上竖起的巨大的“五月柱”，庆祝车主拥有了汽车，并试图解决随之而来的关键问题——停车。20世纪20年代，汽车已成为美国城市中不可或缺的交通工具。到1929年，美国登记的乘用车数量已达到2300万。理查德·巴克敏斯特·富勒通过这幅有趣的图画传达出四维设计的意图。他说，时间作为第四个维度，代表的是效率，并在画面左侧写了说明：“自己停车——往上开，直到你找到一个车位”“向上和向下”“斜坡永远不会交叉”。这些手写的文字注释让这个双螺旋结构的功能一目了然。那些红色、蓝色、灰色和黑色的小圆点，代表了停在坡道边缘的汽车。从顶端向下延伸到地面的模糊线条，勾勒出了悬挂坡道的钢缆。这些极长的坡道盘旋上升，越来越小，直到在顶部形成一个小平台。整个坡道被描绘成一种超薄的、无须支撑的结构，很容易想象它们在芝加哥的狂风中来回摇晃的样子。悬挂着坡道的尖顶由一个装有内置电梯的竖井支撑，与坡道共同呈现了一个不可能实现的结构方案。螺旋坡道停车场的概念后来在芝加哥马利纳城的“玉米楼”中得以实现，该建筑竣工于1964年。然而，共60层的塔楼只有底部的19层为开放式的螺旋停车场，上部为公寓。富勒构想四维塔楼停车场的同时，还在设计一个四维的塑料住宅塔，同样使用了中心柱的结构，核心筒内包含了所有的服务设施，并在顶部设计了风力发电机。只是在这个设计中，中心柱支撑的是由膨石板组成的六角形地板。

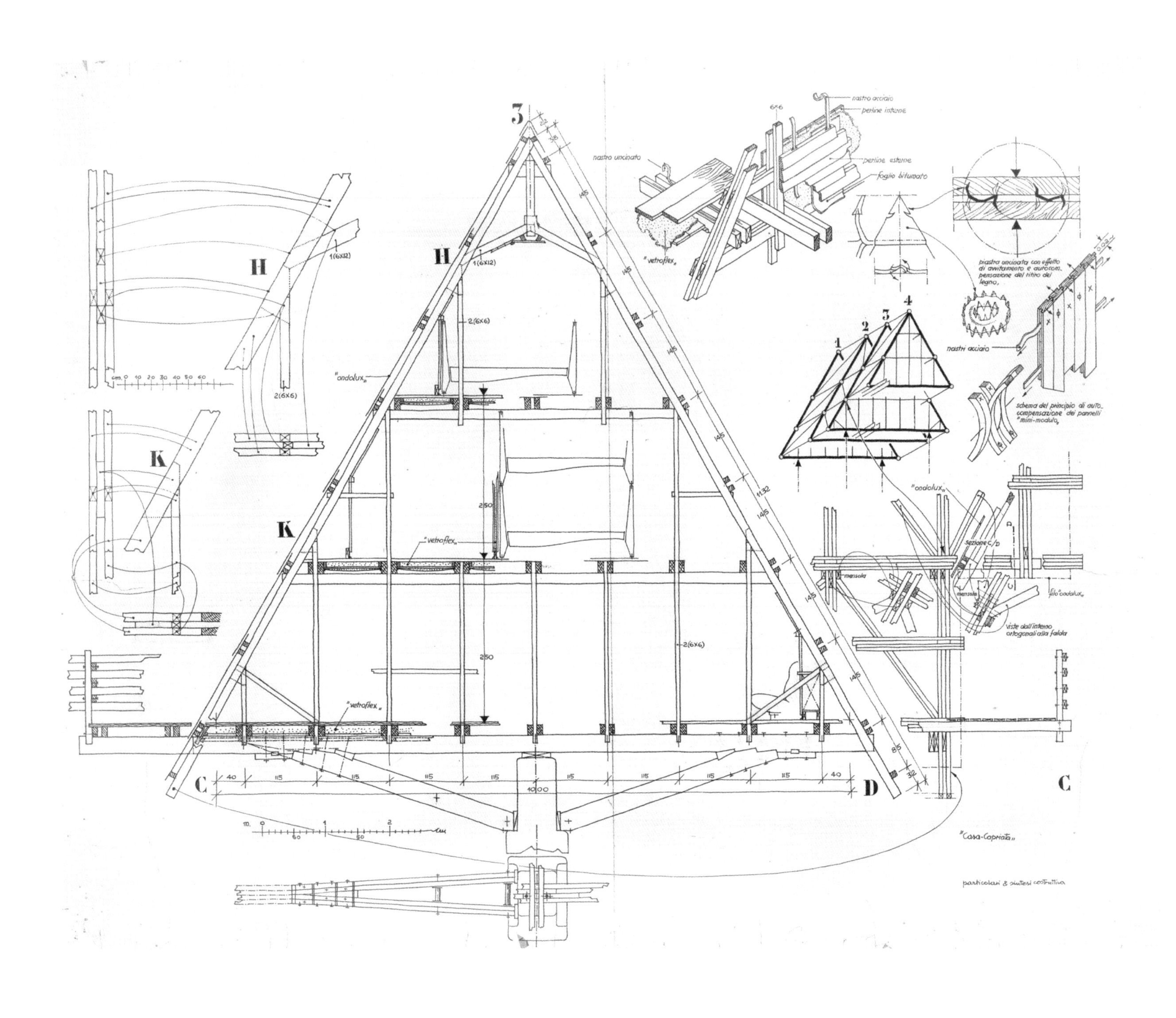

卡洛·莫里诺
(1905—1973)

卡普里亚塔滑雪小屋
(1954)

纸上墨水

68厘米×87厘米

这幅剖面图描绘的是为第十届“米兰三年展”建造的一个简单的A形框架结构，却仍然给人以起居空间的感觉。中间和顶部的楼层通过立面图的形式描绘了床，底层的角落里有一把舒适的扶手椅，这些为画面赋予了人的气息。画面中央展现的是构成建筑的三个A形桁架之一，它限定了建筑的侧壁。简单的木结构描绘得很清晰，主要由板墙筋和覆层板条支撑。有两个桁架的中心支柱位于山坡上，其中一根支撑着最低的楼层，搭建起住宅的平台和桁架的主要水平交叉单元。倾斜的外墙通过重叠的瓷砖来抵御风雨，图纸一侧更大比例的细节剖面图表明了这一点。在图纸的另一侧，三维图画提供了更多关于板条层和保温层的详细信息，并描述了三个桁架的组成原理。三个楼层内部被划分为各种房间，面积最大的第一层有客厅、餐厅、厨房、公用活动区，入口附近还有通往雪具储藏室的小走廊；中间层有两间卧室和一间浴室；顶层有两间小卧室和储藏室。这座山间房屋位于意大利阿尔卑斯山脉的一个小村庄，它的精简与建筑师兼家具设计师卡洛·莫里诺（Carlo Mollino）一贯的奢华风格完全相悖。他的设计信条是：一切不可思议都将被允许。他热爱高山，对滑雪情有独钟。他说，这栋建筑就是为那些爱冒险的滑雪狂人设计的住所。

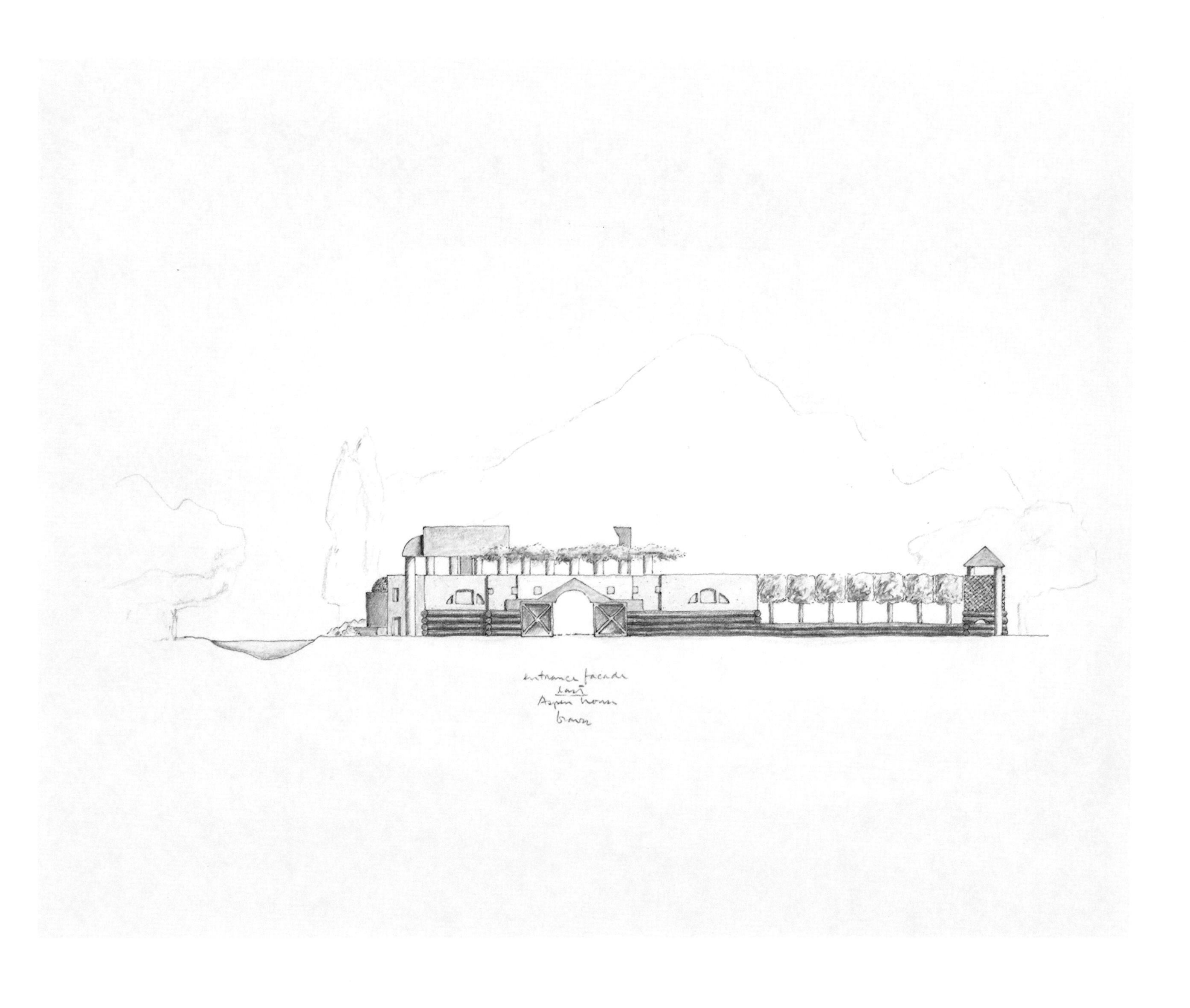

迈克尔·格雷夫斯
(1934—2015)

度假别墅
(1978)

描图纸上黑色墨水、铅笔和彩色蜡笔
28厘米×35.5厘米

迈克尔·格雷夫斯（Michael Graves）为科罗拉多州阿斯彭山区的一座度假别墅绘制了一幅立面图，并在空白处签名，标注出建筑的入口。这是一片庞大建筑群的东立面，在当时被称为古典宅邸和美国西部围栏的综合体。度假别墅位于一片荒野之中，背后的山峰若隐若现，小溪以剖面的形式呈现，岸边长着柏树，绿色果园里茂密的树丛成了建筑的一部分。人们熟悉的弦月窗、圆屋顶和柱廊，是经格雷夫斯重新诠释的地方样式，但不一定是美国样式；入口的大门敞开，围墙由圆木制成，院内有果园，果园中有一座眺望台。在这幅画问世之时，以及之后的很长一段时间里，格雷夫斯的绘画对美国、加拿大和英国建筑系的学生产生了深远影响。他们对这些精美的画纸、精致的涂色工艺，以及用铅笔和墨水画出的富有个性的手绘线条垂涎三尺。格雷夫斯本人在一篇名为《建筑与失落的绘画艺术》的文章中，将建筑绘图划分为三种类型：参照草图、准备研究和定稿。这幅画属于最后一类。格雷夫斯后来曾说，即使在他自己的工作室里，最后这类图绘也是在电脑上制作的。他在20世纪70和80年代的表现图是手工绘制的，它们清晰的叙事风格似乎适合表现后现代建筑可重构却有很高辨识度的形式。他喜欢画在半透明的黄色纸或描图纸上，这样最终的图画可以在预备的底图上手绘，而底图通常是用硬朗的线条按比例精确绘制在画板上的。

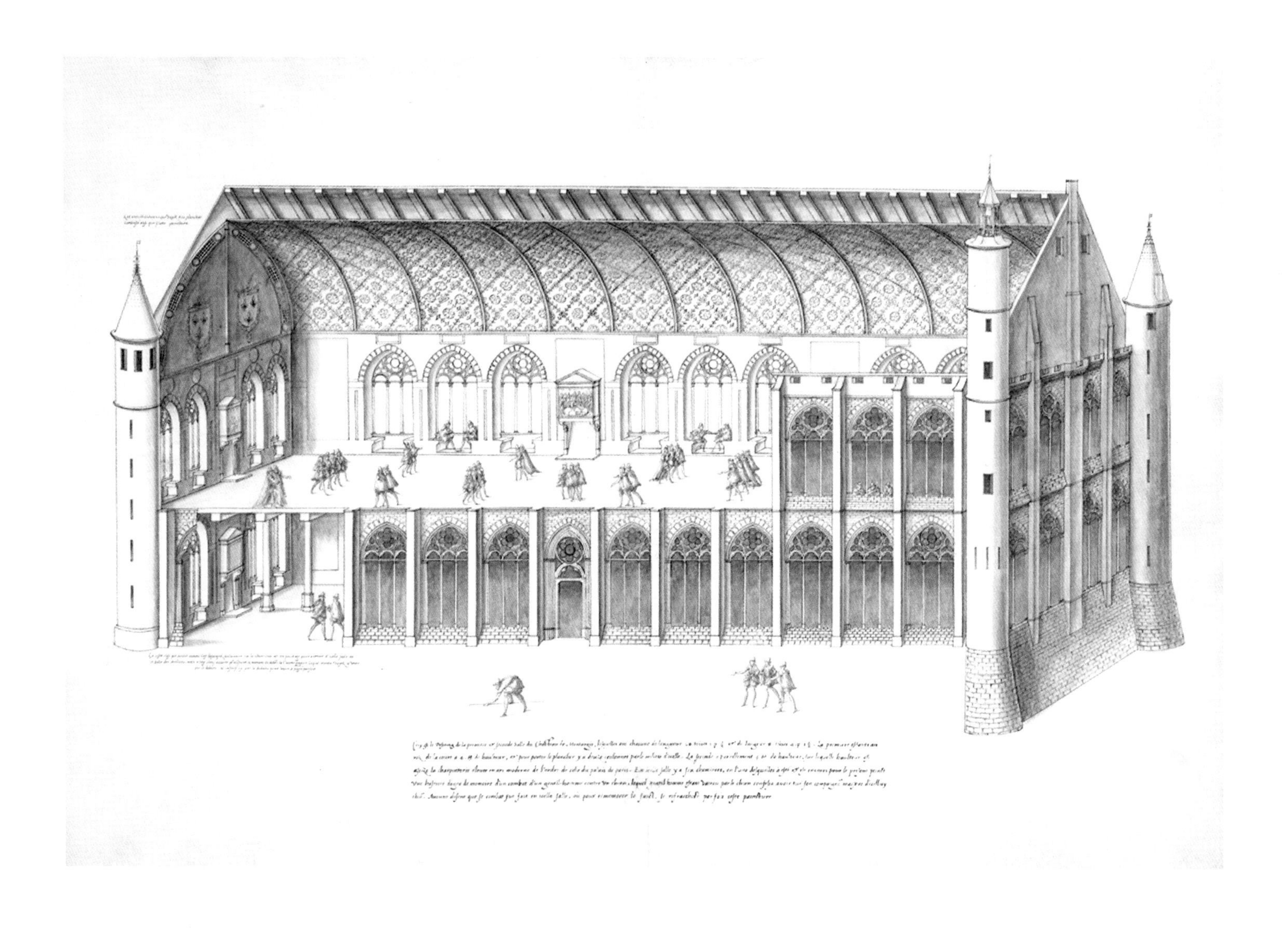

雅克·安德鲁·杜·塞索
(约1520—1586)

蒙塔日城堡
(1570)

牛皮纸上钢笔、水墨

51.1厘米×74.5厘米

在1576年和1579年，雅克·安德鲁·杜·塞索（Jacques Androuet du Cerceau）分两册出版了自己精细制作的测绘图，里面记录了“法国最优秀的建筑”。其中包括他在建于12世纪的蒙塔日城堡生活时画的这幅画。他是胡格诺派教徒，而法国信奉天主教，当时他在那里寻求庇护，同时修复了部分毁坏的城堡。这幅画的内容令人欣喜。这幅准确的测绘图清晰地展现了城堡主厅的建筑特色。城堡中有两个巨大的宴会厅：位于上部的大厅空间宽敞，拱形天花板上布满装饰；楼下还有一个大厅。尽管描绘得很清晰，但两个山墙立面之间的关系是变形的。长边一侧的立面被除去一部分，展示出内部空间，在左侧一角与角楼相接。然而，尽管开窗数量一样，另一侧山墙的立面向外拉长了，仿佛杜·塞索想要更清晰地展示这一面山墙，便扩大了它的比例。这幅简洁的测绘图还使用了机械绘图技术，这种技术开创了法国建筑绘画中精细渲染的传统，开启了一种新的叙事方式。楼上的大厅里有很多人——有的坐在窗台上，有的在跳舞。在一面山墙上有两个盾形图案，是法国皇家的徽章。画面中央的壁炉上方有一幅画，画面中一个人在和一只狗搏斗，画面下方的文字讲述了狗打败那个人的传说，后来那个人承认杀死了狗的主人。杜·塞索补充说，这场打斗据说就发生在这个房间中。前景中有并排行走的三个人，还有一个人在测量脚下的地面，据说他就是杜·塞索本人。

丽娜·柏·巴蒂
(1914—1992)

圣保罗艺术博物馆·特里亚农公园观景台的初步构想(1965)

纸上印度墨水、水彩
56.2厘米×76.5厘米

这幅看似天真、色彩斑斓的图画，描绘的是巴西圣保罗艺术博物馆（MASP）北立面前的开放广场。圣保罗艺术博物馆是丽娜·柏·巴蒂（Lina Bo Bardi）最著名的建筑作品之一，位于巴西圣保罗市的重要位置。广场原本是街对面特里亚农公园的观景台，位于波利斯塔大道的中段，在当时是城市的金融中心区域，公共空间很少，因此设计时努力保留了开放的场地。为了实现这一构想，建筑从中间被水平分割，较大的两层位于地下，其屋顶形成了广场。地上的结构由两根预制混凝土梁组成，每根梁长70米，其中两层为办公室和陈列艺术品的展厅。它们在画中虽然是灰褐色的，但实际上是鲜红色，像画中滑梯的颜色一样，在南面繁忙的大街上看格外醒目。柏·巴蒂出生于意大利，从罗马大学建筑系毕业后，她搬到米兰，与吉奥·庞蒂（Gio Ponti）开始合作。她1946年移民巴西，与人合作创办了艺术杂志《栖息地》（*Habitat*），旨在挑战社会的不平等和文化精英观念，这也是圣保罗艺术博物馆的设计理念。这幅画展现了与街道相连的公共广场，广场一直从北侧延伸到建筑下面，为公共的社会生活提供了场所。画面的视角是从北向南，我们可以看到观景台周围种满了植物，似乎与远处的公园连在了一起。观景台上有不少人，他们正在游乐场上玩得不亦乐乎。

特奥·凡·杜斯伯格
(1883—1931)

黎明宫咖啡馆舞蹈大厅地板和长墙的初步配色方案(1927)

纸上墨水、水粉和金属色颜料

53.3厘米×37.5厘米

荷兰前卫艺术家特奥·凡·杜斯伯格为斯特拉斯堡的黎明宫咖啡馆所作的构成图，其画面风格在某种程度上与他惯用的空间构成方式不同，比如他1923年的作品《反构造》，通过排布彩色块面，描绘了虚构建筑的轮廓。然而，这幅图探索了一种无边的空间——构图将盒子状的咖啡馆空间封闭起来，只展现它的室内。咖啡馆的入口位于街边，街道立面是1767年的巴洛克风格，而咖啡馆的内部空间与外部世界完全不同。画面中部是楼层的平面图，平面图上部和下部是两侧墙壁的立面。唯一可以辨认的建筑元素是通往后墙中间一条廊道的楼梯，它位于两个门廊的上部，打断了后墙上的蒙德里安式图案。他之所以这样设计，是想通过另一种抽象的几何系统来改变方正的室内空间，如图中所示，楼梯与地面夹角呈45°。不规则的网格划分了散布着白色、黑色和灰色的原色区域，凡·杜斯伯格用它来激活空间。从廊道上可以俯瞰平面图上的一排排小隔间，这些隔间位于低矮的墙内，可容纳两人，面向大房间的内部。左侧用于歌舞表演的大厅也可以组织放映活动，将影片投影在一端的墙壁上。开放空间的另一侧也设置了对称的隔间，挨着四扇高窗，但这些高窗只能保证室内光照，而无法给客人提供开阔的视野，因为咖啡馆是背对着街道的。

佚名

努尔·阿达德宫
(约公元前1865)

黏土板雕刻

12厘米×8.8厘米

拉尔萨王国属于古代苏美尔文明，位于幼发拉底河支流的河岸上。这幅平面图描绘的是努尔·阿达德宫（努尔·阿达德，拉尔萨王国的国王，公元前1865年到公元前1850年在位），它被雕刻在一块紫色泥板上，制作泥板的材料出自当地。制作这幅平面图的目的不得而知，潦草的线条说明它们是赶在潮湿的泥板表面硬化之前被匆匆刻上去的。线条有时相交，有时刚好相接形成一个角落，众多门廊旁边的内部墙体的两端很少被描绘。尽管如此，这幅图还是相当精确地描绘了发掘出来的宫殿遗址的设计和比例，是目前已知的唯一一幅在泥板上绘制的、可识别的建筑平面图。宫殿用泥砖建造，并且未用砂浆或水泥固定，因此需要不断重建以保持完整。画面中心有一个大的中央庭院，从外部无法直接进入。而串联房间的蜿蜒如迷宫一般的过道，从外墙的唯一开口处将人引向这里——由于泥板并不完整，所以不能排除有其他入口的可能。与庭院相邻的是一间宝座室，但其他房间和前厅的用途不得而知。在1932年到1934年间，由安德烈·帕罗特（Andre Parrot）领导的法国考古发掘队伍发现了拉尔萨。考古发掘在20世纪70年代和80年代零星地进行，发掘了一座塔庙（形似金字塔）、一座神庙和努尔·阿达德宫的遗迹。发掘表明，这座宫殿并没有完工，这可能是由于努尔·阿达德的统治过于短暂；也没有证据显示这座宫殿建筑群中存在日常生活空间。

索尔·斯坦伯格
(1914—1999)

方格纸大楼
(1950)

方格纸上墨水

30.5厘米×23厘米

美国艺术家索尔·斯坦伯格（Saul Steinberg）经常用方格纸和乐谱本，为他的绘画提供变革性的支持。这幅画是在一张方格纸的边缘空白处绘制的，它的网格表面促成了画作的关键词：方格纸大楼。“方格纸建筑”是一个嘲讽的短语，经常被用来形容“二战”后纽约无处不在的、国际风格的摩天大楼。这幅草图是斯坦伯格在1950年至1954年所画的一系列方格纸建筑中最早的一幅，它是对这类建筑的一种诙谐批判，或许就是那句短语的来源。它展现了方格纸上的网格区域，周围是老式建筑的墨线效果图。老式建筑挤在画面边缘，在旁边尺度过大的公寓楼对比之下显得微不足道。宽阔的人行道上挤满了微小的人影，扩大了这种不协调感。这条人行道由一条围绕着建筑的弧线勾勒而成，暗示着街边建筑的体量可能和纸一样薄。街道转角处有一盏别致的锻铁路灯。画面底部，在纸的边缘之外，有汽车驶过。从建筑中一个没有标识的入口伸出一片顶篷，通向人行道的边缘，也许是为了迎接这些车辆中的一辆。它的外观就像一门大炮，随时准备打碎脆弱的玻璃幕墙。这幅作品是一幅绘画的变体，原作至今下落不明。它于1950年刊登在一本昙花一现的、奢侈风格的杂志《天资》（*Flair*）上。此杂志刊登了大量艺术家、作家及其主编弗勒·考尔斯的朋友们的作品，包括田纳西·威廉姆斯、让·科克托、西蒙娜·德·波伏娃、格洛丽亚·斯旺森、爱莲娜·罗斯福、温莎公爵夫人和萨尔瓦多·达利，因此很吸引人。

阿道夫·纳塔利尼
(1941年生)

通向纽约的连续纪念物
(1969)

薄纸上钢笔、墨水笔和蓝色蜡笔

34厘米×27.5厘米

通向纽约的连续纪念物，是成立于1966年的意大利建筑团队“超级工作室”（Superstudio）针对技术预言做出的一种反乌托邦式的回击。该团队的领导者阿道夫·纳塔利尼（Adolfo Natalini）通过这件作品证明了当时许多理论的荒谬，尤其是技术将解决一切问题，并为人类提供越来越多的可能性。这张图来自纳塔利尼的速写本，是这座纪念物存在的一个例证。这张图反映出将它置于真实美景上的重要性。在这里，曼哈顿被纪念物占据，方形的围墙包裹着不规则的岛屿，把小岛的边缘挤进了哈得孙河。超级工作室批判了美国的拓荒理念，这种理念认为最偏远的荒野，甚至月亮，都是触手可及的。于是他们创造了一个象征性的纪念物，来概括并挑战这一理念。这一象征物是一块巨大的、不可穿透的、无缝的、以镜面玻璃包裹的巨石，在全球游历。其内部是否有人居住并不重要——或许它是持续的城市化进程的一部分，或许它是入侵的外星文明。超级工作室制作了许多有关连续纪念物穿越和改变已有的标志性景观的图像，这在当时被认为是一种灾难性的图景——像一个警告，而非对未来的提案。在这些图像中，有些是照片拼贴，上面用成片的网格线抹去了部分场景；另一些则是简单的线描，以表现景观与纪念物的平等地位。在这里，任何与网格不一致的地方都被人造结构规范化地垂直挤压。但纳塔利尼在这幅图中并未描绘纪念物的表面网格。相反，他用蓝色蜡笔描绘的天空在纪念物上的投影，是对自然世界的唯一暗示。画面仿佛是从一个极高的视点俯视的，连地球曲线的表面都能看得很清楚。

克里斯托
(1935年生)

被包裹的德国国会大厦
(柏林项目)(1994)

铅笔、木炭粉、蜡笔、布料样品、航拍照片、技术数据
165厘米×106.6厘米（左），
165厘米×38厘米（右）

这幅合成图的标题很直接，其主要画面展现的正是柏林蒂尔加滕公园环绕的国会大厦被完全包裹在织物中的景象。施普雷河向北蜿蜒，勃兰登堡门位于前景。这里有一种张力，田园一般的环境加剧了这种张力：两座纪念碑建筑——西边的德国国会大厦和东边的勃兰登堡门——曾分别位于柏林墙的两侧。在画面右侧，国会大厦在城市中的位置被进一步描绘，但看不到柏林墙；地面由模糊的铅笔记号组成，国会大厦用橙色突出展现，仿佛这幅图的唯一目的就是定位它。画面下方的另外两部分似乎提供了关于项目的额外的客观信息。一幅分析性的剖面图描绘了作为建筑第二层表皮的织物层，剖面中的细节部分显示了它是如何固定在建筑上的；底部的布料样品说明了主图中巨大包裹布所用材料的性质。较大的主画面中阴影更为强烈，织物上的每一个褶皱都被描绘出来，场景中一个人也没有。这张图是通过在航拍照片上用铅笔和蜡笔画出厚厚的一层来完成的。虽然这幅作品是由克里斯托（Christo）绘制和署名的，但这个项目本身是他和夫人珍妮-克劳德合作完成的。他们在德国一起创作临时性装置艺术，时常从这个国家的分裂中获得灵感。国会大厦项目的构想是在1971年提出的，但直到1990年德国统一后，这个项目才得以推进。在1995年的夏天，这座建筑被10万平方米的银灰色织物和15千米长的蓝色绳子包裹、捆绑了两周。

威廉·肯特
(1685—1748)

装饰研究：室内立面
(1725)

纸上钢笔、黑色墨水
20厘米×10厘米

这幅有着怪异风格的墙、墙裙、檐口和天花板细节的立面装饰图样，是三个研究方案之一，探讨了这种装饰方法不同版本的微妙效果。威廉·肯特的设计展现了覆盖房间的图案——从较矮的墙裙部分，到两扇窗户之间的房间主体，到图案被打断的檐口处，再到弧形天花板上的方格图案。画面将人造元素转化为自然形式——芦苇代替了柱子，有卷曲叶子和涡卷形饰的凹槽附属物代替了山墙。根据维特鲁威的观点，这种不合逻辑的主题，其优势在于挑战了死板的横梁式古典建筑。古典建筑的唯一要求就是在其结构间填满属于古老传统的标识。作为一种概念而非语言，它是可以被重新演绎、创造的，它能够适应变化和发展，并对时尚和所处语境做出回应。肯特的装饰图样包括喷泉、钵、华盖和丰饶角，在缠绕的树叶和阿拉伯式花纹组成的结构中，有铃铛、丘比特、孔雀和天鹅。肯特对怪诞的演绎属于以1世纪罗马模型为基础的独特风格，其中最重要的代表作就是建于公元64—68年的尼禄黄金屋幸存部分的室内装饰彩绘。这座黄金屋遗址被掩埋在提图斯浴场的基础之下，直到15世纪才被发现。几代意大利装饰工匠都受到这一古老彩绘的启发，直到19世纪，它仍然是欧洲室内装饰的基础。但在肯特的时代，这种风格在意大利已经不那么流行了。

石上纯也
(1974年生)

极端自然：模糊空间的景观
(2008)

纸上彩色墨水
15.6厘米×81厘米

石上纯也在接到2008年威尼斯建筑双年展日本馆的设计委托后，决定在双年展的绿园城堡中设计一个装置作品。作品位于城市的最东边，质疑了传统的建筑与景观之间的关系。他从广阔环境中的小型构筑物出发，试图创造一种将建筑和景观融合的单一实体。他绘制了一系列精致的概念草图，将建筑本身描绘为风景，而不是将其置于风景之中。这幅图展现了一组高低不一的建筑，其中最小的具有小乡村住宅的轮廓，旁边有两个小人在交谈。由细线勾勒轮廓的其他建筑，更符合城市的尺度，这是图中仅有的建筑表现。这些含蓄的构筑物立面相互重叠，上面布满了植物。有时，植物纹理的大小和立面的尺寸相关——中间的大L形立面上覆盖着巨大的花朵和摇摆的叶子，而前景中不同花园中的花房则用较小的花卉填充。中央的天际线依循着一种更为常见的城市图案，但这些塔楼覆盖着的是绿色和紫色的植物，而非那些常见的玻璃幕墙。石上纯也在围绕着日本馆的花园中设计了四个不同尺度的、以极细结构支撑的花房。它们的比例和尺寸与原有环境中的树木和花朵相协调，满足它们的生长方式和光照需求。

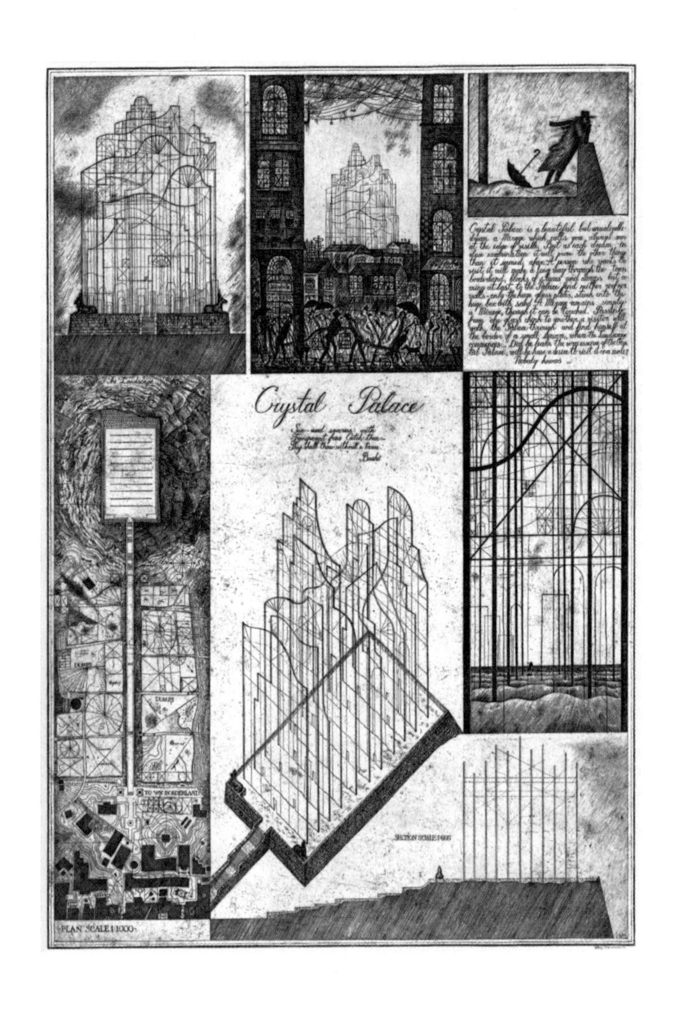

亚历山大·布罗斯基(1955年生)
伊利亚·尤特金(1955年生)

水晶宫
(1982)

蚀刻版画
83.5厘米×58厘米

苏联建筑师和艺术家亚历山大·布罗斯基（Alexander Brodsky）和伊利亚·尤特金（Ilya Utkin）创作了一系列巨大的蚀刻版画，描绘了一个虚构的世界，它们的线条密度和空间复杂性模仿了古代版画的外观和主题。作为“纸上建筑师”小组的核心，他们批判了苏联的功利主义，并对枯竭的城市景观进行了评论。这幅名为《水晶宫》的作品在1982年日本的竞赛中获得一等奖，这是他们创作生涯中的一个重要转折点。它分为六个部分，以不同的形式展现了一个不可能实现的构筑物，令人联想到露天游乐场中过山车式的景观。一幅简单的立面图使这个提案无比清晰，构筑物被高大、阴暗的建筑包围着，像一个闪亮的梦一样，在一片由屋顶和俯首的行人组成的海洋之上升起。画面上部的第三部分中，一个孤独的人下方是一段英文文本。它诗意的语言阐释了这是一个美丽但不可实现的梦：在城市之外可见的边缘上，一片海市蜃楼在召唤。一幅长长的平面图展现了由一排排玻璃板构成的水晶宫，它坐落在基座之上，入口是一条长长的阶梯通道。阶梯位于一片露出岩石的奇特的地面之上，地上布满符文一样的图画。英文文本解释说，孤独的游客从一片玻璃板走到下一片玻璃板，穿过宫殿，最终发现自己站在一个小场地的边缘，景观从这里开始。这个项目的名字来源于约瑟夫·帕克斯顿于1851年设计并建造的水晶宫，以及它所激发的对未来科技进步的乐观梦想。这座兼具商业性和创意的宫殿，容纳了无数可供出售的文化，在这里被简化为一个海市蜃楼，徘徊在破旧、不受人喜爱的城市的贫民窟后面。

费迪南多·加利·达·比比埃纳 (1657—1743)

《方向性的理论展望……》图版49 (1732)

蚀刻版画

33.5厘米×26厘米

画家、建筑师、剧院布景设计师费迪南多·加利·达·比比埃纳（Ferdinand Galli da Bibiena）成长于著名的意大利风景画世家，他的兄弟弗朗切斯科（Francesco）和儿子朱塞佩（Giuseppe）也是风景画家。这幅版画选自他的一本著作《方向性的理论展望……》（*Direzioni della Prospettiva Teorica*…），1732年出版。书中有一节是关于戏剧布景的，在这一节中他介绍了由一名家庭成员发表的、唯一一种详细的舞台设计方法。关于如何从平面投影中建立透视场景，他阐释的设计过程不受舞台本身物理形式的制约。比比埃纳改变了17世纪的传统舞台画，这些传统画作通常采用单点透视画法，其居中的灭点成为剧院主轴线的延伸。他将场景设置成45°，从而创造了一种不对称感，打破了水平面的限制边缘，展现出潜在的无限空间的神秘。这是巴洛克剧院最伟大的舞台创新之一，明显突破了大厅的轴线空间。《方向性的理论展望……》中的这幅插图呈现了两个舞台平面——一个是从顶部看的几何版本，另一个是带有灭点的两点透视场景，布景的透视投影向上延展，以巴洛克式的繁复装饰进行演绎。舞台在立面中呈现为一条线，地平线和地面线与两侧的灭点重合。比比埃纳不仅做了许多成功的场景设计，还设计了各种各样的建筑。其中包括科洛尔诺的一座早期别墅和花园，以及曼图亚的皇家剧院。由于比比埃纳的戏剧布景作品的临时性，所以它的丰富和壮丽，以及比比埃纳作为一名制图师和风景画家的个人技巧，只能依据现存的大量绘画作品来评判。

安东尼·高迪
(1852—1926)

巴特里奥公寓
(1903)

描图纸上铅笔

50厘米×67.5厘米

尽管是用硬铅笔线轻描出来的，这张安东尼·高迪（Antoni Gaudí）画的巴塞罗那的巴特里奥公寓立面草图还是展现了多种类型的信息，这为他早期思考这个神奇的、具有实验性的项目提供了线索。画面的核心描绘了一个常见的砖石框架结构，六层高的立面每一层都平均分布着四扇凸窗，一侧注明了建筑的层高。较低楼层的图绘是对楼体现存结构的研究——由于没有获得拆除许可，高迪对其内部进行了改造。画面上部是用较深的铅笔线条绘制的立面，这种“高迪式立面”的堆积生长于原本的框架结构，并使之更为美观。梦幻般的雕花石柱支撑着隆起在前两层和第三层边缘的“壳”，在画面中只有虚幻的影子，比落成的实际建筑更为节制。在二层的上方，画面详细描绘了由骨骼般的元素构成的、出挑门廊的起伏特征。画面框架下方的左侧是首层的立面描绘，原本平整的表面被打破，柱子和阳台的起伏轮廓被勾勒出来。在顶部，高迪描绘了他对加建的、非对称的楼层的想法，它消解了左边沿街立面的屋檐线，并在建筑体量中创造了一个中空的空间。虽然此处与下面的立面平齐，但覆盖这些空间的弧形拱顶显示为剖切面，因为它们出挑到了街道上；后面不规则的圆顶被画成立面的样式，有多种可能的屋顶线。但在实际建筑中，圆顶空间被保留在屋檐线后面，它们的瓷砖表面紧贴着边缘，只有下面的门廊和阳台向外出挑。

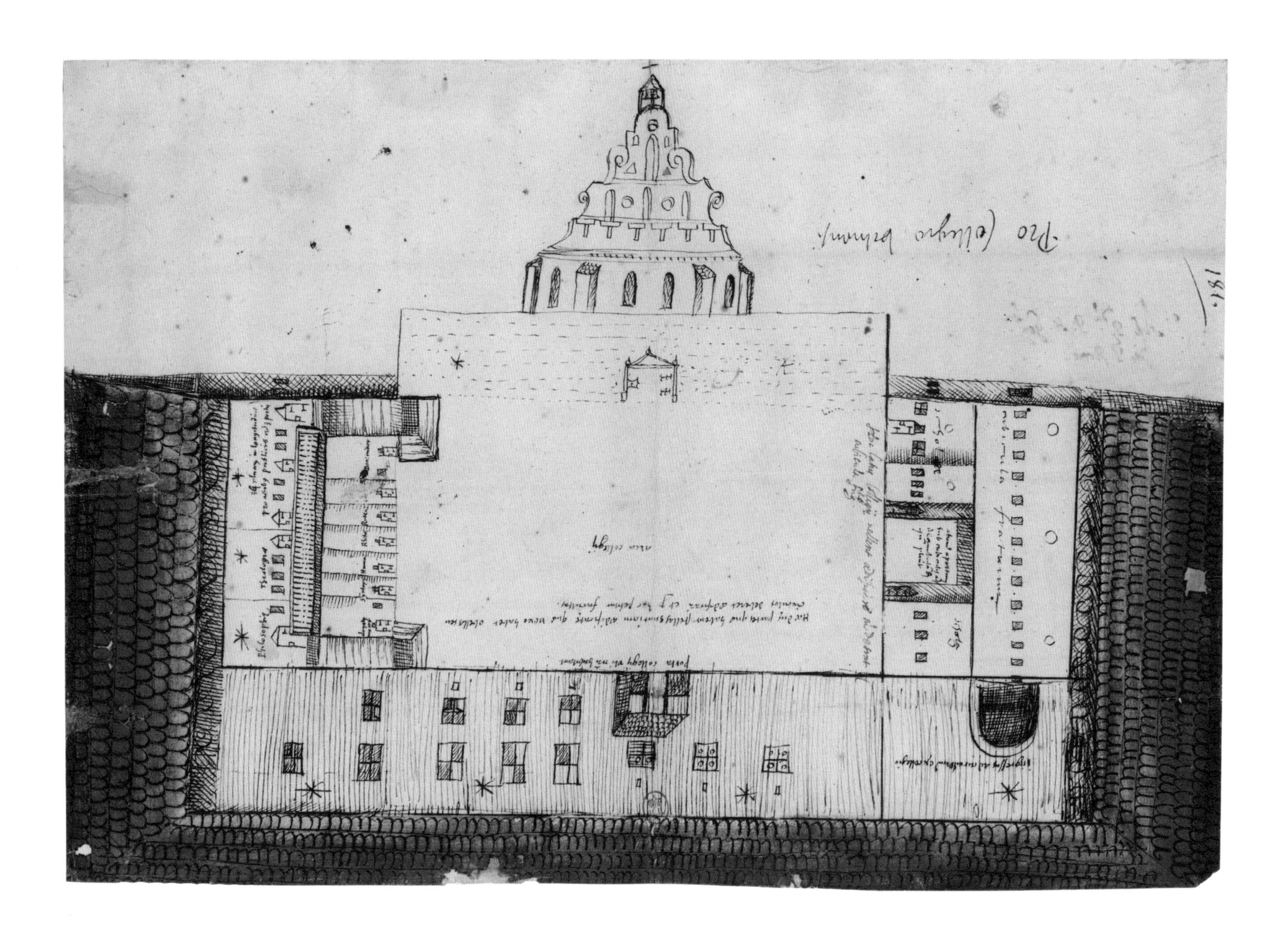

保罗·波沙
(生卒不详)

维尔纽斯圣约翰教堂的旧学院
(约1582)

纸上墨汁、红色淡彩
28厘米×40厘米

在现存所有关于立陶宛维尔纽斯耶稣会(1773年被废除)的房屋和教堂的图纸中,这幅图是最早的,它展现了圣约翰教堂周围的环境状况。圣约翰教堂是这座城市的耶稣会大学的中心,也是这座城市的教育中心。保罗·波沙(Paul Boxa)是该校的第一任副校长,也是后来的校长,这幅图记录了他当时针对已有空间的扩建规划。圣约翰教堂在画面上部,是立面图,但由于教堂在16世纪和17世纪重建,所以这幅草图是否准确就无从知晓了。与上部华丽的描绘不同,波沙绘制了一堵高而平的墙以表现它的基座,门是关上的。教堂前面的矩形庭院以平面的形式呈现,而围绕中心空间的建筑则以立面的形式呈现,从相应的庭院边缘向外展平。波沙使用星号来表示既有建筑,而对于方案中的扩建部分则用圆圈表示——这些加建需要获得许可。画面的立面处理方式很复杂,包括粗糙的透视切面,这些信息传达了庭院中有趣的空间感。1540年,教皇承认了耶稣会的合法性。从那时起,教会迅速成长。耶稣会注重与世界各地的交流,到1556年,耶稣会的工作已经遍布欧洲、亚洲、非洲和北美洲。从普鲁士到俄罗斯,维尔纽斯成为耶稣会的教育中心和交流中心。最早的四个耶稣会士于1569年到达这里,他们1571年接管了圣约翰教堂。

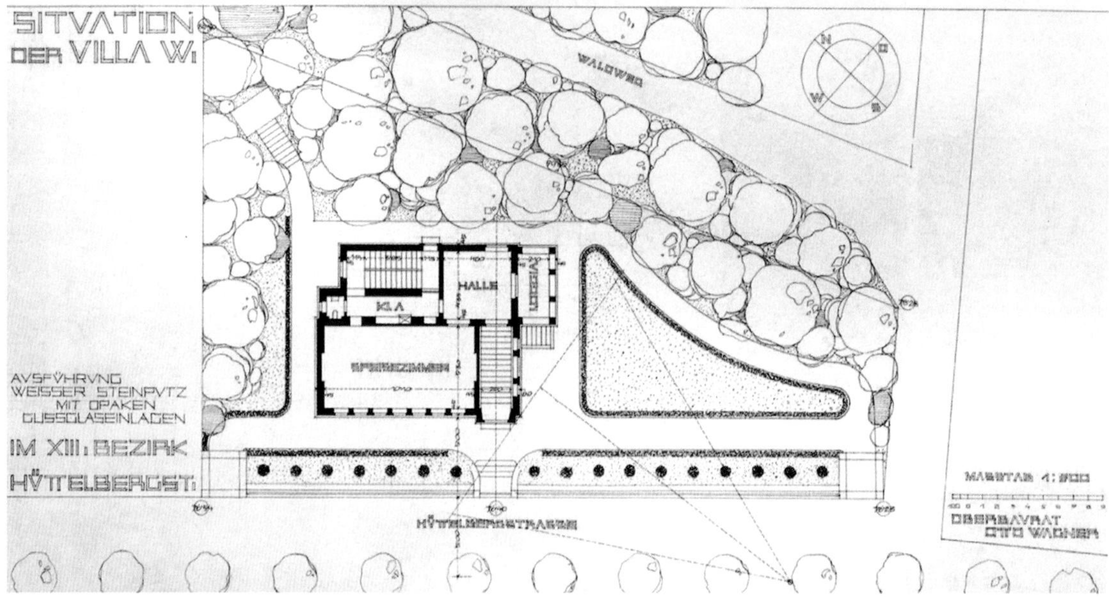

奥托·瓦格纳
(1841—1918)

瓦格纳别墅
(1912)

纸上彩铅
35.5厘米×28厘米

奥托·瓦格纳（Otto Wagner）是一位典型的维也纳建筑师。他以精细的建筑和城市主义回应了维也纳作为国家中心的复杂角色——这个国家正处于分崩离析的边缘，但同时也在经历现代工业化的转型。在瓦格纳为自己和家人设计的第二幢别墅中，他用了一个非常简单、基本的形状——长方形，来限定一个复杂的构成系统。通过这种方式，他将简化和形式化倾向的大规模生产融入仍然属于新艺术审美的装饰图式中。在这幅瓦格纳别墅的透视图中，建筑的几何体量简单有力，矩形平面和大挑檐，以及花园中装点的修剪整齐的灌木丛十分增色。房子靠近街道，一侧是长廊。这种不对称在室内空间中也得到延续，并呼应了正立面的构图——主入口被置于右侧。首层平面的矩形形状在凹陷的窗口处重复出现，它是整个设计的核心母题，出现在装饰和构造细节的各个方面。1897年，瓦格纳与古斯塔夫·克里姆特（Gustav Klimt）、约瑟夫·玛丽亚·奥布里希（Joseph Maria Olbrich）、约瑟夫·霍夫曼（Josef Hoffmann）和科洛曼·莫泽（Koloman Moser）一起创立了维也纳分离派，他们通过创办《神圣之春》（*Ver Sacrum*）杂志，传播将艺术与文学、图形与文本融合的美学理念。他们认为，一所住宅就是一整件艺术品。因此瓦格纳别墅的外立面上增加了装饰艺术作品，包括在首层的粗糙墙面上，由亮蓝色和白色瓷砖组成的墙饰带绕墙一周，只在主入口处被结构框架打断。画面中未描绘主入口上方的马赛克图案，头顶上表现女神雅典娜抱着美杜莎的彩色玻璃窗，以及莫泽设计的用马赛克图案装饰的长廊。

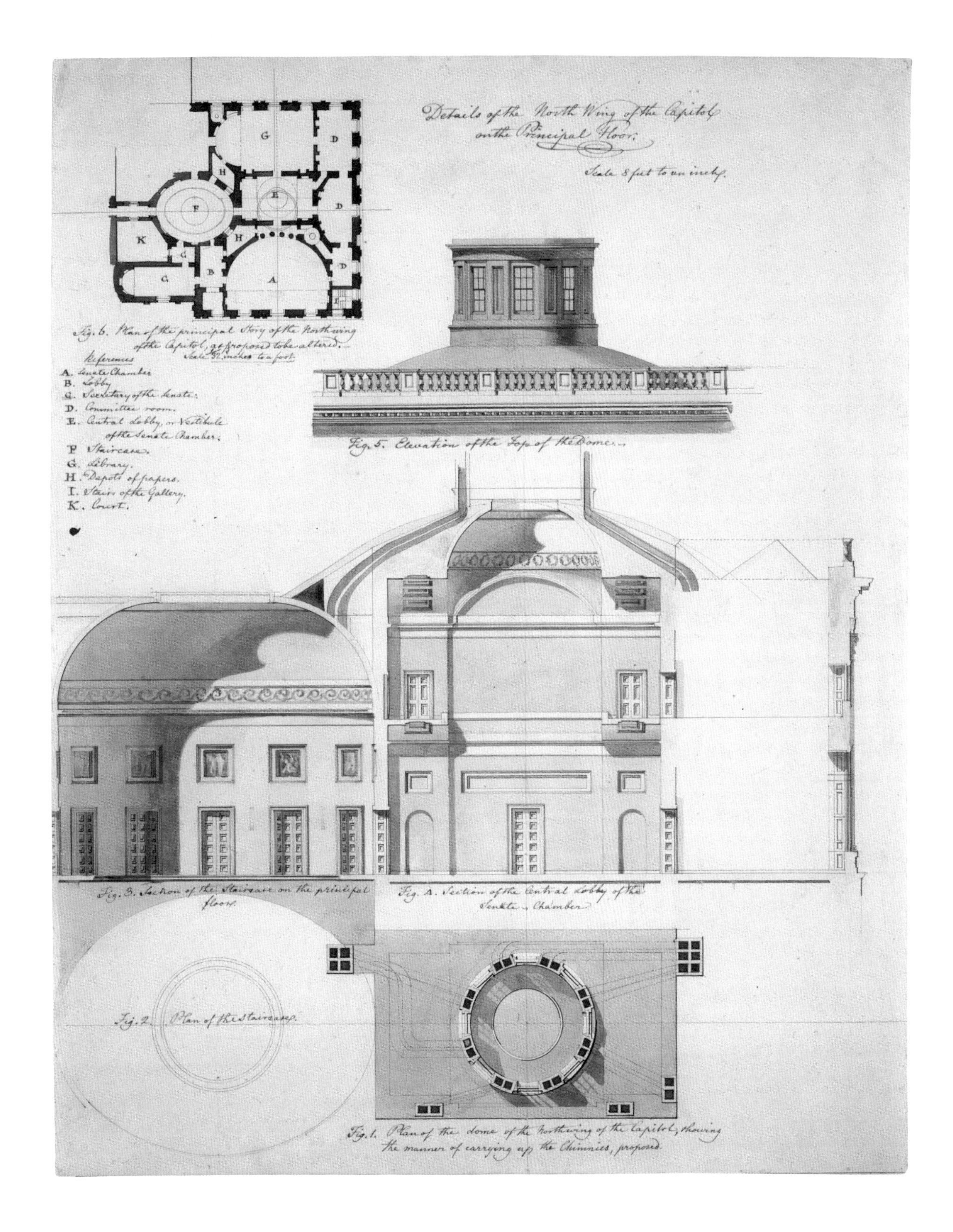

本杰明·亨利·拉特罗布
(1764—1820)

美国国会大厦北翼
(1817)

纸上水彩、石墨

48.2厘米×38.1厘米

本杰明·亨利·拉特罗布（Benjamin Henry Latrobe）来自英国，受过欧洲新古典主义教育，是在美国接受过正式培训并投入实践的首批建筑师之一。他在费城和巴尔的摩设计并建造了很多重要的大型建筑，但最为著名的是他作为第二建筑师设计的位于华盛顿特区的美国国会大厦，在项目中他担任了公共工程的测量师。图中所示的是建筑的北翼，是他在此项目中工作的最后一部分。严肃而宏伟的装饰方案和一系列高大的房间表明，这是为参议院设计的。这张图包含了等比例的平面图、剖面图和墙体立面图，以充分描绘中央大厅在一系列由宏伟房间构成的空间序列中的位置。它包含了从技术到美学的多个层面的信息，而其使用的绘图技术表明，在19世纪初，即便是常见的建筑图绘中对细节的描绘，都会成为一种艺术形式。水墨的巧妙使用展现了房间的空间感，阴影的轮廓线营造了拱形天花板、拱和穹顶大气的氛围，就好像是用上方的灯点亮的。从左边落下的日光洒满画面。在灯笼式天窗和穹顶的立面上，深色的阴影强化了它的曲线感。在下面的房间剖面中，它描绘了天花板的形状。在底部穹顶的平面图中，可以看到虚幻的窗户投影；这幅平面图还描绘了底层房间的烟囱的烟道路径，也可以在上面的剖面中看到。

迪米特里斯·皮基奥尼斯
(1887—1968)

艾克索尼村
(1951)

照片影印，铅笔、彩铅和水彩
28厘米×74厘米

1951年至1954年间，迪米特里斯·皮基奥尼斯（Dimitris Pikionis）为雅典南部的沿海村庄艾克索尼（Aixoni）设计了住宅模型，这座村庄之前从未有过规划。皮基奥尼斯是一名熟练的绘图师，他用铅笔、粉笔和蜡笔手绘，就像用墨水绘制正投影工程图一样轻松自如。他经常将不同的表达方式结合在一起，创造出建筑在景观中极具氛围感的形象，这些建筑的特点在杂乱和多变的环境中变得尤为显眼。这幅图是一条非正式街道上一排房屋的立面图，其中四幢建筑的立面采用了正投影的画法。围绕它们的是一片乡村景观——篱笆、小围墙和那些使地平线变得生动无比的雄伟树木，都是用铅笔描绘的，并用密集的白色蜡笔线条予以突出，像描绘光线一样描绘着阴影。在艾克索尼村的项目中，皮基奥尼斯开始远离本土风格的影响。自他1933年为国际现代建筑协会撰写文章开始，他受到了东方建筑和哲学的影响，尤其是印度和日本。他开始将这些影响综合到个人独特的形式语言中，这种语言反映了乡村生活的状态和自然随意的地貌，而不是试图改变以使其适应既有的居住观念。他的另一种选择是在两个世界之间寻求一种“视觉—诗意”的对等，并用图绘来传达这一点。在文章中，皮基奥尼斯提出了他对希腊现代建筑的定义——它开启了现代主义对一般类型建筑的关注，使其包含一种既具文化性又具形式感的本土性。

吉利斯-马里·奥普伦特 (1672—1742)

戈迪翁酒店楼梯厅剖面 (1733)

白色的水粉画上钢笔，黑色、灰色和淡紫色的水墨

75.2厘米×46.1厘米

这幅剖立面图展现了由吉利斯-马里·奥普伦特（Gilles-Marie Oppenordt）为奥尔良公爵（Duke of Orleans）的公寓设计的洛可可风格室内空间的一部分，也是对一座现已被拆除的宏伟建筑装饰的重要记录。这幅图的全称表明，这个巨大楼梯厅的角落，是一楼的四间大型联排公寓的入口之一。它囊括了路易十五统治时期流行的装饰手法，确定了洛可可风格的起源。这种风格是18世纪初在巴黎出现的，是对凡尔赛宫沉重的古典风格的回应。Rococo（洛可可）这个词来源于法语中的Rocaille，指一种由贝壳和石子制作的室内装饰物。事实上，奥普伦特是发明意大利式石雕装饰的功臣。画面的立面部分描绘了精致的细节，这些装饰包括高大拱形门旁的混合壁柱和阳台上错综复杂的铸铁工艺栏杆。铸铁栏杆在门廊处断开，带有微弱的反光，与镜面中模糊的景深形成对比。不对称和生动的多样性模仿了自然世界，唤起了梦幻般的想象，背离了严格的古典规则。这在门上方和依偎在挑檐上的石膏像中体现得很明显。这些石膏像是用墨水渲染的，轮廓由细墨线绘制，强调了它们的图案性而非立体感。空间的轮廓依循着复杂多变的墙壁、精致的挑檐、弯曲的拱顶和椭圆形的穹顶。剖切线是用细黑线条画出来的，形成了虚空的空间而非结实的体量。

维拉德·德·霍纳古特
(1200—1250)

拉昂大教堂的塔楼
(约1230)

羊皮纸上墨水

22厘米×14厘米

流动的法国制图师维拉德·德·霍纳古特（Villard de Honnecourt）13世纪早期创作在羊皮纸上的各种不同的绘画作品，被收集并捆成一个小皮革包，在19世纪哥特风格复兴时期第一次出版，产生了极大影响。那些寻找哥特式情感源头的建筑师复制了这些作品，但有理论家认为这些画本身就是复制品。霍纳古特的形象以及他绘图的目的，引发了学者们的猜测，他们惊讶于他作为一个流动的泥瓦匠的角色以及他对13世纪文化的敏锐观察。他的原作附有描述性的文字，对于这幅表现拉昂大教堂西立面塔楼上部的图，从注释中我们可以知道他曾经去过那里。他写道："我从没在任何地方看到过一座塔楼像拉昂的这座。"他还到过兰斯大教堂、沙特尔大教堂，也游历过匈牙利，并绘了图。他关注的是哥特式高层建筑风格的本质，并敏锐地发现了拉昂大教堂的独特之处——它体现了哥特式线性接合在建筑外部任意部分的最早应用。这幅立面图是一种阐释，而非精确的描绘，这表明霍纳古特对分形或构造都知之甚少。但这幅图对具有多个关节的铁窗格的定型吸收了当时的手法，或称规范。随附的平面图和注释虽然前后矛盾，但准确地描述了外立面的结构，而且包含了一些具有夸张比例的超现实的元素：精细绘制的牛，其毛发展现了霍纳古特描绘垂褶物的高超技巧；还有拉昂之手，用拇指和中指拿着一颗宝石。有人认为这些元素是为了给教堂塔楼提供一个基本的比例参照。

塔蒂亚娜·毕尔巴鄂
(1972年生)

透视抽离
(2017)

拼贴画

35.5厘米×48.2厘米

塔蒂亚娜·毕尔巴鄂使用拼贴画作为一种协同设计的技术，正如她应邀参加2017年芝加哥建筑双年展时，为一座塔所作的设计提案一样。这是一座高大的、网格式结构框架的塔，名为“（不是）另一座塔”［（Not）Another Tower］。它为14个墨西哥建筑事务所设计的192个项目提供了展陈空间。这些项目挤在一起，以陡峭的悬挑式展陈空间组织起来，惯常的商业价值逻辑被塔底的吸引力颠覆。展览同期出版的书为《透视》（*Perspectivas/Perspectives*），书中的这一页概括了毕尔巴鄂对于如何表现三维空间的一些观点，以及她对如何围合这些空间的一些矛盾的感受。对于一本书来说，“围合”就发生在你将它合上并放在一边之时，而如图中所示，当你打开这本书，撑满整个跨页的山脉景观显露了出来，它不是一个平坦的平面，而是一个被环抱着的角落。两个移动着的相邻页面在角落处形成了一个空间，在这个空间中有三段台阶，展现了场地倾斜的特质，并将观者的视线引向通往想象世界的画面入口。2017年，一场名为“透视：塔蒂亚娜·毕尔巴鄂工作室”（Perspectivas: Tatiana Bilbao Estudio）的展览展示了毕尔巴鄂工作室设计的19个项目，分成三个主题来呈现：空间、栖居和拼贴画。同时还有名为“可移动的主题图书馆”（Biblioteca temática y en movimiento）的书籍收藏展。在拼贴画主题区，一幅壁画占据了房间的三面墙，壁画用线描表现了一个复合的景观，将毕尔巴鄂的77个项目整合在一起。这代表了她的观察，即每一处新建筑都对现有的拼贴画做出了贡献，无论是城市建筑还是乡村建筑。

佚名

《源氏物语》图卷
(约1850)

日本纸上颜料和墨水
35.3厘米×9厘米×9厘米

《〈源氏物语〉图卷》是一幅手卷，描绘了日本女作家紫式部的经典小说中的场景，该小说共有五十四回，于11世纪早期首次出版。关于此书，现存最早的画卷创作于12世纪（平安时代后期）。几个世纪以来，描绘书中场景的叙事性画作层出不穷。这个版本，或称单景叙事，是在19世纪完成的。这幅画来自第四回“夕颜”，“夕颜”是一朵花的名字，意思是夜晚的面容，也是源氏所追求的一个女人的名字。夕颜家的室外障壁装饰着花朵，在内间的门口处，源氏的仆人惟光正在询问些什么。这幅画属于大和绘，它遵循特定的范例，比如程式化和简化的面部特征，以及对厚颜料和明亮颜色的应用。大片的云模糊并分隔了空间，像是金色的薄雾，框定了此处的景致，使得画面就像穿过云的空隙看到的一样。建筑部分是用一种“吹拔屋台”画法描绘的，即卸下建筑的屋顶部分，比如在图中花的后面可以看到夕颜的室内。这幅画的构图是由一系列的薄障壁构成，以30°角横贯画面，因此可以看到立面，甚至街道上的绿色马车也遵循这一构图。在这些垂直面之间的空间中，场景中的演员扮演着他们的角色。画面没有透视，碎片一般的图像被云层包围。云层形成了一个有限的空间边界，约束着画面空间。

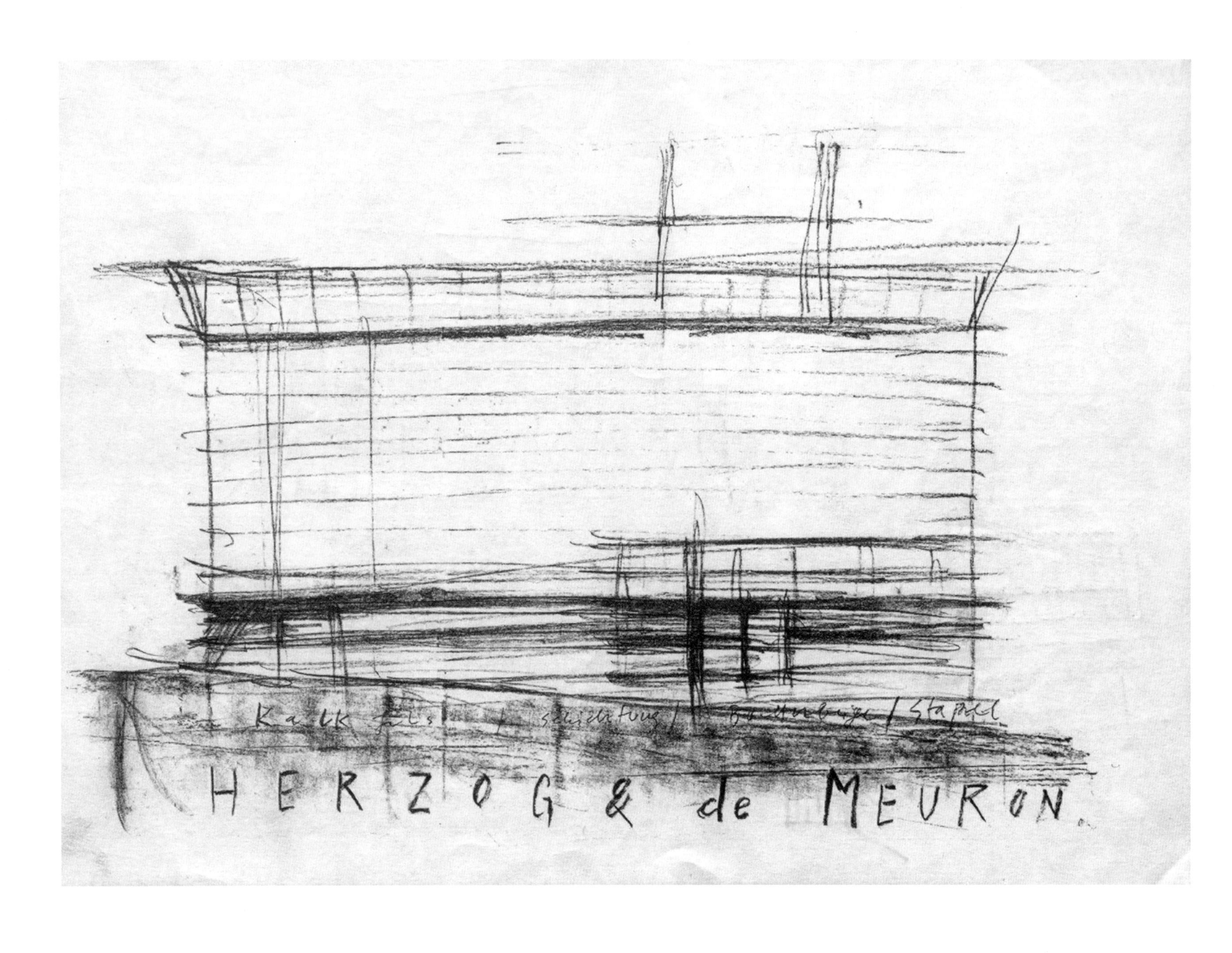

赫尔佐格和德梅隆建筑事务所

利口乐仓库大楼
(1987)

纸上铅笔、石墨
21厘米×29.8厘米

赫尔佐格和德梅隆建筑事务所一直使用各种各样的表现形式来展现他们的设计方案，即所谓设计过程的副产品——从老式打印输出到精细的模型，从传统的技术图纸、材料样品，到视频剪辑。这幅图是雅克·赫尔佐格（Jacques Herzog）为事务所的一个早期项目所作的概念草图，该项目是一座仓库建筑，于1987年建成，是为瑞士草药糖果制造商利口乐设计的几个项目之一。其简练的表达方式和极少的线条蕴含了强烈的冲击力，画面抓住了无窗立面的外装饰层的基本特征，并描绘了建筑对周边环境清晰的反射。这是建筑的西立面，草图研究了具体的立面形式。在实际建筑中，横向的石棉水泥板的比例是自底部至屋檐逐渐变大的，图中并未体现这一点，但建筑的层叠感仍然十分强烈。场地倾斜的地面是用铅笔（或蜡笔）粗糙的侧面描绘的，就像一个台基，上面刻着赫尔佐格和德梅隆的名字。较深的线条在倾斜地面之上绘制了一个基准平面，并标示了装卸仓门的位置，这些仓门在水平层的后面呈现为两个矩形。在实际建筑中，它们的厢式框架打断了层叠的饰面板。在画面顶部，镀锌钢板盒体在围护层后面露出，由固定在钢结构上的木条支撑，其前景为一排支撑出挑屋檐的支杆。它们的布局形成了一个体量化的元素，一个沿着所有立面延伸的半透明的檐口，一条深色的线标示了这种转变发生的边界。

卡尔·莫塞尔
(1860—1936)

圣安东尼教堂街景
(1926)

纸上炭笔

55厘米×61.5厘米

卡尔·莫塞尔（Karl Moser）设计过600多座建筑，被誉为瑞士现代主义之父。在这幅图中，圣安东尼教堂（St Anthony's church）的朴素立面与街道两侧连绵起伏的树叶混合在一起，以炭笔侧面的笔触绘制而成，呈现同样斑驳的纹理，仿佛一面空白的画布映照着云彩的影子，与明亮留白的天空形成对比。路面上落着教堂、钟楼、树的阴影，表明这幅画描绘了巴塞尔阳光明媚的一天。钟楼在画面中占主导地位，但偏离画面中线；两片错落的巨大的混凝土墙面突出了垂直的线条，让人想起未来主义的绘画。在教堂的另一端，有一个巨大的入口，平衡了画面构图和建筑立面。画面从塔楼的尺度缩小到街道的尺度，最后缩小到人的尺度。最大的越过了屋檐线，最小的限定了一个低矮通道，穿过城市街区的边缘进入内部花园，通往牧师住宅和洗礼小教堂。沿着昏暗的过道走到一半，便到了教堂通往明亮的中殿主轴的主要入口。60米长、22米宽的长方形教堂平面呈对称分布。它是由现浇钢筋混凝土建造的，并在混凝土表面保留了模板标记，暴露在室内和室外空间。八根细长的柱子突出了混凝土的结构性能。它们划分了两条侧廊，支撑着中殿的混凝土方格镶板的筒形拱顶。虽然在这幅画中并不明显，但沿街立面上巨大的彩色玻璃花格在普通混凝土表面上创造了动态的、彩色的图案。

安藤忠雄
(1941年生)

光之教堂
(1989)

彩铅石版画
102.9厘米×72.7厘米

光之教堂位于大阪茨城县，是对一座基督教堂院落的改造方案，也是安藤忠雄最著名的项目之一。这幅简单、抽象的平面图体现了他作为建筑师，对用光线定义空间的着迷，尤其是当光线穿过或照射到建筑表面时。和他的许多建筑一样，光滑且垂直的表面都是裸露的现浇钢筋混凝土，浇筑需要达到非常高的标准，因此混凝土模板的标记在墙上形成了微妙的图案，仿佛阴影在墙上徘徊。建筑的地面是用深色木板铺就的。在画中，墙壁实体仿佛是光线投射在地面上所形成的轮廓，而通过在实和虚之间游戏似的探索，安藤忠雄重复表达的二元性主题也在此得到了体现。墙壁被剖切开来以展现其平面布局，白色描绘的部分，形成了一个被斜线墙穿透打破的矩形形状，斜线墙限定了通往教堂的曲折通道。一排排的长椅是由建筑脚手架所用的木板制成的，它们的长度与斜线墙相协调，朝着祭坛的方向逐渐变长，用黑色勾勒出来；座位的部分施以蓝色，和下面的地板一样。通常祭坛所在的地方是空的，地板上模糊的线条轻微地扰乱了被淡蓝色十字一分为二的黑暗。这是穿过教堂东墙的十字洞口的光线，是这个朴素空间中唯一突出的基督教象征。

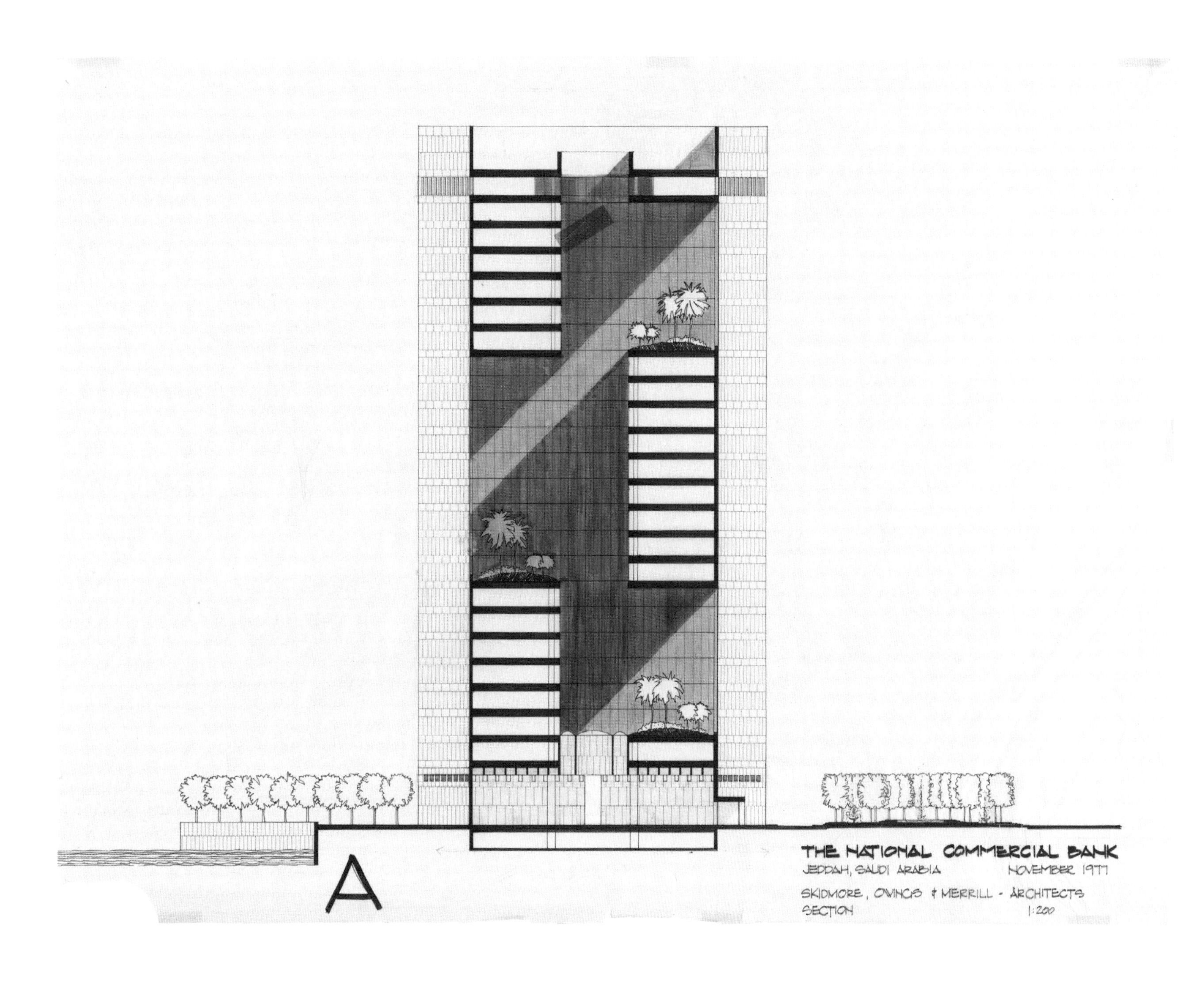

戈登·邦沙夫特，SOM建筑设计事务所

国家商业银行
(1977)

描图纸上墨水

75.6厘米×101厘米

20世纪70年代，石油繁荣带来的财富推动了沙特港口城市吉达（Jeddah）的发展，使其成为沙特现代化的中心。吉达是一个阿拉伯人聚居地，四五层高的建筑沿着迷宫般的狭窄街道和小巷排列。它的新建筑是由大型国际建筑事务所设计的，比如美国的SOM建筑设计事务所，它将西方建筑技术和工艺方面的专业知识引入了沙漠。这座国家商业银行由SOM的合伙人戈登·邦沙夫特设计。在这个项目中，他试图将戏剧性的形式发展成一个巧妙的解决方案，通过在建筑空白的立面上布置巨大的多层开口，让高楼大厦在炎热干燥的气候中变得凉爽。他做到了。建筑平面呈三角形，位于一个大型的滨海广场上。中庭空间被办公楼包围，办公楼各层的窗户均开向中庭，这使得凉爽的空气被引入中庭空间。中庭的空气在受热时上升，升至顶部后流出，在整个中庭空间创造出对流通风的效果。这幅剖面图展现了两个这样的空间：在右侧，一个九层楼高的中央开口，夹在十四层办公室中间；左侧在楼顶和楼底有两个较小的开口。这座楼方圆几千米内都可以看到，因此它本身就成了银行的象征，而不仅仅是一个地标。

詹姆斯·瓦恩斯
(1932年生)

高层住宅项目
(1981)

纸上炭笔、墨水
55.9厘米×61厘米

1970年，纽约成立了一个名为SITE（环境中的雕塑）的组织，旨在通过他们称之为“环境思考”的过程来探索建筑设计和环境设计之间的边界。这涉及从建筑设计、景观和城市规划、视觉艺术和环境影响等多个角度处理复杂问题。这幅用炭笔、墨水绘制的透视图是SITE的创始人詹姆斯·瓦恩斯（James Wines）绘制的，虽是一个虚构的项目，但是有一个位于炮台公园城（Battery Park City）的具体场地，他描述为一栋高层住宅。画面体现了瓦恩斯独有的设计风格，以具体的图像描绘了一种可识别的现实，但同时又有一种整体的抽象性，这种抽象性来源于它微小的单色笔触。这个物体似乎是由一种微小的元素构成的，也许是灰烬，或是灰尘，这让它的现实性受到了质疑。瓦恩斯将它描述为一个“垂直社区”，旨在“容纳人们自相矛盾的欲望——既享受城市中心的文化优势，又不牺牲郊区住宅的私密性和花园空间”。这是将美国郊区与大都市的对立环境，进行了一种形式和空间上的融合。钢筋和混凝土的框架构成了20世纪许多城市住宅的骨架，而在瓦恩斯的提案中，它被转化为一片绿地上的房地产：三维的钢筋混凝土网格取代了被细分的地块。每块场地都可以按照买家选择的风格建造房屋和花园，建筑的每一层都结合成一个村庄般的理想化社区。瓦恩斯的提案允许住户作为顾客来表达自我，行使他们的选择权，作为实现个人身份认同的一种手段。

徐扬
(约1712—?)

姑苏繁华图
(1759)

绢本设色
35.8厘米×1225厘米

徐扬，苏州人，清朝宫廷画家，这幅12余米长的手卷是他在清乾隆年间（1736—1795）创作的。苏州位于长江下游沿岸，是当时的大都市，而且是丝绸贸易的中心。画面描绘了重要的河道及建筑众多的错综复杂的河岸，连续的城市生活叙事在卷轴中展开。徐扬在图中加入了观察到的很多生活细节，这幅画中有12 000多个人、2140座房子、50余座桥梁和400余只船。从右边向左披览卷轴，依次观赏每个部分，就像一场穿越风景的旅程。徐扬运用散点透视画法，将不同的场景相互融合。他将西方描绘空间的手法与中国传统的构图手法相结合——包括时间和空间上的叠加，还再现了很多古代大师的表现手法。这幅卷轴是对1751年春乾隆皇帝南巡的一次图像记录，唤起了他对这座城市的一系列回忆。此处选取的画面局部，描绘的是地方的科举考试——通常在一年的春季举行，因此可以确定表现的是春季。这个画面也是通过描绘一个官方的文化活动，来象征人们生活的和谐。在这个古代世界中，年轻人挤在回廊里，倚着院墙，甚至挤满了横穿画面的商业街，正期待着他们的第一个官职。

佚名

托普卡帕卷轴
(1490)

羊皮纸上墨水、染料
34厘米×295厘米

托普卡帕卷轴（Topkapi Scroll）是由中世纪晚期的波斯建造大师们绘制的，记录了托普卡帕宫的图案和复杂的几何系统，应用于砖瓦建筑，而不是石砌建筑。卷轴上有114幅正方形或长方形的图像，它们展现了墙面和拱顶上的图案样式的设置，或蜂巢状的穹顶基座构件，但作为工作图纸，在实际使用中还是太大了。这两幅图是卷轴上的第33和34幅，都是由刻划的施工线构成的，很呆板。这些线条上的特定点或交叉点被连接起来，生成最终的图案。右侧图的设计可视为四分之一个星形和多边形图案的重复，由两层叠加。在一层看不见的凹凸的线条上形成一系列的半圆形和四分之一圆形图案，网格线定义了多边形，这些多边形的边由两条交叉的黑色线切分，形成星形和多边形图案。从墨线大星形图案延伸出的线条形成了星形碎片和多边形的连锁图案。左边的图要密集得多，它的复杂性是由定义“幕后图案”结构的同心圆产生的。它的主题是一个四分之一重复图案单元，有两个叠加层，都是基于五角星、十角星和多边形。交叉的橙色网格线连接着隐形圆圈的半径线，以确定墨线的所有十角星和部分五角星的中心，与各种多边形相互连锁。这种帖木儿-土库曼（Timurid-Turkman）建筑的目标是实现结构、装饰和空间的几何化设计。

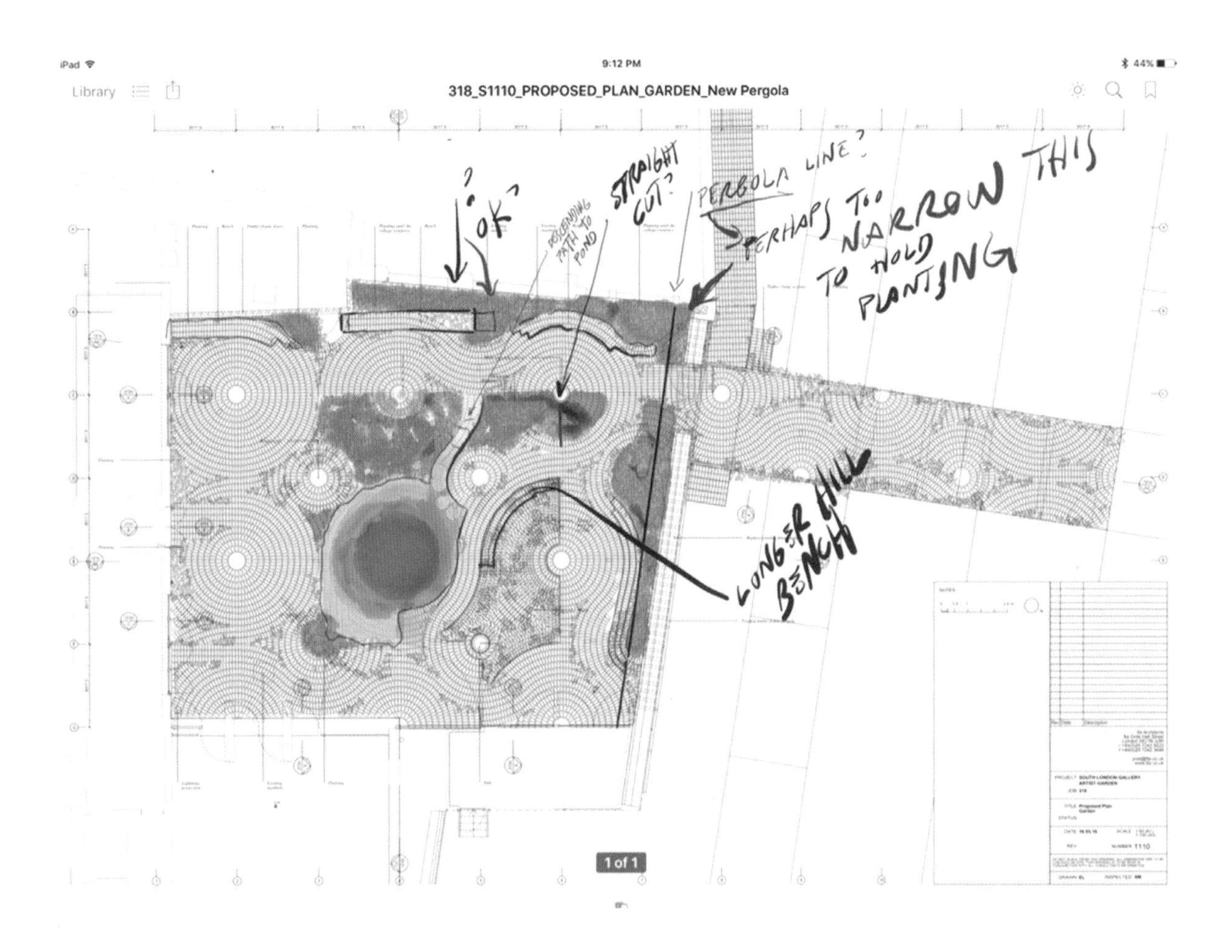

加布里埃尔·奥罗斯科（1962年生）

带注释的南伦敦画廊花园平面图（2016）

WhatsApp消息图

这张图是由艺术家加布里埃尔·奥罗斯科（Gabriel Orozco）通过WhatsApp（手机聊天工具）向6a建筑事务所的斯蒂芬妮·麦克唐纳（Stephanie Macdonald）发送的，是在2016年为期几个月的密切沟通中的一系列图片之一。它像电影剧照一样，代表了合作项目在不断变化的推进过程中的一个阶段。花园是奥罗斯科的一件作品，通过6a建筑事务所的研究和操作，在现实环境中得以实现。这张图片显示的是关于具体细节的手绘笔记，处在设计的最后阶段。奥罗斯科在他的iPad上以一张建筑图为基础绘制了这张图，显然带有复写的性质。底图依据奥罗斯科的手绘草图，在AutoCAD（计算机辅助设计软件）中描绘，再将纸盖在印刷图上，用水彩重新绘制。在这个更新、丰富的过程中，奥罗斯科辐射圈式的复杂图案覆盖了花园的表面。很明显，许多设计细节已成定稿，设计即将完成。例如，设计采用单块砖尺度单元，并带有石材元素，在其中种植植物要比之前的概念更细微、零碎——原方案使用采石场中只经过分级、大致成形的石头，这显然无法实现。花园的四周，即平面图中的墙体外侧，之前的一些注释已经得到确认并绘入了图中，它们是一些实施的情感性回应——雨水沿管道排向地面沟渠，“叠砖山+1200”，种植工作允许使用通道。在沟通过程中的这一阶段，石柱围绕的池塘已经被涂成蓝色，但水的边界是模糊的。

时间轴
Timeline

约公元前2130

p. 153

约公元前1865

p. 262

约公元前1350

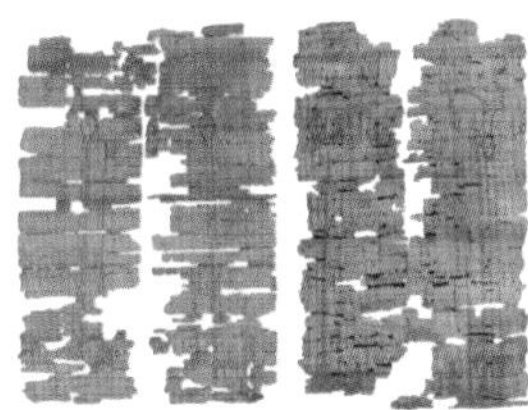

p. 47

约公元前350

p. 245

约40

p. 219

约300

p. 126

820

p.81

约950

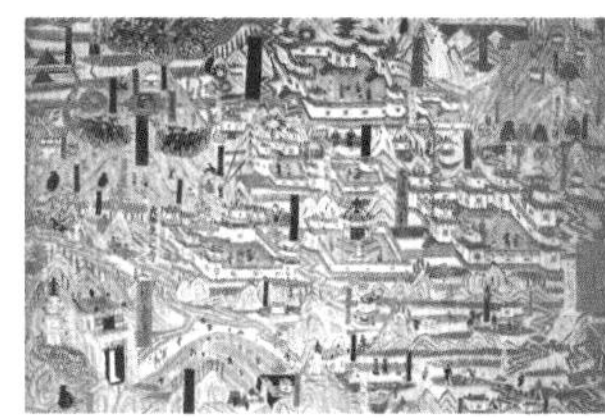

p. 120

1103

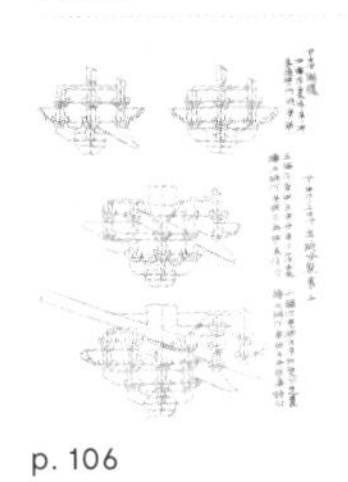

p. 106

1155

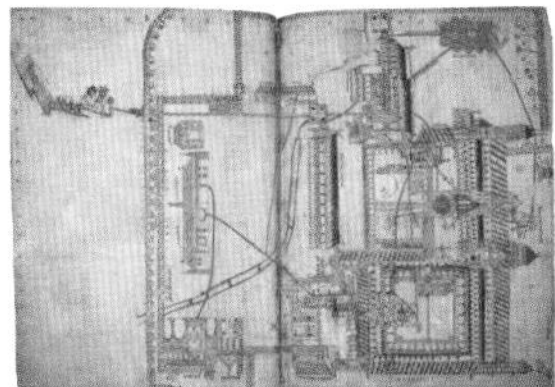

p. 222

约1230

p. 277

1280

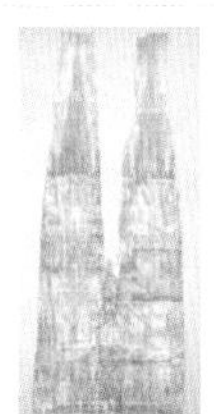

p. 252

1306

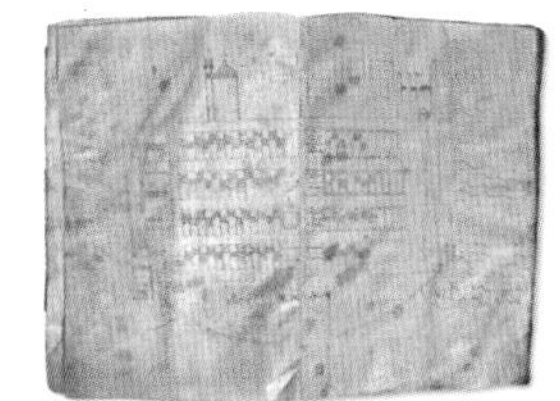

p. 171

1340

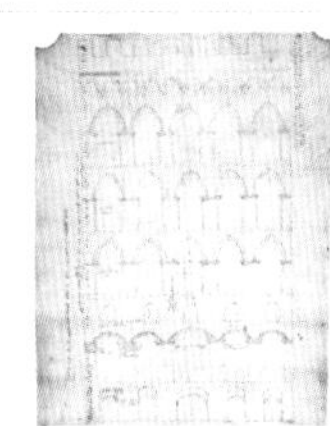

p. 225

约1434

p. 86

1481

p. 43

1486

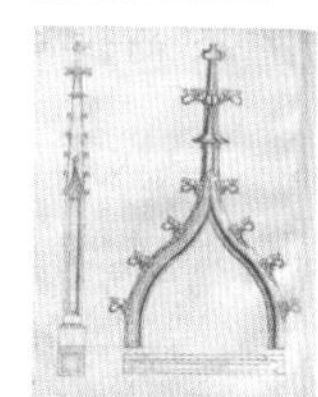

p. 28

1490

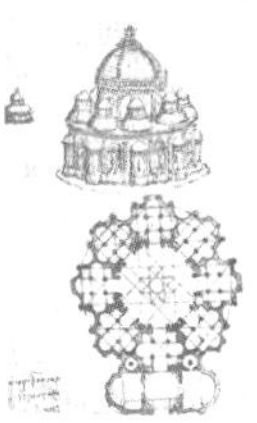

p. 8

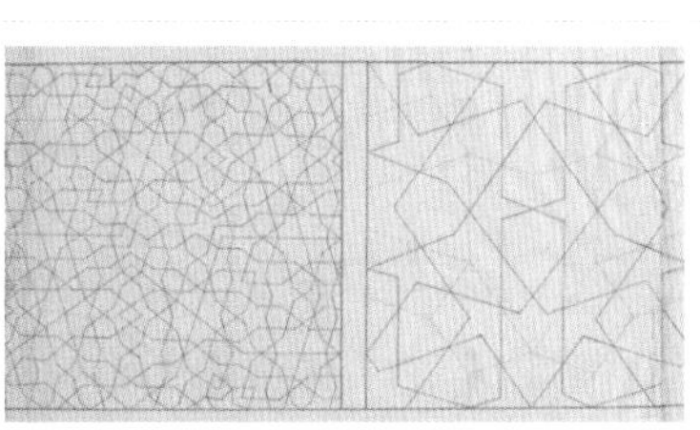

p. 286

1505

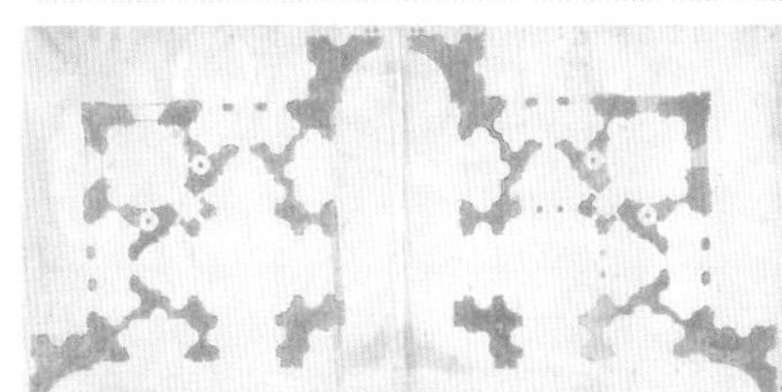

p. 202

1506

p. 55

p. 64

1510

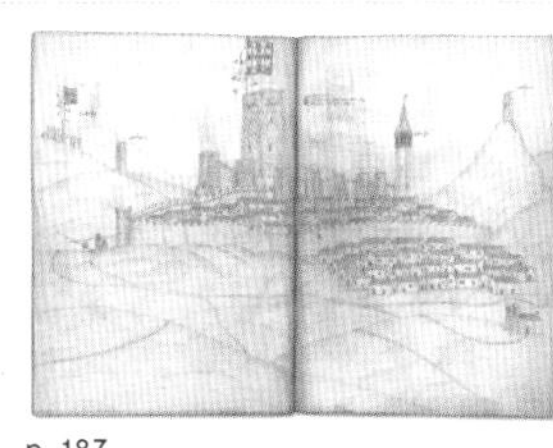

p. 187

1515

p. 131

1519

p. 146

约1522

p. 17

1530

p. 70

约1530

p. 156

1535

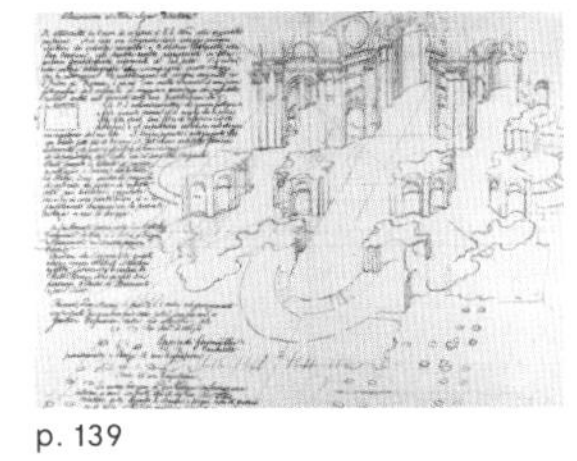

p. 139

1536

p. 69

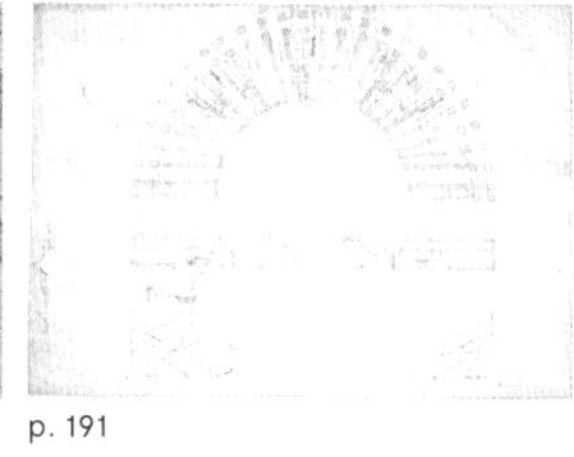

p. 191

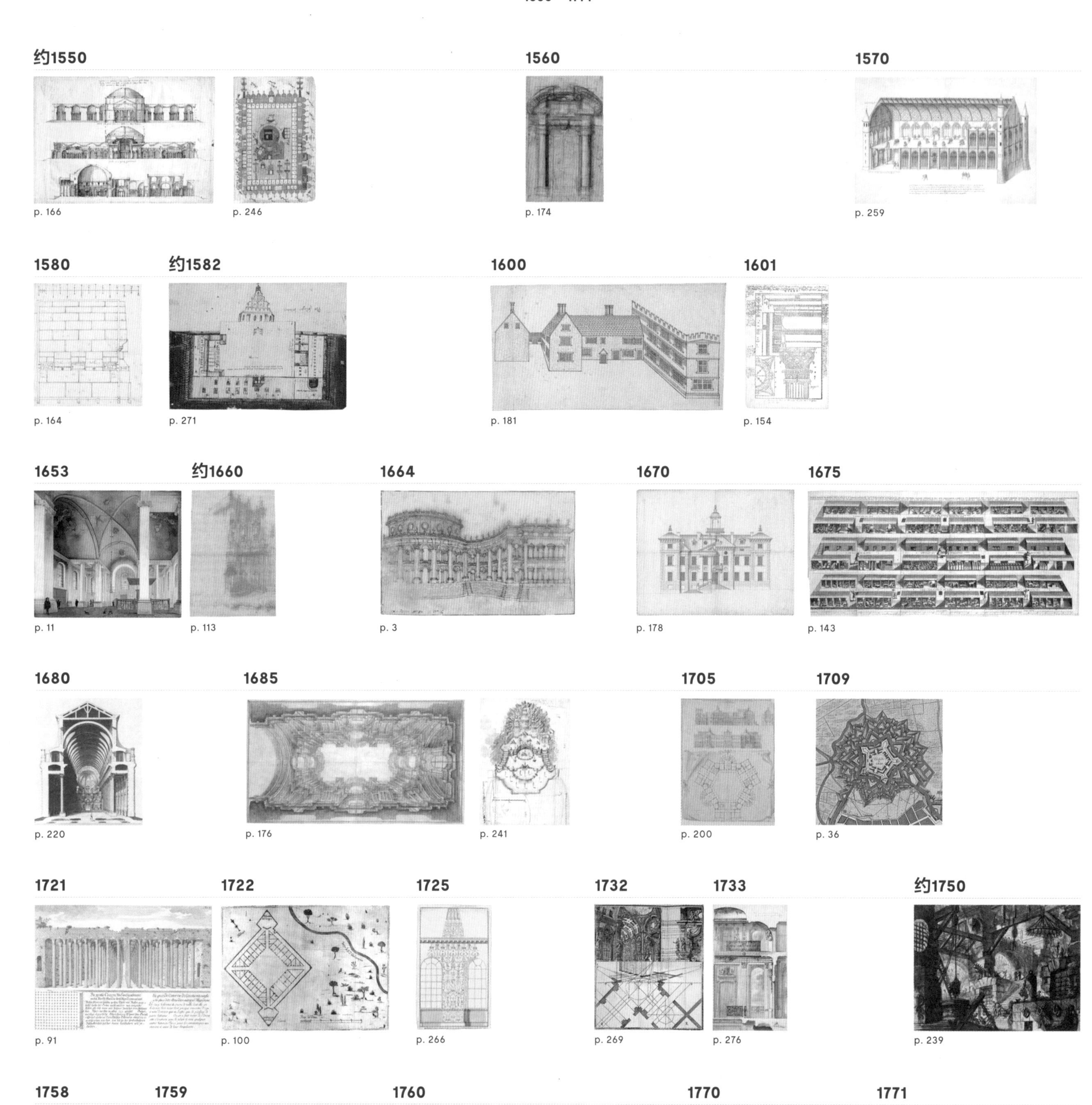

约1550
p. 166
p. 246

1560
p. 174

1570
p. 259

1580
p. 164

约1582
p. 271

1600
p. 181

1601
p. 154

1653
p. 11

约1660
p. 113

1664
p. 3

1670
p. 178

1675
p. 143

1680
p. 220

1685
p. 176
p. 241

1705
p. 200

1709
p. 36

1721
p. 91

1722
p. 100

1725
p. 266

1732
p. 269

1733
p. 276

约1750
p. 239

1758
p. 77

1759
p. 285

1760
p. 144

1770
p. 57

1771
p. 155

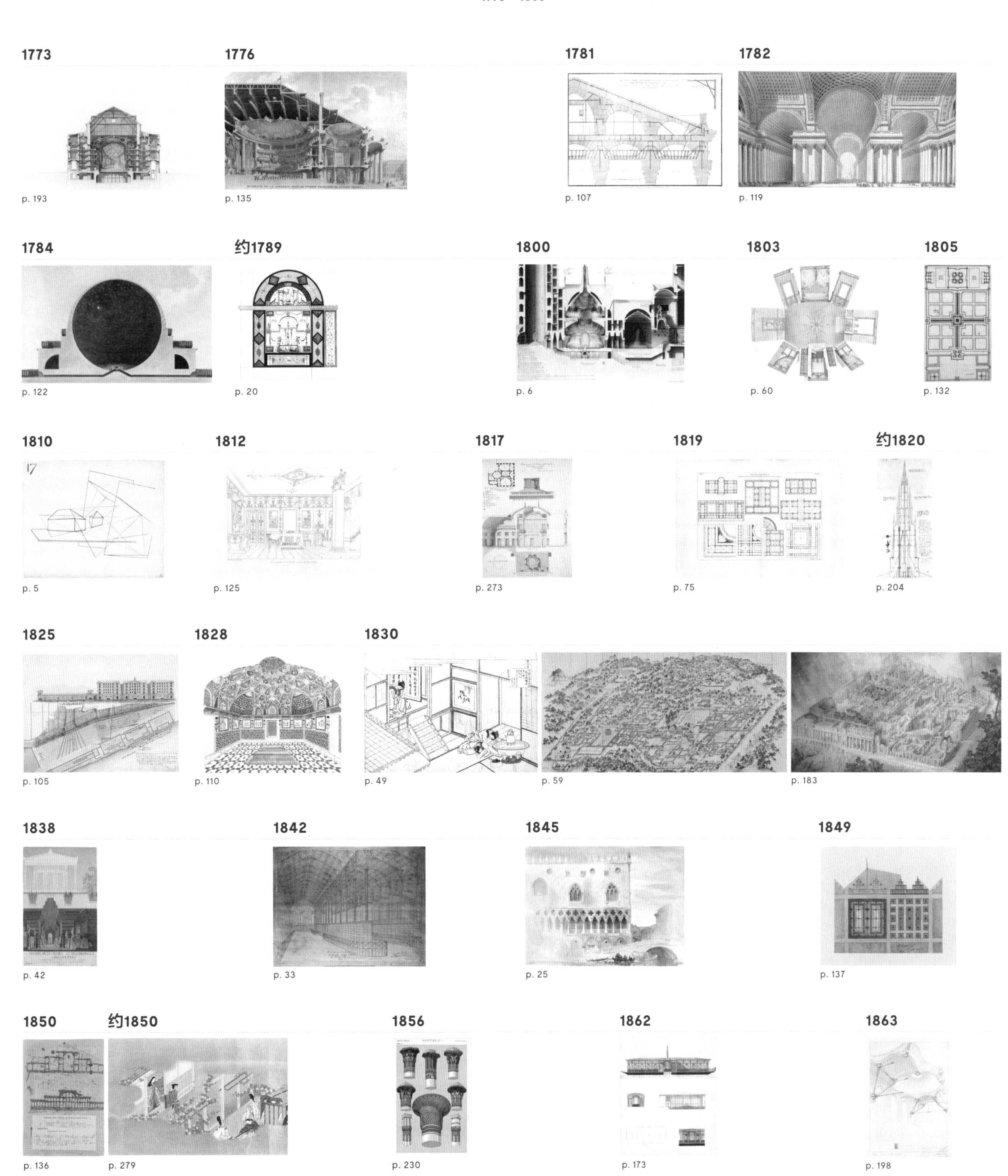
1773
p. 193
1776
p. 135
1781
p. 107
1782
p. 119
1784
p. 122
约1789
p. 20
1800
p. 6
1803
p. 60
1805
p. 132
1810
p. 5
1812
p. 125
1817
p. 273
1819
p. 75
约1820
p. 204
1825
p. 105
1828
p. 110
1830
p. 49
p. 59
p. 183
1838
p. 42
1842
p. 33
1845
p. 25
1849
p. 137
1850
p. 136
约1850
p. 279
1856
p. 230
1862
p. 173
1863
p. 198

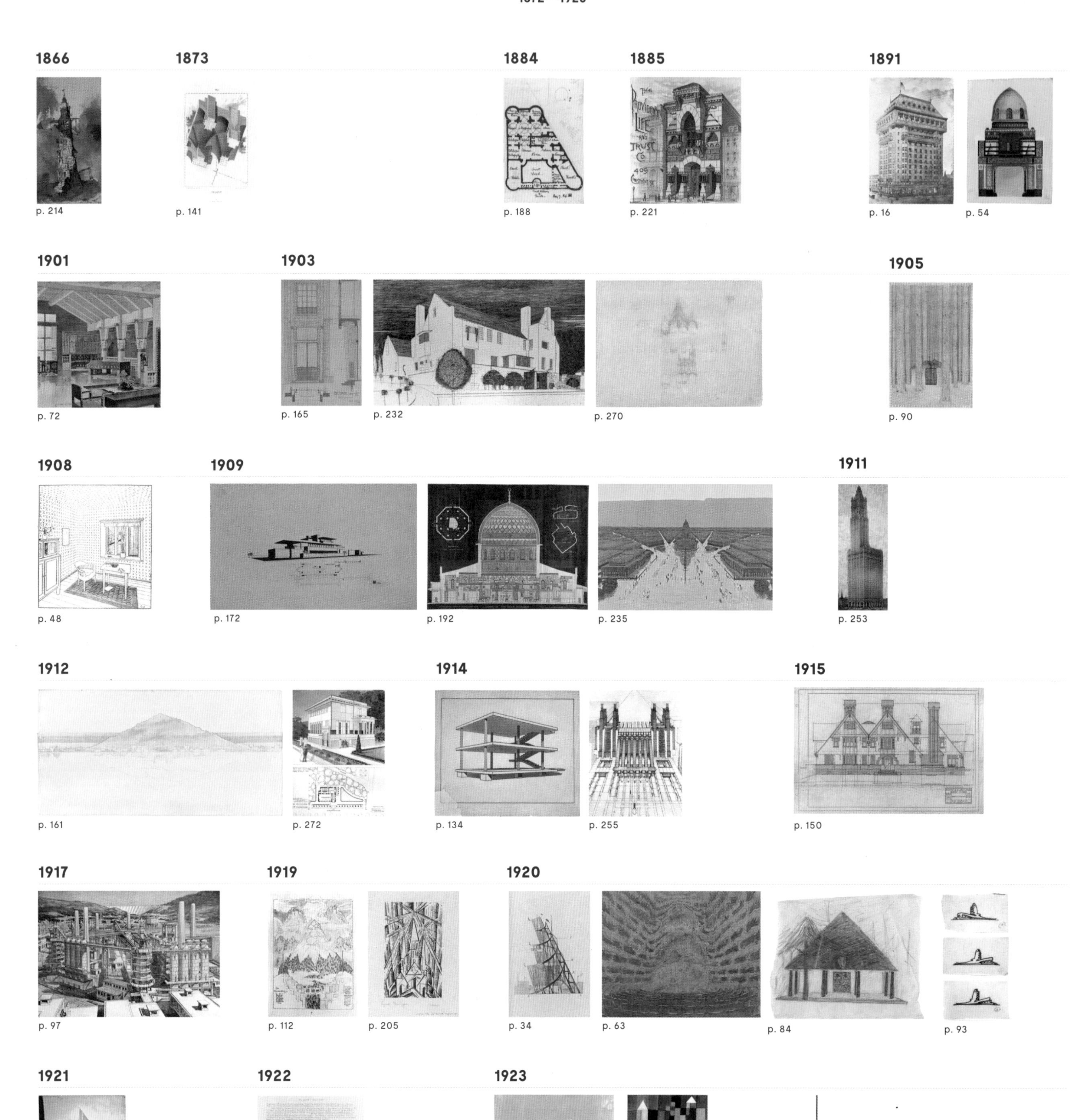

1921

p. 27

1922

p. 217

1923

p. 61

p. 157

p. 203

1924

p. 98

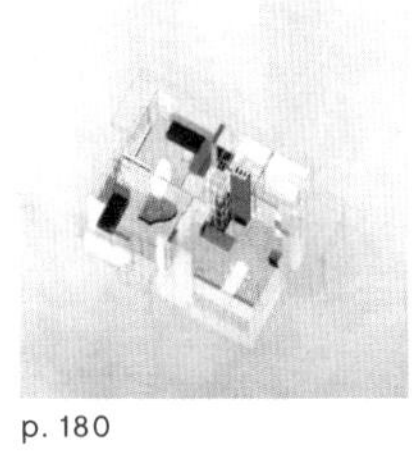
p. 180

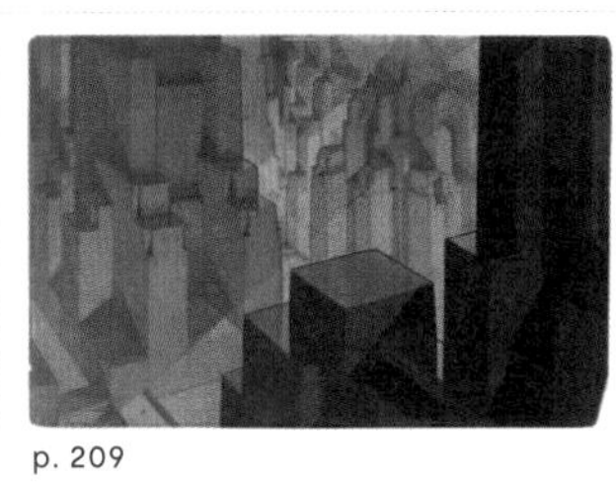
p. 209

p. 254

1925

p. 94

1926

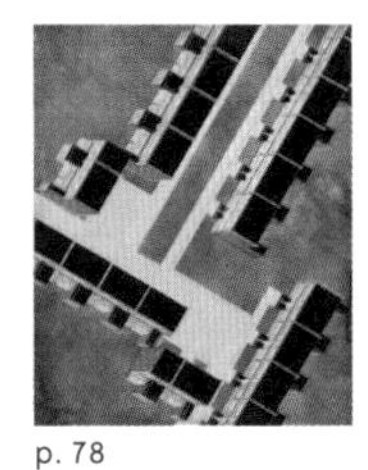
p. 78

p. 281

1927

p. 261

1928

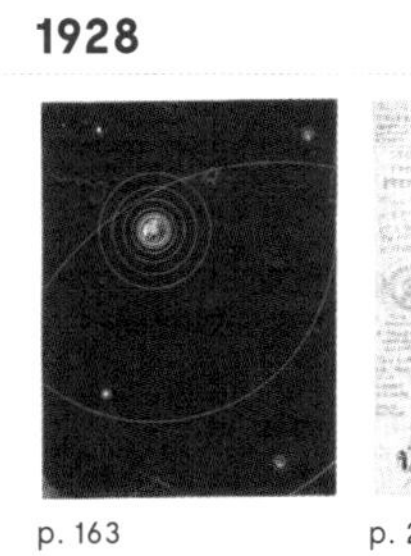
p. 163

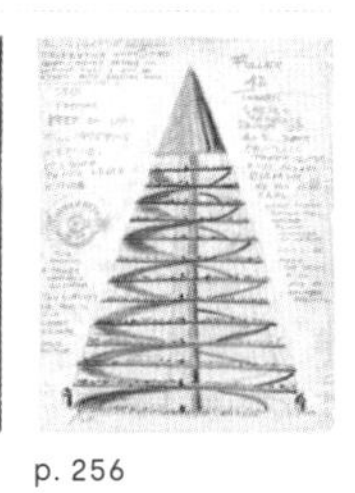
p. 256

1929

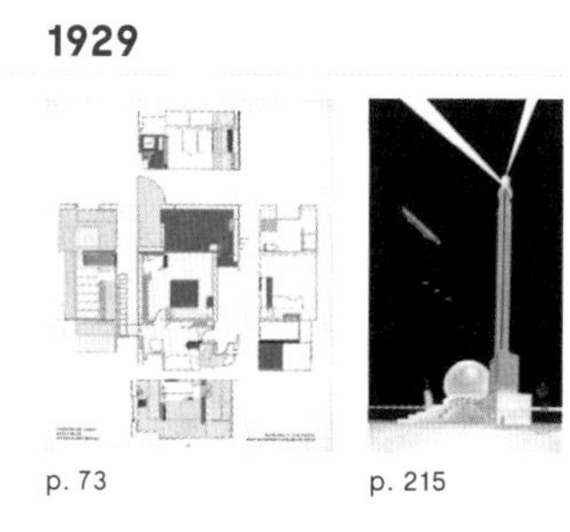
p. 73

p. 215

1933

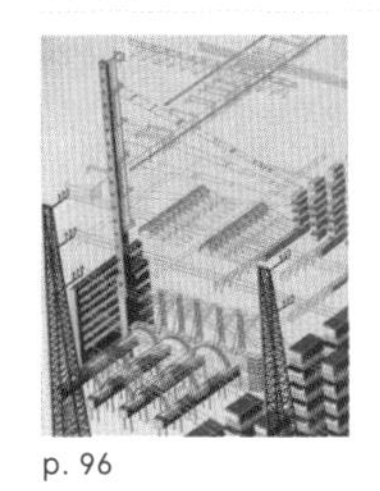
p. 96

p. 234

1936

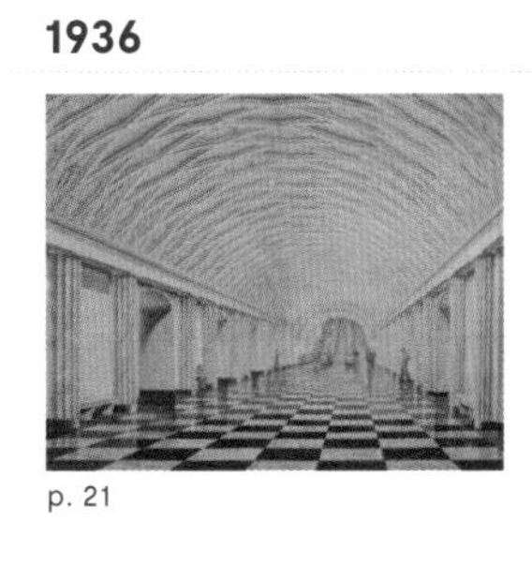
p. 21

1937

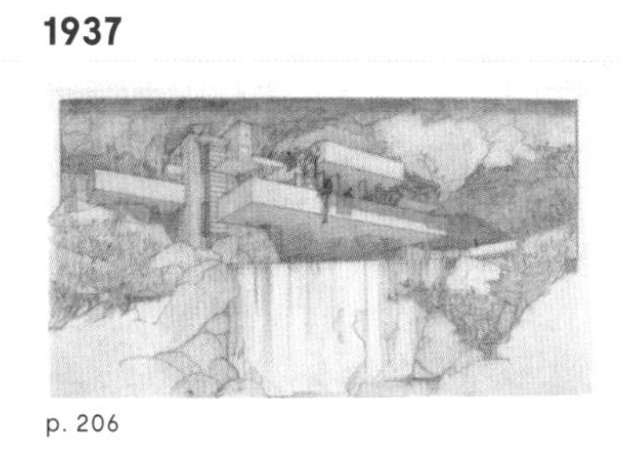
p. 206

1938

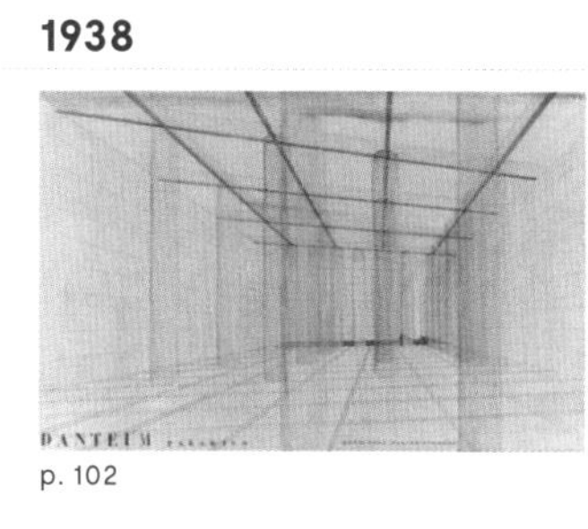
p. 102

1939

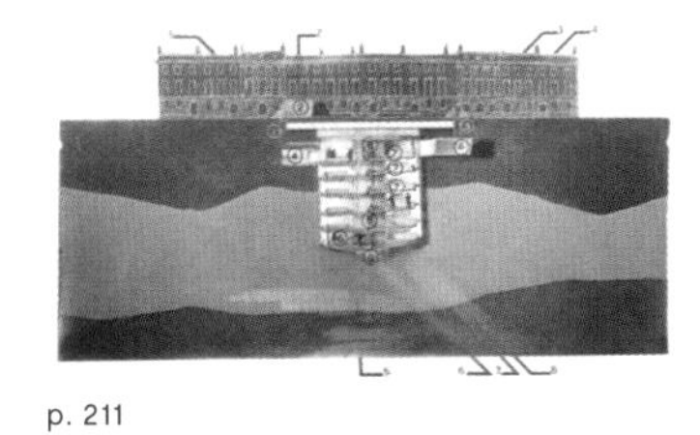
p. 211

p. 224

1941

p. 148

1942

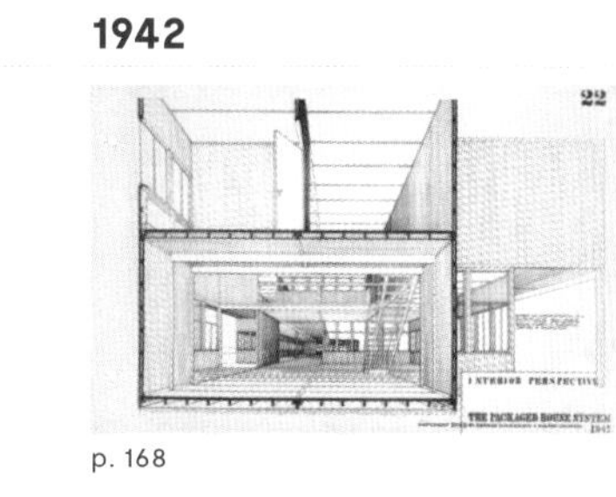
p. 168

p. 186

1943

p. 145

1946

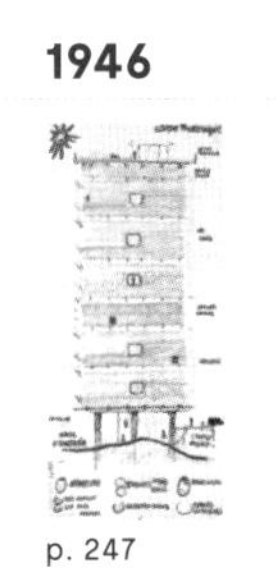
p. 247

1947

p. 226

1949

p. 50

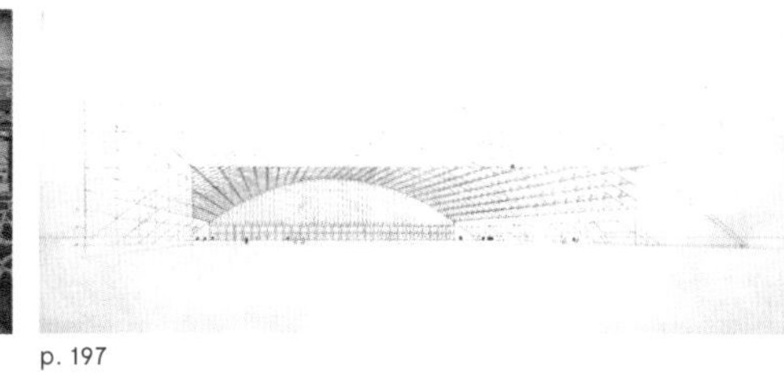
p. 197

1950

p. 263

1951

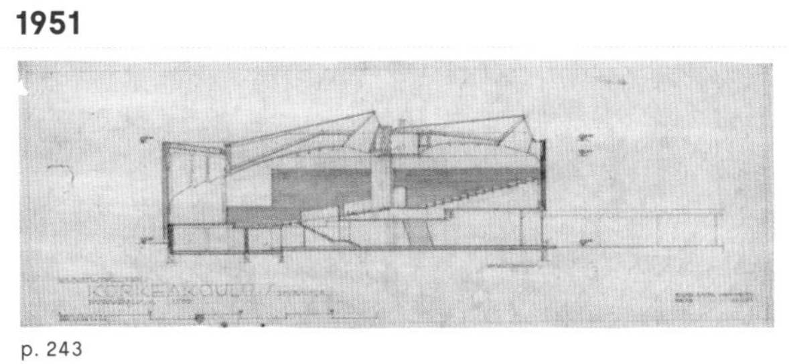
p. 243

p. 275

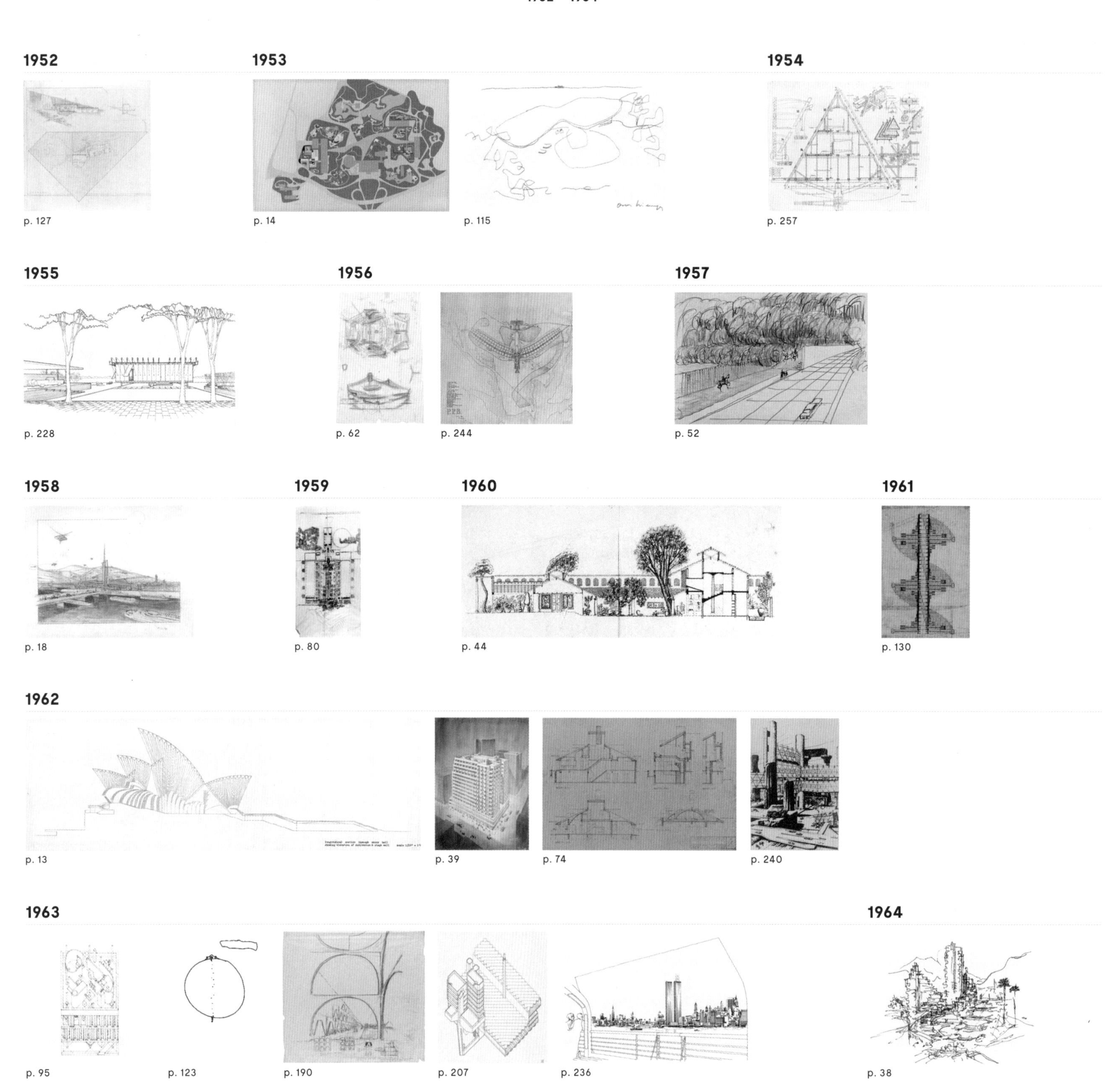

1952

p. 127

1953

p. 14

p. 115

1954

p. 257

1955

p. 228

1956

p. 62

p. 244

1957

p. 52

1958

p. 18

1959

p. 80

1960

p. 44

1961

p. 130

1962

p. 13

p. 39

p. 74

p. 240

1963

p. 95

p. 123

p. 190

p. 207

p. 236

1964

p. 38

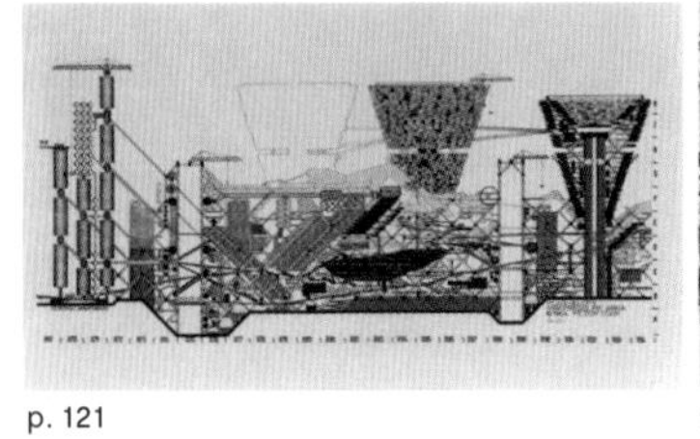

p. 121

p. 124

p. 159

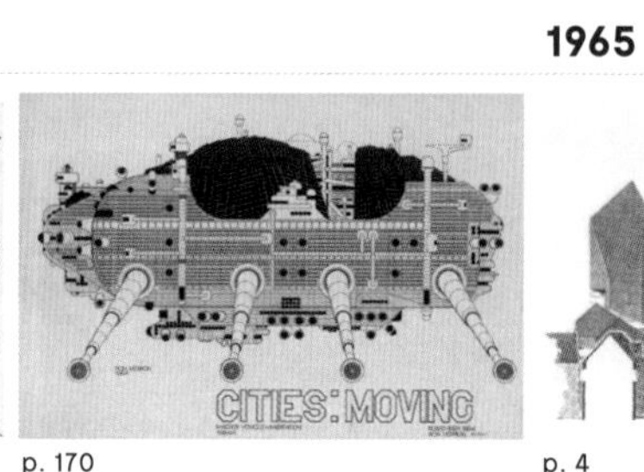

p. 170

1965

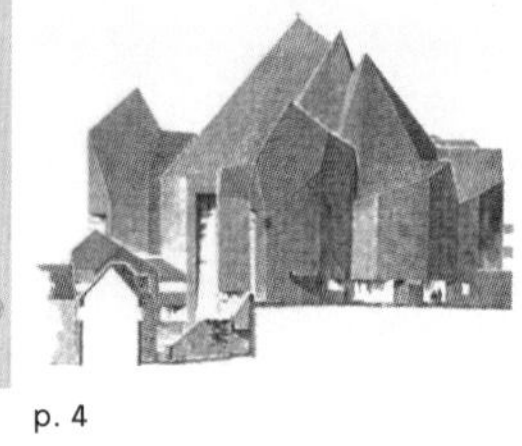

p. 4

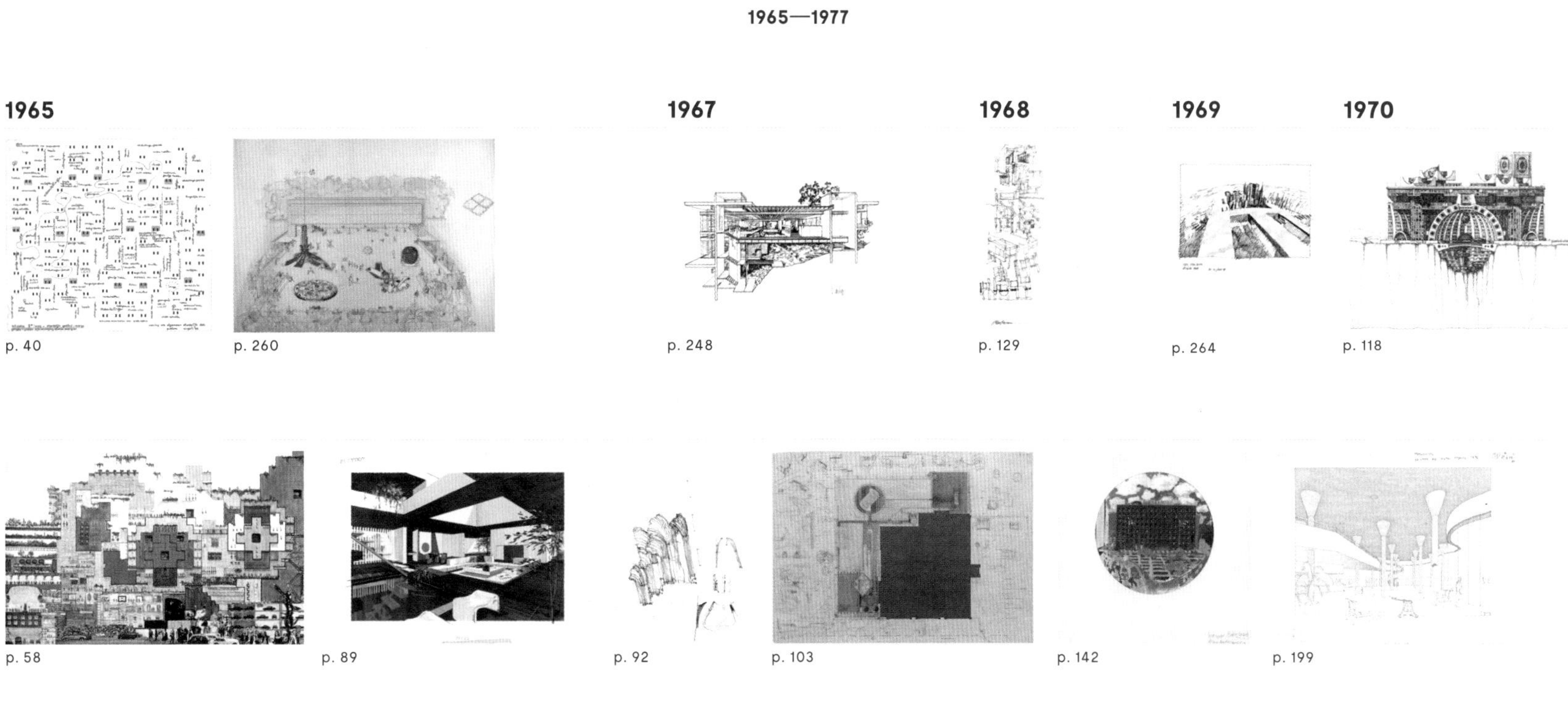

1965

p. 40 p. 260

1967

p. 248

1968

p. 129

1969

p. 264

1970

p. 118

p. 58 p. 89 p. 92 p. 103 p. 142 p. 199

p. 238

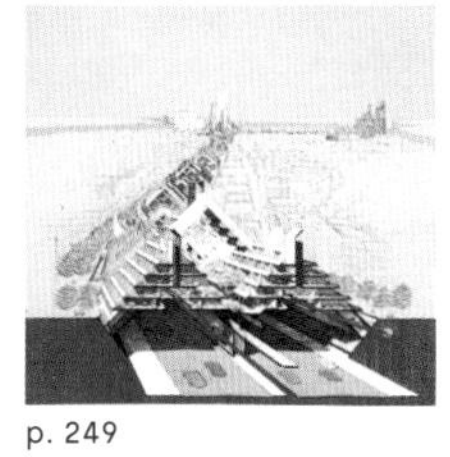

p. 249

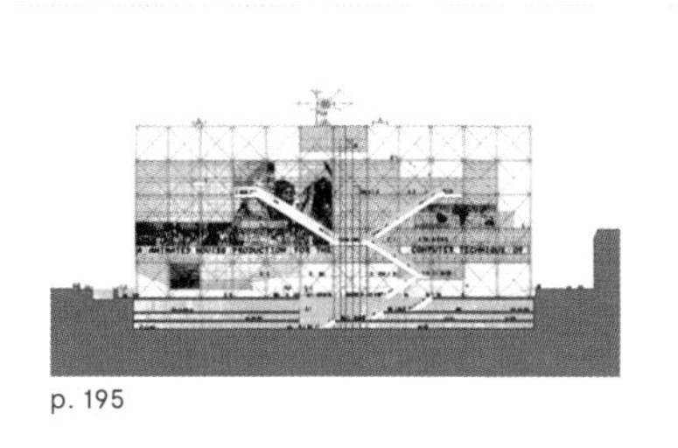

p. 195

1971

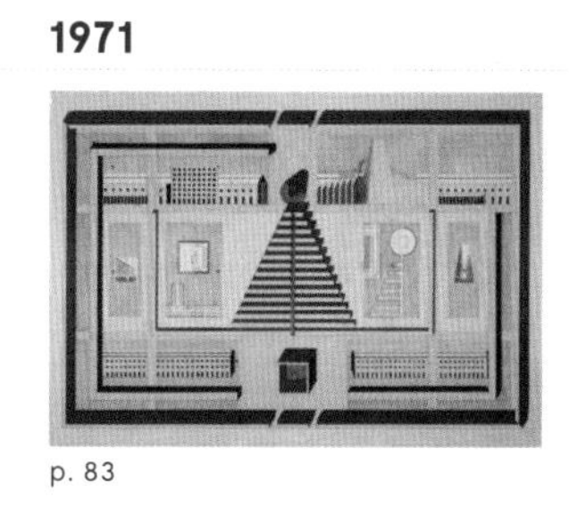

p. 83

1972

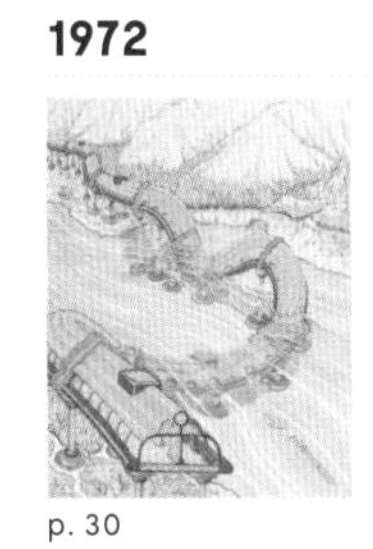

p. 30

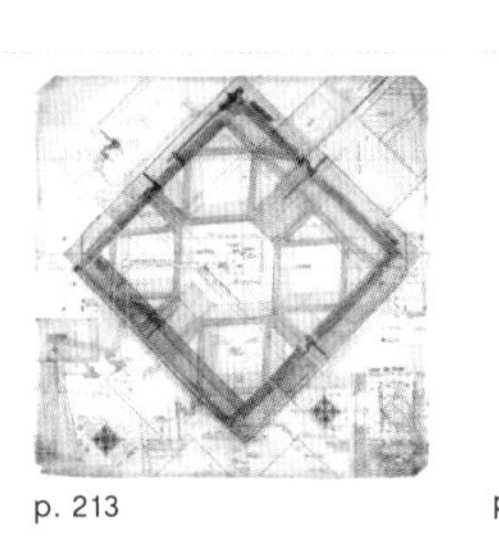

p. 213

p. 227

1974

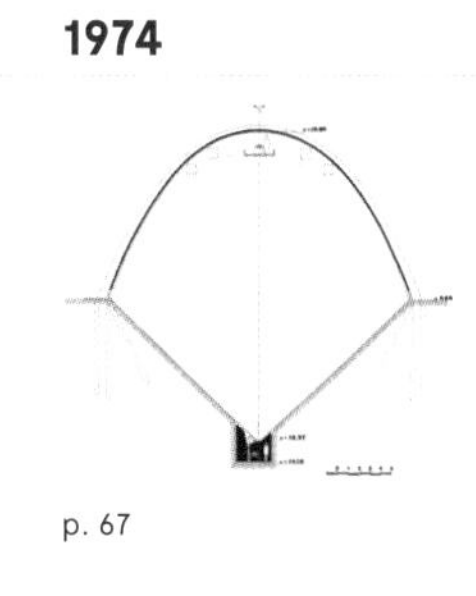

p. 67

1975

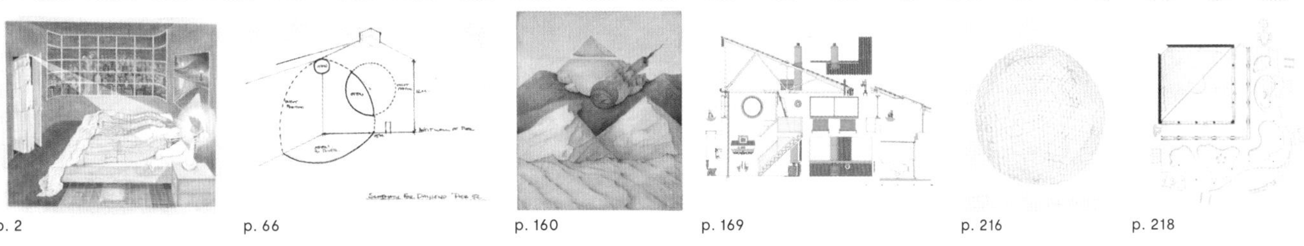

p. 2 p. 66 p. 160 p. 169 p. 216 p. 218

1976

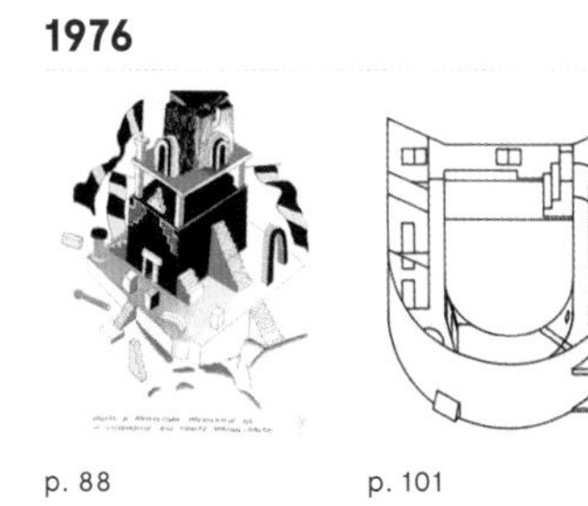

p. 88 p. 101

1977

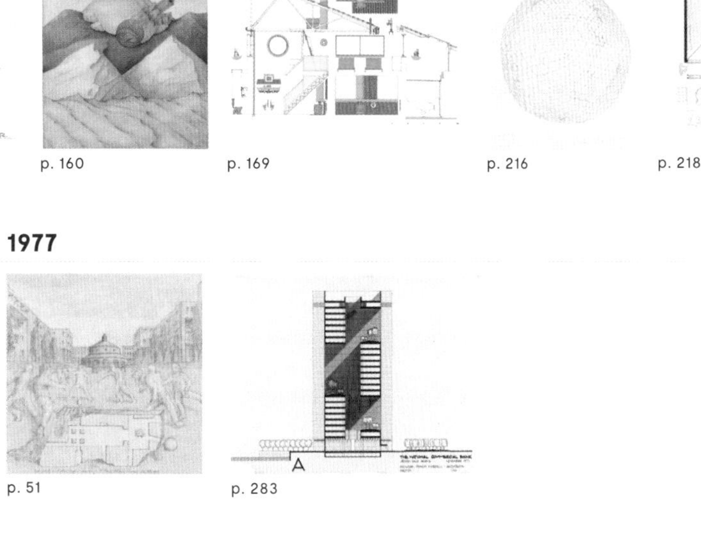

p. 51 p. 283

1978

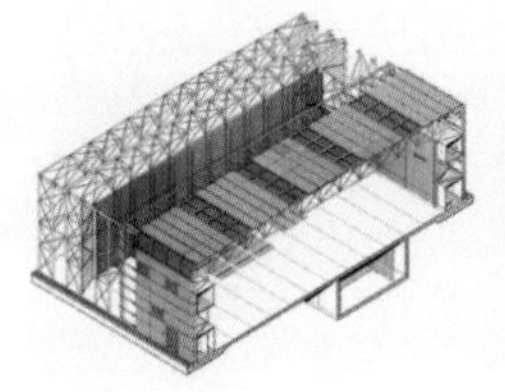
p. 32

p. 147

p. 201

p. 258

1979

p. 138

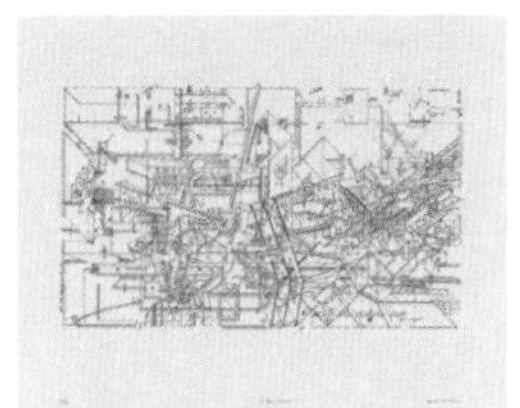
p. 152

1980

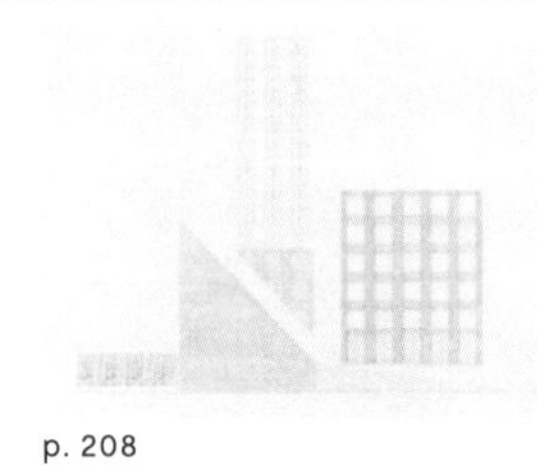
p. 208

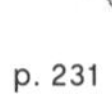

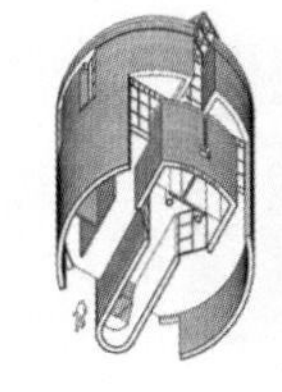
p. 231

1981

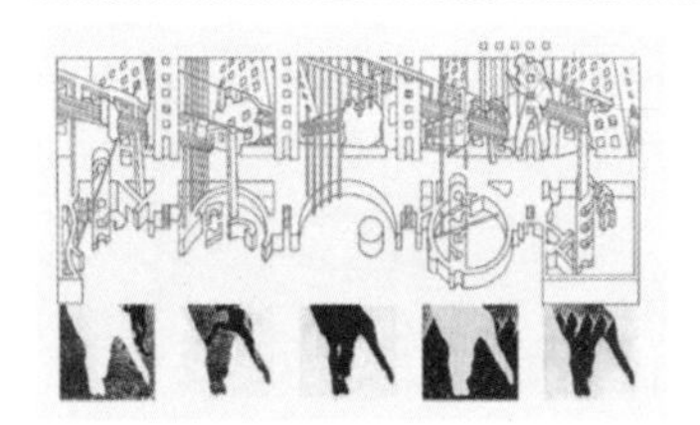
p. 237

p. 284

1982

p. 104

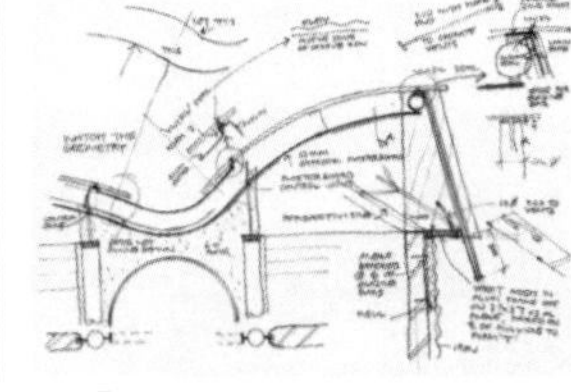
p. 117

p. 268

1983

p. 151

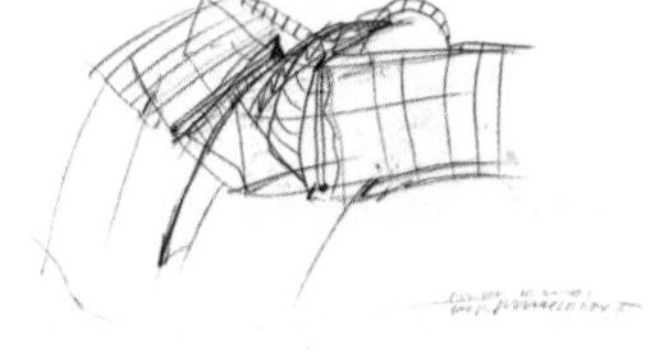

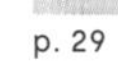
p. 229

1984

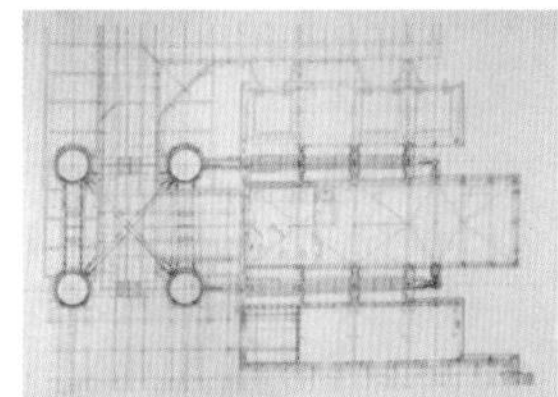
p. 29

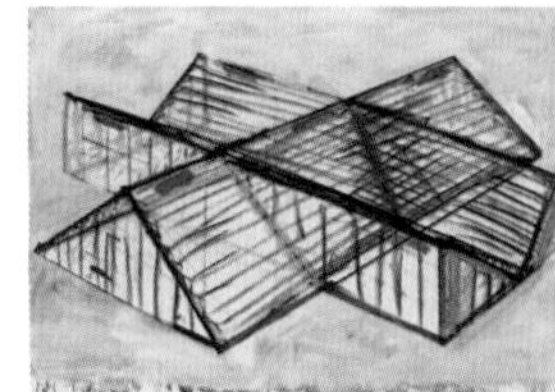

p. 114

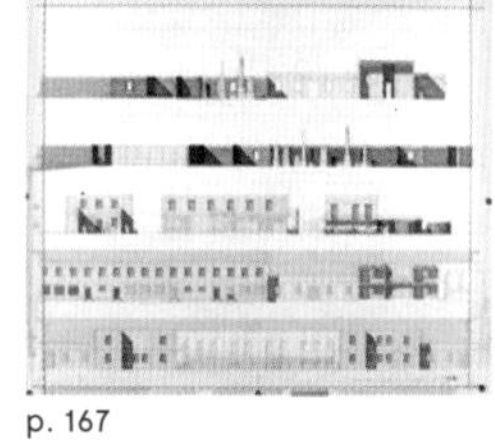
p. 167

1985

p. 15

1986

p. 140

1987

p. 280

1989

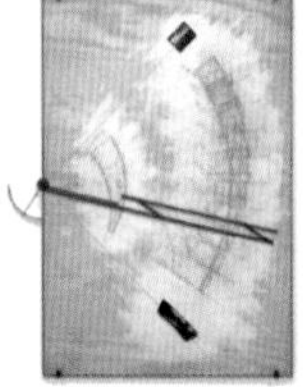
p. 212

p. 282

1990

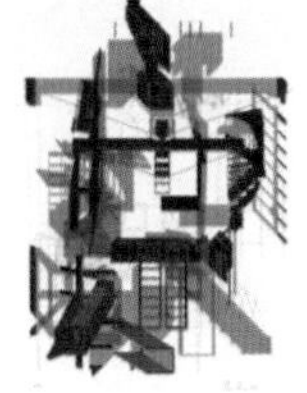

p. 79

p. 82

1992

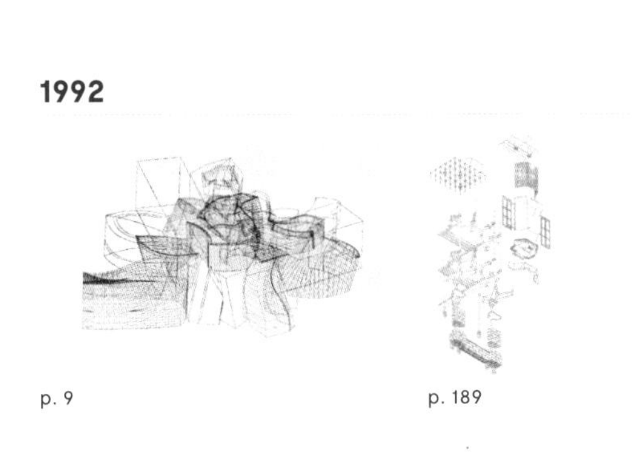

p. 9

p. 189

1993

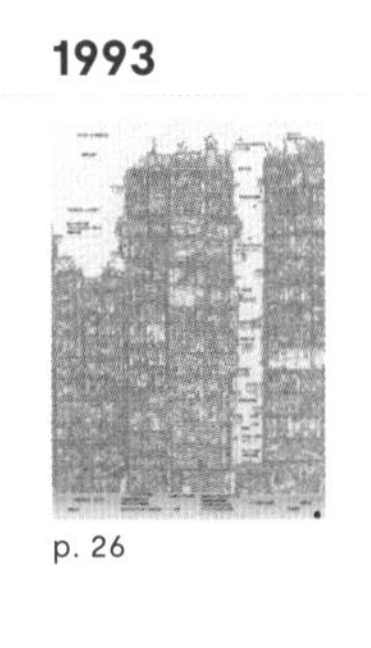

p. 26

1994

p. 265

1995

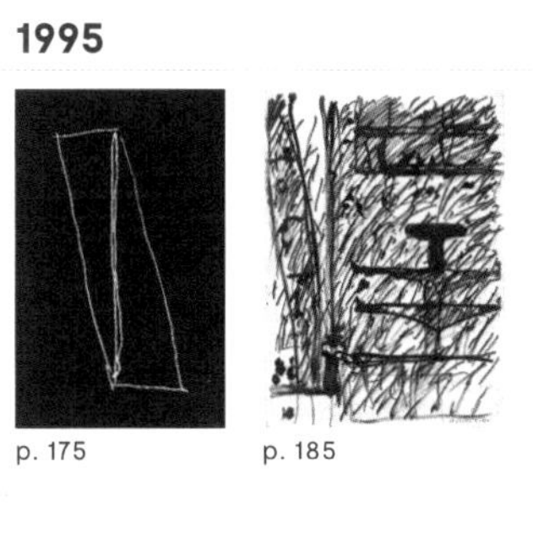

p. 175

p. 185

1999

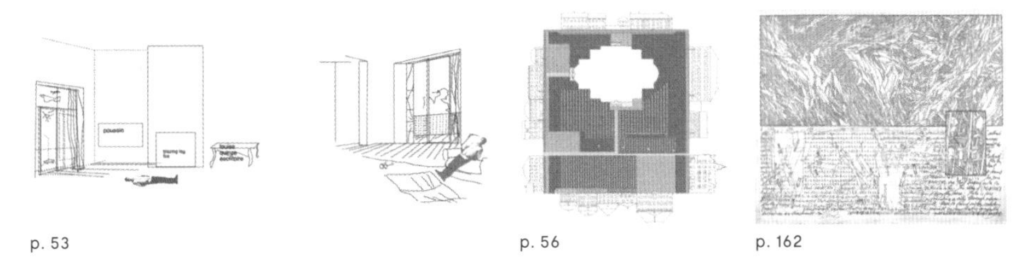

p. 53

p. 56

p. 162

2001

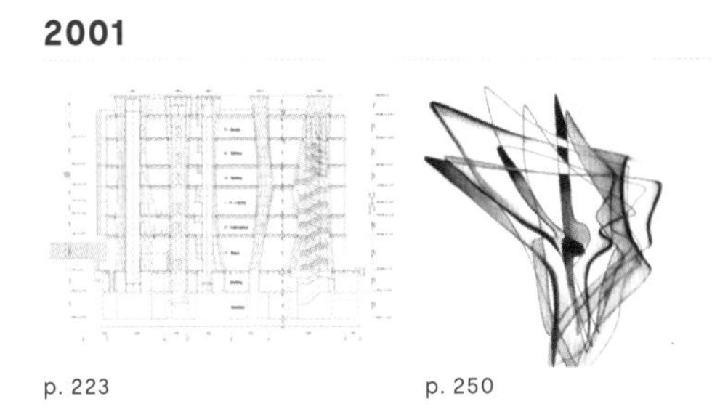

p. 223

p. 250

2002

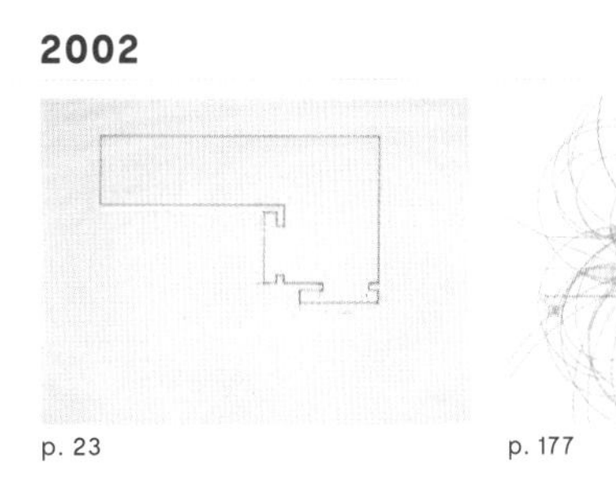

p. 23

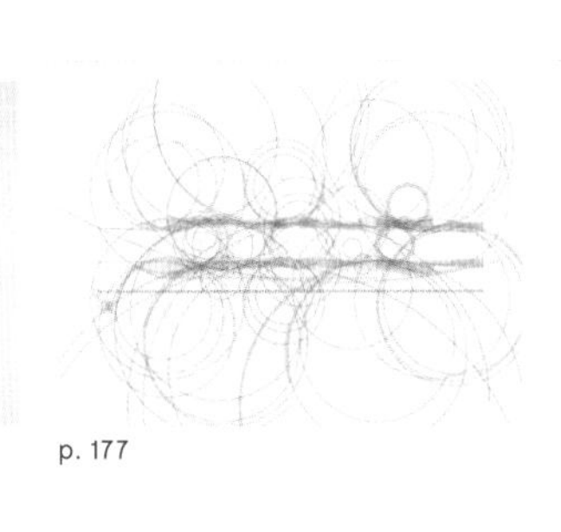

p. 177

2004

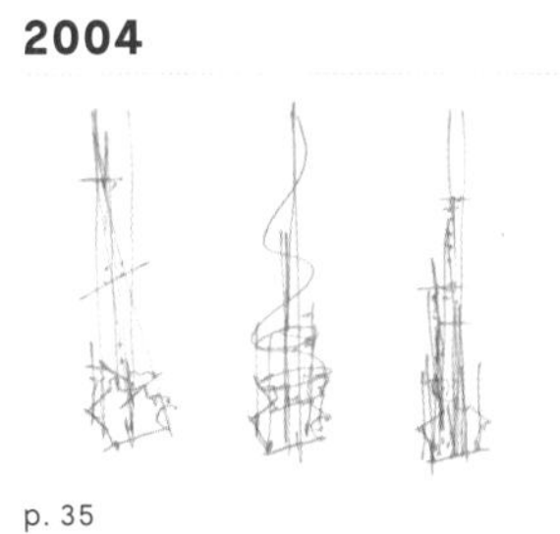

p. 35

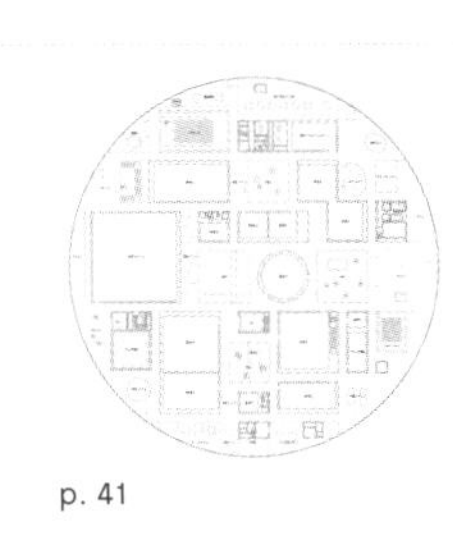

p. 41

2005

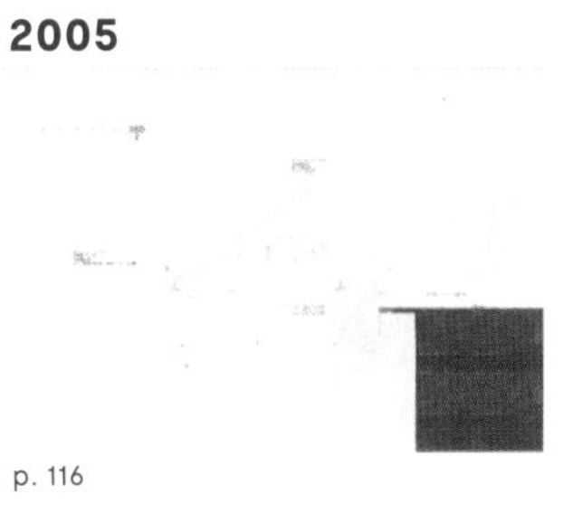

p. 116

p. 133

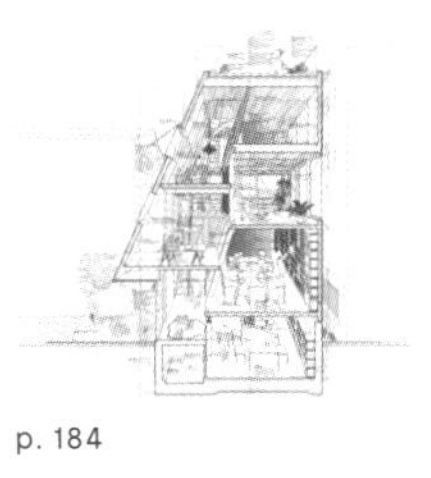

p. 184

2007

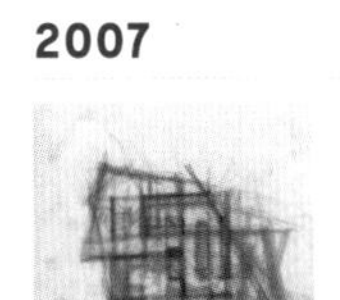

p. 37

2008

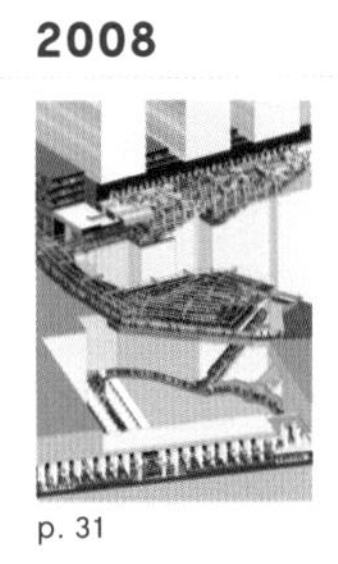

p. 31

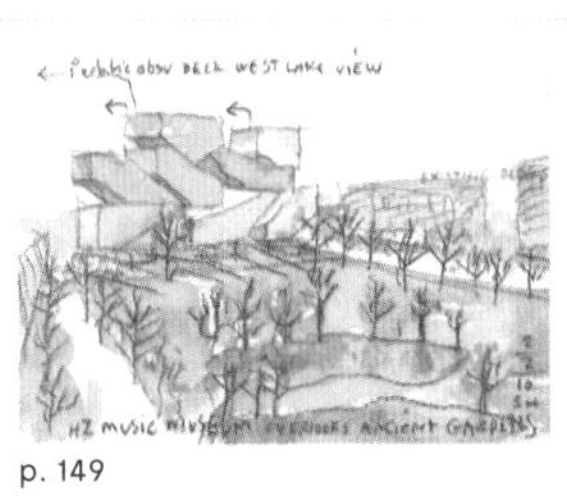

p. 149

p. 179

p. 267

2009

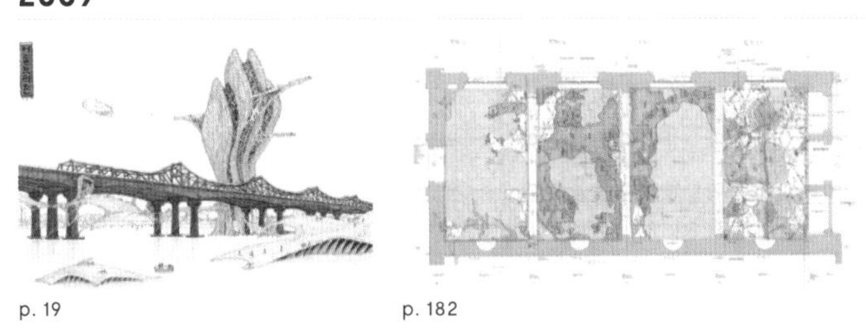

p. 19

p. 182

2010

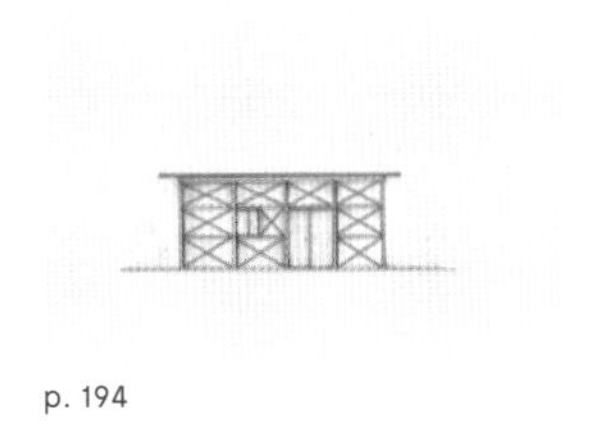

p. 194

2011

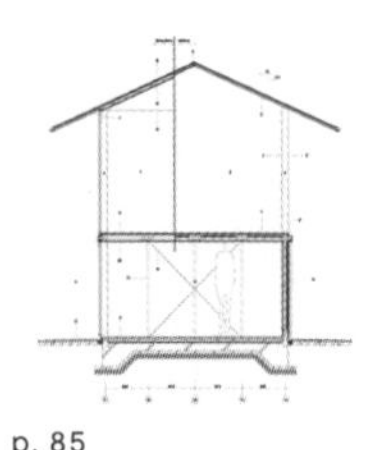
p. 85

2012

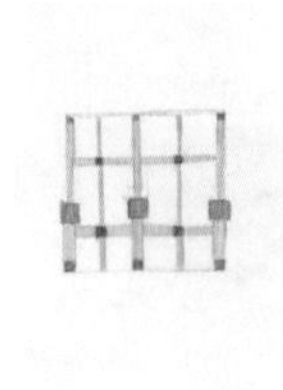
p. 76

p. 87

p. 210

2013

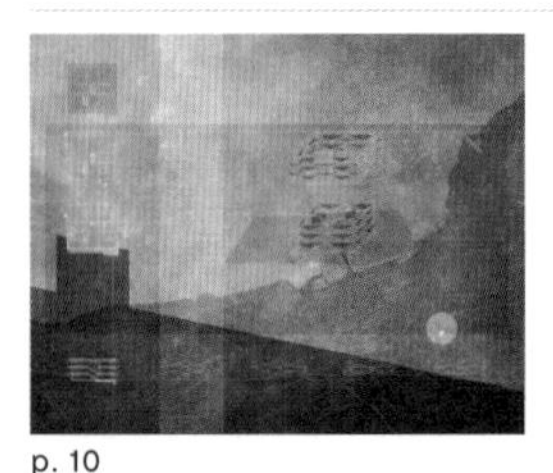
p. 10

p. 22

p. 45

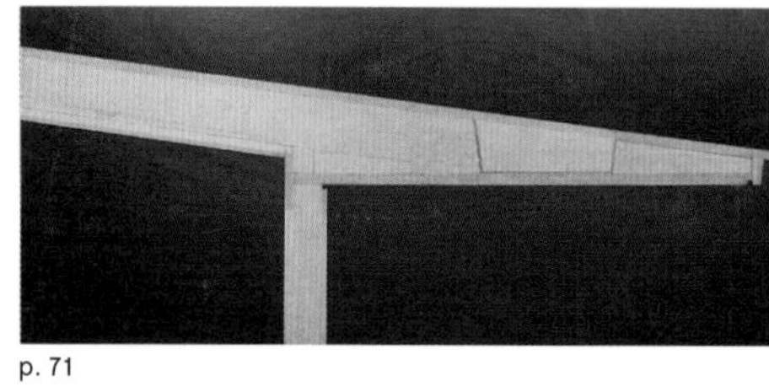
p. 71

p. 233

p. 251

2015

p. 99

2016

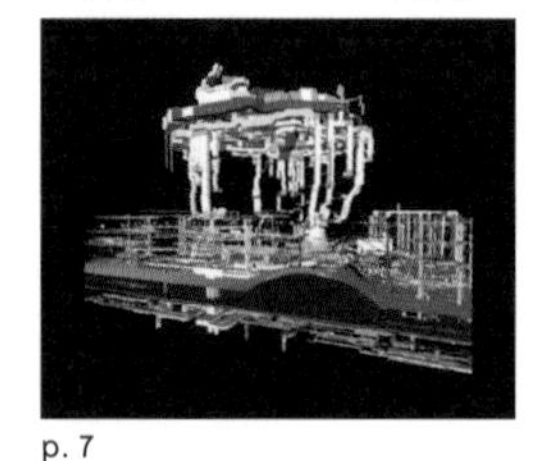
p. 7

p. 24

p. 65

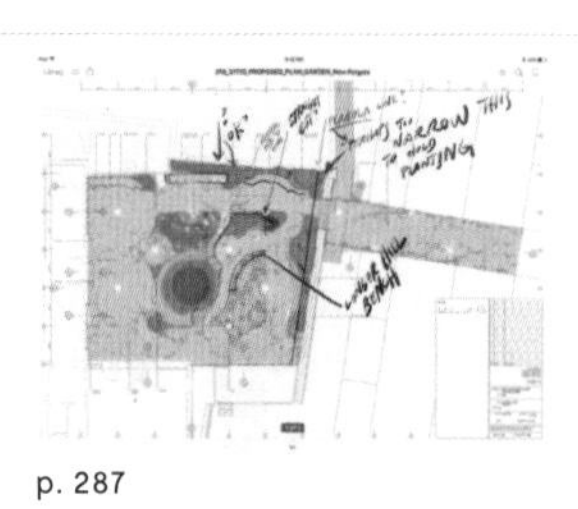
p. 287

2017

p. 278

2018

p. 111

延伸阅读

Further Reading

Ackerman, James. *Origins, Imitation, Conventions* (Cambridge, Mass.; London: MIT Press, 2002)

Benedik, Christian. *Masterworks of Architectural Drawing from the Albertina Museum* (Munich: Prestel, 2017)

Bingham, Neil Robert. *100 Years of Architectural Drawing: 1900-2000* (London: King, 2012)

Blau, Eve and Kaufman, Edward, eds. *Architecture and Its Image: Four Centuries of Architectural Representation* (Montreal: Canadian Centre for Architecture; Cambridge, Mass., 1989)

Chung, Anita. *Drawing Boundaries: Architectural Images in Qing China* (Honolulu: University of Hawai Press, 2004)

Cook, Peter. *Drawing: The Motive Force of Architecture* (Chichester: Architectural Design Primer, 2013)

Evans, Robin. *Translations from Drawing to Building and Other Essays* (London: AA Documents, 1996)

Fraser, Ian and Henmi, Rod. *Envisioning Architecture: An Analysis of Drawing* (London: John Wiley and Sons, 1993)

Gebhard, David and Nevins, Deborah. *200 Years of American Architectural Drawing* (New York: Whitney Library of Design, 1977)

Kemper, Alfred. *Drawings by American Architects* (New York: John Wiley and Sons, 1973)

Klotz, Heinrich, ed. *Postmodern Visions: Drawings, Paintings and Models by Contemporary Architects* (New York: Abbeville Press, 1985)

Lampugnani, Vittorio. *Visionary Architecture of the 20th Century: Master Drawings from Frank Lloyd Wright to Aldo Rossi* (London: Thames and Hudson, 1982)

Lewis, Tsurumaki. *Manual of the Section* (New York: Princeton Architectural Press, 2016)

Lever, Jill and Richardson, Margaret. *Great Drawings from the Collection of the Royal Institute of British Architects* (London: Trefoil for the Drawing Center, New York, 1983)

Lipstadt, H. 'Architecture and Its Image' Architectural Design vol. 59, no. 3/4, Mar./Apr. 1989: pp. 1-89

Lotz, Wolfgang. *Studies in Italian Renaissance Architecture* (Cambridge, Mass.; London: MIT Press, 1977)

McQuaid, Matilda and Riley, Terence. *Envisioning Architecture: Drawings from the Museum of Modern Art* (New York: MoMA, 2002)

Millon, Henry ed. *The Triumph of the Baroque: Architecture in Europe 1600-1750* (Milan: Bompiani, 1999)

Millon, Henry and Lampugnani, Vittorio, eds. *The Renaissance from Brunelleschi to Michelangelo: The Representation of Architecture* (Milan: Bompiani, 1994)

Panofsky, Erwin. *Perspective as Symbolic Form* (New York: Zone Books, 1991)

Perez-Gomez, Alberto and Pelletier, Louise. *Architectural Representation and the Perspective Hinge* (Cambridge MA: MIT Press, 1997)

Powell, Helen and Leatherbarrow, David. *Masterpieces of Architectural Drawing* (London: Abbeville Press, 1983)

Scolari, Massimo. *Oblique Drawing: A History of Anti-perspective* (Cambridge, Mass.; London: MIT Press, 2012)

Sowa, Axel, ed. Architecture d' aujourd' hui no. 371, 2007 July/Aug., pp. 42-113

Spiller, Neil. ed. '*AD Profile: 225*' Architectural Design vol. 83, no. 5, Sept./Oct. 2013: pp. 5-135

Spiro, Annette and Ganzoni, David. *The Working Drawing: The Architect's Tool* (Zurich: Park Books, 2014)

Treib, Marc, ed. *Representing Landscape Architecture* (Abingdon: Taylor & Francis, 2008)

Wilson Jones, Mark. *Principles of Roman Architecture* (London: Yale University Press, 2003)

Yerkes, Carolyn. *Drawing after Architecture: Renaissance Architectural Drawings and their Reception* (Vicenza: Centro Internazionale di Studi di Architettira Andrea Palladio, 2017)

索 引

Index

C

D

X

Y

Z

致 谢

Acknowledgements

Thank you to my friends and colleagues, especially Niall Hobhouse and Helen Mallinson at Drawing Matter for their essential contributions. Suggestions and advice were sought and kindly given by Adam Caruso, Maarten Delbeke, Nicholas Olsberg, Markus Lahteenmakhi, Oliver Lütyens, Thomas Padmadabhan, Cara Rachele, Peter St John, Robert Tavernor, Thomas Weaver and Xun Zhou. Adam Caruso and Nina Kidron read and critiqued the texts, and the RIBA Library, still a free and valuable resource open to anyone interested in architecture, was the perfect place for research and writing. Many archives, libraries and collections were generous in their collaboration and advice. These include: Bruno Moser and Filine Wagner, gta Archiv; Elena Lingeri, Archivio Lingeri; Caroline Dagbert, Canadian Centre for Architecture; Chris Macdonald and Peter Salter; Nicholas Boyarsky and the RISD Museum; Susannah Carroll, The Franklin Institute; Meredith Steinfels, Hood Museum of Art, Dartmouth College; Stefania Canta, Renzo Piano Building Workshop; Sheila Schwartz, Research and Archives Director; The Saul Steinberg Foundation; Valentina Bandelloni, Scala Archives; Nadja Bartels, Director of the Tchoban Foundation' s Museum for Architectural Drawing; Heather Isbell Schumacher, Archivist, Architectural Archives University of Pennsylvania; Craig Stevens, Drawing Matter; David Owen and Tony Fretton; and David Robson. Thanks also to Emilia Terragni for commissioning me to write the book and acting as a wise colleague throughout; to Belle Place, a calm, efficient and imaginative project editor; and Milena Harrison-Gray, consummate picture researcher and negotiator.

图片来源

Picture Credits

Courtesy of National Academy of San Luca, Rome: 200; Courtesy of Accademia Nazionale di San Luca, Roma. Archivio del Moderno e del Contemporaneo, Fondo Ridolfi-Frankl-Malagricci: 213; © ADAGP, Paris and DACS, London: 88; IHF1598 © Aga Khan Trust for Culture: 148; akg-images / Erich Lessing: 153; akg-images / Pictures From History: 120; akg-images: 61; FLHC 26 / Alamy Stock Photo: 106; World History Archive / Alamy Stock Photo: 232; The Albertina Museum, Vienna: 113, 156; The Albertina Museum, Vienna / Courtesy of Susanne Eisenkolb: 186; © Alexander Daxböck: 24; Alvar Aalto Foundation: 92, 243; © ADA: 10; © architecten de vylder vinck taillieu bvba: 179; Louis I. Kahn Collection, University of Pennsylvania and Pennsylvania Historical and Museum Commission.: 80; "The Architectural Archives, University of Pennsylvania by the gift of Robert Venturi and Denise Scott Brown: 74; Architectural Archives of the University of Pennsylvania | Venturi, Scott Brown Collection (225): 227; Drawing by Glenn Murcutt courtesy Architecture Foundation Australia: 117; © Architekturmuseum der Technischen Universität in Berlin: 63; Archivo Williams, Claudio Williams Director: 145; © Archives Bordeaux Métropole, BORDEAUX XXI H 272 planche 18: 193; ASSi, Capitoli, 3, cc. 25v-26r: 171; © Archivio Lingeri, Via G.Sacchi 12 Milano: 102; © Ministerio de Educación, Cultura y Deporte. Archivo General de Indias.: 100; ARKM.1973-05-06539, courtesy of ArkDes Collection: 109; Livro das Fortalezas 83, Miranda do Douro by Igor Zyx is licensed under CC-BY-SA-3.0: 187; © 2018. The Art Institute of Chicago / Art Resource, NY / Scala, Florence: 217; © Julia Fish. Courtesy Rhona Hoffman Gallery, Chicago; David Nolan Gallery, New York. Image suppy: © 2018. The Art Institute of Chicago / Art Resource, NY / Scala, Florence: 23; © Atelier Bow-Wow: 184; Library of the Escuela Técnica Superior de Arquitectura, Universidad Politécnica de Madrid: 141; © Banca Monte dei Paschi di Siena S.p.A. Photograph © Foto LENSINI Siena: 225; Julia Morgan architectural drawings, BANC MSS 71/156 c:74b. Courtesy of The Bancroft Library, University of California, Berkeley: 150; © Barragan Foundation / DACS: 52; Akademie der Künste, Berlin, Hans-Scharoun-Archiv Nr. 2696: 62; © original work: Dieter Urbach; © photo: unknown; © reproduction photo: Berlinische Galerie.: 124; © Bernard Tschumi: 237; Courtesy of Biblioteca de la Universidad de Navarra: 269; Courtesy of the Bibliothèque Nationale de France, Paris: 6, 75, 122, 271, 277; Noah' s Ark / Natural History Museum, London, UK / Bridgeman Images: 143; Massachusetts Historical Society, Boston, MA, USA / Bridgeman Images: 155; Photo © Christie' s Images / Bridgeman Images: 132; Ashmolean Museum, University of Oxford, UK / Bridgeman Images: 25; Wien Museum Karlsplatz, Vienna, Austria / Bridgeman Images: 272; © The Trustees of the British Museum: 17, 43, 55, 131, 259; Collection Centre Canadien d' Architecture / Canadian Centre for Architecture, Montréal: 95, 107, 208, 276; James Stirling / Michael Wilford fonds. Collection Centre Canadien d' Architecture / Canadian Centre for Architecture, Montréal: 207; Canadian Centre for Architecture. Gift of Estate of Gordon Matta-Clark. © Estate of Gordon Matta-Clark / Artists Rights Society (ARS), New York, DACS London: 66; James Stirling / Michael Wilford fonds. Collection Centre Canadien d' Architecture / Canadian Centre for Architecture, Montréal © CCA: 199; Courtesy of Politecnico di Torino, Archivi biblioteca Roberto Gabetti, Fondo Carlo Mollino: 257; Courtesy of The Archive Carlos Diniz / Family of Carlos Diniz & UCSB Art Design & Architecture Museum: 236; Gaudí Chair, Barcelona School of Architecture, Universitat Politècnica de Catalunya: 270; © The Celsing Archive: 142; © Chris Macdonald and Peter Salter. Image courtesy RISD Museum and Nicholas Boyarsky:151; Collection Agnes Gund, New York City, USA. Photo: André Grossmann © 1994 Christo: 265; Fonds Beaudouin et Lods. Académie d' architecture/Cité de l' architecture et du patrimoine/Archives d' architecture du XXe siècle: 97; From the Collections of The Franklin Institute: 105; © COOP HIMMELB(L)AU: 229; The Samuel Courtauld Trust, The Courtauld Gallery, London: 3; Photo courtesy of CSAC, Università di Parma. © ADAGP, Paris and DACS, London: 30; Photo courtesy of CSAC, Università di Parma © Pier Luigi Nervi: 197; © DACS: 16, 27, 78, 165, 168, 180, 203; © Drawing Architecture Studio: 31; © ProDenkmal, Berlin, and David Chipperfield Architects Berlin: 182; © Rob Krier-Archiv, Deutsches Architekturmuseum, Frankfurt am Main; Foto: Uwe Dettmar, Frankfurt am Main: 51; © Dieste y Montañez S.A.: 67; © DOGMA: 87; © Hohe Domkirche Köln, Dombauhütte Köln, Foto: Matz und Schenk: 252; Image courtesy of Drawing Matter Collections. Photographer: Craig Stevens. Copyright: © Architects estate: 20, 60, 82, 89, 127, 129, 137, 169, 258, 264, 266; Courtesy, The Estate of R. Buckminster Fuller. Image courtesy of Drawing Matter Collections. Photographer: Craig Stevens: 216; Image courtesy Drawing Matter Somerset. © Eredi Aldo Rossi, courtesy Fondazione Aldo Rossi: 147; © 2018 Emilio Ambasz: 218; Vitruvius: L' architettura di M. Vitruvio Pollione: dedicata alla Maestà di Carlo Re delle due Sicilie... In Napoli: nella stamperia Simoniana, MDCCLVIII. [1758]. ETH-Bibliothek Zürich, Rar 9798 / Public Domain Mark: 77; Courtesy of Farshid Moussavi Architecture: 177; © FLC/ ADAGP, Paris and DACS, London: 134; © FLC / ADAGP, Paris and DACS, London: 94, 247; © Foster + Partners: 29, 32; Image courtesy of Collection Frac Centre-Val de Loire, Photographer: Olivier Martin-Gambier © Madelon Vriesendorp: 2; © 2007 Phillips Auctioneers LLC. All Rights Reserved. © NIEMEYER, Oscar / DACS: 115; © Fundacion Rogelio Salmona: 38; Courtesy of Gehry Partners, LLP: 9; © Geoffrey Bawa Trust. Image courtesy of David Robson: 44; Inc. 8° 36045 © Germanishes Nationalmuseum: 28; Photo by Fine Art Images/Heritage Images/Getty Images: 36; Photo by © Historical Picture Archive/CORBIS/ Corbis via Getty Images: 91; Photo by Fine Art Images/ Getty Images: 49; Photo by The Print Collector/Getty Images: 8; Photo by Fine Art Images/Heritage Images/Getty Images / RIBA Collections: 166; De Agostini Picture Library / Getty Images: 255; Gift of Ray Kappe. The Getty Research Institute, Los Angeles (2008.M.36). © J. Paul Getty Trust: 248; © Giorgio Grassi: 167; © Go Hasegawa and Associates: 85; ©